U0391931

重庆市民族宗教事务委员会"十二五"重点项目

《美美与共：渝东南民族地区生态文明建设研究》

编辑委员会

主　　任：唐步新

执行主任：向远道

副 主 任：王云生、周晓波、喻柏炎、付茶生、顾　勇

成　　员：孔　刚、任　华、吴　涛、杨胜华、何松涛、谭　伟、
　　　　　刘　涵、刘小冬、杨　帆、李　旭、胡力月

美美与共：

渝东南民族地区生态文明建设研究

田 阡 魏 锦 ◎编著

人民出版社

目　　录

绪　论 ……………………………………………………………… 3

　第一节　生态文明与生态文明建设 …………………………… 3

　第二节　生态文明、生态文化与文化生态 ………………… 20

　第三节　民族地区的文化生态与生态文明建设 …………… 29

　第四节　渝东南民族地区的文化生态分析 ………………… 34

　第五节　渝东南民族地区的生态文明建设 ………………… 58

上篇　文化生态保护区

第一章　从文化遗产保护到文化生态保护区 ………………… 69

　第一节　全球化发展的反思与《保护世界文化与自然
　　　　　遗产公约》 ………………………………………… 69

　第二节　《保护非物质文化遗产公约》与非物质文化遗产 ……… 74

　第三节　各具特色的文化遗产保护 ………………………… 86

　第四节　整体性保护与文化生态保护区建设 ……………… 95

第二章　渝东南民族地区的物质文化遗产 …………………… 105

　第一节　渝东南民族地区物质文化遗产的类别与生成 …… 105

　第二节　渝东南民族地区物质文化遗产的特征、价值与功能 …… 117

　第三节　渝东南民族地区的物质文化遗产保护 …………… 123

第三章　渝东南民族地区的非物质文化遗产⋯⋯⋯⋯⋯⋯⋯⋯　142

第一节　渝东南民族地区非物质文化遗产的分布与类型⋯⋯⋯　142

第二节　与渝东南民族地区非物质文化遗产相关的自然环境、

物质文化遗产、社会空间⋯⋯⋯⋯⋯⋯⋯⋯⋯⋯⋯⋯⋯　201

第三节　渝东南民族地区非物质文化遗产的总体

特征与价值体现⋯⋯⋯⋯⋯⋯⋯⋯⋯⋯⋯⋯⋯⋯⋯⋯　213

第四节　渝东南民族地区的非物质文化遗产保护⋯⋯⋯⋯⋯⋯　221

第四章　武陵山区（渝东南）土家族苗族文化生态保护实验区⋯⋯⋯　275

第一节　国家级文化生态保护实验区建设的经验与困扰⋯⋯⋯　275

第二节　武陵山区（渝东南）土家族苗族文化生态保护实验区

建设的现实条件⋯⋯⋯⋯⋯⋯⋯⋯⋯⋯⋯⋯⋯⋯⋯⋯　285

第三节　武陵山区（渝东南）土家族苗族文化生态保护实验区

建设应注意的问题⋯⋯⋯⋯⋯⋯⋯⋯⋯⋯⋯⋯⋯⋯⋯　299

第四节　武陵山区（渝东南）土家族苗族文化生态保护

实验区建设的意义⋯⋯⋯⋯⋯⋯⋯⋯⋯⋯⋯⋯⋯⋯⋯　306

中篇　生态农业

第五章　从传统农业到生态农业⋯⋯⋯⋯⋯⋯⋯⋯⋯⋯⋯⋯⋯⋯　311

第一节　全球生态危机与生态农业的兴起⋯⋯⋯⋯⋯⋯⋯⋯⋯　311

第二节　生态农业的内涵与特征⋯⋯⋯⋯⋯⋯⋯⋯⋯⋯⋯⋯⋯　313

第六章　渝东南民族地区生态农业发展的外部条件⋯⋯⋯⋯⋯⋯⋯　323

第一节　渝东南民族地区生态农业发展的自然条件⋯⋯⋯⋯⋯　323

第二节　渝东南民族地区生态农业发展的社会条件⋯⋯⋯⋯⋯　339

第七章　渝东南民族地区生态农业的类型……………………352

　　第一节　渝东南民族地区的生态种植……………………353

　　第二节　渝东南民族地区的生态养殖……………………359

　　第三节　渝东南民族地区的生态农业产品………………363

第八章　发展渝东南民族地区生态农业…………………376

　　第一节　渝东南民族地区发展生态农业的可行性分析……376

　　第二节　渝东南民族地区生态农业发展规划设计…………388

　　第三节　渝东南民族地区生态农业发展保障体系…………397

下篇　生态旅游

第九章　从传统旅游到生态旅游…………………………411

　　第一节　生态旅游的兴起…………………………………411

　　第二节　生态旅游的功能与效益…………………………431

　　第三节　国内外生态旅游研究……………………………440

第十章　渝东南民族地区生态旅游资源…………………445

　　第一节　渝东南民族地区生态旅游资源现状……………447

　　第二节　渝东南民族地区生态旅游资源的分类与特征……451

　　第三节　渝东南民族地区生态旅游资源的保护性开发……461

第十一章　渝东南民族地区生态旅游环境………………467

　　第一节　渝东南民族地区的生态环境构成………………468

　　第二节　渝东南民族地区生态旅游环境容量……………471

　　第三节　渝东南民族地区生态旅游中的环境问题………479

第十二章　渝东南民族地区生态旅游规划与生态设计……………… 487

　　第一节　渝东南民族地区生态旅游规划的原理与方法………… 489

　　第二节　渝东南民族地区生态旅游景观结构与线路设计……… 494

　　第三节　渝东南民族地区生态旅游景观设计与布局…………… 503

第十三章　渝东南民族地区生态旅游管理与营销………………… 512

　　第一节　渝东南民族地区生态旅游管理………………………… 513

　　第二节　渝东南民族地区生态旅游营销………………………… 522

结　　论………………………………………………………………… 531

参考文献………………………………………………………………… 539

后　　记………………………………………………………………… 559

"大哉乾元，万物资始，乃统天。……至哉坤元，万物资生，乃承顺天。坤厚载物，德合无疆，含弘光大，品物咸亨。"

——《易·象上》

"人法地，地法天，天法道，道法自然。"

——《老子·第二十五章》

天地乾坤，广博深远，是万物生长发育的环境基础。人与自然息息相通，和谐相处，"天人合一"。人顺应自然，"道法自然"，并将所悟之"道"作用于人的日常行为，形成社会的规范与道德。

这是中华民族的传统共生智慧！

思古以鉴今，问道于传统，重拾自然之法则。

绪　　论

第一节　生态文明与生态文明建设

一、生态文明

在漫长的人类历史长河中，人类文明经历了三个阶段。第一阶段是原始文明。大约在石器时代，人们必须依赖集体的力量才能生存，物质生产活动主要靠简单的采集渔猎，为时上百万年。第二阶段是农业文明。铁器的出现使人改变自然的能力产生了质的飞跃，为时数千年。第三阶段是工业文明。18世纪英国工业革命开启了人类现代化生活，为时约三百年。三百年的工业文明以人类征服自然为主要特征，世界工业化的发展使征服自然的文化达到极致。然而，20世纪50年代以来，一系列全球性的生态危机频发，地球对人类的存续发出了警示，西方发达工业社会的文化焦虑与文化危机相伴而生，人与自然及人类社会之间的各种关系变得紧张、破碎，整个工业文明急转而衰。人类开始反思并校正在工业文明中的各种行为，包括对自然资源的无限索取、不恰当的生产与消费模式等，种种运动与思潮都将人类存续发展指向一个新的文明形态——生态文明。

（一）生态文明的提出与兴起

人类文明的每一次演进与飞跃，都是在人类对自然的认识、利用和改造能力提高的前提下产生的，相伴随的就是人与自然关系的变化。在与自然的相处之中，人对自然环境的态度、看法不断发生变化，这种态度、看法就是诞生于人类本体体验的生态意识，它直接影响着人类与自然的相处之道，进而也影响着人类文化、人文价值等深层问题。而生态文明就是在漫漫人类历史中累积起来的生态意识的质的提升与显现。

在原始文明时期，人与自然保持着一种原始的和谐关系。在长期与自然界的斗争中，先民们看到大自然的神秘力量，人们顺从、敬畏自然，祈求自然的恩赐和庇护，并开始形成朦胧的生态保护意识，产生了对自然的原始崇拜。有些原始崇拜就能反映出人类早期的生态意识。尽管这时的生态意识建立在人对自然非常有限的认识之上，体现为一种"人不敌天"的朴素的自然和谐关系，但生态文明的种子却在百万年前就已经深埋。

农业文明以农耕为主要特点。人类开始驯养动物、种植庄稼。无论是"逐水草而居"的游牧民族还是"刀耕火种""日出而作、日落而息"的农耕民族，人类都在试图征服自然。在农业文明时期，一方面，人类改造自然的能力有限，因而仍然肯定自然的主宰、对自然充满感恩，主张敬天保民；另一方面，随着人类主体能动性和自信心的增强，人类逐渐把自身提升到高于万物的地位。几千年前，人类建立了与自然"天人合一"的相对和谐关系。

工业文明时期，随着科学技术的不断发展，人类对自然的认识水平和改造能力也得到空前的提高。人类认为自然资源和生态环境理应满足人们的需要，并开始津津乐道于"统治自然""做大自然的主人"。伴随着物质需求的无限制增长，人类对自然资源的开采变得极富掠夺性。这种残酷的掠夺给自然资源和生态环境带来严重的破坏，甚至给人类自身的生存带来威胁。但一百年前的人类浑然不觉，站在消失的森林、退化的土地、污染的河流之间洋洋得意于"人定胜天"的杰作。

20世纪50年代以来，人类的生存与发展日益受到生态环境恶化的严峻挑战。全球性的生态危机突出表现为森林锐减、土地退化、淡水匮乏、酸雨和温室效应加剧、海洋资源破坏、自然灾难增加、人口增长、能源危机。

随着生态危机的加深，世界各地生态文明的萌芽悄然出现。以保护环境、建立人与自然和谐相处的协调关系为基本目标，强调提高人的整体生活素质，而不是片面追求物质享受的"绿色思想"、"绿色运动"，这与生态文明的基本出发点和价值观是有相通之处的。以资源的增殖和环境的保护为前提、以获得最佳生态效益和经济效益为目标的生态工艺和工程开始广泛地运用于工业、农业、环境保护、城乡建设等多个方面。20世纪60年代末70年代初，工业文明下"石油农业"的弊端日益凸显：这种掠夺式的经营方式，造成了农业资源的衰退，加剧了能源的短缺，破坏了农业生态环境。许多国家纷纷提出了"有机农业""生物动力学农业""生物农业""免耕农业""自然农业"等新型替代农业，经过近二十年的发展，人们逐渐以"生态农业"统一这些概念。生态农业是按照生态学和经济学原理，运用现代科学技术和管理手段以及传统农业的有效经验建立起来，以期获得良好的经济效益、生态效益和社会效益的现代化的农业发展模式。生态农业要求在宏观上协调生态经济系统结构，协调生态—经济—技术关系，促进生态经济系统的稳定与协调发展，建立宏观的生态经济平衡；在微观上做到物质多层次循环和综合利用，提高能量转化和物质循环效率，建立微观的生态经济平衡；要求以较少的投入为社会提供量大质优的农副产品，同时，又要保护资源、不断增加可再生资源量，提高环境质量，为农业的持续发展创造条件。显然，生态农业思想合乎生态文明的原理和准则。生态农业的兴起是生态文明思想进入农业生产领域所形成的一个伟大成果。在日常生活中，人们对生态环境的要求越来越高。例如人们都已经意识到大自然的绿色对人类的身心健康十分有益，因此都追求生活环境的绿化率，绿化程度低的城市，不论其"现代化"程度多高，也不再被作为理想的生活之处。人们开始喜爱"绿色旅游"——置身于景色优美的林区，进行游览、保健休养和体育活动；人们还开始追求"绿色食品"——未受污染的新鲜的农产品或只经简单加工的、未添加任何人工化学成分的食品；人们甚至还追求"绿色服装"——直接以农产品为原料制成的服装。这种生活方式和价值取向的转变反映了人们的生态需求，同时也反映了生态文明在工业社会的萌芽。①

思想领域，越来越多的研究开始以人与自然的关系作为主题。这在哲学层面上表现得尤为突出，如生态哲学、文化哲学等的影响力逐渐扩大。生态哲学用生态系统的观点和方法研究人类社会与自然环境之间的相互关系及其普遍规律，对人类社会和自然界的相互作用进行综合研究。生态哲学的拥护者反对不加节制的工业发展、技术统治的理性主义、大都市主义，还形成一个政治团体"绿党"。在发展中生态哲学演变成一种新的哲学范式，是生态学世界观，它以人与自然的关系为哲学基本问题，追求人与自然和谐发展的人类目标，因而为可持续发展提供理论支持，是可持续发展的一种哲学基础。文化哲学的研究更加深邃。文化哲学以文化模式、文化危机、文化转型为研究主题。在宏大的历史背景下，文化模式并非亘古不变，文化模式的转变总是伴随着前一文化模式对人的生存维度的种种不适应，因而产生文化危机，文化危机深化到一定程度，必定引起深刻的文化转型，并形成新的文化模式。原始文明时期，占主导地位的是由神话、图腾、巫术等构成的，物我不分的表象化、直觉化的文化模式；农业文明时期，占主导地位的是由经验、常识、习俗、天然情感等构成的自然主义、经验主义的文化模式；工业文明时期，占主导地位的是以科学、知识、信息等为主要内涵的理性主义的文化模式。② 进入 20 世纪后，尽管现代科学技术高歌猛进，人类获取了前所未有丰裕的物质财富，但同时，人类也开始体验以技术征服的自然的无情报复，以及受自己的造物的统治的异化状态。面对被技术所破坏的自然和按照技术原则组织起来的庞大的社会机器，人类感到自身的渺小、无助、无意义，陷入了深刻的生态与文化的双重危机。现代文化哲学正是在这样的背景中肩负起建立适应人类新文明的文化模式的使命，成为现代哲学最重要的表现形态。

---

① 申曙光：《生态文明及其理论与现实基础》，《北京大学学报》（哲学社会科学版）1994 年第 3 期。

② 衣俊卿：《文化哲学的主题及中国文化哲学的定位》，《求是学刊》1999 年第 1 期，第 5—12 页。

随着所有上述各方面的发展，各国政府和国际社会对生态环境与资源问题也越来越重视。1987 年，联合国环境与发展委员会发布的研究报告《我们共同的未来》，成为人类构建生态文明的纲领性文件。这份报告全面论述了 20 世纪人类面临的三大主题——和平、发展与环境之间的内在联系，并把它们当作一个更大的课题——可持续发展的内在目标来追求。1992 年，在巴西里约热内卢召开的联合国环境与发展大会通过《里约环境与发展宣言》和《21 世纪议程》。《21 世纪议程》明确指出"地球所面临的最严重问题之一就是不适当的消费和生产模式，导致环境恶化、贫困加剧和各国的发展失衡"。这是人类建构生态文明的一座重要里程碑，它不仅使可持续发展思想在全球范围内得到了最广泛和最高级别的承诺，而且还使得可持续发展思想由理论变成各国的行动纲领，为生态文明社会的建设提供了重要的制度保障，真正拉开了生态文明时代的序幕。[①]

（二）生态文明的概念与内涵

生态文明是什么？有关生态文明的概念与内涵，我国的生态学者和社会科学界的学者形成了众多观点，不少学者认为这些观点又可以从狭义与广义两个层面来理解。

狭义的生态文明是人类特有的对待自然物和自然环境的方式，是与物质文明、政治文明和精神文明相并列的现实文明形态或者行为准则。[②] 如姬振海[③]、刘爱军[④]等认为生态文明是在扬弃工业文明的基础上，用更加文明与理智的态度对待自然生态环境，重视经济发展的生态效益，努力保护和建设良好的生态环境，改善人与自然的关系。王如松认为，文明是人类在保持与自然平衡的前提下不断进步的一种状态。生态文明是天人关系的

---

①　万劲波、赖章胜：《生态文明时代的环境法制与理论》，化学工业出版社 2007 年版。

②　中国自然辩证法研究会：《"全国生态文明与环境哲学高层论坛"综述》，2009 年 7 月 22 日。

③　姬振海：《生态文明论》，人民出版社 2007 年版。

④　刘爱军：《生态文明与环境立法》，山东人民出版社 2007 年版。

文明。①

广义的生态文明是人类社会继原始文明、农业文明、工业文明后的一种新型文明形态，它强调从经济、政治、法律、道德文化等各个层次对人类社会进行调整和变革，使人类社会能够同自然生态系统形成协调共存的关系。② 更多的生态学者强调广义的生态文明概念。比如李文华、刘某承认为生态文明是物质文明与精神文明在自然与社会关系上的具体体现，是生态建设的原动力。它具体表现在管理体制、政策法规、价值观念、道德规范、生产方式及消费行为等方面的体制合理性、决策科学性、资源节约性、环境友好性、生活简朴性、行为自觉性、公众参与性和系统和谐性。其核心是如何影响人的价值取向和行为模式，启迪一种融合东方天人合一思想的生态境界，引领一种健康、文明的生产方式和消费方式。③ 吴祚来认为，生态文明并不是指自然生态的"文明"状态，而是指用文明的方式对待生态。生态是各种力量相互制约的结果，也是各种力量协调共生的结果。自然生态进入人文领域后，有了人类生产生活的干预，也就包括了经济、文化、政治生态，并寄寓其上成为影响自然生态的决定性力量。讲生态文明要有系统观，要从整体上去把握生态文明，而不是仅仅对自然生态的保护。④

总之，各方论者对生态文明概念的不同看法，反映了人们认识上的不同角度和侧面，也反映了人们对生态文明认识的不断深化。我们认为，从生态文明这个概念形成与发展的历时角度来看，所谓狭义的生态文明是生态文明的基本出发点和最初含义，在人们对生态文明的认识不断加深的过程中，生态文明这个概念的含义也在不断深化，其外延也得以扩大，形成了所谓广义的生态文明。因此，比较综合的观点是：生态文明是相对于农

---

① 王如松：《奏响中国建设生态文明的新乐章》，《环境保护》2007 年第 11 期。

② 张慕葆、贺庆棠、严耕：《中国生态文明建设的理论与实践》，清华大学出版社 2008 年版。

③ 李文华、刘某承：《关于中国生态省建设指标体系的几点意见与建议探讨》，《资源科学》2007 年第 5 期，第 2—8 页。

④ 吴祚来：《生态文明不只是保护自然生态》，《广州日报》2007 年 10 月 24 日。

业文明、工业文明的一种新的文明形态，是人类文明演进的一个新阶段。生态文明的核心理念是尊重自然、顺应自然、保护自然，其基本宗旨是以自然资源、生态和环境为基础，遵守自然规律、经济规律和社会发展规律，积极改善和优化人与自然、人与社会、人与人之间的关系，实现人与自然、人与社会、人与人的和谐相处，实现经济系统与自然生态环境系统的良性循环，维持人类社会的全面发展和持续繁荣。

生态文明概念的提出是人类文化发展的成果、社会进步的标志，更是解决我国社会经济发展与生态环境冲突问题的一个战略选择和历史的必然，这对于规范人们的行为、引导合理的消费和正确的价值取向，以及政策法规的建立和实现可持续发展都具有重要的意义。

二、生态文明建设

（一）生态文明建设的理论背景

尽管生态文明的概念 20 世纪 50 年代以来才在西方出现，但生态文明建设及相关理论无论在国内外都是早已有之。这首先源自人类对自身所处世界的主体体验，对自然环境的态度、观念，以及与自然相处之道。其次，伴随着人类发展而产生的哲学、伦理学、系统科学、经济学、环境科学等诸多学科也从不同角度为生态文明建设奠定了理论基础；尤其是 20 世纪中后期以来生态系统论与哲学的结合，生态哲学、文化哲学的新发展，为生态文明建设提供了更宏大深邃的理论背景；20 世纪 90 年代以来，生态马克思主义成为生态文明建设重要的理论基础，特别在美国等西方发达国家中不断发展，备受关注，对解决当代生态危机发挥了重大的理论价值。

1. 古代人类"天人合一"的自然观

在工业文明之前，古代先民们对自然始终抱有敬畏与感念之心，人类始终栖息于自然，形成了人与自然和谐相处的整体自然观。这在代表着当时人类文明楷模的古希腊文明和古代中国文明中都有所体现。古希腊的整体自然观中既有蒙昧时代人是自然奴隶的观念，又有人是自然主宰理念的萌芽与发展，还包含了人与自然一体的"人神合一"的心理期盼。而中国古代的自然整体观是中国古代哲学的精髓，气论、阴阳说、五行说等皆体现了这样一种自然整体的观念，"天人合一"思想更是中国古典哲学的基本命题。《周易·序卦传》云："有天地，然后有万物；有万物，然后有男女。"天地是万物之源，人由天地万物而生。老子说："人法地，地法天，天法道，道法自然。"（《老子·第二十五章》）道是"天地之母"，万物之根。庄子认为，作为自然的法则，"天"与"道"彼此相通，天与人最理想的关系是"天人合一"。他说："何谓道？有天道，有人道。"（《庄子·在宥》）这句话体现了"天""人""道"三者的关系，即"天""人"统一于"道"。此后，历经董仲舒到张载，"天人合一"观念得到进一步诠释和阐发，成为儒、道等先哲们奉行不渝的重要理念。尽管他们对"天人合一"的注解侧重不一，但均强调人与自然相互依存、不可分离这一基本观点，强调自然是人生存发展的基本条件。

2. 生态马克思主义

早在生态危机初露端倪时，马克思、恩格斯就提出了关于人和自然关系的警示："我们不要过分陶醉于我们人类对自然界的胜利。对于每一次这样的胜利，自然界都对我们进行报复。"[1] 马克思在《资本论》中对资本主义进行了深刻的生态学批判，最早敲响了环境危机的警钟，阐发了自然生产力思想，充分肯定了自然的价值和效用，并且提出了可持续发展、循环经济的思想，主张合理控制人与自然之间的物质变换，包含着极为丰富的生态哲学思想。恩格斯的《反杜林论》《自然辩证法》《政治经济学批判大纲》等著作中，也都阐述了人在自然界中的生态地位、自然界对人的报复、人的两次提升以及人与自然辩证发展的和谐图景。[2]

美国得克萨斯州立大学教授本·阿格尔在 1979 年首次提出"生态马克

---

① 《马克思恩格斯选集》第 3 卷，人民出版社 2012 年版，第 998 页。
② 杜秀娟：《马克思主义生态哲学思想历史发展研究》，北京师范大学出版社 2011 年版。

思主义"（the Ecological Marxism）这个概念。生态马克思主义被认为是北美学者将现代生态学与学院派马克思主义思想相结合以解决资本主义生态危机的一种理论尝试。[①] 20 世纪 90 年代之前的生态马克思主义学者认为马克思主义缺少解决资本主义生态环境危机的理论方案，因此着重强调对马克思主义的修正和补充，其主要理论是用生态危机理论取代马克思的经济危机理论，代表人物是莱易斯和阿格尔。20 世纪 90 年代之后的生态马克思主义学者则重新发掘了马克思主义对解决全球化背景下生态危机的理论意义。如奥康纳提出双重危机理论，认为在全球化资本主义体系中存在经济危机和生态危机双重危机；克沃尔提出生态社会主义革命和建设理论；福斯特和伯克特则构建了马克思的生态学理论，论证了马克思主义不仅符合生态学的定义和原则，而且超越了生态学的狭义性，在更加广泛的人类与自然之中以及人类社会内部实践了生态学的基本原则。这使生态马克思主义对当代生态环境危机具有了更大的理论价值。表现为：第一，当今社会的各种生态理论都无法阻止资本主义全球化背景下的全球性生态环境危机。第二，马克思主义的出发点就在于实现人与自然的"和解"以及人类社会内部的"和解"这两大主题，并指出人类社会的"和解"和人与自然的"和解"的前提条件。第三，生态马克思主义继承和发展了马克思主义对资本主义的批判精神，并在全球化的背景下揭示了资本主义从经济危机走向生态危机的必然性，指出了经济危机和生态危机并存的资本主义社会只有在马克思主义指导下建立生态社会主义才能够避免整个人类的毁灭。[②] 20 世纪 90 年代之后的生态马克思主义超越意识形态藩篱，在西方发达国家得到充分发展，逐渐成为解决当今资本主义社会发展与生态环境之间矛盾的一个理论支撑点。透过人与自然的冲突去分析和解决人与人的冲突、发挥社会主义社会对于建设生态文明的制度优势、把建设生态文明与创建人的新的

[①] 刘仁胜：《生态马克思主义发展概况》，《当代世界与社会主义》2006 年第 3 期，第 58—62 页。
[②] 刘仁胜：《生态马克思主义发展概况》，《当代世界与社会主义》2006 年第 3 期，第 58—62 页。

存在方式结合在一起，使建设生态文明的过程变成进行价值观念变革的过程。① 生态马克思主义在给予我们诸多启示的同时，对于我国实现科学发展、建设生态文明同样具有重要的理论价值和现实意义。

（二）我国生态文明建设理论的提出与发展

新中国成立初期，我国第一代中央领导集体的生态意识已开始觉醒。毛泽东在全国解放后即提出"植树造林，绿化祖国"的生态保护与建设思想，还要求在开荒种植发展农业的同时"必须注意水土保持工作，决不可因为开荒造成下游地区的水灾"②。但在20世纪60年代尤其是"文革"期间，"环境生态问题"被冠之以资产阶级环境理论的"反动观点"，环境保护工作几乎被搁置。至20世纪70年代初，我国环境状况日益恶化，给社会生产和人民生活造成了重大危害，环境问题才重新引起了第一代中央领导集体的重视。1973年，在周恩来总理的直接领导下我国政府召开了第一次全国环境保护工作会议。

改革开放以来，中国社会发生了巨大变化，人民的物质生活水平显著提高，但在发展过程中也出现了一系列不平衡、不协调、不可持续发展的问题。突出地表现在人与自然、局部与整体、人与人之间的经济生态、政治生态、人文生态和社会生态关系失衡、失序和失调。20世纪中后期，中国开始真正注重生态环境的建设和保护。1983年，第二次全国环境保护工作会议明确了环境保护是中国现代化建设中的一项战略任务，是一项基本国策。1989年通过的《中华人民共和国环境保护法》将我国环境保护工作纳入法制化、制度化轨道。1994年，中国政府根据联合国环境与发展大会的精神，从具体国情出发，颁布了旨在促进经济、社会、资源、环境以及人口、教育相互协调、可持续发展的《中国21世纪议程》。"九五"计划首次将可持续发展战略同科教兴国战略并列为国家的两项基本战略。"十五"

---

① 陈学明：《"生态马克思主义"对于我们建设生态文明的启示》，《复旦学报》（社会科学版）2008年第4期，第8—17页。

② 《毛泽东文集》第6卷，人民出版社1999年版，第446页。

计划具体提出了可持续发展战略各领域的阶段性目标，编制了环境保护与生态建设的专项计划。2003 年，党的十六届三中全会进一步明确了"坚持以人为本，树立全面、协调、可持续的发展观，促进经济社会和人类全面发展"。党的十六届四中全会提出了"和谐社会"理念，并将"资源利用效率显著提高，生态环境明显好转"作为构建和谐社会的重要目标。2007 年，党的十七大明确提出"建设生态文明"的战略任务，这把我国对生态文明的认识提高到一个崭新的高度。①

2012 年以来，党的十八大和十八届三中、四中全会对生态文明建设作出了顶层设计和总体部署。

党的十八大报告以"大力推进生态文明建设"为题，独立成篇地系统论述了生态文明建设，将生态文明建设提高到一个前所未有的高度。明确指出生态文明建设是关系人民福祉、关乎民族未来的长远大计，要求把生态文明建设放在突出地位，融入经济建设、政治建设、文化建设、社会建设的各方面和全过程。努力建设美丽中国，实现中华民族永续发展。同时指出生态文明建设的四项基本任务是优化国土空间的开发格局、全面促进资源节约、加大自然生态系统和环境保护力度及加强生态文明制度建设。十八大报告将生态的内涵从生态环境保护上升到生产关系、消费行为、体制机制、思想意识和上层建筑高度，上升到为经济、政治、文化、社会发展奠定基础和桥梁作用的地位。生态文明对社会、经济和政治、文化的融入和贯穿，其实是被分割的经济与环境、政治与生态、文化与进化、社会与自然向生态经济、生态制度、生态文化和生态社会合而为一的回归，是还原论与整体论的融合，是科学思想、科学机理、科学方法和科学技术与生态观念、生态体制、生态社会和生态文化的联姻。②

生态文明融入经济建设，就是要处理好经济建设中生产、流通、消费、

---

① 沈满洪、谢慧明、余冬筠等：《生态文明建设：从概念到行动》，中国环境出版社 2014 年版，第 9 页。

② 王如松：《生态文明建设的控制论机理、认识误区与融贯路径》，《中国科学院院刊》2013 年第 2 期，第 173—180 页。

还原、调控活动与资源、市场、环境、政策和科技的生态关系，将传统单目标的物态经济转为生态经济、利润经济转为福祉经济，促进生产方式和消费模式的根本转变。通过生命周期设计和生命周期管理将条块分割的传统产业整合成为生产、服务、文化、人才培养和生态建设一体化的复合生态体系。

生态文明融入政治建设，就是要处理好制度建设中眼前和长远、局部和整体、效率与公平、分割与整合的生态关系，引入生态学的循环反馈和协同整合机制，将环境与经济、计划与市场对立的二元论转变为五位一体的融合论，促进区域与区域、城市与乡村、社会与经济、绿韵与红脉的统筹，强化与完善生态物业管理、生态占用补偿、生态绩效问责和战略环境评价等法规政策。

生态文明融入文化建设，就是要处理好价值观念、思想境界、道德情操、精神信仰、行为规范、思维方式、风俗习惯、生活方式等领域中人与自然、人与人以及局部与整体的认知文明和心态文明问题，提升人口的文明素质，引导生态文化的健康传承、创新与持续发展。

生态文明融入社会建设，就是要处理好社会发展中人居生态建设和社会生态服务、经济生态效率和社会生态、居民的物质生活与精神生活、人群身心健康和社会生态健康的系统关系，调理好人与环境关系，推进社会的健康发展。

把生态文明建设融入经济建设、政治建设、文化建设、社会建设中，融入"五位一体"中国特色社会主义事业的总体布局，并以制度体系化建设确保实施。这是科学发展观的升华，是社会—经济—自然生态系统的整合，是中国特色社会主义的进化。党的十八大报告将生态的内涵从生态环境保护上升到生产关系、消费行为、体制机制、上层建筑和思想意识高度，上升到为经济、政治、文化、社会穿针引线、合纵连横的高度。

党的十八届三中全会进一步提出：建设生态文明，必须建立系统完整的生态文明制度体系，用制度保护生态环境。要健全自然资源资产产权制度和用途管制制度，划定生态保护红线，实行资源有偿使用制度和生态补偿制度，改革生态环境保护管理体制。党的十八届四中全会审议通过的《中共中央关于全面推进依法治国若干重大问题的决定》特别指出要加强重点领域的立法。要用严格的法律制度保护生态环境，加快建立有效约束开发行为和促进绿色发展、循环发展、低碳发展的生态文明法律制度，强化生产者环境保护的法律责任，大幅度提高违法成本。建立健全自然资源产权法律制度，完善国土空间开发保护方面的法律制度，制定完善生态补偿和土壤、水、大气污染防治及海洋生态环境保护等法律法规，促进生态文明建设。

2015 年 4 月 25 日，国务院发布了《关于加快推进生态文明建设的意见》。这是中共中央、国务院就生态文明建设作出专题部署的第一个文件，是当前和今后一个时期推动我国生态文明建设的纲领性文件。意见共 9 个部分 35 条，强调当前和今后一个时期，要按照党中央决策部署，把生态文明建设融入经济、政治、文化、社会建设各方面和全过程，协同推进新型工业化、城镇化、信息化、农业现代化和绿色化，牢固树立"绿水青山就是金山银山"的理念，坚持把节约优先、保护优先、自然恢复作为基本方针，把绿色发展、循环发展、低碳发展作为基本途径，把深化改革和创新驱动作为基本动力，把培育生态文化作为重要支撑，把重点突破和整体推进作为工作方式，切实把生态文明建设工作抓紧抓好，努力开创社会主义生态文明新时代。必须弘扬生态文明主流价值观，把生态文明纳入社会主义核心价值体系，形成人人、事事、时时崇尚生态文明的社会新风尚，为生态文明建设奠定坚实的社会、群众基础。

自 20 世纪末以来，中国政府的生态文明建设理论呈现出鲜明的一贯性与深入化、系统化的趋向，通过不断地理论创新与实践探索，从污染控制和生态恢复层次上升到了人与自然、人与人、人与社会的和谐相处、持续发展的层面。生态文明建设是环境保护事业的提升和发展，强调系统、联系、发展的观念，具有了更加丰富的内涵。在当代中国，生态文明建设已经被摆在了非常突出的位置。生态文明建设是中国特色社会主义事业的重要内容，关系人民福祉，关乎民族未来，事关"两个一百年"奋斗目标和中华民族伟大复兴中国梦的实现。加快推进生态文明建设是加快转变经济发展方式、提高发展质量和效益的内在要求，是坚持以人为本、促进社会和谐的必然选择，是全面建成小康社会、实现中华民族伟大复兴中国梦的时代抉择，是积极应对气候变化、维护全球生态安全的重大举措。对于满足人民群众对良好生态环境新期待、形成人与自然和谐发展现代化建设新格局，具有十分重要的意义。

（三）我国生态文明建设的实践

1. 我国民间传统中朴素的生态实践

生态文明建设的实践远远早于其理论与概念的产生。人类社会早期的生态观与累积的诸多地方性知识正是其生态实践的意识反映；同样，早期的生态观往往以传统信仰的方式规定、约束着人在自然乃至社会环境中的行为，地方性知识则指导着生活在特定地方的人世代累积更好地适应其所处的环境。

人类早期民间信仰中普遍具有的一种思想观念，是"万物有灵论"——这也是所有宗教的基础和最低限度的定义，不同民族的宗教意识中都充分体现了他们尊敬自然、"天人合一"的生态价值观，认为万物有灵，生命平等，将世间万物人格化，赋予其丰富的、完美的情感。这种信仰的力量，一方面对自然生态与生物多样性起到了保护的作用，另一方面也在人的道德、情感、社会习俗中打下了烙印。

一些传统的地方性知识，在促进资源可持续利用、促进生物多样性保护、资源评价和环境管理以及促进社区居民利益和社会协调发展等方面具有重要的作用。比如中医学知识、民族植物学知识、梯田耕作知识，这些地方性知识是一种与自然地域空间、时间和知识掌握者本身相关，而不能脱离这些具体情境的知识。中国西南部地区的自然地理结构和生态系统复杂多样，与此相应的是这里长期居住生活着30多个民族，他们以各不相同的方式分别利用这些自然资源。通过世代的经验积累，他们对所处的自然生态环境具有深刻的认识和理解，并建构了一套各民族所特有的地方性知识系统，这些以生存技术、技能等为主的地方性知识帮助他们高效利用和有效维护当地生态资源，并维系着他们在传统家园里生生不息。

2. 我国生态文明建设的重要规划与实践

主体功能区及生态功能区的规划与实践。国家层面的主体功能区是全国"两横三纵"城市化战略格局、"七区二十三带"农业战略格局、"两屏三带"生态安全战略格局的主要支撑，重点生态功能区是主体功能区划的重要内容。划分生态功能区，启动重点生态功能区保护工作，强目标性地保护生态环境资源，针对性地实施生态保护和自然修复，是生态功能区划的最重要作用。2000—2010 年，我国颁布了多项生态功能区建设的支持政策，从战略层面规划和保障生态功能区治理范式的有效运行。

资源节约及循环经济发展的规划与实践。2004 年中央经济工作会议和2005 年全国人大从缓解资源约束出发，把发展循环经济、建立节约型社会提上议事日程。全国各地依据自身地理条件和资源分布特点，分别制定了有利于建设资源节约型地区的政策。我国在战略层面也做了诸多部署，并且已逐步进入专项层面的实践。

生态建设及环境保护的规划与实践。新中国成立以来，我国相继实行退耕还林、退牧还草、退田还湖等一系列政策，开展"三北"防护林建设等重大工程，在生态公益林、防治风沙、防污减排和环境治理方面有相当显著的进步。

应对气候变化的规划与实践。有关数据显示，2009 年，我国二氧化碳排放量接近 21 万吨，总量高居世界第一，我国受自然灾害影响的人数也居世界之首。严峻的气候迫使我国必须采取相应政策和措施来应对。2007 年《中国应对气候变化国家方案》、2008 年《中国应对气候变化的政策与行动白皮书》相继出台实施；在国家环境保护的"十一五""十二五"规划中都将应对气候变化作为重要内容并提出目标任务。短时间内，"绿色低碳发展"深入人心，我国仍在不懈探索与实践当中。

3. 我国生态文明建设的载体与实践

生态文明城镇建设。城市是一个国家经济、社会和文化发展的主要载体。随着生态文明时代的来临，一个崭新的城市发展理念和发展模式应运而生。城镇生态化是我国城镇化建设的价值取向，建设生态文明城镇是城镇化建设的主要目标。自 1995 年发布《全国生态示范区建设规划纲要》以来，环保模范城、生态城镇、森林城市、低碳城市等各种类型的示范和试点项目，极大推动了生态文明城镇建设。截至 2012 年，全国有 92 个城（区）获得我国城市环境保护最高荣誉——国家环保模范城市称号，41 个城市获得森林城市称号，42 个省区和城市成为低碳试点省区和城市。国家可持续发展实验区是另一种类型的地方性可持续发展综合示范点，从 1986 年开始，经过 20 多年的建设与发展，已建成国家级实验区 131 个（含 13 个先进示范区）、省级实验区近 160 个，在国内和国际可持续发展领域产生了广泛影响。

生态文明乡村建设。一直以来，我国都将"三农"问题放在核心位置。虽然国家政策大力扶持农村经济发展，但农村生态环境破坏、生物多样性遭到破坏等问题也相伴而生。党的十六届五中全会提出了建设社会主义新农村的重大历史任务，随即涌现出浙江奉化滕头村、成都三圣花乡、江西婺源等成功案例，它们都根据自身地理和后天条件，因地制宜、合理开发，发展具有本地特色的农村旅游业，在农村生态和经济方面获得"双丰收"。2008 年以来，始于浙江吉安县的"美丽乡村"计划则走出了一条经济与生态、城镇与乡村、经济与社会互促共进的科学发展美丽道路。

生态文明细胞建设。无论是生态城镇还是生态乡村建设，都必须依靠企业、社区、学校等生态文明"细胞"建设。"绿色企业"是在循环经济基础上提出的，倡导绿色生产、绿色营销，并将绿色思想融入企业文化。许多企业在以可持续发展的经济观和人与自然和谐相处的生态观作为企业价值观的同时，其社会责任感也越来越强烈。"绿色社区"是在传统社区的基础上，融入了人性化、生态化的理念，引导居民选择绿色生活，如节能节水、垃圾分类、拒绝野生动物制品等，把环保变成一种社区文化，一种生活方式。"绿色学校"本质是一种学校生态教育，旨在提高青少年的环境意识，树立良好的环境道德观念和行为规范。截至 2006 年，全国已有 25000

余所绿色学校被各级教育、环保主管部门共同命名。

生态文明试点工作。我国对生态文明建设仍处于探索和实践相结合的阶段，采取试点工作是为将来进一步的生态文明建设摸索出有效途径和方式。截至 2012 年，环保部已批准了 5 批 71 个全国生态文明建设试点。2011 年，江苏省宜兴市等 21 个努力提高生态水平达标的市（区、县）获"国家生态市（区、县）"称号。2012 年，国家发改委批复了《贵阳建设全国生态文明示范城市规划（2012—2020 年）》，成为全国获批的首个生态文明城市规划。①

2013 年 12 月，国家发改委等六部委下发了《关于印发国家生态文明先行示范区建设方案（试行）的通知》，以推动绿色、循环、低碳发展为基本途径，促进生态文明建设水平明显提升。2014 年 6 月，全国 55 个地区作为生态文明先行示范区建设地区（第一批）予以公示，重庆市渝东南武陵山区和渝东北三峡库区名列其中。

总之，我国在生态文明建设方面已经迈出了坚实的步伐。但是，由于生态环境和资源能源问题的累积效应，仍需进行长期艰巨的努力和方法路径上的有效探索。

建设生态文明，是关系人民福祉、关乎民族未来的长远大计，是实现中华民族伟大复兴中国梦的重要内容。树立生态文明理念，是人类社会对人与自然关系的深刻认识和重大觉醒；中华传统文化博大精深，蕴含着丰富的人与自然和谐相处的生态哲学思想；大力推进生态文明建设，是我们党立足基本国情、把握发展规律、总结经验教训，总揽全局、高瞻远瞩作出的重大战略决策，丰富和发展了中国特色社会主义理论。

---

① 沈满洪、谢慧明、余冬筠等：《生态文明建设：从概念到行动》，中国环境出版社 2014 年版，第 65—77 页。

第二节　生态文明、生态文化与文化生态

一、文化与文明

在汉语中，"文"的本义，指各色交错的纹理。《易·系辞下》："物相杂，故曰文。"《礼记·乐记》："五色成文而不乱。"东汉许慎在《说文解字》中注释"文，错画也，象交叉"。在此基础上，"文"可引申为事物错综复杂所造成的纹理或形象，因此有天文、水文、人文等。《易·贲》："观乎天文以察时变，观乎人文以化成天下。"日月往来交错文饰于天，即"天文"，亦即天道、自然规律。同样，"人文"指人类社会规律，即人类社会的各种现象以及人与人之间纵横交织的关系，构成复杂网络，具有纹理表象。而"人文"的这一意义又时常为"文"所指代，所以今天我们所有的社会学科都被统称为"文科""人文学科"或"人文社会学科"。

《易·贲》中的这段话说，治国者须观察天文，以明了时序之变化，又须观察人文，以（社会规范）教化天下之人。在这里，"人文"与"化成天下"紧密联系，"以文教化"的思想已十分明确。西汉以后，"文"与"化"方合成一个词，《说苑·指武》"圣人之治天下也，先文德而后武力。凡武之兴，为不服也。文化不改，然后加诛"。还是"以文教化"的意思。也就是说在汉语中，"文化"本是动词性的，表示一个过程，一个各种社会知识与规范加诸人身、塑造社会人的过程。当英语词"culture"进入中国后，人们很快在两者间建立起关联，但相应地"文化"的词性也转为名词。尽管"文化"一词，在古今中外、不同学科、不同背景下有很多含义，不过比较之后可以看出，汉语里的"文化"与被广为认可的英国人类学家泰勒给"文化"下的定义颇为相近。泰勒认为文化是"一个复合的整体，它包括全部的知识、信仰、艺术、道德、法律、习俗和个人作为社会成员所

必需掌握和接受的任何其他能力及习惯"①。两者共同之处在于承认文化的社会性与习得性（或适应性），而前者更强调习得的动态性。

"文明"最早出现于《易传·乾·文言》，"见龙在田，天下文明"。"明"的本义是明亮、清晰。在这里，"文明"是个中补结构的短语，常被解释为"文采光明"。后来"文明"引申为"文教昌明"，如汉代焦赣《易林·节之颐》："文明之世，销锋铸镝。"明清后进一步引申表示社会发展水平较高的进步状态，如清代秋瑾《愤时迭前韵》："文明种子已萌芽，好振精神爱岁华。"英文中的文明（civilization）一词源于拉丁文"civis"，意思是城市的居民，其本质含义为人民生活于城市和社会集团中的能力，引申后意为一种先进的社会和文化发展状态。

无论在中西方语境中，"文化""文明"都是社会属性的，都与人所建立起来的社会知识、关系、规范等相关。以社会知识、关系、规范教化或影响人，使人适应其中，或者社会知识、关系、规范本身，就是文化；社会知识、关系、规范等清晰、彰显就是文明。因此可以说文化是个过程，文明是种状态，文明的状态需要靠文化的积累来达成；但文化的呈现形式是横向的，作为地方性知识的文化具有多样性与独特性，文明则是纵向的，是人类文化发展的成果，是社会的整体进步状态。

二、生态文化与生态文明

20 世纪 90 年代以后，学术界日益重视人类文化与生态环境关系的研究。许多学者从人类对生态环境的适应角度去理解文化、界定文化。于是产生了一个新的学术概念——生态文化。对于这个概念，学术界有不同的认识。

有的学者将生态文化基本等同于生态文明。余谋昌认为："21 世纪人类的选择是从传统文化走向生态文化，建设生态文明社会……生态文化是人

---

① ［英］泰勒：《原始文化：神话、哲学、宗教、语言、艺术和习俗发展之研究》，连树声译，广西师范大学出版社 2005 年版，第 1 页。

类走向未来的选择。它使人类文化发展走向新阶段。在人类文化的新阶段，创造人类新的文化乐园，创造人类更加光辉灿烂的文明。它将为人类创造更多的文化价值，保护和发展自然价值，从而为人类和自然界提供过去无法比拟的福利。"① 雷毅认为："工业文化无视人对自然的依赖性，表明它是一种不可持续的文化类型，因此我们的未来不能托付给工业文化。实现人类的持续生存，需要一种新的文化形态来支撑，这种文化应当是能顺应自然规律，促进人与自然协同发展的文化，我们通常用生态文化来表征它。"②

有的学者则将生态文化视为一个历史范畴或文化的有机组成部分。如中国生态文化协会会长江泽慧认为："广义的生态文化是指人类历史实践过程中所创造的与自然相关的物质财富和精神财富的总和。狭义的生态文化是指人与自然和谐发展、共存共荣的意识形态、价值取向和行为方式等。"③ 郭家骥认为："所谓生态文化，实质上就是一个民族在适应、利用和改造环境及其被环境所改造的过程中，在文化与自然互动关系的发展过程中所积累和形成的知识和经验，这些知识和经验蕴含和表现在这个民族的宇宙观、生产方式、生活方式、社会组织、宗教信仰和风俗习惯等等之中。"④ 周鸿认为人作为生物的人和社会的人，既具有生物生态属性又具有社会生态属性。人类之所以成为世界最广布的一个生物种，就因为人类具有文化。作为生物的人，人对环境的社会生态适应形成了不同的文化。由于环境的多样化，人类的文化也是多样化的。环境与文化是相互制约、相互影响的，在人类对地球环境的生态适应过程中，人类创造文化来适应自己的生存环境，发展文化与促进文化的进化来适应变化的环境。随着人口、环境、资源问题的尖锐化，为了使环境朝着有利于人类文明进化的方向发展，人类必需调整自己的文化来修复由于旧文化的不适应而造成的环境退化，创造

---

① 余谋昌：《文化新世纪——生态文化的理论阐释》，东北林业大学出版社 1996 年版。
② 雷毅：《生态文化的深层建构》，《深圳大学学报》（人文社会科学版）2007 年第 3 期。
③ 江泽慧：《大力弘扬生态文化携手共建生态文明——在全国政协十一届二次会议上的发言》，《中国城市林业》2009 年第 2 期。
④ 郭家骥：《生态文化与可持续发展》，中国书籍出版社 2004 年版。

新的文化来与环境协同共进，实现可持续发展，这就是生态文化。生态文化是人与自然协同发展的文化，也是人类建设生态文明的先进文化。① 高建明认为生态文化是有关生态的一种文化，即人们在认识生态、适应生态的过程中所创造的一切成果。生态文化自古有之，其组成部分主要包括生态知识、生态精神、生态产品、生态产业、生态制度等。但由于历史上很长一段时间内人与生态的矛盾尚不突出，生态文化一直是融合于其他文化之中，而未能成为一种独立的文化形态，更谈不上成为社会的主流文化。直到工业文明带来生态危机，生态学和环境科学研究的深入，环境意识的普及，可持续发展成为指导世界各国经济、社会发展的战略，生态文化才得到很大发展，并作为现代文化的基础层，与其他文化一起共同构成现代文化体系。②

从历史角度加以认识的生态文化显现出作为一个文化学学术概念的鲜明特征。生态文化与生态文明的关系也鲜明呈现于其中：如同文化与文明一样，生态文明是一种状态，是一种更适宜人类生存发展的更加进步的文明状态，而生态文明的建设与实现需要生态文化的积累与发展。

三、生态文化与文化生态

（一）文化生态的概念

文化生态是借用生态学的方法研究文化的一个概念。"文化生态"的概念与"文化生态学"同时诞生。1955 年美国新进化论学派人类学家朱利安·斯图尔特在其代表作《文化变迁论：多线进化方法论》中首次提出"文化生态学"概念，指出文化与生物一样，具有生态性。当时的文化生态学是作为人类学的一个研究领域出现的，它主要探讨人类文化与其所处的自然环境之间的关系。按斯图尔特的观点，文化生态学与社会生态学或人

---

① 周鸿：《文明的生态学透视——绿色文化》，安徽科技出版社 1997 年版。
② 高建明：《论生态文化与文化生态》，《系统辩证学学报》2005 年第 3 期，第 82—85 页。

类生态学都是有区别的。文化生态学是要"解释具有地域性差别的一些特别的文化特征及文化模式的来源"，而不是要"把一般性的原则应用到任何文化环境的情况上去"。20 世纪 80 年代以后，文化生态学已基本成熟，影响也相应扩大，这表现在四个方面：（1）系统论被纳入文化生态学，成为学科基础。（2）由机械的"环境单向决定文化"的观点改变为"重视环境与文化双向互动"。（3）突破了以往仅重视自然环境的文化生态观，把人化环境特别是信息环境作为文化生态环境。例如 20 世纪 90 年代，人们把目光投向了新旧媒体的文化生态关系，出现了一个研究"媒体环境"（包括电视、数字广播、个人计算机、因特网和移动通信等）的新热点。（4）文化生态的研究者也从美国人类学家的狭小范围扩大到全世界和多学科领域。① 文化生态学的发展使人们对文化生态的认识也发生了变化：系统论与"环境—文化"交互关系使文化生态的内涵大大深化，文化生态聚焦点的转变及多学科的参与使文化生态的外延也得到极大扩展。因此，对文化生态的概念的认识及相应的研究方向也变得多元化。

目前国内关于文化生态的研究，大致可以分为侧重解释文化变迁的生态学研究和把文化类比为生态整体的文化研究。②

前者是把文化置于生态之中，侧重研究文化演变与生态的其他部分的关系。如司马云杰在《文化社会学》中指出文化生态学是从整个自然环境和社会环境中的各种因素交互作用研究文化产生、发展、变异规律的一种学说。③ 邓先瑞认为文化生态旨在研究文化与生态环境的相互关系，它是生态学产生并发展到一定阶段后与文化嫁接的一个新概念。④ 管宁认为，所谓文化生态，是指就某一区域范围中，受某种文化特质（这种文化特质是在

---

① 戢斗勇：《文化生态学论纲》，《佛山科学技术学院学报》（社会科学版）2004 年第 5 期，第 1—7 页。
② 高丙中：《关于文化生态失衡与文化生态建设的思考》，《云南师范大学学报》（哲学社会科学版）2012 年第 1 期，第 74—80 页。
③ 司马云杰：《文化社会学》，山东人民出版社 1987 年版。
④ 邓先瑞：《试论文化生态及其研究意义》，《华中师范大学学报》（人文社会科学版）2003 年第 1 期。

特定的地理环境和历史传统及其发展进程中形成）的影响，文化的诸要素之间相互关联、相互作用所呈现出的具有明显地域性特征的现实人文状况。① 王玉德主张文化生态指文化的多样性、文化的链接，即在特定的文化地理环境内一切交互作用的文化体及其环境组成的功能整体。② 罗曼与马李辉针对我国民族地区的文化生态提出：民族文化生态是由特定民族或特定地区各民族的生产方式、生活方式、风俗习惯等文化因素构成的统一体，是追求人与自然协调发展，维护人类与自然界共存的共同利益，使人口、环境和资源良性循环的文化体系。③ 梁渭雄、叶金宝提出文化生态学是研究文化与环境的互动关系的理论。这里所说的环境包括影响文化生存发展的一切因素，大体上包括外环境和内环境。外环境指社会经济制度、政治制度和自然地理状况等；内环境是指文化范围内的各种不同文化，如不同民族、不同宗教、不同学派和不同地域的文化等。④

后者把文化类比为生态一样的整体，虽然也顾及文化与自然环境的关系，但是侧重于研究文化与社会关系。1998年在北京大学社会学人类学所主办的人类学高级研讨班上，方李莉提出了文化生态失衡的问题，在其后发表的文章中也对文化生态的意义进行了阐释："人类所创造的每一种文化都是一个动态的生命体，各种文化聚集在一起，形成各种不同的文化群落、文化圈，甚至类似食物链的文化链。它们互相关联成一张动态的生命之网，其作为人类文化整体的有机组成部分，都具有自身的价值，为维护整个人类文化的完整性而发挥着自己的作用。"⑤ 高建明提出文化生态是关于文化性质、存在状态的一个概念，表征的是文化如同生命体一样也具有生态特征，文化体系作为类似于生态系统中的一个体系而存在。人类所创造的每一种文化也是在与其他文化及所处的社会环境交流互动中演化发展着，因

① 管宁：《文化生态与现代文化理念之培育》，《教育评论》2003年第3期。
② 王玉德：《生态文化与文化生态辨析》，《生态文化》2003年第1期。
③ 罗曼、马李辉：《西部大开发加强民族文化生态保护的几点建议》，《中共伊犁州委党校学报》2006年第1期。
④ 梁渭雄、叶金宝：《文化生态与先进文化的发展》，《学术研究》2000年第11期。
⑤ 方李莉：《文化生态失衡问题的提出》，《北京大学学报》2001年第3期。

而，完全可以把文化体系类比为生态系统进行分析研究。① 高丙中将对文化生态的认识扩展到了社会领域。他认为文化生态是社会关系的表现。文化生态失衡不单是文化的问题，也是一个重构社会的问题。讲文化生态建设的时候，说人与人、群体与群体出现了问题，还有中西方关系存在着紧张，都是社会的问题在文化上的表现，不能只是在文化里打转。②

大体来看，我国学者对文化生态持有两种不同的认识视角，一种是从生态与文化的相互影响、作用去界定，是对传统文化生态概念的延续与深化；另一种是以人类社会文化环境与自然生态环境为类比进行界定，显示了文化生态研究领域的扩展。之所以出现了这种认识上的分化，根本原因还在于对"生态"一词的认识还普遍止于"自然生态"。但在建设生态文明的时代，随着生态学、生态学者们对"生态"概念的内涵认识的不断加深，其外延也已然扩大到非自然领域。生态学研究的对象正从二元关系链（生物与环境）转向三元关系环（生物—环境—人）和多维关系网（环境—政治—经济—文化—社会）。其组分之间已不是泾渭分明的因果关系，而是多因多果，连锁反馈的网状关系。③ 也就是说"生态"所代表的概念已不是单纯的"自然环境"而是整个人类所处的充满多维关系的大环境。美国著名生态哲学家罗尔斯顿将生态学称为"终极科学"，因为"它综合了各门科学，甚至于艺术与人文科学"。④ 即指生态学问题指向的深入性和广泛的涵盖性而言。从语言学角度来看指，词义的缩小或扩大反映的是人们对该词所代表的事物或概念在认识上的变化。倘若"生态"一词词义所发生的变化——词义扩大（内涵加深，外延扩大）——为整个社会约定俗成地接受，那么这两种不同视角的认识也就合而为一了。尤其是在实践层面，当针对某一具体区域或领域提出文化生态失衡问题或进行文化生态保护与重构时，

---

① 高建明：《论生态文化与文化生态》，《系统辨证学学报》2005年第3期。

② 高丙中：《关于文化生态失衡与文化生态建设的思考》，《云南师范大学学报》（哲学社会科学版）2012年第1期，第74—80页。

③ 李文华主编：《中国当代生态学研究·可持续发展生态学卷》，科学出版社2013年版。

④ ［美］罗尔斯顿：《哲学走向荒野》，吉林人民出版社2000年版，第82页。

实际是将生态系统科学视为一种世界观，是毫无疑问地要从人类生存的整个自然环境、社会环境、精神环境中的各类因素交互作用为出发点来进行研究，以期有效地优化人与自然、人与社会、人与人之间的关系，实现自然、社会、经济、文化等系统的良性循环，在整个生态系统的平衡中，实现社会文化的发展与繁荣。

（二）　生态文化与文化生态的联系与区别

生态文化与文化生态这两个概念是既有区别又有联系的。有的论者将它们视为同等范畴、相同的概念，这是因为它们的确存在某些相同之处，让人容易模糊了两者之间的界限。

我们认为，生态文化与文化生态都是以人类文化与生态环境的关系为出发点提出的概念，都基于文化学与生态学的学科交叉，且主要理论基础都建立在对生态学的开掘，从自然生态扩展到社会、文化和精神领域，明确肯定了人类文化的生态性质，从而把文化问题放在人类生态系统中进行考察。从方法论来看，它们都从较高的理论层面上（哲学和人类学）认识生态观，把生态学作为考察人类文化的方法论和价值学基础。[①]

二者的不同之处在于，生态文化以文化为中心词，其着眼点在于有关人与生态之间的关系、人在自然生态中产生的适应这一关系的文化，我们仍可将其看作是人类中心主义的一种表达方式；文化生态以生态为中心词，其着眼点是环境或生态系统本身。

生态文化论的侧重点在文化上。如果以生态文化为核心概念建立生态文化学，那么，其重点应是一种文化学研究，其学科应属文化学的分支。如果以生态文化为核心，建构一种思维方式，或者说，将生态文化首要的看作是一种价值观，那么，它实质上是人类在遭遇了环境问题的压迫后所做出的新的文化选择。文化生态论的重心是在生态上。因此，文化生态论

---

① 柴毅龙：《生态文化与文化生态》，《昆明师范高等专科学校学报》2003 年第 2 期，第 1—5 页。

者实质上是把整个人类文化看作一个生态大系统。这个生态大系统由自然环境、科学技术、经济体制、社会组织、价值观念等层次组成，它们之间是一种协同共存的关系。这些不同层次的协同关系是一种相互依赖、相互影响、交相作用的关系。这种协同共存关系不仅影响着人类一般的生存和发展，也影响着人类文化的产生、创造和发展。

20 世纪以来，由于人类的生态问题日益突出，备受各界人士关注，生态问题已和人类生存、发展等根本性问题联结在一起。因而，生态文化与文化生态就成为人们广为议论的话题。不加深究也就很容易将两者相混。但这种将生态文化与文化生态视为同一概念，是有其现实的和理论上的根由的。这种理论上的根由主要就表现在生态文化与文化生态两者的相互转化上。在生态文化的研究中，当论题一旦涉及到生态学方法，用生态观点研究现实事物，观察现实世界，思考现实问题，你马上就进入了文化生态的领域，这已经不是个别的、偶然的僭越，而是一种普遍的现象。在文化生态的研究中，当我们用生态价值观来研究现实事物，评价现实事物时，你又会进入生态文化领域。因为，一旦文化生态的研究者把生态价值评价作为根本的价值尺度，那么，生态文化就成为人类文化生态系统发展演进的一个必然选择。这就是说，生态文化是人类文化发展的高级阶段。正是在这里，文化生态与生态文化的指向趋于一致，这两者的内在联系和相互转化也由此而显现。①

可以说生态文化处于人类的文化生态大系统之中，在建设生态文明的时代，被摆在了日益凸显的重要地位，将成为一种主流文化并发挥重要的作用，影响着文化生态的诸要素和谐与可持续发展。

就生态文明、生态文化、文化生态三者关系而言：生态文明是一种更适宜人类生存发展的更加进步的文明状态，而生态文明的建设与实现需要生态文化的积累与发展；生态文化处于人类的文化生态大系统之中；文化

---

① 柴毅龙：《生态文化与文化生态》，《昆明师范高等专科学校学报》2003 年第 2 期，第 1—5 页。

生态是影响文化生存、发展的各要素的有机统一体，它包括文化的自然生态（或称自然环境）和社会生态（或称文化生态、社会环境）两方面。其中自然生态包括地理环境、气候条件、生物状貌等要素，社会生态包括科技水平、生产方式、生活方式、政治制度、社会组织、社会思想等要素。[①]在建设生态文明的时代，生态文化被摆在了日益凸显的重要地位，将成为一种主流文化并发挥重要的作用，影响着文化生态的诸要素和谐与可持续发展。党的十八大以来，国家在生态文明建设方面提出了高屋建瓴的新理念，强调"五位一体"的生态文明，进一步强化了生态文明与文化建设的融合关系。

第三节　民族地区的文化生态与生态文明建设

一、民族地区的文化生态

文化生态是民族生存和发展的必要条件。每一个民族都是在由特定的文化、社会、自然等条件构成的生态系统中成长发展和演变的。当我们强调民族文化多样性，强调民族经济社会的可持续发展时，对民族地区包括其自然条件、社会结构、文化遗产等文化生态诸要素的认知就呈现在我们面前。

文化生态的不同，形成了我国各少数民族不同的文化风格与文化特质。"地理环境的、物质生产方式的、社会组织的综合格局，决定了中华民族社会心理特征，而中国人包括中国的文化的匠师们便以这种初级思想做原料进行加工，创制了富于东方色彩的仪态万方的中华文化。"[②] 由于文化生态不同，我国各少数民族因此形成了不同的文化风格、民族特质，这些文化

---

① 段超：《再论民族文化生态的保护和建设》，《中南民族大学学报》（人文社会科学版）2005年第4期，第62—66页。

② 冯天瑜：《中华文化史》，上海人民出版社1998年版。

风格、民族特质与其所世代生活的环境又有着千丝万缕的联系，因此也体现出浓郁的地方性或地域性特点。

民族文化生态在一定区域、一定时期具有相对的稳固性，但并不意味着是一成不变的。政权的改变、人口的迁徙、自然环境的变化、生活方式的改变，时刻都在影响着民族文化生态。而一旦发生变化，该民族的文化也会发生变异甚至消解。如历史上生活在北方地区的鲜卑族在建立北魏政权迁都洛阳后，其文化生态发生了重大变化，大批鲜卑人离开自己的草原生活区域，进入黄河农耕文化区。随着时间的推移，该民族的文化逐渐消解，鲜卑族也因融合于其他民族之中而不复存在。改革开放以后，一些少数民族离开原始山地，迁入平坝地区，原先的采集和游猎生活方式为农耕生产方式所代，其传统文化也因此发生了很大变化。而生存环境恶化，经济社会发展缓慢滞后，使得民族文化生态同样面临破坏、失衡与变异危机。当下的民族文化生态危机较鲜明地体现为文化资源受到破坏、传统文化习俗发生变迁或消亡等。如由于民族传统工艺品在现代社会已有类似产品可替代，其市场日益萎缩，传统工艺赖以生存的条件已不复存在，导致许多民族传统工艺失传和绝迹。再如，由于民族传统节日赖以成长的环境发生了较大变化，许多民族传统节日或已消失或内容发生很大变化。①

改革开放以来，我国少数民族地区的经济有了较快的发展，但经济快速发展的同时也暴露出众多影响经济可持续发展与生态保护问题：第一，由于物质资源分布的不均衡性导致经济发展的不平衡性。少数民族地区的资源大多流向东部发达地区，而其产品大多又流回，这一过程中还伴随着对少数民族地区资源的非合理性开采，从而导致生态环境的进一步恶化。第二，区域经济发展过程中忽视区域生态保护问题。生态资源的开采和利用严重违背生态规律，造成区域经济可持续发展的后劲不足。第三，区域经济发展过程中只重视生态资源的开发和利用，忽视了如何进行生态建设，

---

① 段超：《再论民族文化生态的保护和建设》，《中南民族大学学报》（人文社会科学版）2005年第4期，第62—66页。

出现了区域经济发展越快、生态环境越恶劣的恶性循环。① 此外，我国的少数民族聚居地区多为较偏远地区尤以山区为主。尽管经济有所发展，但无论是经济增速、社会环境、设施配套等均无法和汉族地区相比，其发展的闭塞性与滞后性依然突出。而与之相对应的却是文化上的强烈冲击。尤其是 21 世纪以来，伴随着新兴媒体的迅猛发展，即使在偏僻遥远的村寨，要掌握国家甚至全球的最新资讯也并非难事。然而这种文化上的冲击影响与现实生活的困境严重不对称，导致越来越多的民族对自身文化产生质疑、迷茫，这就是"文化自觉"的缺失。"文化自觉"的缺失带给当地经济社会发展最大的弊端恐怕就在于本地人在本地发展建设中的缺位。

如何在促进民族地区经济社会发展中维系文化生态的平衡？我们认为本地人与本地的"地方性知识"不能缺失。在讨论民族地区发展问题时，不能以我们自己对世界的理解和知识来审视这些问题，而应将其置于当地人的语境之中。从环境生态的角度来看，地方居民的知识来自置身于环境之中的生活体验，其地方性知识具有重要的生态价值。首先，地方性知识是特定民族在世代调适与积累中发育起来的生态智慧与生态技能。地方性知识必然与所在地区的生态系统互为依存，互为补充，又相互渗透。我们若能系统发掘和利用相关地区的地方性知识，便可以找到维护生态平衡、促进区域经济可持续发展的最佳办法。其次，发掘和利用地方性知识，维护生态环境，是一种成本低廉的手段。地方性知识是与当地社会的生产和生活有机地结合在一起的。人们在其日常活动中，会下意识地应用地方性知识中的生态智慧与技能，而不必借助任何外力的推动，就能持续地发挥其作用。由于不必仰仗外来的投资，而是靠文化的自主运行去实现目标，因此这是一种最节约的生态维护方式。最后，利用地方性知识去维护生态安全，既不会损害文化的多元并存，也不会损害任何一个民族的利益。② 维持人类文化的多元并存，对于人类与环境的持续性发展至关重要。正如

---

① 胡珀、刘虹：《区域经济可持续发展中的生态建设设想》，《兰州学刊》2003 年第 6 期。

② 杨庭硕：《论地方性知识的生态价值》，《吉首大学学报》（社会科学版）2004 年第 25 卷第 3 期。

凯·米尔顿所言，如果我们承认文化是人与环境相互作用的一种机制，那么，人类的生存或许最终取决于文化多样性。①

二、民族地区的生态文明建设

民族地区的生态文明建设是我国全面建设生态文明的重要组成部分。在民族地区建设生态文明，是关系到各少数民族文化生态平衡、经济社会全面均衡发展、中华民族团结繁荣的长远大计，是实现中华民族伟大复兴中国梦的重要内容。

在民族地区建设生态文明，要将自然生态与民族文化生态的保护结合起来。民族文化的生成环境由自然生态与文化生态组成，只注意自然生态而不注意文化生态，只重视文化生态而忽视自然生态，都不利于文化生态的保护，必须把二者结合起来。其实，在许多情况下，自然生态与文化生态是密不可分的。没有纯粹的自然生态，自然生态也打上了人文的烙印；也没有脱离自然生态的文化生态，任何文化生态都是自然与人文的结合。生产方式、生活方式、社会体制等都在特定的时空范围内而存在。文化生态建设要取得成效，必须同时加强自然生态环境建设。另一方面，许多民族文化事象不是孤立的存在，要与相应的自然生态结合才显出其价值。不少人文景观的价值与自然空间和环境形成一个整体，离开这些相应的自然环境，人文事象的价值就会降低，如许多古迹、古墓与幽深的环境相联系，奇特的自然村落与其山水相统一。必须将自然生态与民族文化生态的保护结合起来。

在民族地区建设生态文明，要正确认识现代化运动与民族文化生态保护的关系。第一，现代化与民族传统文化保护之间并不是对立的。民族的现代化并不一定要通过破坏传统文化和文化生态来实现。现代化是指一个民族的发展目标，实现现代化是每个民族的追求，也是民族发展的必由之

---

① ［英］凯·米尔顿：《多种生态学：人类学，文化与环境》，载中国社会科学杂志社：《人类学的趋势》，社会科学文献出版社 2000 年版。

路。但是现代化运动并非要在一个全新的生境中进行，在既有的文化生态体系中同样可以实现。事实上，许多民族文化消失并非是现代化运动的结果。如20世纪50年代，美国鼓励印第安人迁入城市，让其融入主流社会，结果其传统文化为白人文化所同化，传统文化消失了。但这并不是由于现代化造成的，而是美国政府的民族同化政策导致的结果。另一方面，现代化的目的是全面提高人民生活水平和人的素质，促进人的全面发展。未来社会，人类的物质文明会高度发展，精神文明会不断进步。就物质文明来说，人类的生产工具、生活用具会越来越现代，与此不相适应的传统工具会消失。但就精神文明来说，人类一些传统价值观念和生活方式会继续存在，并且各个国家各个民族都有自己的生活方式和价值标准。现代化与传统文化并非全面对立和冲突。第二，不能用传统的现代化模式来预测人类未来的现代化。其实，人类的现代化有多种模式。许多国家所走过的以工业化、城市化实现现代化的道路并不是人类现代化的唯一模式，它只是人类现代化的一种方式，而且是人类对现代化的最初探索。事实证明，这种现代化的道路有许多失败之处：虽然经济高速发展，但环境受破坏，人际关系紧张，贫富差距拉大，道德失范，等等。实践证明，这不是一种最佳的现代化道路。为此，在进入21世纪之际，人类全面检讨了数百年现代化的历程，总结出深刻教训，提出了可持续发展思想，这对于现在和未来推进现代化的国家无疑是有帮助的。根据可持续发展观点和民族地区的实际，我国一些少数民族地区的现代化不一定要通过大规模发展工业，走城市化道路来实现，完全可以走生态经济和文化发展的模式。即依靠其丰富的文化资源和生态资源，大力发展生态经济、文化产业和旅游业来实现现代化。在这种模式下，文化生态的保护是完全可以实现的。

　　在民族地区建设生态文明，要处理好经济全球化、世界一体化与民族文化保护的关系。一方面，对于文化渗透和文化冲突，人们可以发挥主观能动性，通过文化调适来实现文化之间的整合。只要我们采取恰当的手段，处于弱势的民族其文化完全可以得以保存。历史上发生的弱势文化在强势文化冲击下发生解体，主要是由于文化调适手段和文化政策跟不上造成的。

随着人类对文化交流、文化冲突规律认识的深化，一定能找出不同文化和谐共处的方法。通过文化调适，使多种文化在交汇中相互学习，实现各自文化的互补和民族文化的创新。另一方面，在强势文化的冲击面前，民族传统文化并非全部处于被动状态和弱势状态，民族传统文化中的不少思想和观念与现代文明的理念是相一致的。如中华传统文化中"天人合一"思想、少数民族的传统自然生态观和生态保护思想包含着众多科学成分，这些文化资源经过现代转换，对于人类走出目前所面临的生态困境有启示意义。

在民族地区建设生态文明，是在保护民族文化生态的基础上谋求经济社会的全面发展。发展以保护为前提，保护为发展提供更多机遇。实际上，发展经济与保护民族传统文化并不矛盾。民族传统文化中阻碍现代化的因素，可以通过有效的办法来加以解决。民族地区文化资源丰富，民族文化可以作为一个产业来发展，文化产业是民族地区新的经济增长点。民族传统文化不仅不会成为民族经济发展的障碍，而且会促进经济繁荣；经济发展也不会带来民族文化的萎缩，相反会使民族文化发展呈现出勃勃生机。[①]

第四节 渝东南民族地区的文化生态分析

"渝东南"，即重庆东南部地区。这个地区包括重庆市酉阳土家族苗族自治县、秀山土家族苗族自治县、黔江区、彭水苗族土家族自治县、石柱土家族自治县和武隆县六个区县，土地面积1.98万平方公里，占重庆市土地总面积的20.4%；人口364万人，占重庆市总人口的10.5%。境内居住的主体民族是土家族和苗族。渝东南地区处于渝鄂湘黔四省市结合部，是重庆市唯一集中连片，也是全国为数不多的以土家族和苗族为主的少数民族聚居区。这里自然山川秀美、生态环境优良、民族风情浓郁、民俗乡风

---

① 段超：《再论民族文化生态的保护和建设》，《中南民族大学学报》（人文社会科学版）2005年第4期，第62—66页。

淳朴、历史文化底蕴深厚，各类资源十分丰富。

　　渝东南与湖南省湘西土家族苗族自治州、张家界市，湖北省恩施土家族苗族自治州、长阳土家族自治县、五峰土家族自治县，以及贵州省铜仁地区相邻。渝东南、湘西、鄂西南、黔东北这几个地区，共同构成一个以武陵山脉为中心的连片区域。武陵山绵延420公里，一般海拔高度1000米以上，最高峰为贵州的凤凰山，海拔2570米，主峰梵净山在贵州的铜仁地区。武陵山脉从海拔千米的云贵高原边缘向东北倾斜，经过约250公里，下降到海拔几十米的江汉平原，形成一片包括乌江、沅水、澧水、清江四水流域、地貌大致相似的山区。境内山势巍峨，溪涧交错，是与高原地带、丘陵地带、平原地带相区别的典型的山区地带。这个山区地带，就是武陵山区，或称武陵山片区。武陵山区以土家族、苗族为主要世居少数民族并融汉、侗等30多个民族为一体，具有共同地理和文化特征。这个连片地区占据我国版图的中央位置，在生态和战略上都十分重要。

　　武陵山区属于亚热带季风湿润型气候区。这里环境优美，物种繁盛，奇山秀水，茂林修竹，珍禽异兽，锦鳞彩蝶，天然与共，生机勃勃。陶渊明的《桃花源记》就是以这里为原型写成。整个区域具有相似的自然生态条件和大致相同的社会历史，形成了汉族与土家族、苗族等多民族共生的山地经济文化类型，在中华民族的文化多样性中占据重要的位置。在这一空间区域内，山同脉、水同源、人同族、文同形。特别是土家族和苗族的文化源流、文化形态、文化价值等要素息息关联。在这一空间区域内，巴渝文化、黔中文化、荆楚文化、潇湘文化、夜郎文化、岭南文化等相互融合，相互渗透，共同构成泛武陵山区文化生态圈。

　　渝东南的文化生态是武陵山区文化生态的一部分，其地理环境、历史沿革、民族人口、资源禀赋、区位特征等诸方面都以整个武陵山区大背景作为依托，这种跨越了空间与时间的联系是如此紧密。我们考察渝东南的文化生态，分析这一地区的自然、社会、文化、经济等诸要素及其联系，在某种程度上而言，就是对整个武陵山区的关照。

一、地理环境

渝东南地区地理坐标为东经 107°13′—109°19′、北纬 28°9′—30°32′之间，地处武陵山区腹地，是我国中部与西部结合部位的前沿。这里土地面积 1.98 万平方公里，占重庆市总面积的 20.4%，占武陵山区幅员面积的 25%。渝东南自古有"八山一水半分田"的说法。境内多山地和丘陵，其中山地占 78%，丘陵占 19%，平地占 3%，森林覆盖率为 26%。境内有武陵山、方斗山、七曜山、毛坝盖、广沿盖等山脉。水系发达，主要有乌江、酉水和沅江三大水系。地质结构属新华夏构造体系，多为褶皱山脉，海拔高度大多为 500—1000 米。喀斯特岩溶地貌发育良好，有溶洞、石林等天然奇观。气候具有随海拔高度变化的立体规律，是典型的亚热带山地气候，温和宜人，四季分明，热量丰富，雨量充沛，季风明显，但辐射、光照不足，灾害气候频繁。由于特殊的地质构造和气候条件，渝东南土地非常贫瘠，水土流失严重，土壤肥力较低，生态环境十分脆弱。

二、历史沿革

渝东南地区涵盖西阳土家族苗族自治县、秀山土家族苗族自治县、黔江区、彭水苗族土家族自治县、石柱土家族自治县和武隆县等六区县。在行政隶属上，渝东南地区长期分属不同的行政区域，但是多数地区属于一个行政区域的时期也很长，期间也有全部属于一个行政区域的情况。

渝东南在《尚书·禹贡》中被称为梁州之域，商周为"巴之南鄙"。秦时，酉阳、秀山、黔江、彭水、武隆隶属黔中郡，石柱属巴郡。两汉时期，酉阳、秀山、黔江、彭水、武隆先隶属巴郡，后属涪陵郡，石柱仍属巴郡。作为这一区域的核心，酉阳县于汉高祖五年（公元前 202 年）即正式置县，县治在今湖南省永顺县南猛河与酉水河交汇处之王村，因位于酉水北岸，古人称北为阳，故名。西汉酉阳县含今湖南永顺县、古丈县、龙山县及重庆秀山土家族苗族自治县、酉阳土家族苗族自治县、黔江区、彭水苗族土家族自治县及贵州省德江县、思南县、印江土家族苗族自治县、沿河土家族自治县、务川仡佬族苗族自治县各一部分。晋太康中，"没于蛮僚"。唐、宋设羁縻州时，酉阳、秀山属思州，黔江、彭水属黔州，石柱属忠州，武隆则先后隶属涪州、黔州。其间于五代时，这里又一次"没于蛮僚"。自南宋建炎三年（1129年）起，实行土官制、土司制，长达600余年。清雍正十三年（1735年）酉阳"改土归流"，设酉阳直隶州，领秀山、黔江、彭水三县；乾隆二十七年（1762年）石柱"改土归流"，置石柱直隶厅。

民国年间，酉阳直隶州改为酉阳县，石柱直隶厅改为石柱县，均属川东道。1935年，在酉阳设四川省第八行政督察公署，辖酉阳、秀山、黔江、彭水、石柱、武隆等9县。

中华人民共和国成立后，1949年11月建立酉阳专区，辖酉阳、秀山、黔江三县，石柱、彭水、武隆属涪陵专区。1952年9月，撤销酉阳专区，将其辖地划入涪陵专区。1983—1984年，酉阳、秀山、黔江、彭水、石柱、武隆均单独设县或改为自治县。1988年，酉阳、秀山、黔江、彭水、石柱五自治县从涪陵地区划出，建立黔江地区。1997—2000年，设酉阳县、秀山县、黔江区、彭水县、石柱县、武隆县，均划归重庆市管辖。

三、人口民族

渝东南六区县，总人口364万人。2014年，渝东南常住人口276.58万人，占重庆市常住人口的9.2%。

渝东南地区除武隆县以汉族人口为主，其余五区县均以少数民族为主，各少数民族人口占比平均在67%。土家族、苗族是渝东南实行民族区域自治地方的主体民族，也在人口中占据较大比例。酉阳土家族苗族自治县土家族人口占60%，苗族人口占24%；秀山土家族苗族自治县土家族、苗族人口占比总体在52%以上；石柱土家族自治县是渝东南唯一以土家族为主体民族的自治县，其土家族人口占比在70%以上；彭水苗族土家族自治县以苗族为主体民族，苗族人口占43%，土家族人口占10%；黔江区土家族人口占58%，苗族人口占16%。就武陵山区来说，渝东南地区的土家族人口 150 余万人，占武陵山区土家族人口的 21%，苗族 53 万余人，占武陵山区苗族人口的 25%。①

（一）土家族

土家族是渝东南人口最多的民族。土家族自称"毕兹卡"，世代居住在西水、武陵山区。

据文献记载，历史上这个地区的民族成分非常复杂。《后汉书》称这一地区的少数民族为"武陵蛮"，这其中就包括了土家族先民。一般认为土家族是古代巴人的后裔。楚、秦灭巴后，巴国不复存在了，但巴人不断迁徙、广泛分布于武陵山区。秦实现统一后，在巴人故地设巴郡、黔中郡、南郡。汉改黔中郡为武陵郡。《后汉书·南蛮西南夷列传》称："巴郡南郡蛮，本有五姓：巴氏、樊氏、瞫氏、相氏、郑氏。皆出于武落钟离山。其山有赤黑二穴，巴氏之子生于赤穴，四姓之子皆生黑穴。未有君长，俱事鬼神，乃共掷剑于石穴，约能中者，奉以为君。巴氏之子务相乃独中之，众皆叹。又令各乘土船，约能浮者，当以为君，余姓皆沉，唯务相独浮。因共立之，是为廪君。"生活在巴郡、南郡和黔中郡境内的巴人即为"廪君种"。他们约在公元前 3 世纪即以火耕水耨、渔猎山伐为业，繁衍生息。土家族内部也有一种观点，认为土家族有一部分来源于"巴国人"后裔，但不是巴国主体民族"巴族"的后裔，被称为"賨人"或"板楯蛮"。但无论是何来源，西汉时，这些被称为"廪君种""板楯蛮"的人已经有了共同的地域，共同的风俗习惯和经济生活，其活动地域基本与今天土家族所在地吻合。三国时，"武陵蛮"又称为"五溪蛮"。"五溪蛮"中既有土家族的先民，也有苗、瑶、侗等族的先民。进入两晋南北朝时期，由于国家的分裂，各族大混杂，巴人的迁徙也很频繁，东边一直扩迁到鄂东北和河南东南部，所以史书记载也很混乱，有"西溪蛮""零阳蛮""溇中蛮""建平蛮""巴建蛮""酉阳蛮""宜都蛮"等称呼。"土家"作为族称，是在汉人大量迁入

---

① 以上数据主要依据第六次全国人口普查数据。

后出现的。宋以后，汉人逐渐迁入武陵山区，土家族人单独被称为"土丁""土人""土民"或"土蛮"等。特别是清朝雍正十三年（1735 年）"改土归流"后，汉族大量迁入，于是出现了"土民""客民"之分。为了区别外地迁入的人群与本地人的不同，"土家"一词开始出现。以汉语自称"土家"，称外地迁来的汉人为"客家"，称毗邻的苗族为"苗家"。《咸丰县志》载："今就本县氏族列之，大指分土家、客家二种。土家者土司之裔……。客家者，自明以来，或宦或商，寄籍斯土而子孙蕃衍为邑望族者也。"虽然这种说法不够准确，但把"土家"与"客家"严格地区分开，正式把"土家"作为一个人们共同体提出来却有着十分重要的意义。清朝所修的方志中不少都把土民、苗民、客家区分开来，表明土家族这一人们共同体已经形成。①

当然，土家族是多元一体，除了巴人的后裔外，还有长期生活在武陵山区的土著人、外面迁来的汉人及其他民族，他们长期生活在武陵山区，在共同与大自然和自己的敌人的斗争过程中，相互交往和融合，逐步形成了具有共同地域、共同语言、共同经济生活、共同心理素质的人们共同体——土家族。中华人民共和国建立后，通过民族识别，土家族被确定为单一民族。

经过长期的历史发展，土家族形成了绚丽多彩的文化和独特的风俗习惯。土家族地处崇山峻岭，山地生产和生活构成了土家族特定的经济基础。到处是旱地，生长着苞谷和土豆。每当春耕时节人们上山"打锣鼓"挖土豆，夏收时节打"薅草锣鼓"，唱"薅草歌"。长期如是，就形成了传统的边敲锣、边打鼓、边唱歌、边劳动的生产习俗。土家人饮食以苞谷为主粮，好酸辣，有"饮茶"和"咂酒"的习惯。

（二）苗族

秦汉时，渝东南的苗族与其他少数民族一起被统称为"巴郡蛮""南郡

---

①　陈康：《土家语研究》，中央民族大学出版社 2006 年版，第 1—2 页。

蛮""武陵蛮""五溪蛮"等。之后，又将住在酉阳的苗族和其他少数民族一起被统称为"酉阳蛮"。《宋史》中将渝东南苗族与其他少数民族一起统称为"施黔高涪，徼外诸蛮"（卷496）、"黔州蛮"（卷9、卷493）、"彭水蛮"（卷496）。《元史·世祖本纪》中将渝东南苗族称作"诸峒苗蛮"。《文献通考·舆地五》将黔州列为"古蛮夷之国"。今日渝东南地区苗族的节庆、歌舞，都是世代传承的结晶。

渝东南的历史，在一定程度上也是多个民族的迁移、交融史。在旧石器时代，这里就有先民居住。春秋战国时期，属巴楚领地，秦灭巴后，部分巴人留了下来。魏晋时，僚人由黔入境；洞庭湖边的苗人，也有一部分迁来这里定居。"改土归流"前，也时有汉人到此居住，宋时就有"客户举室迁去"定居的记载。居于此地的各民族，交错杂居，经过长时期的经济交往、文化交流，形成了你中有我、我中有你，相互间既有区别又有联系的友好关系，形成了许多共同的民俗，亲如家人，在经济、文化上，共同进步，共同发展，创造了这里的悠久、灿烂的文明史。

四、资源禀赋

（一）自然资源

渝东南境内山雄水秀，植被葱郁。这里群山起伏，奇峰挺拔，秀丽多姿。山山对峙，山山相抱，山外有山，山中套山，气势磅礴，蔚为壮观。从北往南，方斗山、七曜山、雷公山、武陵山、八面山，逶逶迤迤，苍苍莽莽，浮云腾雾，涌波流霞。在万山丛中，长江、乌江、酉水、郁江、龙河、阿蓬江、龙潭河、梅江、芙蓉江，时而缓缓流过，时而奔腾咆哮，山环水绕，溪鸣谷应。山下平坝肥沃，山间梯田层层，山盖平台宽敞，构成了绿水青山的瑰丽画面。这里森林资源、水能资源和物产、矿产资源都十分丰富。区域内共有森林面积1441万亩，森林覆盖率达到40%，是长江流域的重要生态屏障；已查明资源储量的矿产31种，主要有天然气、煤、铝土、锰等重要矿产，可开发水力蕴藏量307万千瓦。

特殊地理气候滋养了充沛的农牧业资源。依托武陵山区地势地貌，渝东南发展山地特色效益农业潜力巨大。海拔高差较大，垂直带谱明显，立体气候显著，具有多层次的生物圈，森林资源、野生动植物和菌类资源种类多，生物物种多样，素有"华中动植物基因库"之称。较好的植被状况和丰富的物种资源，为发展中药材提供了良好基础。草地资源有很大优势，饲料充盈、牧草丰盛，素有养殖生猪、山羊、黄牛、长毛兔的丰富经验，具有产量高、品质优、名气大的特点，是发展畜牧业的良好场所。从气候条件看，山区气温相对较低，冬季寒冷，夏季作物生长期短，病虫害相对较少，有利于发展无公害、生态型绿色产品。耕地的海拔较高、温差较大，有利于农产品有机质的积累和品质的保证。

雄山秀水、神奇地貌造就了丰富独特的生态旅游资源。渝东南是喀斯特地貌富集区和重庆的低山、中山分布区，集山、水、林、泉、洞、峡、江等旅游资源于一体，自然生态环境优越，生态旅游资源丰富独特。该区不仅拥有石柱黄水国家森林公园、大仙女山、白马山、摩围山、大武陵山、桃花源等山岳型旅游资源，而且拥有乌江画廊、芙蓉江、阿依河、小南海、阿蓬江、酉水河、太阳湖、南天湖、郁江等峡谷水域旅游资源和武隆羊角温泉、江口温泉，彭水县坝温泉，黔江官渡温泉，石柱西沱温泉，秀山肖塘温泉、峨溶温泉、石耶温泉等众多的温泉旅游资源。黔江地震堰塞湖小南海为重庆市第一大天然湖泊，碧水绿岛，四围青山，其地震遗址保存得极为完整。干支流纵贯黔江的阿蓬江河谷风光优异卓绝，在黔江境内形成了两大原始峡谷，两大天生桥群以及间歇泉、温泉、地下暗河、溶洞等自然奇观，令人叫绝。彭水青山绿水和丰富的动植物资源，造就了门类齐全的自然景观，酉阳风景名胜多集中在乌江、郁江和芙蓉江两岸。桃花源至龙潭古镇风景区令人神往。秀山县境内风景秀丽，民族文化独特，景色宜人，是全国著名的武陵山风景区的一部分，又属湘、黔、桂、渝、鄂相连的溶岩区，是国家级森林公园——张家界与贵乐洞森林公园保护区及长江三峡至乌江天险环形旅游的回旋地，拥有梅江河风光、妙泉湖、保安渔洞、川河奇观等自然景观。

图 0 – 1　渝东南风光（魏锦　摄）

（二）人文资源

渝东南地区曾是古代中原与西南之间的必经通道，是唐宋时代黔中道的中心，黔州、思州、明代石柱土司、酉阳土司、平茶洞长官司的旧地。这里一直以来都是少数民族聚居的地区，也是现代土家族的主要聚居区。明清以来也有许多汉族移民迁入，尤其是在雍正及乾隆年间，实施"改土归流"，设酉阳直隶州、石柱直隶厅，改变了这一地区"夷多汉少"的民族人口结构。但是由于这一地区地处武陵山区腹地，相对闭塞，当地土家族、苗族等民族文化、当地特色文化以及汉族原生态文化都保存较好。

1. 丰厚的物质文化资源

在漫长的历史岁月中，渝东南地区的先民们在这奇特的地理环境里垦殖开发，创造了丰厚的物质文化。这里现有全国重点文物保护单位 3 处，市级重点文物保护单位 30 处，区县文物保护单位 301 处。3 处全国重点文物保护单位中，近现代重要史迹及代表性建筑 2 处，古遗址（冶锌）1 处。全国重点文物保护单位和市级重点文物保护单位当中，民居建筑 19 处，占58%；少数民族文化遗产 9 处，占 27%。

在时间跨度上，最早有距今1亿年左右白垩纪早期的黔江山阳岭的恐龙化石；更新世的秀山扁口洞动物化石遗址，出土有大熊猫、剑齿虎、鬣狗、犀牛等6目26种1000余件动物化石和4颗人类牙齿化石；黔江老屋基的旧石器时代遗址，出土有100余件古动物化石和800余件旧石器时代石器材料。经先秦、汉唐，一直绵延至清代、民国。在文物形式上，有古城、古镇、民居、庙宇、石刻等地面文物古迹，有墓葬、残址等地下文物遗址；在承载功能上，有制盐贩盐的盐井盐道，有抗暴卫民和起义的城寨战场，也有镌刻贤达圣绩的摩崖碑刻，还有交通乡梓畅达四方的桥梁渡口；在存藏方式上，除原地原样保存原生形态文物外，还修建博物馆、陈列馆、文管所等予以馆藏文物。

西阳西酮的新石器制造场，彭水郁山和武隆的盐井盐场，搬运巴盐入湘、通楚、达黔的绵延千里的巴盐古道，以及西阳、彭水、武隆境内的乌江纤道和秀山境内的花垣河、梅江河的石构栈道，承载了先民们垦殖创业的累累业绩；黔江隋代庸州城址、武隆唐代县城遗址、彭水宋代绍庆府古城以及西阳龚滩、龙潭、后溪和秀山石堤、洪安及石柱西沱等古镇，石柱、西阳等地巴人干栏式建筑遗风的吊脚楼民居，记录了先民们兴城建家的隽永智慧；西阳县城西北角的大酉洞，洞中的美景，洞壁的石刻，历代诗家的题咏，一些志书的载录和学士的撰文，诉说了此乃晋代陶渊明笔下的世外桃源；彭水初葬唐太宗长子李承乾（被废黜为庶人而谪贬死于黔州）墓、武隆唐代宰相长孙无忌（因反对武昭仪封后而贬至黔州自缢身亡）墓，宋代著名诗家黄庭坚衣冠冢（谪贬涪州常游于彭水郁山，殁后绅民寻其衣冠葬于彭水），以及彭水的郁濯二江、秀山的花垣梅江二河、武隆的乌江沿岸悬崖上古至汉唐的墓葬群，这些古墓陈述着先民们历尽坎坷归宿寂寞的悲苦辛酸；秀山宋农的大摆手堂遗址，西阳后溪的爵主宫（小摆手堂），把土家族人带回到古老的祭祖摆手的记忆之中；武隆博物馆藏的巴人军用乐器虎钮錞于，彭水保存的南宋末年绍庆府军民抗元战场鸡冠城遗址，秀山保存的明代苗民反抗压迫斗争挖掘的地道遗址，以及秀山、西阳、武隆、彭水等地多处红二军、红三军、解放军二野司令部旧址、革命根据地，全国重点文物保护单位赵世炎烈士故居等，迸发出先民们骁勇奋战的凛然锐气；其他一些已经消失的遗迹，譬如《酉阳直隶州总志·祠庙志》中记述的众多庙、祠、宫、坛、寺、观等，透露出先民们崇神祭祖的浓郁深情。

在众多的文物宝藏中，有一些珍贵文物，蕴含着浓郁厚重的历史文化信息，而其中一些文物古迹直接就是传说、歌曲、戏剧的内容，静态的文物古迹与活态的非物质文化遗产共同构成该地区独特的文化遗产。

2. 多彩的非物质文化资源

特殊的地理人文环境在孕育丰富厚重的物质文化的同时，也创造了众多的非物质文化。先民们留下的这些非物质文化遗产，是整个渝东南地区的文化资源主体。此地的自然环境、经济环境、社会环境和民众的生活环境，成为非物质文化生存、发展的沃土，也使此地成为非物质文化遗产富集区。

渝东南各民族人民在长期与自然打交道的过程中，一直以"狩猎""农耕"作为主要的生活方式，这就注定他们与土地、气候、植物以及动物种群发生着密切的关系，从而对自然生态环境产生了强烈的依赖性和从属性。因此，渝东南地区发端于农耕社会的非物质文化遗产是建立在自然生态，尤其是当地大山与江河的基础上的，并有着极具特色的个性和传承方式。表现本地人旷达精神的乌江号子、南溪号子、高炉号子，时至今日仍能让人感受到抖擞精神的直抒胸臆；在集体劳动中的锣鼓与歌唱、在丧葬仪式中的打绕棺，体现了当地人民的乐观豁达。相对闭塞的山区环境使得这里的文化延续传承历史悠久，当地土家族苗族等民族文化、当地特色文化以及汉族原生态文化都保存较好。传承久远的"巴渝舞"、龚滩镇蛮王洞传说、蛮王洞香会等不断出现在历代文献之中。

渝东南的主体民族是土家族、苗族，是典型的少数民族聚居区。土家族、苗族文化是这个地区的标志性文化。当地土家族、苗族人民在图腾崇拜、衣冠服饰、音乐舞蹈、生活习俗等方面，都保留着各自的民族特色。如土家族、苗族保留着自身的服饰特点；土家族提前一天过赶年，而苗族保持了自己的四月八牛王节。同时渝东南文化也是民族融合的产物，呈现为多民族文化共存的格局。多民族聚居形成的四合院、防火墙建筑、吊脚楼等特色民居可以共处一地，民间祭祀仪式中土家梯玛与汉族端公、道士同为主持等，无不彰显区域内独特而多元的文化特色。

截至 2014 年年末，渝东南地区西阳、秀山、黔江、彭水、石柱、武隆六区县进入非物质文化遗产代表作名录的项目共有 433 项，其中重庆市级名录项目 80 项、国家级名录项目 11 项。按行政区划分，西阳 178 项，秀山 24 项，黔江 37 项，石柱 122 项，彭水 47 项，武隆 25 项；按项目类别分，民间文学 61 项，传统音乐 97 项，传统舞蹈 39 项，传统戏剧 20 项，曲艺 7 项，传统体育、游艺与杂技 23 项，传统美术 12 项，传统技艺 89 项，传统医药 11 项，民俗 74 项。

图 0 - 2　苗族对歌

资料来源：重庆市非物质文化遗产保护中心。

五、区位特征

渝东南地区是西水注入乌江又流向长江的一片山区，由土家族、苗族和汉族构成主要的人口，造就自己的文化属性，传承着多民族的文化遗产，形成了特色鲜明的文化生态。渝东南的文化生态是武陵山区文化生态的一部分。渝东南地区的区位特征更带有明显的武陵山印记。

（一）区位定位

渝东南地区位于我国中西部结合带，与湘、黔、鄂三省联系密切，具有承西启东的作用。渝东南地区地处武陵山区连片特困地区，是国家重点生态功能区与重要生物多样性保护区、武陵山绿色经济发展高地、重要生态屏障、民俗文化生态旅游带和扶贫开发示范区，以及生态文明先行示范区，是国家级武陵山区（渝东南）土家族苗族文化生态保护实验区，是重庆市少数民族集聚区、重庆市五大功能区规划中的生态保护发展区。

图 0-3 渝东南武陵山区在重庆市的位置

1. 武陵山经济协作区

2009年，《国务院关于推进重庆市统筹城乡改革和发展的若干意见》要求，协调渝鄂湘黔四省市毗邻地区发展，成立国家战略层面的"武陵山经济协作区"。协作区定位为国际旅游胜地——旅游发展方式得到显著转变，旅游产业转型升级和提质增效取得突破性进展，形成旅游产品特色化、旅游服务国际化、旅客进出便利化、生态环境优质化的国际旅游胜地；中国生态"绿心"——武陵山地处中国地理版图的心脏位置，也是中国亚热带森林生态系统的核心区域，依托其良好的绿色植被资源，充分发挥水土保持、物种保育、水源涵养、气候调节等自然功能，培育中国生态"绿心"；城际中央公园——充分依托自然景观、人文风情的独特资源，激发优势潜能，深度融入成渝都市圈、长株潭城市群、武汉都市圈和珠三角都市圈，创建连接并服务大都市圈的巨型原生境中央公园；碳汇储备基地——探索大空间、多层面、跨行业的生态补偿与碳汇交易，建立域外横向支付的生态资源互换机制，成为以低碳发展、循环经济和生态文明为主要标志的国家示范性先导区；内陆和美新区——通过点轴开发，推进区域一体，实现设施共建，资源共享，市场共治，品牌共创，培育具有强势性后发竞争力的内陆腹地新兴增长极。

"武陵山经济协作区"是加快推进以土家族、苗族、侗族等聚居主体的武陵山老、少、边、贫地区经济协作和功能互补的迫切需要，是在新的起点上进一步实施西部大开发的重要举措，是促进我国东中西部地区协调发展的战略选择，也是低碳时代生态文明建设的重大任务。

2. 武陵山区连片特困地区

连片特困地区，是指因自然、历史、民族、宗教、政治、社会等原因，一般经济增长不能带动、常规扶贫手段难以奏效、扶贫开发周期性较长的集中连片贫困地区和特殊困难贫困地区，也即集中连片特殊困难地区。2010年3月26日，国务院西部地区开发领导小组第二次全体会议提出"开展集中连片特殊困难地区开发攻坚的前期研究"。此后，中央文件和中央领导讲话，普遍使用"集中连片特殊困难地区"这一概念。2010年10月18日，党的十七届五中全会通过的《中共中央关于第十二个五年规划的建议》强调"加快解决集中连片特殊困难地区的贫困问题"。国家扶贫办制定的《中国农村扶贫开发纲要（2011—2020）》明确将六盘山区、秦巴山区、武陵山区、乌蒙山区、滇桂黔石漠化片区、滇西边境山区、大兴安岭南麓山区、燕山—太行山区、吕梁山区、大别山区、罗霄山区等连片特困地区和已明确实施特殊政策的西藏、四省（四川、云南、甘肃、青海）藏区、新疆南疆三地州确定为中国未来十年扶贫攻坚的主战场。

武陵山区连片特困地区涵盖湖北省 11 县、湖南省 31 县和重庆市 7 区县。这 7 区县分别是渝东南酉阳土家族苗族自治县、秀山土家族苗族自治县、黔江区、彭水苗族土家族自治县、石柱土家族自治县、武隆县和丰都县。这个区域自然资源充足，但没有可持续开发利用，自然资源没有转化为自然资本，所以也没办法转化为财富，导致资源富足性贫困。农业作为连片特困地区的基础性、主导性产业，其中尤以传统种植业为主，这种单一的传统农业发展模式，生产方式落后，生产效率低下，科技含量不高，农业生产的规模化、产业化、集约化水平较低，导致生产性贫困。作为少数民族集聚区，人口普遍受教育程度低，发展能力低，导致主体性贫困。作为生态重要区和资源富集区，按主体功能划分，渝东南许多地区被限制开发或禁止开发，但是，相应的生态补偿机制、可持续开发机制还没有建立健全，因此，离开自然资源，扶贫开发仍然无从谈起，政策上的盲点也导致政策性贫困。

2011 年出台的《武陵山片区区域发展与扶贫攻坚规划（2011—2020年)》将武陵山片区定位为扶贫攻坚示范区、跨省协作创新区、民族团结模范区、国际知名生态文化旅游区，以及长江流域重要生态安全屏障。到2015 年，初步形成区域内良性互动的运行机制与体制，以旅游业为重点的特色优势产业加快发展，交通等基础设施骨架基本形成，公共服务能力显著增强，生态环境质量得到改善，人民生活水平得到提高，全面建成小康社会的基础更加牢固。到 2020 年，稳定实现扶贫对象不愁吃、不愁穿，保障其义务教育、基本医疗和住房，努力扩大城乡居民就业，城镇居民人均可支配收入大幅提高，农民人均纯收入增长幅度明显高于全国平均水平；基础设施日趋完善，基本公共服务主要领域指标接近全国平均水平，农村社会保障和服务水平进一步提升；生态系统良性循环，结构优化、密切协作的产业发展格局形成，人均地区生产总值达到西部地区平均水平以上，城乡居民收入和经济发展实现同步增长，发展差距扩大趋势得到扭转；区域协作体制机制全面建立、高效运转，区域发展步入一体化协调发展轨道。民族团结稳定、社会和谐繁荣，与全国基本同步实现全面建成小康社会目标。

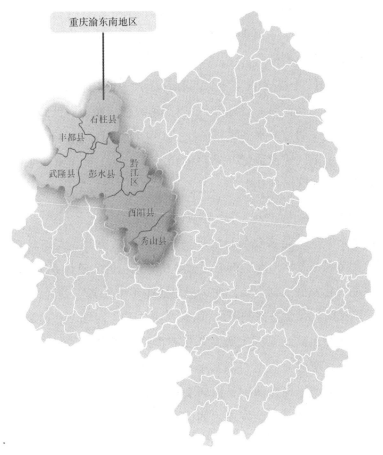

图 0-4　处于武陵山连片特困地区的重庆渝东南地区

3. 渝东南武陵山区生态文明先行示范区

生态文明示范区旨在通过建设形成符合主体功能定位的开发格局，资源循环利用体系初步建立，节能减排和碳强度指标下降，资源产出率、单位建设用地生产总值、万元工业增加值用水量、农业灌溉水有效利用系数、城镇（乡）生活污水处理率、生活垃圾无害化处理率等处于前列，城镇供水水源地全面达标，森林、草原、湖泊、湿地等面积逐步增加、质量逐步提高，水土流失和沙化、荒漠化、石漠化土地面积明显减少，耕地质量稳步提高，物种得到有效保护，覆盖全社会的生态文化体系基本建立，绿色生活方式普遍推行，最严格的耕地保护制度、水资源管理制度、环境保护制度得到有效落实，生态文明制度建设取得重大突破，形成可复制、可推广的生态文明建设典型模式。

2013 年 12 月，国家发改委等六部委下发了《关于印发国家生态文明先行示范区建设方案（试行）的通知》，以推动绿色、循环、低碳发展为基本途径，促进生态文明建设水平明显提升。2014 年 6 月，全国 55 个地区作为生态文明先行示范区建设地区（第一批）予以公示，重庆市渝东南武陵山区和渝东北三峡库区名列其中。

4. 武陵山区（渝东南）土家族苗族文化生态保护实验区

文化生态保护区是文化与自然环境、生产生活方式、经济形势、语言环境、社会组织、意识形态、价值观念等相互作用的完整体系。《国家"十一五"时期文化发展规划纲要》明确提出要在"十一五"期间，确定 10 个国家级民族民间文化生态保护区。《国家"十二五"时期文化改革发展规划纲要》进一步指出要统筹国家级文化生态保护区建设。在保护区文化生态保护的过程中，应树立人与自然和谐相处的理念，对相关的自然景观、自然资源、自然遗产综合性保护，做到文化资源的整体性、活态性保护。协调文化生态保护与经济社会发展之间的关系，发挥其在促进经济社会可持续发展中的重要功能。由于设立国家级文化生态保护区是我国的一项具有实验性、探索性的政策，因此在获得成熟的建设经验以及普遍意义和推广价值之前，目前设立的各国家级保护区都暂定为"文化生态保护实验区"。截至 2014 年年底，我国已申报成功的国家级文化生态保护实验区共有18 个。

2014 年 9 月，渝东南六区县申报国家级文化生态保护实验区成功，获批为"武陵山区（渝东南）土家族苗族文化生态保护实验区"。至此，在武陵山区，我国共设置了三个国家级的土家族苗族文化生态保护实验区，分别是：武陵山区（湘西）土家族苗族文化生态保护实验区（湖南省，2010年5月），武陵山区（鄂西南）土家族苗族文化生态保护实验区（湖北省，2014年9月），以及武陵山区（渝东南）土家族苗族文化生态保护实验区。

武陵山区（渝东南）土家族苗族文化生态保护实验区依托武陵山自然环境、自然遗产和区域内历史悠久、积淀丰厚、灿若星辰的民族文化遗产与传承，在整个文化生态大系统中谋求区域内"人—社会—文化—经济—环境"的和谐平衡和可持续发展。

图 0-5　武陵山区的文化生态保护实验区分布图

5. 渝东南生态保护发展区

2013 年 9 月 13 日至 14 日，中共重庆市委四届三次全会审议通过了《关于科学划分功能区域、加快建设五大功能区的意见》，综合考虑人口、资源、环境、经济、社会、文化等因素，将全市划分为都市功能核心区、都市功能拓展区、城市发展新区、渝东北生态涵养发展区及渝东南生态保护发展区五大功能区域。渝东南六区县为生态保护发展区。渝东南生态保护发展区的主要任务是：突出保护生态的首要任务，加快经济社会发展与保护生态环境并重，加强扶贫开发与促进民族地区发展相结合，引导人口相对聚集和超载人口有序梯度转移，建设生产空间集约高效、生活空间宜居宜业、生态空间山清水秀的美好家园。

图 0-6　重庆五大功能区分布图

（二）区位优劣势分析

1. 区位优势

渝东南在人文地理上有很鲜明的特点。本区域由武陵山的群山和南流的酉水与北流的乌江所代表的水系构成，自成一体，而山与水的功能互相搭配，造就了本地区特有的动能：为大山所阻隔，易于保留自己的社会构成与地方特色；同时也为乌江和酉水在南北两个方向贯通，有舟楫之便，为内外物质贸易与人口流动留下了方便之门。因此，本地区的文化既有多民族的交流与融合，也能够保持一些民族特色的千年传承。

从旅游资源来看，渝东南地处集中连片特困的武陵山区核心地带，是少数民族聚居的老少边穷地区，但是其森林覆盖率高，自然风景优美，国家历史文化名镇分布较多，土家族、苗族文化风情异彩纷呈，旅游资源丰富，旅游景点众多。有浓郁文化的黔江小南海国家级地震文化遗址、建筑风格各异的酉阳龚滩古镇、民俗风情浓厚的土家寨和苗寨，也有魅力四射的"边镇边城"、乌江画廊以及神秘的原始森林公园。应该充分利用资源优势，开发少数民族地区特色文化生态旅游产品，发展少数民族文化生态旅游产业，加快实现民族地区的和谐发展。从交通条件来看，渝东南是渝怀铁路的必经之地，是重庆东南出海的最短路径，同时区内有武隆喀斯特世界自然遗产，紧邻湖南凤凰、贵州梵净山等著名景区，具有重要的区域经济和旅游区位优势。

从土地资源看，渝东南地区人均土地面积相对较多，后备土地资源较为丰富，为农业特色产业的规模发展奠定了物质基础。而且，渝东南地区因过去交通不便、工业布局不多，污染较轻，单位耕地的化肥农药等化学要素投入较少；且因风蚀、水蚀的原因，其土壤中有毒有害物质富集和存储较少。王才军、孙德亮借助集对分析法对黔江、石柱、秀山、酉阳和彭水五个县（区）农业生态系统脆弱度进行评价，认为渝东南少数民族地区黔江、石柱、秀山、酉阳和彭水五个县（区）农业生态系统分别属于轻脆弱、中等脆弱、中等脆弱、轻脆弱和轻脆弱阶段，农业生态系统相对较好，具有一定的开发潜力。单纯从农业生态系统结构功能的角度来看，黔江、石柱、秀山、酉阳、彭水分别处于强脆弱、中等脆弱、强脆弱、强脆弱和强脆弱阶段。该地区由于受岩溶地貌发育影响，农业生态系统自然本底脆弱。今后渝东南少数民族地区农业开发要重视该地区农业生态环境自然本底脆弱的特点，在农业资源开发的同时保护好生态环境。①

从农村人力资本看，渝东南地区常住人口276.58万，农业人口占总人口的64%，农业人口比重较大。农业产业开发层次较低且结构单一，二、三产业发展薄弱。农民收入水平较低，劳动力成本优势比较明显，适宜发展劳动密集型特色农产品生产，有利于农产品储运业和加工业发展，为发展特色产业提供了有力保障。

渝东南山区与流域构成的地理环境和特殊的地形地貌形成了众多独特的自然景观和丰富的自然资源，孕育了丰富包容又相对独立的渝东南民族文化，形成了多姿多彩的文化资源，为农业资源开发提供了特别的外部条件。渝东南民族文化资源与自然旅游资源结合，将提升渝东南旅游的人文内涵与品质，形成独具特色的人文生态旅游资源。这些独具特色的旅游资源，也将为发展观光旅游农业提供重要条件。总体来看，渝东南民族地区资源丰富，各种资源可整合程度高，发展民族文化旅游、生态旅游、生态农业优势突出；但在资源开发整合的同时，也要以保护生态环境为前提，在平衡和谐的生态中实现可持续发展。

2. 区位劣势

渝东南地区集少数民族地区、贫困地区、大山区、偏远地区、革命老区于一体，是全重庆市基础条件最差、发展水平最低、贫困程度最深的地区。

生态环境脆弱，承载能力有限。自然环境艰苦。渝东南位于武陵山区腹地，平均海拔高，地理条件恶劣，生态环境脆弱。山高、坡陡、土薄，

---

① 王才军、孙德亮：《基于集对分析的渝东南地区农业生态系统脆弱度评价》，《贵州农业科学》2011年第39卷第7期，第197—200页。

石灰岩层分布广。自然灾害频繁，冰冻、泥石流、旱灾、洪灾等自然灾害均有发生。土壤瘠薄，水土流失较严重，用地条件差，耕地面积少，人地矛盾突出。石漠化现象较突出，生态环境脆弱，经济社会发展面临环境制约。

基础设施薄弱，公共服务滞后。交通、电力、通讯等建设成本大，人流、物流、资金流、信息流不畅。农村人口中相当部分散居在交通不便、信息闭塞的高山高寒地区，生产生活成本高。几千年"日出而作、日落而息"的原始农耕状态和生活状态依然存在，"养猪为过年、养鸡为换油盐钱"的传统农业仍然没有改变。教育、文化、卫生、体育等方面软硬件建设严重滞后，人均教育、卫生支出低于全国平均水平。城乡居民就业不充分。中高级专业技术人员严重缺乏，科技对经济增长的贡献率低。

经济基础薄弱，发展水平较低。渝东南地区经济社会发展与重庆市其他区域相比，差距十分明显。经济实力薄弱制约了渝东南区县对于扶贫开发、民生改善、产业发展与扶持等方面的投入。从2013年地区生产总值分析，重庆市地区生产总值达到12656.69亿元，渝东南地区生产总值仅为709.74亿元，仅占全市的5.6%，且与都市功能核心区等4个区域差距较大。① 从2013年经济总量排名来看，除黔江区列25名稍靠前外，其余5个县在全市分别排31至35名，且近三年名次未发生变化。人口与渝东南区县基本相当的璧山县、大足区、荣昌县，2013年地区生产总值分别为301.9亿元、278.33亿元、261.03亿元，远超渝东南最高的黔江区。渝东南地区人均GDP为25579.30元，是全市水平的60%。璧山县、荣昌县、大足区的人均GDP分别达到47171.88元、38977.15元和37955.82元，比渝东南人均GDP分别多21592.58元、13397.85元和12376.52元。②

① 数据来源于《重庆市统计年鉴（2014年）》。
② 杨华秀：《重庆市渝东南地区扶贫开发与促进农民增收的思考》，《中共铜仁市委党校学报》2014年第5期，第49—51页。

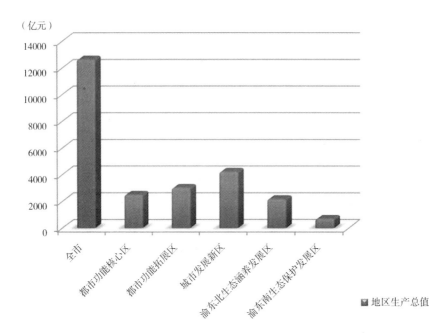

图 0-7　2013 年重庆市各区域地区生产总值对比

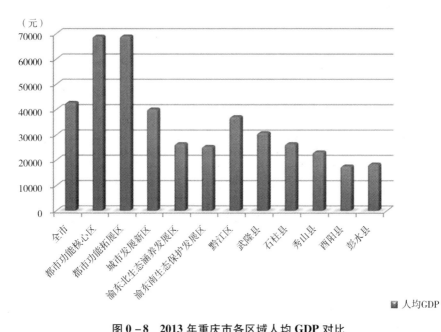

图 0-8　2013 年重庆市各区域人均 GDP 对比

产业结构不合理，特色产业滞后。渝东南地区产业结构不合理，产能低下。农业是渝东南地区的基础性、主导性产业，但农业生产受到自然条件的影响，"有收无收在于水，收多收少在于肥"，水对农业生产发展的影响是致命的。由于生产条件恶劣，缺水现象较为严重，喀斯特地貌的土壤条件保水保肥能力不强，与农业生产配套的水、路、电等基础设施较为落后，因而在农业生产方面缺乏硬件条件的支撑，对发展农业特色产业有一定的制约和影响。现代农业发展缓慢，农民增收后劲乏力，表现在：农业优势产业不强，缺少主导产业，支撑作用不明显；特色农业规模小，布局分散，集中度不够；产业发展总量小，链条短，竞争力弱；农产品以初级产品为主，特色优质高效农产品不多，缺少高技术企业。并且随着农业生产物资不断上涨，农业效率低、产出少，几乎赚不到钱，弃田不种，尤其是冬季土地撂荒现象十分突出。加之渝东南地区是劳务输出地，每年外出人员达 80 万人以上，劳务经济成了农村收入的重要且单一的渠道，缺乏其他有效增收点。

贫困面广量大，贫困程度深。渝东南各区县均为国家扶贫开发工作重点县，地区内贫困人口多，数量大，分布散，程度深，返贫率高。按新的贫困标准计算，贫困人口高达 50 多万，贫困发生率达 17%，是重庆市平均水平的 2 倍；2013 年，渝东南农村居民人均纯收入为 6694 元，是重庆市平均水平 8332 元的 80%。400 余个贫困村整村未脱贫，农村人口饮水安全问题没有完全解决，不少乡村人畜饮水困难；超过 40 万人生活在不宜居住的边远山区、深山沟壑、地质灾害频发的地区，需要搬迁。因病因灾致贫、返贫现象较为突出，上学难、出行难、就医难等问题依然存在。

3. 发展机遇

尽管渝东南地区在发展上存在不少困难，但也有有利的机遇。党中央、国务院高度重视区域协调发展，就扶贫开发作出了一系列战略部署，明确了加快贫困地区发展的总体思想、基本思路和目标任务。国家"十二五"国民经济和社会发展规划纲要明确提出，以科学发展为主题，以加快转变经济发展方式为主线，大力推进区域生产力布局调整和产业结构优化升级。《武陵山片区区域发展与扶贫攻坚规划（2011—2020 年）》《国务院关于推进重庆市统筹城乡改革和发展的若干意见》以及重庆市委《关于科学划分功能区域、加快建设五大功能区的意见》等相关政策的出台，渝东南武陵山区生态文明先行示范区、武陵山区（渝东南）土家族苗族文化生态保护实验区以及重庆市渝东南生态保护发展区的确立，都为渝东南地区的发展提出了明确的思路与方向。而随着我国综合国力显著增强，国家及地方政府有能力、有条件加大对民族地区、连片特困地区的扶持力度。这些宏观层面的部署与政策为渝东南的社会经济文化全面发展与生态文明建设提供了机遇，也将极大地激发渝东南各族群众建设美好、富足、文明家园的积极性和创造性。

第五节　渝东南民族地区的生态文明建设

一、渝东南民族地区生态文明建设的路径

通过对渝东南资源禀赋的分析，我们认为整个区域自然资源和人文资源富集，这是渝东南生态文明建设的重要基础。

根据联合国环境规划署（UNEP）对自然资源的定义，自然资源指自然环境中与人类社会发展有关的、能被利用来产生使用价值并影响劳动生产率的自然诸要素。可分为有形自然资源（如土地、水体、动植物、矿产等）和无形自然资源（如光资源、热资源等）。自然资源具有可用性、整体性、变化性、空间分布不均匀性和区域性等特点，是人类生存和发展的物质基础和社会物质财富的源泉，是可持续发展的重要依据之一。对自然资源，可分类如下：生物资源，农业资源，森林资源，国土资源，矿产资源，海洋资源，气候气象，水资源等。

费孝通先生曾经提出"人文资源"的概念，认为"人类通过文化的创造，留下来的、可以供人类继续发展的文化基础，就叫人文资源"①。这当

---

① 费孝通：《西部人文资源的研究与对话》，《民族艺术》2001 年第 1 期，第 5—16 页。

中很大一部分是我们现在常说的文化遗产，包括物质和非物质的文化遗产。从历史中走来的文化遗产，当其和当今社会发生联系，成为未来文化、社会发展的基础，也就转化成了资源。从遗产到资源，这里面就有价值的产生。从文化多样性的角度来看，一方面，文化资源能彰显区域独特的文化身份，成为区域文化认同的重要标志和人文精神的载体；另一方面，在后工业时代，非物质经济、符号经济、旅游经济等的兴起使传统的文化遗产成为文化产业开发的对象，直接在区域经济当中创造价值。

渝东南富集的人文资源和自然资源所依托的是区域内特殊的地理环境和悠久的人类活动历史。渝东南各民族人民在长期与自然打交道的过程中，一直以"狩猎""农耕"作为主要的生活方式，这就注定他们与土地、气候、植物以及动物种群发生着密切的关系，从而对自然生态环境产生了强烈的依赖性和从属性。因此，渝东南地区发端于农耕社会的各种文化形态是建立在自然生态尤其是当地大山与江河的基础上的，其文化生态及诸要素的形成离不开人在自然生态中的各种活动。

渝东南的"生态"特色在其区位定位上也体现得非常明显：这里是国家重点生态功能区与重要生物多样性保护区、武陵山绿色经济发展高地、重要生态屏障、民俗文化生态旅游带，是国家级生态文明先行示范区和国家级文化生态保护实验区，以及重庆市五大功能区规划中的生态保护发展区。相比国家重点生态功能区与重要生物多样性保护区，新设立的国家级武陵山区（渝东南）土家族苗族文化生态保护实验区一方面体现了国家层面生态意识的拔高与深化，另一方面也强化了"以人为本"科学发展观的核心。

因此，渝东南的生态文明建设当凸显其鲜明的"生态"定位：建设好文化生态保护区，依托区域内富集的人文资源和自然资源，发展生态农业、生态旅游。这是一种以保护为基础谋求发展、在发展中实现保护的双赢的生态文明建设模式。

（一）文化生态保护区建设与渝东南民族地区生态文明建设

值得注意的是，国家明确提出生态文明建设（2007 年，十七大）与建立文化生态保护区（2006 年，"十一五"规划）的时间是非常接近的。这首先表明，"生态文明""文化生态"等概念在国家层面几乎同时引起了高度的重视并明确目标要将其付诸实践。这两个概念的提出与实践有个重要的共性，都是基于"生态"的建设。此外，在生态问题日益引起关注以来，"生态文明""生态文化""文化生态"等的关联思考也持续不断，学术讨论也非常激烈。就这三者的关系，在前文中我们也进行了论述。我们认为生态文明是一种更适宜人类生存发展的更加进步的文明状态，而生态文明的建设与实现需要生态文化的积累与发展；生态文化处于人类的文化生态大系统之中，在建设生态文明的时代，被摆在了日益凸显的重要地位，将成为一种主流文化并发挥重要的作用，影响着文化生态的诸要素和谐与可持续发展。党的十八大以来，国家在生态文明建设方面提出了高屋建瓴的新理念，强调"五位一体"的生态文明，进一步强化了生态文明与文化建设的融合关系。

结合渝东南的实际情况来看，"文化""生态"是关乎整个渝东南地区经济社会文化发展的两大关键词。

文化生态保护区是在一个特定的自然和文化生态环境、区域中，有形的物质文化遗产如古建筑、历史街区与乡镇、传统民居及历史遗迹等和无形的非物质文化遗产如口头传统、传统表演艺术、民俗活动、礼仪、节庆、传统手工技艺等相依相存，并与人们依存的自然和文化生态环境密切相关，和谐相处。文化生态保护是文化与自然环境、生产生活方式、经济形势、语言环境、社会组织、意识形态、价值观念等相互作用的完整体系，包含了多种多样的文化要素。渝东南文化生态保护区建设秉持的基本理念是：（1）人与自然的和谐共生。在保护区文化生态保护的过程中，应树立人与自然和谐相处的理念，继承和发扬文化遗产所体现出的人与自然和谐共生的精神财富和实践经验，对相关的自然景观、自然资源、自然遗产进行综合性保护。（2）传统与现代的融合并进。在保护区的建设中，要确立传统文化与现代文明积极融合、相互促进的基本理念，将保护传统文化资源提升到促进现代化进程和建设共同精神家园的战略高度。（3）依托文化资源，推动经济社会可持续发展。依托文化生态保护区内丰富的文化资源，协调文化生态保护与经济社会发展之间的关系，发挥其在促进经济社会可持续发展中的重要功能。（4）促进共同精神家园建设。在文化遗产的保护和传承中使民众共同参与，实现文化共享，使保护文化遗产成为全社会的自觉行动，为民族认同和文化认同创造条件，促进中华民族共同精神家园建设。

文化生态保护区以文化为保护核心，以区域自然—社会—人文的生态系统健康发展为目标。在渝东南民族地区建设文化生态保护区，是中国生态文明建设与文化建设、社会建设的融合；是在生态文明先行示范区开展生态文明建设的特殊路径，也是生态文明建设的一条全新路径，是生态文明建设实践的有益探索。

（二）发展生态农业与渝东南民族地区生态文明建设

党的十八大报告指出，"建设生态文明，是关系人民福祉、关乎民族未来的长远大计"。生态文明是人类遵循人、自然、社会和谐发展客观规律而取得的物质与精神成果的总和。生态农业是既创造生态产品又同时生产生态商品，既充分利用各种农业生产要素又保护农业生态的文明产业。农业生态文明是社会主义生态文明建设的重要内容，搞好生态农业建设是建设社会主义生态文明的必然要求。

渝东南是重庆市少数民族集中的区域，该区域岩溶面积广布，生态环境脆弱，经济发展落后，"三农"问题突出，研究渝东南山区乡村生态农业发展模式，对发展该地区经济和提高农民收入，解决"三农"问题，加强民族团结都具有重要意义。

从自然环境的特征看，渝东南民族地区地处武陵山区腹地，自然资源富集。海拔高差较大，垂直带谱明显，立体气候显著，具有多层次的生物圈，动植物和菌类资源种类繁多，生物多样性明显，有利于形成和开发各具特色的生态农业特色产品。从气候条件看，该区域山区气温相对较低，冬季寒冷，夏季作物生长期短，病虫害相对较少，有利于发展无公害、生态型绿色农业产品。耕地的海拔较高、温差较大，有利于农产品有机质的积累和品质的保证。从土地资源看，渝东南民族地区人均土地面积相对较多，后备土地资源较为丰富，为农业特色产业的规模发展奠定了物质基础。而且，渝东南民族地区因过去交通不便、工业布局不多，污染较轻，单位耕地的化肥农药等化学要素投入较少，且因风蚀、水蚀的原因，其土壤中有毒有害物质富集和存储较少。从农村人力资本看，农业人口占总人口的64%，农业人口比重较大。农业产业开发层次较低且结构单一，二、三产业发展薄弱。农民收入水平较低，劳动力成本优势比较明显，适宜发展劳动密集型特色农产品生产，有利于农产品储运业和加工业发展，为发展特色产业提供了有力保障。

因此，在渝东南发展生态农业，既是该区域发展的必然要求，也是充分利用区域资源优势，实现科学发展、建设生态文明的必由之路。

（三）发展生态旅游与渝东南民族地区生态文明建设

渝东南自然风光绝伦，人文资源丰富，长期以来都被作为重庆市发展旅游业特别是生态旅游的重点地区。同时，渝东南的武隆、酉阳、黔江、石柱等区县也相当重视旅游业的发展，已经将旅游业作为重点产业或者支柱产业，纷纷出台优惠政策鼓励社会各方力量参与当地旅游业的开发建设，而民俗生态旅游已经成为各区县旅游业发展的重点和特色。[①]

在区位上，渝东南位于我国中西部结合带，与湘、黔、鄂三省联系密切，具有承西启东的作用。与长江三峡、湖南张家界、凤凰古城、贵州梵净山等著名景区有较强关联性和互补性。随着交通条件的快速发展和不断完善，渝东南旅游区位优势日趋明显，同时也带动了渝东南发展民俗生态旅游的市场优势。近五年重庆交通建设速度加快，已于2010年提前建成了两环八射，建成高速公路达到2000公里，实现西部省份高速路网密度第一，

---

① 汪正彬：《渝东南民俗生态旅游发展模式研究》，《重庆第二师范学院学报》2014年第6期。

同时已经启动了第三个 1000 公里的高速公路建设规划，渝怀铁路和渝湘高速相继开通，渝东南旅游外部交通条件已得到大幅改善。随着黔恩高速、黔梁高速、黔遵高速、黔张高速、渝怀铁路二线、黔张常铁路、黔毕昭铁路、黔恩铁路等重要干线高速公路和铁路建设，渝东南与重庆主城及滇、黔、湘、鄂等周边省市的旅游互动和联系将极大加强。黔江武陵山机场逐步密切与京、沪、广、深等国内一线城市的航空网线布局，仙女山机场正在论证建设，远距离的航空旅游市场将会逐渐成形。武隆仙女山、黔江小南海、西阳桃花源等旅游公路的建设也必将提高游客通达便捷程度，实现与渝东南地区骨干线路、旅游专线的无缝衔接。总体看，渝东南的对内、对外旅游交通条件十分优越。

　　除此之外，渝东南生态旅游资源的重要推进开发力量，来自政府层面的高度重视。2007 年的《渝东南地区经济社会发展规划》对渝东南地区旅游业发展作出了明确定位，确定了努力把渝东南地区建成"武陵山区经济高地，民俗生态旅游带和扶贫开发示范区"的目标任务。2008 年《重庆市渝东南地区旅游发展规划（修编)》对渝东南未来十年建成民俗生态旅游目的地的发展背景、发展思路、发展战略、产品建设和营销宣传等工作进行了分解和细化。2009 年 10 月武陵山经济协作区正式成立，对于推动各地将分散的旅游资源优势转化为经济优势，助推渝东南地区社会经济发展发展提供了前所未有的机遇。2011 年 10 月《重庆市旅游业发展十二五规划》再次明确将渝东南打造成为国内重要的民俗生态旅游目的地；2012 年 4 月重庆市印发了《关于加快渝东南地区旅游业发展的意见》，明确了渝东南旅游业发展的总体要求、发展目标、主要任务和保障措施。突出鲜明的生态和民俗特色，将生态旅游产品和民俗旅游产品作为重要旅游产品进行系统打造。2012 年 6 月重庆市第四次党代会明确提出重庆要在西部率先建成全面小康社会，要大力发展旅游业，突出特色，建成国内外知名旅游目的地。时任重庆市委书记张德江强调，要深入贯彻落实科学发展观，紧紧围绕扶贫开发、民族团结进步两大任务，切实加快渝东南脱贫致富奔小康步伐。2013 年 9 月渝东南被定为重庆五大功能区规划中的文生态保护发展区，这一科学定位为渝东南民俗生态旅游的发展注入了新的活力。

生态旅游是一种新的旅游发展形式，其产生不仅在于适应了人们回归自然的需求，更在于迫切需要改变全球生态危机日益严重的形势。在渝东南发展生态旅游，具备极强的资源优势、区位优势和政策优势，同时，发展生态旅游对于区域生态的保护和可持续发展有重大的实践意义，是渝东南建设生态文明，在保护生态的前提下实现经济社会全面发展的重要途径。

二、渝东南民族地区生态文明建设的意义

渝东南地处武陵山区连片特困地区，是国家重点生态功能区与重要生物多样性保护区，是武陵山绿色经济发展高地、重要生态屏障、民俗文化生态旅游带和扶贫开发示范区，以及生态文明先行示范区和国家级文化生态保护实验区，是重庆市少数民族聚集区、重庆市五大功能区规划中的生态保护发展区。这个具有多重身份的地区，其区位关键词是：贫困，生态，民族，保护，发展。以建设文化生态保护区、发展生态农业、发展生态旅游来推动这个地区的生态文明建设，同样具有多重意义。

一是合理推动区域发展和扶贫攻坚。渝东南地区是武陵山区连片特困地区和扶贫开发示范区，是全重庆市基础条件最差、发展水平最低、贫困程度最深的地区。2013年渝东南地区人均GDP为25579.30元，是全市水平的60%。群众就业和生活困难，政府需要在精准扶贫、改善民生的同时，大力发展经济，增加造血能力，实现区域发展。渝东南地区生态功能脆弱，资源环境承载能力较低，不具备大规模高强度工业化、城镇化开发的条件。也就是说，政府不能靠走工业化的道路来大力发展经济，因此，要在保护环境的前提下改善民生，推动发展。在渝东南民族地区建设生态文明，就是要探寻一条因地制宜以生态保护为前提的民生之路。在对渝东南文化生态分析的基础上，我们认为，渝东南地区发展民族文化旅游、生态农业、生态旅游等皆是可行之道。通过以维系生态平衡为前提的合理开发、有效利用资源，推动当地政府走绿色生态发展道路，推动扶贫开发良性推进。这不仅是对党的十八届五中全会、中央民族工作会议、中央扶贫开发工作会议精神的深入

贯彻落实，也是同步实现渝东南地区全面建成小康社会的必由之路。

二是有效加强民族团结。民族地区的贫困与落后会造成少数民族群众对自身文化认同感低下，缺少民族认同、社会认同等问题，严重时极不利于我国的民族团结。在渝东南地区开展生态文明建设，有助于强化当地少数民族群众的生态文明意识，使少数民族群众参与到生态文明建设当中，成为建设的主体和直接的受益人。在生态文明建设中，充分重视少数民族群众的传统文化，并帮助其实现有效地传承、传播与合理利用，可以使文化遗产在当代在群众生活当中创造新的价值，实现活态利用，重建其文化自觉与文化自信。这将有助于深入推进渝东南地区民族团结模范区建设，为实现"中华民族一家亲，同心共筑中国梦"奠定良好基础。

三是促进城乡统筹发展。重庆市大城市、大农村、大山区、大库区并存，城乡发展差距较大，发展不平衡不协调问题依然突出。渝东南地区是全重庆市城镇化率最低的地区，人口、资源、环境问题突出，农村贫困人口较多。推动渝东南地区生态文明建设，促进农村生态环境连片整治，合理实施生态扶贫搬迁，保护好绿色屏障与生物多样性，建设美丽乡村，依托民族文化遗产、生态农业、生态旅游资源禀赋和区位优势，实现资源要素均衡配置和有效利用，更好服务农村与农村人口，这对着力解决渝东南地区"三农"问题，构建城乡统筹发展新格局具有重要意义。

四是推进经济社会可持续发展，实现人、社会、自然和谐共处，实现生态文明最终目标。生态文明是关于人与自然、人与人、人与社会根本关系的一种文化伦理形态，强调和谐共生，良性循环，全面发展，持续繁荣，是人类社会历经原始文明、农业文明、工业文明之后，前所未有的全新文明境界。"十二五"期间，渝东南地区面上保护，点上开发取得积极进展，生态功能不断恢复和加强。渝东南地区生态文明建设，将进一步落实"四个全面"战略布局和"五位一体"现代化建设，推动实现区域资源、利用最优化、整体功能最大化，统筹推进创新发展、协调发展、绿色发展、开放发展、共享发展、可持续发展，建设这样一种和谐文明的发展模式，达到生态文明的全新境界。

上篇 文化生态保护区

　　文化生态，意蕴于人的生境，是人活动的"圈子"。"一方水土养一方人。"这是自然环境对人的影响。"五里不同风，十里不同俗。"这是社会环境对人的影响。人们在一个叠置的自然、社会环境中历时地生活，形成和谐的生态理念、公序良俗、人文价值，更物化为物质文化遗产，并依托于非物质文化遗产传承。

　　青山绿水、喀斯特奇观，历史遗迹、传统村落，深植于大山、伴江河而生、古朴旷达的土家族、苗族文化，以及今日渝东南各族人民的日常生活，共同构成渝东南的文化生态。

　　在全球视野下，渝东南的文化生态是独特而珍贵的。维护好平衡和谐的渝东南文化生态，人与自然和谐共生，使传统与现代辉映交融，推动社会经济可持续发展，共促美好精神家园建设。这就是在渝东南建设文化生态保护区的意义所在。

第一章 从文化遗产保护到文化生态保护区

第一节 全球化发展的反思与《保护世界文化与自然遗产公约》

一、文化遗产保护的先驱

在一般民众眼中，遗产就是从前辈那里继承的财产或财富。不过，自打遗产从私人领域扩展到公共领域，"遗产"一词的意义就发生了变化：它首先被用来特指具有历史、艺术价值的建筑、古迹、文物等。这个意义上的"遗产"通常被认为是文化遗产。

法国大革命催生了"国家遗产"的概念。其时，法国革命政府授权摧毁了许多彰显君主傲慢和奉承君主的建筑和文物；但随后即以充公的形式提出了官方保护艺术和建筑杰作（即"国家遗产"）的理念并付诸实践，于1790 年成立了"历史建筑委员会"（commission des monuments，持续了 5 年时间），涉及到对不可移动的古建筑、考古遗址、历史名胜等的保护；1830年法国还创设了"历史建筑总督察"一职，并配备了记录、保护和修缮历史建筑资金。此后，法国颁布了诸多历史文物保护的法律，如 1887 年通过了第一部历史建筑保护法，首次规定了保护文物建筑是公共事业，政府应该干预；1913 年通过的《保护历史古迹法》被认为是"世界上第一部保护文化遗产的现代法律"；1943 年立法规定在历史性建筑周围 500 米半径范围划定保护区，区内建筑的拆除、维修、新建，都要经过"国家建筑师"的审查，要经过城市政府批准。1962 年制定了保护历史性街区的法令，称《马尔罗法》，由此确立了保护历史街区的新概念；1983 年又立法设立"风景、城市、建筑遗产保护区"，将保护范围扩大到文化遗产与自然景观相关的地区。法国的"国家遗产"理念与相关的保护法律也对国际文化遗产保护运动产生了很大影响。1931 年，由国际博物馆协会国际联盟赞助的第一届历史建筑、建筑师与技师国际大会在雅典召开并通过《雅典宪章》（即《历史建筑修复宪章》）；1964 年，第二届历史建筑、建筑师与技师国际大会在雅典召开并通过《威尼斯宪章》（即《保护文物建筑及历史地段的国际宪章》）。上述两个宪章都肯定了历史文物建筑的重要价值和作用，并提出通过国际合作来保护和拯救这些"人类的共同遗产"。上述两个宪章正是在法国"国家遗产"保护及相关法律的基础上将其扩展为"人类遗产"，并为文化遗产保护运动国际化提供了必备的理念和实践基础。

与法国"国家遗产"保护几乎同步实践的是日本对"国宝"和"文化财产"的保护。日本明治维新后，持续了十多年的"废佛毁释"运动，半数寺院遭到破坏。1871 年 5 月，日本太政宫接受大学（现在的文部省前身）的建议，颁布了保护工艺美术品的《古器旧物保存法》，随后成立专门部门，登记造册，保护建筑等有形物。在此后几十年间，日本先后颁布了《古坟发现时的呈报制度》《古社寺保护法》《古迹、名胜、天然纪念物保护法》等诸多法律。1929 年颁布的《国宝保存法》将原来"需要特别保护的建筑物及具有国宝资格的文物"统称为"国宝"。1950 年颁布并实施《文化财产保护法》，系统地对文化遗产进行保护，从机构、鉴定、登记、分类、保护到利用都进行了相关的规定。1952 年综合《古社寺保存法》《古迹、名胜、天然纪念物保存法》《国宝保存法》三个法令为《文物保存法》。1966 年制定《古都保存法》，保护目标扩大到京都、奈良、镰仓等古都的历史风貌。1975 年修订《文物保存法》，增加了保护"传统建筑群"的内容。1996 年又修订《文物保存法》，导入文物登录制度，增强了地方政府的积极性。

这两个国家的文化遗产保护都源自国内的政治革命。因为革命中对历史文物建筑的损毁使这两个国家较早意识到文化遗产的价值并在地球的两端各自开展了保护实践。

二、国际文化遗产保护与《保护世界文化与自然遗产公约》

从整个人类社会来看，有意或无意破坏文化遗产的行为一直存在。尤其是在战争期间，各种目的的破坏一触即发。尽管人们也已考虑到用法律来约定如何在战争中保护文化遗产，如《雅典宪章》就有此项内容，但浩劫仍然在第二次世界大战时期不可避免地发生了。

1954 年，联合国教科文组织在海牙召开了一次外交会议，通过了《在武装冲突情况下保护文化财产公约》，后来被称之为《海牙公约》。《海牙公约》确立了文化财产属于人类共同遗产的法律地位，用具有国际法效力的国际公约保护战时的文化财产（是人类公共文化遗产的一部分），同时界定了战时文化财产的概念。

20 世纪中期，在联合国教科文组织的协调努力下，开展了对埃及努比亚遗址的国际保护运动。这项运动不仅有效保护了努比亚遗址，也确立了联合国教科文组织在全世界文化遗产保护运动中的主导地位。同时这一事件对国际文化遗产保护运动也具有里程碑意义。一方面开创了对"公共遗产"进行国际保护的理念和实践，使"遗产"的概念范畴从"国家遗产""国宝"扩展到了"人类的"和"世界的"；另一方面开创了和平时期国际社会保护文化遗产的理念。①

看似偶然的事件背后有着深刻的全球化背景。随着世界经济一体化的发展趋势和现代化进程的加快，诸多不容忽视的全球性问题对世界文化发展态势甚至人类社会的全面发展形成了巨大挑战：经济向文化渗透导致文化商品化，强势文化侵蚀弱势文化，文化个性与文化多样性遭受破坏，工业文明急剧发展及后工业文明的来临导致农业文明与农耕文化遭受破坏。

---

① 李春霞：《遗产起源与规则》，云南教育出版社 2008 年版。

正是在这种背景下，世界上越来越多的国家兴起了"遗产运动"。世界范围对文化多样性与丰富性的重视、对全人类文化遗产与自然遗产的保护被提上议事日程。1972 年 11 月 16 日，联合国教科文组织在巴黎通过了《保护世界文化和自然遗产公约》（以下简称《公约》）。《公约》开创了世界遗产保护体系，将全球带入了一场对人类存在环境与人类创造及其遗存的反思与保护运动当中。

《公约》明确了作为世界遗产的保护对象：文化遗产和自然遗产。

《公约》第 1 条对文化遗产做出了界定：文化遗产包括文物、建筑群和遗址。

文物（monuments）是从历史、艺术或科学角度看具有卓越普世价值的建筑物、碑雕和碑画，具有考古性质的构件或结构、铭文、窑洞及以上特质的联合体。

建筑群（groups of buildings）是从历史、艺术或科学角度看在建筑式样、一致性或与周围观景的结合方面具有卓越的普世价值的单立的或连接的建筑群。

遗址（sites）是从历史、审美、民族学或人类学角度看具有卓越普世价值的人类工程，或自然与人类合造之工程以及包含考古遗址的区域。

《公约》第 2 条对自然遗产做出了界定：从审美的角度看具有卓越的普世价值，由物质和生物结构或这类结构群组成的自然特质；从科学或保护角度看具有卓越普世价值的，地质和地形结构以及明确划为受威胁动植物的生境区；从科学、保护或自然美角度看具有卓越普世价值的、天然名胜或明确划分的自然区域。①

不过，随着人们对世界遗产的理解的变迁，《公约》中的定义也需要时时更新与阐释。这主要是通过《保护世界自然与文化遗产公约操作指南》（以下简称《操作指南》）来进行。

至 2008 年最新版的《操作指南》，世界遗产的范畴除了既有的文化遗

---

① UNESCO, *Convention Concerning the Protection of the World Cultural and Natural Heritage*, 1972.

产和自然遗产，还增加了文化和自然混合遗产：只有同时部分满足或完全满足《公约》第1条和第2条关于文化和自然遗产定义的财产才能认为是"文化和自然混合遗产"。此外还有一些亚类：文化景观、可移动遗产、历史城镇及城镇中心，运河遗产和线路遗产等。

当然，《公约》中对世界遗产的界定主要是针对《世界遗产名录》而来的，并且强调的是入选名录遗产的"卓越的普世价值"——指文化和/或自然价值之罕见超越了国家界限，对全人类的现在和未来均具有普遍的重大意义。因此，该项遗产的永久性保护对整个国际社会都具有至高的重要性。世界遗产委员会将这一条规定为遗产列入《世界遗产名录》的标准。

而"遗产"则具有更宽广的意义与外延，并且比其原初的意义深刻丰富了太多。国际遗产与遗址理事会（International Council of Monuments and Sites）对"遗产"的界定是："作为一个宽泛的概念，遗产既指那些有形的遗存，包括自然和文化的环境、景观、历史场所、遗址、人工建造的景物；亦指无形的遗产，包括收藏物、与过去相关的持续性的文化实践、知识以及活态化的社会经历。"① 相对于涵义范畴较为明晰的自然遗产，人们对文化遗产的认识与阐释可以说是在不断扩展和深化的。

在我国，《国务院关于加强文化遗产保护的通知》（2005年12月22日）对文化遗产做出了迄今为止最权威的解释："文化遗产包括物质文化遗产和非物质文化遗产。物质文化遗产是具有历史、艺术和科学价值的文物，包括古遗址、古墓葬、古建筑、石窟寺、石刻、壁画、近代现代重要史迹及代表性建筑等不可移动文物，历史上各时代的重要实物、艺术品、文献、手稿、图书资料等可移动文物；以及在建筑式样、分布均匀或与环境景色结合方面具有突出普遍价值的历史文化名城（街区、村镇）。非物质文化遗产是指各种以非物质形态存在的与群众生活密切相关、世代相承的传统文化表现形式，包括口头传统、传统表演艺术、民俗活动和礼仪与节庆、有关自然界和宇宙的民间传统知识和实践、传统手工艺技能等以及与上述传

---

① ICOMOS, *Cultural Tourism Charter*, Paris：ICOMOS, 1999.

统文化表现形式相关的文化空间。"

第二节 《保护非物质文化遗产公约》 与非物质文化遗产

一、《保护非物质文化遗产公约》的诞生

显然，《保护世界文化和自然遗产公约》并不是完美公约。公约中的
"文化遗产"包括文物、建筑群、遗址等有形的人类文明遗存，而对更多的
人们所思所想的、所说所唱的、手舞足蹈的，以及其他通过口传心授而世
代相传的无形的遗存却未能包含其中。后者对于人类文化的传承延续显然
更为根本，更为重要。联合国教科文组织很快意识到了这个遗憾，在后来
的遗产工作中为此做了大量的工作。1997 年联合国教科文组织确定创立了
"人类口头和非物质遗产代表作"公告制度，2001 年 5 月 18 日首次实施这
项制度，公布了包括中国昆曲艺术在内的世界首批"人类口头和非物质遗
产代表作名单"。2003 年 10 月 17 日，联合国教科文组织第 32 届大会通过
《保护非物质文化遗产公约》。作为迄今为止在国际非物质文化遗产保护领
域最权威、影响最大也最具法律效力的文件，该公约将联合国教科文组织
在不同时期文件中曾使用的"人类口头和非物质遗产""民间传统文化"
"无形文化遗产"等概念统一为"非物质文化遗产"，并对"非物质文化遗
产"界定了一个规范的定义：指被各社区、群体，有时为个人，视为其文
化遗产组成部分的各种社会实践、观念表述、表现形式、知识、技能及相
关的工具、实物、手工艺品和文化场所。这种非物质文化遗产世代相传，
在各社区和群体适应周围环境以及与自然和历史的互动中，被不断地再创
造，为这些社区和群体提供持续的认同感从而增强对文化多样性和人类创
造力的尊重。非物质文化遗产涵盖的内容包括以下五个方面：（1）口头传
统和表现形式，包括作为非物质文化遗产媒介的语言；（2）表演艺术；

（3）社会实践、礼仪、节庆活动；（4）有关自然界和宇宙的知识和实践；（5）传统手工艺。

二、对非物质文化遗产概念的阐释

"非物质文化遗产"的概念，对应于"物质文化遗产"，同属于"文化遗产"。那么，首先应该明确什么是文化遗产。从词源的角度讲，遗产的英文单词为"heritage"，它源于拉丁语，意思是"父亲留下来的财产"。这个含义一直延续到20世纪下半叶，之后才出现了很大的变化，发展为"祖先留下来的财产"，其外延也由一般的物质财富发展成为看得见的"有形文化遗产"和看不见的"无形文化遗产"及充满生命力的"自然遗产"。① 实际上，这种词义的变化反映的是人类对身处的环境和累积的文化的珍贵性、历史性及传承性的认识。20世纪后半期以来，在美国、法国、英国、日本、韩国等国先后形成了"物质遗产""文化遗产""自然遗产""世界遗产""人类共同文化遗产"等概念，反映的正是人类认识上的这种进步。从这些概念的内容上来看，"有形文化遗产"就是"物质文化遗产"，主要指静态的、成形的文化产品；"无形文化遗产"就是"非物质文化遗产"，注重动态的、使文化产品成形的因素。从联合国的称谓上看，联合国审定的无形文化遗产和非物质文化遗产所对应的英文表述都是"Intangible Cultural Heritage"，而"世界遗产"（World Heritage）指的则是有形文化遗产。

文化遗产中"物质"与"非物质"的区分主要在于文化遗产载体的不同形态：是固定的、静态化的形态，还是需要依赖活态的传承人予以传承。"非物质文化遗产"概念中的"非物质"并不是说丝毫不带物质因素，而是指重点保护的是物质因素所承载的非物质的、精神的因素。实际上，多数非物质文化遗产以物质为依托，通过物质的媒介或载体反映其精神、价值和意义。因此，物质文化遗产和非物质文化遗产的主要区别是：物质文化遗产强调遗产的物质存在形态、静态性、不可再生和不可传承性，保护也

---

① 苑利：《文化遗产与文化遗产学解读》，《江西社会科学》2005年第3期。

主要着眼于对其损坏的修复和现状的维护；非物质文化遗产是活态的遗产，注重的是可传承性（特别是技能、技术和知识的传承），突出了人的因素、人的创造性和人的地位。非物质文化遗产蕴藏着传统文化的基因和最深的根源，一个民族或群体思维和行为方式的特性隐寓其中。非物质文化遗产是物质的、有形的因素与非物质的、无形的精神因素的复杂的结合体，而其核心是在后者。

从联合国教科文组织对非物质文化遗产曾使用的诸多称谓可以看出，非物质文化遗产问题本身是复杂而难于把握的；此外，非物质文化遗产问题又具有很强的实践性，随着各国保护工作的开展，新的问题和新的认识不断出现，也就不断修正对这个概念和定义的理解。

对于《保护非物质文化遗产公约》中的定义，我国学术界主要有两种看法：大多数主流意见是，基本认可该公约中对非物质文化遗产的界定，但要根据中国的实际情况做出补充和修改，就可以为我所用，可以主要依据联合国教科文组织对非物质文化遗产的界定来进行我们的理论研究和实践工作；另一种意见是，联合国教科文组织通过的定义主要吸收了国外（特别是发达国家）的意见，依据的是国外的文化传统、文化遗产和文化遗产的保护实践，而这些意见和依据都与我国实际的国情有较大的距离，因此，要立足于我国文化遗产保护的实际情况，并吸收联合国教科文组织界定这个概念的经验，以利于我国的理论研究和保护实践工作，而不能照搬联合国教科文组织的定义。①

而从实践的层面来看，从事非物质文化遗产工作，一方面需要对理论有深刻的把握，另一方面也需要在实践中逐步形成对概念的约定俗成、具有可操作性的共识。国务院办公厅于 2005 年 3 月颁布了代表中国政府、具有权威性的《关于加强我国非物质文化遗产保护工作的意见》，其附件《国家级非物质文化遗产代表作申报评定暂行办法》在国内文件中对非物质文化遗产作了如下界定：指各族人民世代相承的、与群众生活密切相关的各

---

① 王文章主编：《非物质文化遗产概论》，文化艺术出版社 2006 年版，第 51 页。

种传统文化表现形式（如民俗活动、表演艺术、传统知识和技能，以及与之相关的器具、实物、手工制品等）和文化空间。同时也列举了非物质文化遗产涵盖的6项内容，其中前5项与《保护非物质文化遗产公约》界定的5项内容完全一致，之外又列举了第6条为"与上述表现形式相关的文化空间"。可以看出，这个界定结合我国非物质文化遗产实际，以联合国教科文组织的《保护非物质文化遗产公约》为基础，并吸收了学术界主要认识，成为目前国内对非物质文化遗产概念的最具认同的阐释。相信随着非物质文化遗产保护工作的深入，对这个概念的认识还将不断得到丰富和深化，也更具实践指导意义。

三、非物质文化遗产的基本特征

非物质文化遗产凝结、保留和传递着一个民族的历史记忆、情感、经验和智慧，是民族文化认同的基础，是构成民族精神家园不可或缺的一个重要源泉。非物质文化遗产的内容复杂，种类繁多，但作为综合性的文化遗产类型，非物质文化遗产具有一些普遍性的基本特征。

1. 独特性

非物质文化遗产是以作为艺术、文化的表现形式依附文化载体而存在的，非物质文化遗产的文化载体体现了特定民族、国家或地域内的人民独特的创造力，或表现为物质而存在，或表现为具体的行为方式、礼仪和习俗，这些都具有各自的独特性、唯一性和不可再生性。而且，这些文化载体还间接地体现出了创造者的思想、情感、意识以及他自身的价值观和人生观等独特性，是难以被模仿和再生的。此外，这种独特性还与独一无二的创造力相联系。

2. 活态性

非物质文化遗产是以人为本，主要体现的是人的价值，重视活态传承的因素，是人通过自身的高超技艺、技能创造出来的，能体现人类民族的情感及表达方式、传统文化的根源、智慧和民族认知世界的价值观念等因素的物质载体。非物质文化遗产是通过物质载体而体现，是属于人的行为创造，它的价值不但有物质载体进行体现，还要借助人的行为过程进行展现，是需要传承人通过自身的高超技艺、技能在创造物质形态的整个过程中才能完全展现出它的科学和人文价值。它的物质形态融入了传承人或者创造者的思想、智慧、人生观、价值观等因素，才能体现出物质形态的灵魂，也是非物质文化遗产的灵魂。这种高超技艺、技能的呈现和传承是需要人的语言和行为而产生，具有"活"的鲜明特色，它是一个动态过程。

3. 传承性

非物质文化遗产的传承主要是传承人通过口传心授的方式进行世代相传，因而代代保留下来。主要的传承方式有两种：一是师传；二是家族传承，在一个家族内，传承人的选择和确定主要着眼于与被选者的亲密关系与对其保密性的认可。通常，以语言的教育、亲自传授等方式，使各种技能、技功、技艺由前辈那里流传到下一代，正是这种传承才使非物质文化遗产的保存和延续有了可能。而这些非物质文化遗产，也成为历史的活的见证。

4. 流变性

非物质文化遗产在传承过程中，主要是通过传承人的悉心传授以及徒弟有意识地学习，或者是群体性地自发学习等方式得以流传，甚至从一个家族到另一个家族、从一个民族到另一个民族、一个国家到另一个国家、一个区域到另一个区域，在流传过程中，又常常与当地的历史、文化、民族特色等相互融合，从而呈现出继承与发展变化并存的状况。这种传播和流变的方式不但体现了非物质文化遗产的独特性和传承性，最终形成了非物质文化遗产"活态流变性"的独有特征。

5. 综合性

非物质文化遗产是每个时代的人民群众在劳作过程中形成升华的一种独有的表现形式，它随着历史、生态环境、人类精神文明的不断变迁，进而自发地调整其表现形式或体现出不同文化思想。非物质文化遗产的活态流变性决定着非物质文化遗产的不断传承和发展，并在各传承主体中不断吸纳多元的文化思想与表现形式，呈现出综合性的特点。比如作为非物质文化遗产的戏曲、曲艺就蕴含了文学、舞蹈、音乐、美术、杂技等多种表现形式。

6. 民族性

民族性是指各民族在不同生产劳作方式中、人民群众的独有思维以及民族认识上形成具有民族独有的、打上了民族烙印的非物质文化遗产表现形式。它能体现出民族的独有的思维方式、智慧以及世界观和价值观等民族因素；能表现民族的日常生活和行为的方方面面，有很强的稳定性和持续性。实际上民族特性的表现形式和内容都会在非物质文化遗产形态上有鲜明的表现。

7. 地域性

通常，非物质文化遗产都是在一定的地域产生的，与该环境息息相关，该地域独特的自然生态环境、文化传统、宗教信仰、生产生活水平，以及日常生活习惯、习俗都从各方面决定了其特点和传承。既典型地代表了该地域的特色，是该地域的产物，也与该地域息息相关，离开了该地域，便失去了其赖以生存的土壤和条件，也就谈不上保护、传承和发展。①

四、非物质文化遗产的分类

（一）《保护非物质文化遗产公约》的分类

《保护非物质文化遗产公约》中对"非物质文化遗产"的定义就涵盖了五个方面的内容：（1）口头传统和表现形式，包括作为非物质文化遗产媒介的语言；（2）表演艺术；（3）社会实践、礼仪、节庆活动；（4）有关自然界和宇宙的知识和实践；（5）传统手工艺。五个方面各为一类。这便构

---

① 参见王文章主编：《非物质文化遗产概论》，文化艺术出版社 2006 年版，第 61—68 页。

成了目前世界各国广泛使用的五大分类法。

值得注意的是在该公约关于非物质文化遗产的定义中，有个非常重要的概念，叫做"文化场所"，其对应的英文是 the Cultural Space，在后来的一些有关非物质文化遗产的国际文件的中译本中，常被译作"文化空间"。文化空间是一个文化人类学概念，是指"传统的或民间的文化表达形式规律性地进行的地方或一系列地方。……是某个传统或民间文化活动集中的地区，或某种特定的、定期的文化事件所选定的时间"[①]。《中国民族民间文化保护工程普查工作手册》将其界定为"定期举行传统文化活动或集中展现传统文化表现形式的场所，兼具时间性和空间性"[②]。作为一个十分重要的非物质文化遗产现象，并没有在该公约中体现为一个独立的类别。不过，在联合国教科文组织 2001 年、2003 年和 2005 年公布的三批人类口头和非物质遗产代表作名录中，都有属于"文化空间"的项目，如多米尼加共和国的圣灵兄弟会文化空间、几内亚的索索·巴拉文化空间等。因此，无论从该公约对非物质文化遗产的定义还是从联合国教科文组织认定公布人类口头和非物质遗产代表作项目的具体操作实践中，都在事实上把"文化空间"作为非物质文化遗产的一个重要类别来对待了。

而我国国务院办公厅颁发的《关于加强我国非物质文化遗产保护工作的意见》，其附件《国家级非物质文化遗产代表作申报评定暂行办法》则列举了非物质文化遗产涵盖的 6 项内容，其中前 5 项与《保护非物质文化遗产公约》界定的 5 项内容完全一致的，之外又补充了第 6 条"与上述表现形式相关的文化空间"。这其实是完全符合《保护非物质文化遗产公约》精神，而且更为完整的系统。

这个分类体现了各国对非物质文化遗产所包含的内容及其重要性、保护的迫切性等的普遍认识。当然，这个分类依然存在分类标准不统一、类

---

① 埃德蒙·木卡拉：《口头和非物质遗产代表作概要》，中国艺术研究院编：《人类口头和非物质遗产抢救与保护国际学术研讨会》，2002 年 12 月。

② 中国艺术研究院中国民族民间文化保护工程国家中心编：《中国民族民间文化保护工程普查工作手册》，文化艺术出版社 2007 年版，第 3 页。

别具有交叉性、不完全划分等问题。有待各国在非物质文化遗产工作实践中进一步完善。

（二）非物质文化遗产分类代码表的分类

为便于开展我国的非物质文化遗产普查与保护，中国艺术研究院中国民族民间文化保护工程国家中心编写了《中国民族民间文化保护工程普查工作手册》并制定了"非物质文化遗产分类代码表"。这个分类代码表，将非物质文化遗产的种类分为两层，第一层按学科领域分成 16 个基本类别（一级类），分别是：（1）民族语言；（2）民间文学（口头文学）；（3）民间美术；（4）民间音乐；（5）民间舞蹈；（6）戏曲；（7）曲艺；（8）民间杂技；（9）民间手工技艺；（10）生产商贸习俗；（11）消费习俗；（12）人生礼俗；（13）岁时节令；（14）民间信仰；（15）民间知识；（16）游艺、传统体育与竞技。每个一级类下又细分出相应的二级类，比如"民间文学（口头文学）"便细分为神话、传说、故事、歌谣、史诗、长诗、谚语、谜语等八类及"其他"的收容类。

这个分类充分考虑了中华民族传统民族民间文化艺术的存在体系，承袭了我国传统民族民间文化艺术研究的学术传统，比如增加了曲艺、民间杂技、戏曲等类别，体现出鲜明的中国特色；同时，这个分类产生于我国长期以来对民族民间文化的调查、保护和利用的丰富实践，反过来在指导非物质文化遗产普查中也体现出鲜明的实践性和突出的可操作性。但随着我国非物质文化遗产普查、保护、利用和科学研究的不断深化、细化、规范化，也还存在着不断修正、发展、完善的相当大的空间。

（三）国家级非物质文化遗产名录的分类体系

2006 年 5 月，国务院公布了第一批国家级非物质文化遗产名录（共计518 项），名录将我国非物质文化遗产划分为十大类别：（1）民间文学；（2）民间音乐；（3）民间舞蹈；（4）传统戏剧；（5）曲艺；（6）杂技与竞技；（7）民间美术；（8）传统手工技艺；（9）传统医药；（10）民俗。

2008年6月，国务院公布第二批国家级非物质文化遗产名录（共计510项）时，对部分项目名称进行了调整，包括：将民间音乐、民间舞蹈、民间美术分别改为传统音乐、传统舞蹈、传统美术；将杂技与竞技改为传统体育、游艺与杂技；将传统手工技艺改为传统技艺。

表1-1　第一批与第二批国家级非物质文化遗产名录项目分类对照

序号	第一批国家级非物质文化遗产名录项目分类	第二批国家级非物质文化遗产名录项目分类
1	民间文学	民间文学
2	民间音乐	传统音乐
3	民间舞蹈	传统舞蹈
4	传统戏剧	传统戏剧
5	曲艺	曲艺
6	杂技与竞技	传统体育、游艺与杂技
7	民间美术	传统美术
8	传统手工技艺	传统技艺
9	传统医药	传统医药
10	民俗	民俗

相比非物质文化遗产分类代码表，这个分类体系只保留了一级类而不划分二级类，强调的是分类的涵盖性与指导性，是从非物质文化遗产项目的申报、名录体系建设以及管理等工作实践出发而进行的一种尝试，尽管也有不完善之处，如缺少了语言、文化空间等类别，一些类别的划分还不够准确，等等。① 由于这十大类别是由国务院面向全社会公布的，带有一定的示范性，是目前在非物质文化遗产工作实践中通用的分类体系，许多地方是将这一分类贯穿于国家级以下的省、市、县分级名录体系当中，因而这一分类体系将在一定的时间内产生重要影响。

下面将对这十个类别所包含的内容进行简要介绍。

---

① 王文章主编：《非物质文化遗产概论》，文化艺术出版社2006年版，第316—318页。

1. 民间文学

民间文学又称口头文学，主要是指民众心口相传的史诗、神话、传说、故事、笑话、歌谣（儿歌）、俗语、谚语、歇后语等，以及在传授中所使用的语言（民族语言或方言）。在早期的各种神话、史诗中，形象地传递着史前人类社会的各种信息。我们可以从这些通俗的、带有浓郁地方特色的民间文学中了解到一方水土的人们其真实的生活状况及思想情感。它对于社会人类学、文化学、宗教学、民族学、语言学等多种学科研究具有很高的研究价值和历史文化价值。

2. 传统音乐

中国传统音乐源远流长，尽管对古远的中国传统音乐盛况，没有准确记载，但各民族的传统音乐，通过人民群众口传心授，代代流传，至今仍然是品种繁多，丰富多彩。它包含：器乐音乐、戏曲音乐、说唱音乐、民歌（山歌、小调、劳动歌曲）、民间舞蹈音乐等。

3. 传统舞蹈

传统舞蹈是指各个民族自然传衍的富于历史传统意义的原生民间舞蹈，主要是在生产劳动、岁时节令、婚丧礼仪、信仰崇拜（祭祖、祭祀）等活动中表演的舞蹈，不包括在此基础上提炼加工而成的舞台表演艺术舞蹈。民间传统舞蹈品类繁多，按表演形态划分，可分为：徒手歌舞类、道具表演类、乐器表演类、假形类。按社会功能划分，可分为：宗教祭祀类、民间节令类、日常生活风俗类。

4. 传统戏剧

传统戏剧是我国各地、各民族人民共同创造的，反映我国广大人民群众思想感情和审美品格的优秀传统文化。由于民族和地域文化的差异，形成了千姿百态、各具特色的艺术风格。我国传统戏剧品种繁多，各具特色：既有汉民族的戏剧，又有少数民族的戏剧；既有大戏剧种，又有小戏剧种；既有自娱、娱人为主的世俗性的戏剧，又有专属祭祀、驱傩的仪式性戏剧。我们可以从这些精彩纷呈的传统戏剧中看到各民族人民的文化生活和宗教信仰，是传统文化中不可或缺的内容。

5. 曲艺

曲艺是以口头语言进行"说唱"的表演艺术，是各种说唱艺术的统称，它是由民间口头文学和歌唱艺术经过长期发展演变形成的一种独特的艺术形式。曲艺发展的历史源远流长，品类繁多，历史上流传的和传承至今的曲种数量，有 500 种左右，主要分为说书、唱曲、谐谑三种基本类型，具体包括竹琴、金钱板、评书、谐剧、车灯、花鼓、快板、相声、小锣书、鼓词、弦书、莲花落、数来宝、琴书等。

6. 传统体育、游艺与杂技

传统体育、游艺与杂技历史悠久，是流传于大众生活中的嬉戏娱乐以及带技巧性的文化活动，民间游艺又俗称"杂耍"。在我国，各民族的传统体育、游艺与杂技几乎都和本民族的独特的家庭、社会生活、生产劳动及军事战斗紧密结合，种类样式繁多，而游戏和竞赛规则也十分复杂，在农耕时期，是民间娱乐最主要的方式。比如：过家家、滚铁环、踢毽子、荡秋千、猜拳、下棋、放风筝、龙舟赛、三六福、打麻将、扭扁担、蹴球、扳手腕、麻四角、竹马、抢花炮、民间武术等。

7. 传统美术

传统美术是民众创造的一种表现方式，大量反映了农耕、游牧、渔猎文明条件下的社会生活和民众审美理想，包括民间信仰和功利意愿，内容十分丰富，用途十分广泛。在现实生活中，传统美术形态繁复，题材多样，应不同的需要而被创作和传播，以不同的表现形式存在于相应的环境和场合。其类别大致可以分为绘画、雕塑、工艺、建筑 4 个大类。主要包括：剪纸、壁画、祖宗画、年画、炕围画、漆画、贴画、脸谱、刺绣、布艺、堆锦（布贴、树皮贴）、竹编、面塑、泥塑、珍珠贝雕、木雕、根雕（竹木根雕）、砖雕、石雕、镶嵌雕画等。

8. 传统技艺

传统技艺，指传统手工业的技术与工艺，传统技艺是人类的基本活动之一，它和社会生产、日常生活有紧密的联系。传统技艺历史悠久，种类繁多，主要包括7大类别：工具和机械制作，如手工工具、农具、简单机械等；农畜产品加工，如粮食加工、榨油、榨糖、酿造等；烧造，如制陶、制瓷、琉璃、料器等；织染缝纫，如扎花、缂丝、纺织、印染等；金属工艺，如金、银、铜、铁、锡的采选、冶炼、铸造等；编织扎制，如草编、藤编、竹编等；髹漆，如漆器、雕漆、金漆镶嵌等；造纸、印刷和装帧，如抄纸术、浇纸术、加工纸制作等；制盐、制笔、颜料制备、烟花爆竹及其他。

9. 传统医药

传统医药主要是指保养身体、诊断疾病的各种治疗方法、用药技术以及治病养身的偏方、医书、药典等，是我国非物质文化遗产的重要内容。中国传统医药在传承发展的历史长河中，其存在与发展形态多种多样，形成了特有的认知思想、诊疗方法、用药技术，具有系统性、完整性、高度文献化以及广泛传播的鲜明特征。

10. 民俗

民俗，即民间风俗，指一个国家或民族中广大民众所创造、享用和传承的生活文化。它起源于人类社会群体生活的需要，在特定的民族、时代和地域中不断形成、扩大和演变，为民众的日常生活服务。民俗是人民传承文化中最贴切身心和生活的一种文化。它来自于人民，传承于人民，规范人民，又深藏在人民的行为、语言和心理中。在时间上，人们一代代传承它，在空间上，它由一个地域向另一个地域扩布，对于丰富民众文化生活，促进地区、民族间文化交流与和谐，起到了至关重要的作用。[①]

---

① 中国艺术研究院中国民族民间文化保护工程国家中心编：《中国民族民间文化保护工程普查工作手册》，文化艺术出版社2007年版。

第三节 各具特色的文化遗产保护

一、物质文化遗产保护

（一）国外的物质文化遗产保护

在国际上，现代意义上的文物保护并通过国家立法大约始于 19 世纪中叶。除了上文所述法国和日本这两个国家因为革命中对历史文物建筑的损毁而较早意识到文化遗产的价值并各自开展了保护实践外，希腊、英国也在这个时期开始了本国以文物为主的物质文化遗产保护。希腊立法较早，1834 年有了第一部保护古迹的法律。英国 1882 年颁布《古迹保护法》，起初只确定了 21 项对象，主要为古迹遗址；1900 年颁布第二部《古迹保护法》，保护范围从古遗址扩大到宅邸、农舍、桥梁等有历史意义的普通建（构）筑物；1944 年颁布《城乡规划法》，制定保护名单称"登录建筑"，当时确定了 20 万项对象；1953 年颁布《古建筑及古迹法》，确定资金补助；1967 年颁布《城市文明法》确定保护历史街区，当时确定了保护区 3200 处；1974 年修订《城市文明法》，将保护区纳入城市规划的控制之下。

20 世纪六七十年代间，世界范围内形成了一个保护文物古迹及其环境的高潮，保护历史文化遗产的国际组织在此期间通过了一系列宪章和建议，确定保护的原则，推广先进方法，协调各国的历史文化遗产保护工作。通过的主要文件有《国际古迹保护与修复宪章》（1964 年 5 月，简称《威尼斯宪章》）、《保护世界文化和自然遗产公约》（1972 年 11 月，巴黎）、《关于历史地区的保护及其当代作用的建议》（1976 年 11 月，简称《内罗毕建议》）、《保护历史城镇和地区的国际宪章》（1987 年 10 月，简称《华盛顿宪章》）、《关于真实性的奈良文件》（1984 年，简称《奈良文件》）。

《威尼斯宪章》是关于古迹保护的第一个国际宪章，意义重大影响深远。它连同《奈良文件》阐述了对文物古迹的保护原则和方法，概括地说有以下几点：（1）真实性，要保存历史遗留的原物，修复要以历史真实性和可靠文献为依据，对遗址保护其完整性，用正确的方式清理开放，不应重建。（2）不可以假乱真，修补要整体和谐又要有所区别，也称可识别的原则。（3）要保护文物古迹在各个时期的叠加物，它们都保存着历史的痕迹，保存了历史的信息。（4）连同环境一体保护，古迹的保护包含着它所处的环境，除非有特殊的情况，一般不得迁移。这些原则和方法已成为世界的共识，对我国也基本适用，它的主要思想已体现在国家文物局推荐的《中国文物保护准则》之中。

《内罗毕建议》和《华盛顿宪章》是针对历史地段保护的，它们的制定有其历史背景。在第二次世界大战后的经济复苏时期，大量人口涌入城市，需要大规模地建设住宅，当时普遍的做法是拆掉老城区，拓宽马路，盖起新楼房。但是不久人们发现，这样做的结果是建筑改善了，历史环境却被破坏了，城镇的历史联系被割断，特色在消失。人们意识到，除了保护文物建筑之外，还应保存一些成片的历史街区，保留城镇的历史记忆，保持城镇历史的连续性。在历史街区内，单看这里的每栋建筑，其价值可能尚不足以作为文物加以保护，但它们加在一起形成的整体面貌却能反映出城镇历史风貌的特点，从而使价值得到了升华，所以有保护的必要。

可以看出，人类对物质文化遗产的保护是一个发展、变化的过程，从保护宫殿、府邸、教堂、寺庙等建筑艺术的精品，发展到保护民居、作坊等反映一般人民生产、生活的历史见证物；从保护单一的文物保护单位发展到保护成片的历史街区、村镇，再发展到保护一个完整的城市。

此外，国外对文物建筑的保护和使用是区别对待的。如意大利分为四级，对具有重大历史价值的建筑艺术精品，保护要求十分严格。级别低一些的外观不可更改，但结构可更新，再低者可改动室内，为合理使用提供方便。英国把"登录建筑"分为三级，一级占2%，二级占4%，三级占94%，对一、二级的保护要求严格，三级的可做内部改动。虽然严格保护的只占6%，比例不大，但其绝对数量仍有3万之多。国外文物建筑的改动和利用，方法巧妙，值得称道。但细究起来，不同国家、不同年代对不同级别文物建筑的改动要求是不同的：法国、意大利较严，美国、加拿大较松；20世纪70年代以前较松，以后稍严，不可一概而论。另外，国外对文物建筑的保护利用方案有严格的审查制度，如法国要经为数不多的"国家建筑师"审查同意，英国要经专门的学会、协会审查，这样就可以顾全保护与利用两个方面。

（二）我国的物质文化遗产保护

我国是享誉世界的文明古国，各族人民在漫长的历史进程中共同创造了丰饶宝贵的物质文化遗产。我国在现代意义上的物质文化遗产保护并不晚于世界上其他一些国家。1912年在国子监筹备成立中国近代第一个由政府筹建并管理的国家博物馆，1925年成立故宫博物院，1928年设立全国性的政府文物管理机构。民国时期，在当时内忧外患不断的政治经济形势下，尽管一些文物保护的法令形同虚设，一系列保护措施的执行效果难如人意，但在这一时期，我国在物质文化遗产保护方面已经形成了立法保护、机构保护、考古保护、打击文物犯罪的综合保护格局，实际上构建了一个文化遗产保护的基本框架。[①] 中国共产党对物质文化遗产的保护实践从中央苏区就已开始，主要表现在对革命文物的保存上。1932年1月中央苏区通过《关于中国工农红军优待条例决议》，其中规定红军的机关或政府应收集红军战士的遗物并在革命历史博物馆中陈列。1933年5月还成立了中央革命博物馆筹备处，开展革命文物的征集工作。解放战争期间，先后下发了《关于注意爱护古迹的指示》《关于禁止毁坏古书、古迹的指示》等文件。尤其具有重要意义的是，在土地改革期间，各解放区建立起专门的文物管理机构，进行文物保护工作，例如1948年4月成立胶东文物管理委员会、东北文物管理委员会，1948年9月成立山东古代文物管理委员会等。[②]

---

① 马树华：《民国政府文物保护评析》，《文博》2004年第4期。
② 鲜乔葵：《根据地及解放区文物保护之鉴》，《文史哲》2010年第5期。

新中国成立以来，我国的物质文化遗产保护主要经历了三个时期：第一时期为1949年至1981年的传统管理期。这一时期的文物保护制度具有鲜明的计划经济特点，文物的保护体制围绕文物概念展开，以封闭性保护和技术管理为主要方式，文物保护的管理体制以非营利性的行政管理为绝对主体，形成了公有制基础上的行政部门与层级相结合的属地化的委托代理制度，其典型的法制体现为1961年的《文物保护管理暂行条例》的颁布。这一时期是文物保护的法制化和规范化的起步阶段。第二时期是1982年至2002年的转型过渡期。这一时期的文物保护制度兼具计划经济和市场经济体制的特点，反映了市场化改革过程中文物事业向文化遗产事业的转型，以及文物保护制度从封闭型保护向开放型保护的转变过程。体现在文物保护制度方面，在继续强化行政管理的主体地位的同时，为了探索市场经济体制下的文化遗产事业管理模式，尝试进行了以旅游开发为导向的文化遗产利用改革，使得这一时期呈现行政管理体制与社会主体管理相互结合的特点；但这一时期未能妥善处理文物（文化遗产）保护与利用的关系，经济建设与文物（文化遗产）之间的矛盾异常尖锐，其典型的法制体现为1982年制定、2002年修订的《文物保护法》。第三时期是2003年开始的围绕文化遗产概念构建文化遗产管理构架的时期。这一时期，随着世界文化遗产保护体系在中国的具体实施，中国以文物概念为核心的保护理念和与文化遗产概念为核心的保护理念开始互相融合，在具体做法上也相互借鉴和相互支撑，尤其是文化遗产保护在套用文物保护的理念和做法的同时，开始形成自己的发展目标。这体现在2005年国务院发布《关于加强文化遗产保护的通知》上，国家开始以物质文化遗产和非物质文化遗产两个概念来构建新型的文物（文化遗产）保护体系。[①] 这标志着中国文化遗产保护事业进入一个新的发展时期。

在文化遗产保护"国际化"进程方面，我国于1985年加入《保护世界

---

① 刘世锦主编：《中国文化遗产事业发展报告》（2008），社会科学文献出版社2008年版，第152—165页。

文化和自然遗产公约》，这是我国在文化遗产领域对外开放的一件大事。1987 年，我国成功申报了故宫、长城、泰山等在内的第一批 6 项世界遗产项目。2014 年，随着大运河、丝绸之路申遗的成功，我国境内的世界遗产总数达到了 47 项。世界遗产总数的增加，以及通过参与世界遗产保护，我国的文化遗产保护理念不断完善、文化遗产保护实践不断拓展，文化遗产保护的能力逐步达到了国际水平。中国文化遗产研究、保护的视野已经拓展到全世界范围，成为国际文化遗产保护领域的一支重要力量。尤其在丝绸之路跨国联合申报项目中，中国发挥了强有力的推手作用。

在当今我国提出生态文明建设和文化生态保护的时代背景下，对文物古迹和与其共存的其他遗产形式及其周边环境的整体保护成为文化遗产保护者共同关注的热点。

二、非物质文化遗产保护

（一）国际层面的非物质文化遗产保护

"非物质文化遗产"的概念是与"物质文化遗产"相比较、相对应而提出来的，它是为了充实和补充《保护世界文化和自然遗产公约》对于非物质形态的文化遗产保护的遗漏。实质是发端于非物质形态的文化遗产保护本身的现实而迫切的需要。[①] 基于此才形成了 2003 年的《保护非物质文化遗产公约》。

该公约突出强调了非物质文化遗产具有这样一些重要价值：第一，非物质文化遗产是世界文化多样性的生动体现；第二，非物质文化遗产是人类创造力的表征，对于非物质文化遗产的保护，体现了对人类创造力的尊重；第三，非物质文化遗产是人类社会可持续发展的重要保证；第四，非物质文化遗产是密切人与人之间关系以及他们之间进行交流和相互了解的重要渠道。因此，保护不同民族、群体、地域的传统文化，特别是保护因

---

① 王文章主编：《非物质文化遗产概论》，文化艺术出版社 2006 年版，第 7 页。

其本身存在形态限制而受到现代社会发展冲击的非物质文化遗产的问题，已经成为国际间普遍关注的一个重要问题。

公约中也阐明了"保护"的具体内容：指确保非物质文化遗产生命力的各种措施，包括这种遗产各个方面的确认、立档、研究、保存、保护、宣传、弘扬、传承（特别是通过正规和非正规教育）和振兴。

（二）国外的非物质文化遗产保护

从 20 世纪中叶起，一些国家就开始了对非物质文化遗产的抢救和保护，积累起了丰富而有益的保护经验，十分值得我们借鉴。

在西方，特别是西欧国家，强调对非物质文化遗产的统一的、整体的保护，强调并努力实施非物质文化遗产的知识产权。法国在 20 世纪 60 年代通过强有力的全国性政策，进行了文化遗产保护的抢救性工程，"大到教堂，小到汤匙"，巨细无遗登记造册。1967 年，巴黎大众艺术和传统博物馆正式落成，展示 20 世纪 40—70 年代的舞蹈、歌曲、烹饪和手工艺品等，保存传统文化和民间传说等非物质文化遗产。从那时起，法国在保护文化遗产包括非物质文化遗产方面从国家行为向街区、村镇延伸，政府开始制定免税政策或用津贴和奖励的办法鼓励私人保护和合理使用包括非物质文化遗产在内的文化遗产。此后确立历史文化遗产保护区，使之成为人们了解民族历史与文化的窗口；首创"文化遗产日"，增强法国民众保护历史文化遗产的意识。通过多种方式，法国形成了自己独特的、有体系性的一整套包括非物质文化遗产在内的文化遗产的评价标准和管理办法。意大利是一个文明古国，从古希腊以来的所有历史阶段，都在意大利留下了大量的历史文化遗产。20 世纪 60 年代是意大利经济快速发展时期，意大利面临着商业开发与保护历史文化的矛盾。20 世纪 60 年代末，意大利当局在世界上第一次提出"把人和房子一起保护"的口号，保护了一批历史文化城区免受商品化改造并因对居住其中的居民的保护留存了城市的历史记忆，也造就了意大利独特的美感和吸引力。从 1997 年开始，意大利政府在每年 5 月份的最后一周举行"文化与遗产周"活动，增进民众对历史文化知识的了解；

意大利的乡村生态旅游、美食文化旅游也非常兴旺。目前意大利政府还在不断扩大文化遗产的保护范围，深入到民间文学、传统技艺及地方饮食等各个非物质文化遗产领域，从而使意大利整个文化遗产保护工作出现新的亮点和迷人的前景。

在东方，特别是日本、韩国对非物质文化遗产保护也有他们独特的、自成体系的保护办法。1950年5月日本政府颁布了《文化财保护法》，其中首次以法律的形式规定了无形文化遗产的范畴，并规定了"认定"和"解除认定"重要无形文化财的权限和程序、重要无形文化财享受的权利和负有的责任和义务等。1955年日本首次公布认定的"重要无形文化财"，并将"个项认定"中的"身怀绝技者"认定为"人间国宝"。"人间国宝"认定制度对日本和世界多国的非物质文化遗产保护起到了积极的影响和推动作用，甚至联合国教科文组织也将之纳入到"人类口头及非物质遗产抢救与保护"的整体框架之中。1996年日本还引进了欧美等国的登录制度，对非物质文化遗产注册、登记。受日本的影响，韩国于1962年1月也出台了《文化财保护法》，将文化财分成四项：有形文化财，无形文化财，纪念物和民俗资料。1964年启动"人间国宝"工程。韩国还十分重视利用非物质文化遗产来促进旅游业的发展，同时通过现代观光旅游推动非物质文化遗产的保护和发展。

（三）我国的非物质文化遗产保护

中华民族历来有保护非物质文化遗产的优良传统，从我国古代《诗经》的采集、整理、传承到上世纪初兴起的民族、民间、民俗文化的搜集、保存，特别是民俗学建设的成就，都为丰富中华文明延续的灵魂——不竭的文化传统和文化精神作出了贡献。新中国成立特别是改革开放以来，我国在保护非物质文化遗产方面做了大量的工作，进行了积极的探索，积累了有益的经验。20世纪50年代初期，国家组织有关部门和专家对少数民族的文化遗产进行调查记录。之后，采取措施，保护和扶植传统工艺美术行业生产，保护了一大批传统工艺品种，命名了200余名"工艺美术大师"。国家对传统戏曲剧种、剧目的挖掘和保护，对民间传统艺术、中医中药及少数民族医学的保护，大量的民间艺术博物馆的建立，都为非物质文化遗产的保护起到了重要作用。20世纪80年代以来，文化部、国家民委、中国文联共同发起被誉为"文化长城"的十套"中国民族民间文艺集成志书"的编纂，抢救、保存了大量的珍贵艺术资源。

2001年，随着昆曲成为联合国教科文组织首批"人类口头和非物质遗产代表作"，"非物质文化遗产"这一概念在国内逐渐为人们所熟知。2003年，文化部、财政部联合国家民委和中国文联，启动实施了旨在全面推进我国非物质文化遗产保护工作的系统工程——中国民族民间文化保护工程。2004年8月，十届全国人大常委会第十一次会议批准我国加入联合国《保护非物质文化遗产公约》，成为较早批准加入该公约的国家之一。2005年3月，国务院办公厅颁发了《关于加强我国非物质文化遗产保护工作的意见》（以下简称《意见》）。这是国家最高行政机关首次就我国非物质文化遗产保护工作发布的权威指导意见。在《意见》的推动下，我国坚持"保护为主、抢救第一、合理利用、传承发展"的指导方针，开始进行第一批国家级非物质文化遗产名录的申报与评审、非物质文化遗产项目普查等各项工作。

当前我国非物质文化遗产工作的主要内容包括：（1）建立国家、省、市、县级非物质文化遗产名录体系和代表性传承人体系。非物质文化遗产名录体系和代表性传承人体系的建立以及制度化是开展保护工作的基础，既是抢救保存的前提，也是传承、弘扬的依据。（2）通过立法、行政等手段建立相应的保护制度。非物质文化遗产保护要发挥法律、法规的强制性和规范性作用，通过建立系统的法律、法规体系为非物质文化遗产保护工作的运作提供法律保障。（3）加强非物质文化遗产的研究、认定、保存和传播。非物质文化遗产中的一些项目在传承上已经处于困难状态，对于它们要采取紧急措施进行抢救。对于这类濒危的非物质文化遗产项目，应加紧开展全面的调查，以收集音频、视频、实物及相关的文献资料等形式予以抢救。加强非物质文化遗产记录、建档等资料性保存的同时，也要充分利用数字化高科技信息技术，把非物质文化遗产的保存、宣传和传播提高到一个新的技术水平。数字化保护以非物质文化遗产项目为主，也涉及相关研究成果的数字化传播。相关学者通过学术研究挖掘、整理、传播非物质文化遗产，通过大量的田野工作为后人留下宝贵的资料，使那些即将消失的民族传统文化以音频、视频和文字的形式归档保存，形成珍贵的非物质文化遗产数字资源。为加强非物质文化遗产的广泛传播，利用民族民俗文化活动和重大节庆文化活动、对外交流活动，利用适宜展示的项目进行展示宣传。（4）建立科学有效的非物质文化遗产传承机制，在动态整体性保护中使非物质文化遗产焕发生机。

目前实施非物质文化遗产保护的方法主要有以下几种：（1）生产性保护。对于属于传统技艺、传统美术和传统医药药物炮制类非物质文化遗产代表性项目，实行生产性保护。坚持"合理利用"的前提是"有效保护"的理念。正确处理并协调非物质文化遗产保护与旅游开发的关系，明确有些类别的非物质文化遗产不适合进行生产性保护的意识。（2）整体性保护。以文化生态保护区的整体性观念为指导，对非物质文化遗产的保护与相关联的物质文化遗产和自然生态环境的保护应统筹兼顾，特别加强非物质文化存续与传承的人文环境保护和具体的空间性保护。这一保护方式适用于所有非物质文化遗产、物质文化遗产以及整体的文化形态。（3）传承性保护。对于非物质文化遗产的保护，要落实到非物质文化遗产的具体项目的传承方式的保护。非物质文化遗产名录项目的有效传承要依赖相关的民俗活动和活动人员，保证项目传承的现场性、民间性、社群性，让传承落实在真实的人员和人员的良性关系之上。①

非物质文化遗产保护是在探索中前进的事业，在不同时期不同阶段，非物质文化遗产保护的主要内容、工作重心及保护传承方式等都在不断地进行探讨、调整与优化，其目的只有一个，即保护好、传承好我们的非物质文化遗产。

---

① 王文章主编：《非物质文化遗产概论》，文化艺术出版社 2006 年版。

第四节 整体性保护与文化生态保护区建设

一、文化生态保护区建设的主要理论渊源

文化生态保护区是指在一个特定的自然和文化生态环境、区域中，有形的物质文化遗产如古建筑、历史街区与乡镇、传统民居及历史遗迹等和无形的非物质文化遗产如口头传统、传统表演艺术、民俗活动、礼仪、节庆、传统手工技艺等相依相存，并与人们依存的自然和文化生态环境密切相关，和谐相处。[①]

"生态"这个概念源于希腊语"Oikos"，其本义是"住所""区位""环境""栖息地"。人类很早就认识到了生物个体或群体的特性深受其所生存的环境影响。1866 年，德国科学家海克尔提出"生态学"的概念，把生态学定义为研究生物有机体与其生活环境之间相互关系的科学。在生态学家看来，"生态"是一个包含了生物的生存状态，以及生物之间、生物与环境之间的关系的整体系统；"生态学"是生命系统与环境系统关系的学问。一定环境的有机体是一个生物种群，它们的数量、种类及其分布受环境的影响。而且，在自然环境中的生命体各有各的位置，彼此相生相克，维护着生态系统的平衡。倘若这种生态平衡遭到破坏，物种的生存就会发生危机或灭绝。随着生态学的发展，人类自身、人与生物与环境的关系、乃至人类社会各种现象与自然与环境的关系都被纳入了"生态"系统和生态学的研究范畴。

1955 年美国新进化论学派人类学家朱利安·斯图尔特在其代表作《文化变迁论：多线进化方法论》中首次提出"文化生态（学）"的概念，其英文表述是"cultural ecology"，可以同时对应"文化生态"和"文化生态

[①] 黄小驹、陈至立：《加强文化生态保护提高文化遗产保护水平》，2007 年 4 月 3 日，见 http：//culture. sinoth. com/Doc/web/2007/4/3/1179. htm。

学"。朱利安·斯图尔特指出文化与生物一样，具有生态性。简单讲，文化生态就是指文化自我存在、发展的状态及与周围环境相互作用的状态。文化生态学研究人类对环境的适应所牵涉的文化变迁，特别是文化的进化。重点阐明不同地域环境下的文化特征及其类型的起源，即人类集团的文化方式如何适应环境的自然资源，如何适应其他集团的生存，也就是适应自然环境与人文环境。美国文化人类学家罗伯特·墨菲进一步阐释指出："文化生态理论的实质是指文化与环境———包括技术、资源和劳动———之间存在一种动态的富有创造力的关系。"所以，文化生态是由自然环境、经济环境和社会组织环境三个层次构成的一个"自然—经济—社会"三位一体的复合结构。20世纪六七十年代，文化生态学研究更加强调文化和环境之间的互动性；20世纪80年代以后，系统论被纳入文化生态学，成为其学科基础，对文化生态的研究从美国人类学家的狭小范围扩大到全世界多学科领域，使得文化生态学成为一门更加成熟的学科。

我国国内关于文化生态的研究，一部分学者沿袭了朱利安·斯图尔特以来美国人类学界的观点，侧重解释文化变迁的生态学研究；也有一部分学者把文化类比为生态一样的整体，在顾及文化与自然环境的关系的同时，更加侧重于研究文化与社会的关系。而随着生态学、文化生态学的发展，系统论为诸多学科所重视，学科间的交叉与渗透日益深入，"生态"所代表的概念已经由单纯的"生物生态"或"自然环境"发展成为整个人类所处的充满多维关系的大环境，"文化生态"与"生态"的交集面越来越大，也越来越深入，文化生态研究内部的一些差异就显得越来越微不足道了。尤其是在实践层面，当针对某一具体区域提出文化生态失衡问题或进行文化生态保护与重构时，实际是将生态系统科学视为一种世界观，是毫无疑问地要从人类生存的整个自然环境、社会环境、精神环境中的各类因素交互作用为出发点来进行研究，以期有效地优化人与自然、人与社会、人与人之间的关系，实现自然、社会、经济、文化等系统的良性循环，在整个生态系统的平衡中，实现社会文化的发展与繁荣。

总体来看，"文化生态"的提出基于对"文化生态"与"生态"相似性的认识，在学科发展当中又不断强化了两者关联性的认识。首先，文化与生物一样，都具有生态性，有生物生态（即早期的"生态"概念），也有文化生态。生物生态就是生物自身存在、发展状态及与周围环境相互作用状态。文化生态就是指文化自我存在、发展状态及与周围环境相互作用状态。其次，文化生态与生物生态一样，都有系统性。生态系统（ecosystem）指由生物群落与无机环境构成的统一整体。文化生态系统是建立在生物生态基础之上的一种新系统，即文化内部及其与自然环境、生物机体所构成的整体。此外，文化生态系统与生态系统一样，都具有动态性、区域性。从时间性上看，当下生态系统是过去生态系统的演变结果，又是未来生态系统形成的基础。这种动态变化，从具体生物而言，体现生物自身不断适应周围环境变化而演变进化的过程；从生态系统而言，则体现为系统内各要素的不断调整，由不协调到协调反复运动的过程。从空间上看，生态系统呈现出地域性差异特征，形成相对独立的自我封闭的生态循环系统。文化生态系统同样是一种动态的、区域性系统。这种动态性、区域性，既体现为人作为一种特殊的生物，其存在与发展必然遵循生态系统运动的法则，又体现为人自觉地、主动地文化认同或文化区别行为，强化了文化生态的动态性、区域性。因此，无论生态系统还是文化生态系统，都可以在一定区域范围内对其进行保护，这就为在一定区域内实现文化生态保护或建立文化生态保护区提供了认识基础和可实践的前提。

二、国内外早期的文化生态保护实践——生态博物馆

世界各国对文化的自发地传承与保护由来已久，尤其是对有形的具有文化承载功能的古建筑、文物、历史遗迹等都很重视，这部分就是我们今天所说的"文化遗产"或"物质文化遗产"。随着现代化进程不断加快，全球文化发展态势都受到巨大挑战，传统文化遗失加剧，文化遗产遭受破坏，文化个性与文化多样性受到威胁。在这种背景下，联合国教科文组织于1972年颁布了《保护世界自然与文化遗产公约》，开始在世界范围内开展物质文化遗产的保护工作。法国更早地就如何更好地保护文化遗产提出了创

见。1971 年，法国博物馆学家乔治·亨利·里维埃和于格·戴瓦兰提出了"生态博物馆"的概念，其内涵与传统意义上的博物馆截然不同，生态博物馆建立在这样一个基本理念之上，即文化遗产应该被原状地保存和保护在其所属的社区及环境之中。所以，生态博物馆不是一个建筑、一间房子，而是一个社区，它所保护和传播的不仅仅是文化遗产，还包括自然遗产。1973 年，法国建立了世界第一座生态博物馆——克勒索蒙特索矿区生态博物馆，之后生态博物馆的实践便逐渐展开。20 世纪 70 年代后期，欧洲约有20 个生态博物馆出现。法国政府在 1981 年对"生态博物馆"作了官方界定："生态博物馆是一个文化机构，这个机构以一种永久的方式，在一块特定的土地上，伴随着人们的参与、保证研究、保护和陈列的功能，强调自然和文化的整体，以展现其代表性的某个领域及继承下来的生活方式。"这个界定很清晰地阐释了生态博物馆所承载的文化生态保护功能。由于生态博物馆具有传统博物馆所缺乏的性质，并顺应了当代人类生态环境保护意识日益觉醒和高涨的潮流，顺应了当代要求文化遗产权和文化遗产的诠释权应回归原驻地和原住民的呼声，顺应了人类要求协调和持续发展的愿望，因而其理论一问世，便迅速在欧洲、拉丁美洲和北美洲等许多国家和地区传播开来，成为一种有效地保护文化生态的方式。20 世纪后半期，生态博物馆的数量更是得到了迅猛增长。到 2008 年以前，全世界约有 300 个生态博物馆，主要分布在法国、意大利、伊比利亚半岛、斯堪的纳维亚半岛、东欧、加拿大、墨西哥、巴西、日本、印度和中国。

我国国内对文化生态的保护实践也始于生态博物馆的建设。1997 年 10 月 31 日贵州省人民政府与挪威王国签署了合作建设梭嘎生态博物馆的协议。这是中国第一座生态博物馆。该博物馆的范围包括梭嘎乡 12 个村寨，在陇嘎村建有资料中心，展示了当地的生活、生产习俗和民间艺术。生态博物馆的管理主要以当地社区为主，管理委员会由区级文化及文物主管部门的代表、12 个苗寨的公认代表和具有相应资格的管理人员、财会人员组成。另外，还设有科学咨询小组，由相应的专家组成。在生态博物馆理论的指导下，民族民间文化在一个特定的区域内得到了整体保护，当地人民对于本区文化的重要性有了更高的认识，当地的经济、教育也得到了相应的发展。

自第一座生态博物馆诞生以来，生态博物馆建设在中国少数民族地区不断发展。贵州相继建立阳花溪镇山布依族生态博物馆、锦屏县隆里古城生态博物馆、黎平县堂安侗族生态博物馆等，形成了生态博物馆群。为贵州的民族民间文化遗产的保护提供了有益的经验。2002年，贵州省政府公布了首批20个重点建设的民族保护村镇，涉及到苗、侗、布依、彝、水、瑶、仡佬等少数民族村镇。广西建成了"1+10"民族生态博物馆群，即由广西民族博物馆带动辐射，建成包括南丹里湖白裤瑶、三江侗族、靖西旧州壮族、贺州客家、那坡黑衣壮、灵川长岗岭商道古村、东兴京族、融水安太苗族、龙胜龙脊壮族、金秀坳瑶等10个民族生态博物馆群。内蒙建了古达茂旗敖伦苏木蒙古族生态博物馆。云南省从1998年开始选择腾冲县和顺乡、景洪市基诺乡的巴卡小寨、石林县北大村乡的月湖村、罗平县多依河乡的腊者村、丘北县的仙人洞村等具有代表性的少数民族聚居的自然村寨作为文化生态村。文化生态村的建设取得了显著成效，民族文化生态村成为现实存在的活文化与孕育产生该文化的生态环境的结合体，实现了民族民间文化的原地保护。民族文化博物馆、民居博物馆等成为典型的展现鲜活民族民间文化的展示区，各类形态的原生态文化得到了较好的保存。通过生态博物馆、文化生态保护村（寨）的建设，不仅各类形态的原生态民间文学艺术得以较好的保存和延续，同时也促进了当地教育和经济的发展，在全国范围内产生了一定的影响。

生态博物馆建立之后，在实际运行过程中也带来一些问题，如建立生态博物馆的目的是对传统文化进行保护，但是保护的同时也带来了冲击；[1]"生态博物馆"的理念在于如何保护人类文化多样化，努力探求人类未来的可持续发展方式，但可能存在潜在的"文化殖民"趋势。[2] 不过，生态博物

---

[1] 黄小钰：《生态博物馆：对传统文化的保护还是冲击》，《文化学刊》2007年第2期，第66—70页。

[2] 方李莉：《警惕潜在的文化殖民趋势——生态博物馆理念所面临的挑战》，《民族艺术》2005年第3期，第6—13页。

馆作为我国文化生态保护的一种有益尝试，在实践中积累的经验与教训，都为国家文化生态保护区建设提供了宝贵借鉴。

三、我国国家级文化生态保护区建设

国家级文化生态保护区是指以保护非物质文化遗产为核心，对历史文化积淀丰厚、存续状态良好、具有重要价值和鲜明特色的文化形态进行整体性保护，并经文化部批准设立的特定区域。

应该说，文化生态保护区的概念在我国建设生态博物馆时期就已经形成。2000 年，文化部、国家民委在《关于进一步加强少数民族文化工作的意见》中就曾提出："对传统文化生态保存比较完整的地区，要建立民族文化生态保护区。民族文化生态保护区建设是一项系统工程，涉及各个方面。各地有关部门要在当地党委、政府的领导下，做好论证，统一规划，共同做好保护工作。特别是保护区新建设施和民居，文化、民族部门要会同建设部门共同把握建筑风格和民族特色，使之与保护区统一与协调。发展自然和文化生态旅游，要做到保持、维护自然和文化生态系统的完整性，防止文化生态的破坏。要研究制定相应的保护法规。"以此来加强对少数民族传统文化的保护和利用，扶持优秀的少数民族文化。

2004 年，我国政府在加入联合国教科文组织《保护非物质文化遗产公约》以来，就积极探索非物质文化遗产保护的有效途径。2006 年 9 月，《国家"十一五"时期文化发展规划纲要》明确提出：要在"十一五"期间，确定 10 个国家级民族民间文化生态保护区。对非物质文化遗产内容丰富、较为集中的区域，实施整体性保护。按照《国家"十一五"时期文化发展规划纲要》要求，文化部开展了文化生态保护区建设工作，在随后的两年间，设立了闽南（福建省）、徽州（安徽省、江西省）、热贡（青海省）、羌族（四川省、陕西省）四个国家级文化生态保护实验区。在对文化生态保护区实施整体性保护、建立文化生态保护区提出之初，国家并无统一而具体的建设标准，上述四个保护区的建设可以说是摸着石头过河。直到 2010 年 2 月，文化部提出了《关于加强国家级文化生态保护区建设的指导意见》，才对国家级文化生态保护区的重要意义、方针和原则、设立的条件、设立的程序、基本措施、工作机制等进行了详细阐述。2011 年 6 月 1 日正式实施的《中华人民共和国非物质文化遗产法》，更从法律上明确规定："对非物质文化遗产代表性项目集中、特色鲜明、形式和内涵保持完整的特定区域，当地文化主管部门可以制定专项保护规划，报经本级人民政府批准后，实行区域性整体保护。"这是我国第一次从立法的高度，确立了非物质文化遗产区域性整体保护的法律依据。2012 年 2 月，《国家"十二五"时期文化改革发展规划纲要》更将国家级文化生态保护区建设纳入其中，指出要"对非物质文化遗产集聚区实施整体性保护。加大西部地区和少数民族非物质文化遗产保护力度。统筹国家级文化生态保护区建设"。

截至 2014 年年底，全国共设立了 18 个国家级文化生态保护实验区。

表 1－2　国家级文化生态保护实验区名录

名称	位置	建设时间
闽南文化生态保护实验区	福建省	2007 年 6 月
徽州文化生态保护实验区	安徽省、江西省	2008 年 1 月
热贡文化生态保护实验区	青海省	2008 年 8 月
羌族文化生态保护实验区	四川省、陕西省	2008 年 11 月
客家文化（梅州）生态保护实验区	广东省	2010 年 5 月
武陵山区（湘西）土家族苗族文化生态保护实验区	湖南省	2010 年 5 月
海洋渔文化（象山）生态保护实验区	浙江省	2010 年 6 月
晋中文化生态保护实验区	山西省	2010 年 6 月
潍水文化生态保护实验区	山东省	2010 年 11 月
迪庆文化生态保护实验区	云南省	2010 年 11 月
大理文化生态保护实验区	云南省	2011 年 3 月
陕北文化生态保护实验区	陕西省	2012 年 5 月
客家文化（赣南）生态保护实验区	江西省	2013 年 1 月
铜鼓文化（河池）生态保护实验区	广西壮族自治区	2013 年 1 月
黔东南民族文化生态保护实验区	贵州省	2012 年 12 月

续表

名称	位置	建设时间
格萨尔文化（果洛）生态保护实验区	青海省	2014 年 7 月
武陵山区（渝东南）土家族苗族文化生态保护实验区	重庆市	2014 年 9 月
武陵山区（鄂西南）土家族苗族文化生态保护实验区	湖北省	2014 年 9 月

表 1-3　国家级文化生态保护实验区比较

比较内容	类别	数量	文化生态保护实验区
空间分布	东部	4	闽南、梅州、象山、潍水
	中部	5	徽州、湘西、晋中、赣南、鄂西南
	西部	9	热贡、羌族、迪庆、大理、陕北、黔东南、河池、格萨尔、渝东南
行政区划	独立	14	热贡、梅州、湘西、象山、晋中、潍水、迪庆、大理、赣南、黔东南、河池、格萨尔、渝东南、鄂西南
	分散	4	闽南、徽州、羌族、陕北
面积大小	>2 万平方千米	10	闽南、迪庆、大理、陕北、赣南、黔东南、河池、格萨尔、渝东南、鄂西南
	1 万—2 万平方千米	7	羌族、晋中、潍水、梅州、湘西、徽州、热贡
	<2 千平方千米	1	象山
人口数目	>1000 万人	1	闽南
	100 万—1000 万人	13	潍水、梅州、晋中、湘西、徽州、大理、陕北、赣南、黔东南、河池、格萨尔、渝东南、鄂西南
	20 万—100 万人	4	海洋渔（象山）、迪庆、羌族、热贡
文化主体	汉族	8	闽南、徽州、梅州、象山、晋中、潍水、陕北、赣南
	少数民族	10	热贡、羌族、湘西、迪庆、大理、黔东南、河池、格萨尔、渝东南、鄂西南

资料来源：参见所萌：《区域视角下的非物质文化——以迪庆民族文化生态保护区为例》，《城市发展研究》21 卷，2014 年第 7 期，有调整。

由于设立国家级文化生态保护区是我国的一项具有实验性、探索性的政策，因此在获得成熟的建设经验并且有普遍意义和推广价值，以及建立健全各种评价机制与体系之前，各保护区暂定为"文化生态保护实验区"。

四、国家级文化生态保护区建设政策要点

（一）国家级文化生态保护区建设的方针和原则

《关于加强国家级文化生态保护区建设的指导意见》（文非遗发〔2010〕7 号文件，以下简称《意见》）指出："国家级文化生态保护区建设要以科学发展观为指导，认真贯彻非物质文化遗产保护工作'保护为主、抢救第一、合理利用、传承发展'的指导方针。在文化生态保护区的建设工作中，应坚持以保护非物质文化遗产为核心的原则，坚持人文环境与自然环境协调、维护文化生态平衡的整体性保护原则，坚持尊重人民群众的文化主体地位的原则，坚持以人为本、活态传承的原则，坚持文化与经济社会协调发展的原则，坚持保护优先、开发服从保护的原则，坚持政府主导、社会参与的原则。"

（二）国家级文化生态保护区设立的条件

《意见》提出国家级文化生态保护区设立应该符合以下条件：
——传统文化历史积淀丰厚、存续状态良好，并为社会广泛认同；
——非物质文化遗产资源丰富，分布较为集中，且具有较高的历史、文化、科学价值和鲜明的区域特色、民族特色；
——非物质文化遗产所依存的自然生态环境和人文生态环境良好；
——当地群众的文化认同与参与保护的自觉性较高；
——当地人民政府重视文化生态保护区建设工作，保护措施有力。

（三）国家级文化生态保护区建设的基本措施

按照《意见》要求，国家级文化生态保护区建设的基本措施包括："科学制定文化生态保护区总体规划；确定重点区域进行整体性保护；加强非物质文化遗产名录项目的保护；加强非物质文化遗产名录项目代表性传承人的保护；加强非物质文化遗产基础设施建设；加强文化生态保护区理论

和政策研究；加强非物质文化遗产教育传承；加强非物质文化遗产保护人才队伍建设；突出社会公众的文化主体地位；营造有利于文化生态可持续发展的良好社会氛围。"

（四）国家级文化生态保护区建设的工作机制

《意见》指出，国家级文化生态保护区建设的工作机制是：发挥政府主导作用；加大资金投入；建立专家咨询机制；调动社会各方面力量参与保护区建设；加强指导检查。

第二章　渝东南民族地区的物质文化遗产

第一节　渝东南民族地区物质文化
遗产的类别与生成

一、渝东南民族地区物质文化遗产的类别

我国是一个具有悠久历史的国家，具有极其丰富的物质文化遗产，这些文化遗产似珍珠一样散落在我国各个地区，渝东南地区便是其中之一。根据目前的文化遗产普查情况，渝东南地区现有全国重点文物保护单位3处，市级重点文物保护单位30处，区县文物保护单位301处，涉及古墓葬、古遗址、古建筑、石窟寺及石刻、近现代重要史迹及代表性建筑等类别。3处全国重点文物保护单位中，近现代重要史迹及代表性建筑2处，古遗址（冶锌）1处。全国重点文物保护单位和市级重点文物保护单位当中，民居建筑19处，占58%；少数民族文化遗产9处，占27%。

表2-1　渝东南地区全国重点文物保护单位

序号	类别	保护单位名称	年代	详细地点	地区
1	近现代重要史迹及代表性建筑	赵世炎故居	清	酉阳土家族苗族自治县龙潭镇赵庄社区赵庄路219号	酉阳土家族苗族自治县

续表

序号	类别	保护单位名称	年代	详细地点	地区
2	近现代重要史迹及代表性建筑	南腰界红三军司令部旧址	1934 年	西阳土家族苗族自治县南腰界乡南腰界村五组	西阳土家族苗族自治县
3	古遗址	重庆冶锌遗址群	明、清		丰都县、石柱土家族自治县

资料来源：重庆市文化遗产研究院。

表 2－2 渝东南地区市级文物保护单位

序号	类别	保护单位名称	年代	详细地点	地区
1	古遗址	笔山坝遗址	新石器时代至商、周	西阳县大溪镇杉岭村五组	西阳土家族苗族自治县
2	古遗址	后溪土司遗址	明、清	西阳县后溪镇后溪村二社	西阳土家族苗族自治县
3	古遗址	重庆冶锌遗址群	明、清	西阳县钟多镇小坝村青沙沱	西阳土家族苗族自治县
4	古遗址	熨斗坝遗址	商、周	彭水县保家镇三江村五社	彭水苗族土家族自治县
5	古遗址	徐家坝遗址	商、周	彭水县汉葭镇江南村三社	彭水苗族土家族自治县
6	古遗址	重庆冶锌遗址群	明、清	石柱县七曜山	石柱土家族自治县
7	古建筑	飞来峰熏阁	明	西阳县钟多镇桃花源中路	西阳土家族苗族自治县
8	古建筑	龚滩古建筑群	清	西阳县龚滩镇新华社区	西阳土家族苗族自治县
9	古建筑	后溪古建筑群	清	西阳县后溪镇	西阳土家族苗族自治县
10	古建筑	龙潭万寿宫	清	西阳县龙潭镇永胜下街98 号	西阳土家族苗族自治县
11	古建筑	大坝祠堂	清	西阳县南腰界乡大坝村五组	西阳土家族苗族自治县
12	古建筑	永和寺	清	西阳县万木乡柜木村八组	西阳土家族苗族自治县

序号	类别	保护单位名称	年代	详细地点	地区
13	古建筑	石堤卷洞门	清	秀山县石堤镇石堤场下码头	秀山土家族苗族自治县
14	古建筑	溪口天生桥	清	秀山县溪口乡五龙村	秀山土家族苗族自治县
15	古建筑	草圭堂	清	黔江区濯水镇大坪村	黔江区
16	古建筑	银杏堂	清	石柱县河嘴乡银杏堂村银杏堂组	石柱土家族自治县
17	古建筑	西沱云梯街民居建筑群	清、中华民国	石柱县西沱镇云梯街	石柱土家族自治县
18	古墓葬	清溪苗王墓	明	秀山土家族苗族自治县清溪场镇帮好村	秀山土家族苗族自治县
19	古墓葬	官陵墓群	清	黔江区濯水镇官陵居委	黔江区
20	古墓葬	秦良玉陵园	清	石柱县三河乡鸭桩村三教组	石柱土家族自治县
21	古墓葬	龙河崖墓群	唐至清	石柱县悦崃、三益、桥头、三河、龙沙、南宾、下路、沙子、龙河和三星等乡镇龙河及支流两岸	石柱土家族自治县
22	古墓葬	长孙无忌墓	唐	武隆县江口镇乌江村	武隆县
23	古墓葬	江口汉墓群	汉	武隆县江口镇柿坪村二社	武隆县
24	近现代重要史迹及代表性建筑	客寨桥	清	秀山土家族苗族自治县龙凤乡客寨村	秀山土家族苗族自治县
25	近现代重要史迹及代表性建筑	中国人民解放军第二野战军司令部旧址	1949年	秀山土家族苗族自治县中和镇南关村	秀山土家族苗族自治县
26	近现代重要史迹及代表性建筑	刘仁故居	1912年	酉阳县龙潭镇五育村	秀山土家族苗族自治县
27	近现代重要史迹及代表性建筑	万涛故居	1904—1932年	黔江区冯家镇桂花居委	黔江区
28	近现代重要史迹及代表性建筑	张氏民居	1911年	黔江区黄溪镇黄桥居委	黔江区
29	近现代重要史迹及代表性建筑	和平中学旧址	1924—1927年	武隆县平桥镇乌杨村小河口小组	武隆县

序号	类别	保护单位名称	年代	详细地点	地区
30	其他	郁山飞水盐井	汉	彭水县郁山镇中井村、连丰村	彭水苗族土家族自治县

资料来源：重庆市文化遗产研究院。

二、渝东南民族地区物质文化遗产的生成

（一）渝东南民族地区物质文化遗产的生成背景

渝东南丰富的物质文化遗产有其特定的地理和历史背景。

渝东南地处武陵山区，集中了中国最大的喀斯特地貌，溪流、地洞、天坑在这一带较为常见，地理条件极其复杂。山体和溶洞是渝东南地形的显著特点。多山的地形在战争中易守难攻，这也是近现代战争中这里作为重要革命根据地的原因之一。溶洞天然遮风挡雨的功能，为人类早期活动提供了有利的栖居场所。同时，由于喀斯特地貌发育，渝东南地区也拥有丰富的地下水资源。水是人类的生命之源，在靠近水源的地方是人类活动频繁的地方。渝东南的河流流域是人们聚居之地，也是历史文化遗产较为聚集的地方，诸如乌江河岸的吊脚楼群、名人故居、古人活动遗址等。土壤也是人类最基本的生存条件之一。渝东南的酉阳、秀山一带有一定面积的红壤分布，红壤中的红黄泥土主要分布在秀山、黔江两县的山间盆地，彭水、酉阳等地海拔1400米以上喀斯特中山平缓低洼地带分布有山地草甸土。平缓低洼、土壤肥沃地带出产量高，人群集聚在周围。森林茂密、植被丰富的地方则常会发现古生物化石。

巴人和楚人是渝东南地区最早和最主要的居民之一。早在秦朝，秦国灭巴后，巴人四散各地，一部分留在巴郡，一部分流入渝东南、湘西、黔东北、鄂西南交界的五溪地区，成为"五溪蛮"。五溪指酉、辰、巫、武、沅等五溪。这一部分巴人中的一些便生活在渝东南。历史上的四川人口迁

徙频繁，有主动、有被动、有出川、有入川，但总体来看，入川者众，出川者少。[①] 入川居民以汉族为主，主要居住在自然条件好的平原、低丘，其周围还分布着"僚人"和"蛮人"。他们可能是廪君巴和板楯蛮的后裔。后来经历历朝社会动荡，汉民由于先进的农耕技术和宗族、部族的组织结构，势力逐渐强大。随着朝代和社会连续的动荡和一波又一波的迁徙，形成了汉民迁河谷、僚蛮迁山地的大杂居小聚居的格局。因此渝东南的物质文化遗产在其地区分布上也有一定族群性和地域性。

从行政规划上看，渝东南地处渝鄂湘黔四省（市）的交叉地带，长期以来是东西部各民族交流迁徙的必经之地。逐水而居的巴人沿乌江和酉水进入渝东南地区，形成后来的土家族，加之位于历史上"苗疆"的边缘地带，再者历史上的"湖广填四川"，导致大量东部汉族人口迁入，这里便形成了多民族文化交融的局面。

渝东南地区多山的地形导致其相对封闭，但位于东西交通的重要通道上，它又是一个开放性和包容性很强的社会。这尤其体现在宗教信仰上，渝东南先民在建立和崇信本土宗教的同时，对外来的宗教文化也采取接受和欢迎的态度，海纳百川地包容各种不同的信仰文化。渝东南留存的庙宇等能证明宗教在渝东南的历史。除了佛教等传统宗教外，渝东南地区还有地方宗教，比如广泛存在的多神崇拜、历史人物神化等。对老百姓作出巨大贡献的历史人物在民间信仰中会被神化，并修盖祠庙进行祭祀。这些都会留存下大量的物质文化遗产。

优美的自然风光，凭借境内水路相对畅通的交通，引来诸多文人墨客吟诗作赋，抒怀赞美。自古以来作为"天高皇帝远"的山区，与儋尔（海南）、伊犁同为中国封建王朝惩罚、禁闭官吏的流放迁谪地，那些不得志的官臣饮恨渝东南，甚至葬身于此，留下遗址供后人缅怀。而近代贺龙率领中国工农红军三方面军在酉阳县南腰界建立黔东革命根据地，贺龙在秀山创建湘鄂黔革命根据地等红色历史，在渝东南历史上也留下了光辉一笔。

---

① 郭声波：《四川历史农业地理》，四川人民出版社1993年版，第34页。

（二）渝东南民族地区物质文化遗产的生成历程

1. 史前时期：动物化石、简单的人类生产工具

目前在渝东南地区已发现两处旧石器时代遗址。秀山县涌洞乡野坪村扁口洞第四纪中更新世化石遗址，此遗址位于龙塘河岸的狮子洞内，洞内直径约 30 米，在洞深 10 米处厚 0.15 米的褐土层中，出土有更新世 1000 余件动物化石和四颗人类牙齿化石，含大熊猫、剑齿虎、犀牛等动物化石；黔江区冯家镇照耀村茶花 2 组的老屋基旧石器时代遗址，此遗址系洞穴遗址，进深 17 米，文化层厚约 0.9 米，有众多旧石器时代打制尖状器及长臂猿、东方剑齿象、中国犀牛 24 种动物化石和四颗人类牙齿化石等文化遗迹。① 黔江区黔江县城东南的正阳乡群众村，在 1930 年首次发掘出"龙骨"四五十挑，发现 102 厘米的股骨 1 块，牙齿 1 颗，以及脊椎、尾椎、趾、踝、臂骨等恐龙化石，1974 年，又发掘出长 102 厘米股骨 1 块，牙齿 1 颗，还有形状可辨的脊椎、尾椎、趾、踝、臂骨等。经鉴定，为距今 1 亿年左右（白垩纪早期）的恐龙化石，实为国内罕见。从大熊猫、东方剑齿象、中国犀牛和恐龙等动物化石的遗存来看，可以推断当时渝东南地区气候温暖湿润，野生动物活动频繁，可间接看出渝东南地区在远古时代森林植被较丰富。同样，遗址中大量的人类化石、打制石器与动物化石，证明早在旧石器时代渝东南地区已经有人类活动，并从事着原始的大农业，即采集、狩猎。

截至目前，还未发现新石器时代文化遗址。

2. 秦汉时期：盐丹文化、古镇、汉墓

秦灭巴蜀后，顺势攻伐楚国，在今渝东南地区设置黔中郡，巴国灭亡后，一部分巴人流入今渝东南、湘西、黔东北、鄂西南交界的五溪地区，成为"五溪蛮"或称"武陵蛮"。由于渝东南的彭水盐泉和丹砂矿丰富，早

---

① 国家文物局：《中国文物地图集·重庆分册》，文物出版社 2010 年版，第 451 页。

在炎黄时期，就有人类进行煮盐、炼丹活动。武王伐纣后，彭水成为巴国的一部分，或者成为濮民之国。先秦时期，巴、楚、秦国反复争夺黔中郁山盐、丹资源，公元前221年秦统一中国后实行郡县制，在郁山建黔中郡。汉代实行州郡县三级制，公元前140年武帝建涪陵县，治郁山，属益州巴郡。彭水郁山镇也是明朝治理黔州的政治中心。直至1371年，明朝皇帝朱元璋撤销绍庆府，彭水划归四川布政史司重庆府统领。自此，彭水封建政治中心地位的历史宣告结束。彭水作为中国封建社会一个地区的政治中心有1000多年的历史，与其他封建政治统治中心不同的是，它还见证了唐、宋两个封建王朝对西南中部少数民族实行既笼络又控制的羁縻统治。

《史记·货殖列传》上记载："秦始皇令倮比封君，其先得丹穴，而擅其利数世，家亦不訾。清，寡妇也，能守其业，用财自卫，不见侵犯，秦皇帝以为贞妇而客之，为筑女怀清台。"秦朝时期，渝东南"丹"这一资源得到了广泛的开发。经考证，"丹穴"就是出产朱砂的汞矿。寡妇清的"丹"生产基地，正在中国汞矿最集中的渝东南及其周边地区。寡妇清大规模地开发冶炼渝东南的"丹"矿，必定会留下世代相传的炼丹产业和相关遗址。同时彭水郁山盐场在东汉时期也开始开发，著名的鸡鸣井盐即修建于东汉时期，此后历代使用，并沿用至1980年才停封。飞水井、老郁井、后井也是东汉时期郁山盐场开发的盐井。[①] 郁山镇因其丰富的盐泉资源而成为自汉代以来就出名的古镇。郁山盐曾是武陵地区重要的盐源。在郁山盐业发展的同时，当地的丹砂矿也得到开采。上文中提到的寡妇清的丈夫怀氏即为彭水人，因开采丹砂矿而家产万贯，"巴寡清"能守其业，并获秦始皇为她筑女怀清台。

五千余年的盐丹开发史，孕育了丰富多彩的郁山文化，郁山因盐丹兴镇，成为渝东南最古老的城镇之一。自西汉建元元年（公元前140年），汉武帝置涪陵县至唐玄宗开元二十一年（733年）设黔中道，郁山先后为县、郡、州（相当于地级行政机构）、道（相当于省级行政机构）治所所在地。

---

① 国家文物局：《中国文物地图集·重庆分册》，文物出版社2010年版，第473页。

自西汉建元元年涪陵县建成至今长达 2153 年，千年古镇名副其实。考古发掘的古镇在渝东南地区还发现了许多。据《华阳国志》记载，渝东南地区从汉朝起就有的古镇主要有：涪陵县城，即涪陵郡郡治。治今彭水县郁山镇，自西汉武帝建元（公元前 140 年）初于此置涪陵县后，郁山曾做过巴亭、巴东属国都尉府、汉葭县、涪陵郡、奉州的治所。① 彭水县汉葭镇是古涪陵县城、酉阳县龚滩镇是古汉葭县城。丹兴县，治设于今黔江县联合镇（古称楠木坪）。②

由于曾经是渝黔湘鄂的政治、经济、军事、文化中心，尤其在东汉和三国时期，彭水县是刘璋治下的巴东属国行政长官巴东属国都尉的治所所在地和涪陵郡行政长官的治所所在地，当地留下了不少的汉墓，墓主人可能就是地方行政长官和当地的富贾大户。除此之外，名人墓葬和名人故居也不少。如不久前在彭水汉葭镇刚被发现的渝东南地区最大石室墓葬经考古专家鉴定其时代为东汉晚期，还认为有可能是刘备军师庞统之子之墓。

3. 唐宋时期：名人遗迹

彭水郁山的盐与丹在夏代之前就被发现并加以利用。盐一直是珍品，只有少数达官贵人才吃得上；郁山先秦时又开始采矿炼丹，而丹是提炼防止尸体腐烂的水银和让人延年益寿的仙丹的原料，同样珍贵。因盐丹，郁山发展成为南方富地。在唐代，更是道、州、县三级治所所在地，是今川、渝、黔、湘、鄂、桂六省市接合部的政治、经济、文化中心，也成了唐朝朝廷被贬官员以及皇亲国戚的主要流放地。

公元 643 年，唐太宗长子李承乾谋反，唐太宗虽然极其气愤，但承乾毕竟是他儿子，他不想赶尽杀绝，只想让承乾远离京城，少惹是非。于是，太宗就将他流放到了郁山。李承乾流放到郁山后，仅活了一年多，就死在了郁山，此地余有李承乾墓碑，其墓已是空坟，曾于公元 738 年迁昭陵。公元 659 年，唐高宗时期，要臣也是其舅的长孙无忌因反对高宗立武则天为皇

---

① 彭水县志编纂委员会：《彭水县志》，四川人民出版社 1998 年版，第 359 页。
② 蒲孝荣：《四川行政区沿革与治地今释》，四川人民出版社 1986 年版。

后，被许敬宗诬陷，削爵流徙黔州（今彭水），自缢而死。长孙无忌死后，即葬于武隆县江口镇乌江河薄刀岭的令旗山下。公元 674 年 9 月，追复官爵，迁葬昭陵。其墓虽是空坟，至今墓地规模依稀可见，墓碑依然矗立。公元 660 年，唐高宗之子梁王李忠被流放黔州，因于李承乾故宅。公元 664 年 12 月，上官仪、王伏胜被诬陷谋反成死罪，许敬宗等人诬告李忠为同谋，被高宗赐死于郁山，初葬今彭水保家镇陈园村，次年收葬昭陵。公元 680 年 10 月，唐太宗十四子李明被流放到黔州；公元 682 年，又被乾州都督谢佑假传圣旨，逼其自杀。公元 710 年，李明的灵柩才运回长安，陪葬昭陵。公元 688 年，越王李贞反叛失败，青州刺史霍王李元轨（唐高祖的儿子）因同谋获罪，被流放黔州监禁。当年 12 月，囚车到达陈仓时，元轨命归黄泉。

远离皇朝的彭水郁山，虽曾经有过盐丹辉煌，但因有李承乾、长孙无忌、李忠、李明、李元轨等皇亲国戚的到来，被蒙上了宫廷色彩和悲情氛围。

除彭水外，石柱县也曾留下大诗人李白的足迹。公元 759 年，李白流放夜郎时，来到石柱，被万安山的美景触发了诗性，在山崖上挥毫泼墨。题诗七绝一首于石壁，抒发感悟。万安山也因李白到此一游而声名大作。

蓝勇教授对《宋高僧传》中唐代四川籍僧人和住锡在四川的僧人进行过统计，无渝东南籍和住锡渝东南籍的僧人，可推断在唐朝，渝东南佛教尚未盛行。但同治《酉阳直隶州总志》记载彭水有开元寺，"在郁山镇，唐开元寺时即有此寺，故得名"。黔江有"碧峰寺：在县南一百四十里白土乡马家沟，唐时赵国珍建"[1]。

宋朝黄庭坚被贬作彭水县令后就谪居于彭水开元寺。在此他还修建了"绿阴轩"，并在寺中作诗、写字、讲学，还自己开凿了两口石井并汲水炼丹、浇水种菜，后人把这两口井分别叫做"丹泉井"和"山谷井"。

南宋绍定元年（1228 年），黔州升为绍庆府，治今彭水县乌江西岸南城

---

① （清）王麟飞等：《酉阳直隶州总志》卷之九，清同治三年（1864 年）刻本。

遗址，辖彭水、黔江 2 县，并领羁縻州 49 个。至元二十八年（1291 年）绍庆府升为总管府，在今汉葭镇城南修筑石城，至顺元年（1330 年）改称绍庆路。彭水城郊现有绍庆府遗址。

4. 明清时期：汉化祠堂、寺庙、土司遗址

明清时期，渝东南地区佛教逐渐兴起，并大规模兴建佛寺，但由于年代久远加之人类活动的破坏，流传至今的不多。由于各种教派在渝东南的传播以及地方神灵崇拜的兴起，除佛教寺庙外，当地还建有供奉其他神明的寺庙。流传至今的有石柱银杏堂、禹王宫、二圣宫，酉阳的三抚庙、川主庙、万寿宫、青龙寺、圣庙，秀山的宋农土王庙等。很多古老寺庙在岁月流转中只剩下残垣断壁，供后人缅怀的只有留在当地的遗址或仅存于史籍中的记载，如彭水曾经的"九宫十八庙"，如今找不到一座完整的。

明清时期渝东南地区经济有了进一步发展，也吸引了大量移民。明清时期，张献忠五次入蜀，随之而来的前三次战乱使得川东、川北地区受到较大的影响，当时川东、川北地区居民为逃避战乱，纷纷逃到今渝东南地区及与之相邻的黔北等地。战乱让渝东南地区的人口反而增加了。[1] 湖广填四川时，移民向川东地区迁徙，取道相邻的鄂、湘、黔、交界的各种路径，与川楚、川湘、川黔交通线连接，进入渝东南地区，通过渝东南继续向四川腹地迁徙，其中一部分留在了渝东南地区。[2] 汉族移民进入渝东南地区，带来自己的宗祠文化。渝东南的传统聚落是由一定的亲缘、地缘和血缘关系为基础的，乡民之间相互帮助，宗法族规或者其他形式的道德标准是乡村聚落自治的社会基础，是维系聚落内部稳定的重要力量，村民对家族或宗族具有较强的依赖心理和服从性。汉族移入的宗祠文化恰恰呼应当地的传统聚落文化。明清时期，渝东南各宗族祠堂大肆兴起。例如，酉阳县酉水河镇后溪村水巷子白家祠堂、新寨子白家祠堂和彭家祠堂，建造于咸丰

---

① 蓝勇、黄权生：《"湖广填四川"与清代四川社会》，西南师范大学出版社 2009 年版，第 10—11 页。

② 陈世松：《大迁徙：湖广填四川历史解读》，四川人民出版社 2005 年版，第 302 页。

至光绪年间，新寨子白家祠堂的大门左侧，还保存有于光绪二十五年（1899 年）刻立的石碑，上面刻有严格的宗族家规和道德标准。

明清时期，渝东南土司制度日趋完善。其中最大的土司是设置于五代时期的酉阳土司，明初时设酉阳宣慰司，其管辖地域包括今重庆市的黔江区与彭水、酉阳、秀山三个民族自治县，并延伸到贵州省松桃县境内。当时的酉阳州下辖秀山、黔江、彭水。境内设置土司十家：宣慰使一、长官司四，巡检司一；除宣慰使驻酉阳外，其余九家土司都在今秀山县境内。众多土司在酉阳留下了丰富的遗址和遗迹。石柱也存有马氏土司遗址，明万历年间，秦良玉下嫁石柱宣抚使马千乘。后因夫亡子幼，秦良玉代理土司一职。今石柱万寿山上的万寿寨是秦良玉古战场，因秦良玉于明末清初在此建寨备战而得名。万寿寨上尚存摩崖岩造像、碑刻 12 处。秦良玉墓也在石柱县城东 7 公里的回龙山上，内有秦良玉墓、秦良玉衣冠冢及其兄弟、后裔等人的墓葬。

5. 近代：红色文化遗址、名人故居

20 世纪二三十年代，国共内战时期，中国工农红军不断发展壮大，先后组建第一方面军（曾经称中央红军）、第四方面军、第三方面军、第二方面军和西北红军等红军部队，建立了中央革命根据地和湘鄂西、鄂豫皖、湘赣、陕甘、湘鄂川黔等革命根据地，连续粉碎了国民党军多次"围剿"和"清剿"。贺龙率中国工农红军第三方面军在酉阳县南腰界建立黔东革命根据地，红军的足迹踏遍整个渝东南。1930 年，四川省二路军从涪陵罗云坝挺进仙女山区创建革命根据地时，曾把司令部、政治部等领导机关设在武隆县城北约 70 公里高山上的双河场上的两幢木楼里，这幢楼房现在还保存完好。双河场以北约 8 公里的三重堂也是 1930 年四川二路红军司令部、政治部等领导机关的驻扎地。同年 3 月 15 日，红军在此与前来围剿的民团激战两小时，敌军溃败，红军战士许绍虞牺牲，墓葬于附近。1930 年 6 月"后坪坝苏维埃政府"成立于武隆后坪坝。武隆县城西的乌江南岸，为历代军事战略要塞。1949 年 11 月，刘邓大军就曾攻下敌军在白马山的最后防线。彭水县汉葭镇中部有一座具有民族风格的清代建筑，一楼一底、全木结构，为四合院格局。1934 年 5 月，贺龙、关向应、夏曦同志率领红三军攻克彭水县城后，司令部设在此处。在黔江距区府 60 公里的水车坪皂角堡，有一棵红军树。1934 年 5 月，贺龙、关向应率领红三军路过水车坪，宿营场上，拴马于场上一棵皂角树上，这棵树便由此得名。在石柱，还存有一口"红军井"。1934 年 1 月，贺龙率红军抵达石柱县城郊猫圈坡（现灯盏公社）扎营休整。时值冬旱，为解决群众和红军吃水困难问题，红军干部四处寻找水源，夜以继日、集中力量打好了一口井，为纪念红军，老百姓将此井命名为"红军井"，并列为县重点文物保护单位。

西阳县曾是解放初期武陵山剿匪斗争的主战场之一。在西阳县除了有南腰红三军司令部旧址（省级重点文物保护单位）外，龙潭镇还有赵世炎故居（国家级重点保护文物）。在秀山也留下了红军战斗遗址。位于秀山县城西南 25 公里的峻岭乡坝芒地方的倒马坎就是一处。1934 年 8 月 30 日，贺龙命令七师主力 700 余人向固守倒马坎的秀山西路团防头子、原国民党82 师团长杨卓之及土匪头子拼凑的 1000 多人发起进攻，彻底摧毁了敌人精心构筑的倒马坎防线，从而开辟了秀山西部的游击根据地。刘邓大军入川处洪茶渡口位于秀山县城东 55 公里的洪安乡。1949 年 11 月，人民解放军进军大西南，首先通过先遣部队搭在洪茶渡口的浮桥进入四川，揭开了解放大西南战役的序幕。这里是解放军进军西南的重要突破口，在解放战争历史上有着重要的地位，是解放军大西南围歼国民党部队的重要纪念地。秀山县南郊至今还存民主革命时期中共地下党员秘密活动之地——二野司令部旧址凤鸣书院。1945—1949 年，这里曾是周恩来同志领导的南方局和中共四川省委在川黔边建立的党的地下工作据点。1949 年 11 月，第二野战军进军大西南，刘伯承、邓小平率二野司令部驻在此地，是解放大西南重要的纪念地。近代渝东南的红色革命史在整个中国革命史上有着不可忽略的作用和地位。

第二节 渝东南民族地区物质文化遗产的特征、价值与功能

渝东南地区物质文化遗产数量多且年代跨度大，从史前时期一直到近现代。其种类多样，涉及古生物化石、古墓葬、古遗址、古建筑、石窟寺及石刻、近现代重要史迹和代表性建筑以及其他能见证当地历史的名人墓和碑刻。这些物质文化遗产中，彭水县的物质文化遗产所涉及的历史朝代最多，涉及汉、唐、宋、元、明、清、民国等多个年代，酉阳县历史文化遗产涉及的年代相对较少，只有宋、明、清和近现代，而近现代的历史文化遗迹各县都有分布。总的来说，渝东南地区物质文化遗产种类齐、数量多、年代久、分布广且相对集中。

一、渝东南民族地区物质文化遗产的特征

（一）共享性

渝东南地区的物质文化遗产是长时间积淀的历史见证，是为过去的人们所创造，为现在的人们所享用，同时还要传至后代的遗产。从这种意义上说，文化遗产不仅对过去、现在和将来的人类都具有不同功能，对同一时间存在于世界上不同地方的人也具有不同价值。物质文化遗产作为现成之物，人们可以充分利用，但保护更为重要，作为一种遗物，遗产具有连续性，对过去的人们来说具有实用价值，而对于现在和将来的人们来说，其实用价值减弱或消失，更多的是历史价值或教育价值，从这一层面上来看，遗产本身具有过去时、现在时和将来时。在目前的文化遗产保护实践中认识到遗产的这一特性尤为重要。现在的人们关注更多的是遗产的现在时，强调遗产在当下的利用价值，而忽略了遗产的过去时和将来时。其实，遗产属于整个人类，无论过去、现在和将来。应当明确的是，现代人们只

是遗产在漫漫历史长河中的暂时托管者，没有任何理由过度消耗文化遗产。处于文化遗产地的人们，也只是幸运地与文化遗产同处一地，更不能肆意利用文化遗产而不加保护。同理，文化遗产的有效保护和合理利用也是全人类的责任，不单纯是遗产所在地民族或国家的内部事务，也需要国家间、国际文化组织积极参与与协调，需要有法律条约来约束人们行为。所以说，文化遗产为全人类所共享，同样，保护好它也是全人类的责任和义务。

（二）不可再生性

人类所有文化遗产的最终结局是走向消亡，只是会因人类对其的态度而使消亡时间有长有短。渝东南的物质文化遗产历史悠久，是过去某一时代的见证，经历了长时间的岁月洗礼，遗留到今天，已是千疮百孔，脆弱不堪。随着所依存的外在环境的变化，文化遗产也会变化甚至消失而不能再生。可见，过去留下的物质文化遗产的数量会随着时代和环境变化而越来越少，但现代人们生活和生产的痕迹又会成为后世人类的文化遗产。虽然文化遗产的总量不会减少，但某一时代的文化遗产消失后就不会再生，因为时间不会倒流。

"遗产充其量是无数发生过的历史事件和历史遗物中的幸运者和幸存者。遗产是特殊的历史记忆。"① 每一种遗产都代表它所诞生年代的特殊历史背景，是后世人们复原过去历史的线索和凭据。这也是尽可能完整真实地保护好文化遗产的重要原因。但物质文化遗产的消亡和毁坏不可阻挡。这主要有两方面的原因，即自然和人为。自然原因一方面是指任何一种遗产自身是有寿命的，另一方面遗产受自然灾害影响较大，如水灾、地震、火山喷发等地质灾害会给遗产带来灭顶之灾。同时，湿度、温度变化、光辐射、灰尘、空气污染、地下水和酸雨等因素也会逐渐侵蚀文化遗产致其彻底消亡。人为因素也有很多种，诸如人类战争、城市发展、人为使用等，历史上这样的例子也比比皆是，秦始皇"焚书坑儒"、八国联军火烧圆明园

---

① 彭兆荣、林雅嬡等：《遗产的解释》，《贵州社会科学》2008 年第 2 期，第 13 页。

等。毁掉了的物质文化遗产我们只有从古籍文献记载中推测它们的模样，遗产的毁灭和消失导致大量文化信息的丢失，人类也少了些认识过去历史的凭据和线索。

二、渝东南民族地区物质文化遗产的价值

物质文化遗产的价值是指其属性和性能在多大程度上满足了人类需要。总体来说，渝东南物质文化遗产主要具有历史文化价值、经济价值、科学价值、精神价值、艺术价值等。

（一）历史文化价值

物质文化遗产是在一定历史条件下自然和社会的遗迹或遗物，烙上了所在社会和时代的印记，反映当时的自然状况和社会的政治、经济、科技、军事、文化等状况，具有历史价值；同时还具备较高的文化价值，其本身包含着特有的丰富的文化信息。历史上渝东南彭水地区留下众多流放和贬谪之士的遗迹，在当时看来只是一种惩罚制度，根本不会想到会对后代有何意义。但在后世人看来却是当时历史的一种回放，能对历史上彭水的社会和经济地位有更好的认识。同样，渝东南林林总总的盐泉盐井遗址和运输盐的通道，对于恢复当时的社会经济状况的记忆也是一种线索和证据。渝东南遗存的牌坊和寺庙等成为再现当时的社会状况的有力佐证。渝东南遗存至今的物质文化遗产，是渝东南一千多年连续不断文明历程的见证，其历史文化价值无法估量，有待于进一步挖掘和解读。

（二）经济价值

在当今文化遗产保护热潮高涨的社会，所有的文化遗产的经济价值是不言而喻的。这种经济价值首先体现在以文化遗产为依托的文化产业领域，文化产业的一个主要阵地便是开发当地文化遗产旅游资源，作为经济增长点，为产业自身和文化遗产地居民带来丰厚的经济利益。这是文化遗产经济价值最直接的体现。文化遗产的保护带动了文化遗产地的旅游，是促进

区域经济开发的源泉。在此基础上，也会促进当地维护文化遗产地生态平衡，因为文化遗产总是与好的生态环境相得益彰、相映成趣，只有做到文化生态和自然生态都平衡了，文化遗产所带来的经济利益才会源源不断，也才能使当地的旅游业长盛不衰。

渝东南地区的物质文化遗产较丰厚，但是渝东南在对外宣传上更注重自然风景的宣传，相对忽视物质文化遗产。目前物质文化遗产所蕴藏的经济价值还没得到充分挖掘。优美自然风光应加上深厚的历史底蕴的烘托，渝东南地区旅游业才会如虎添翼地迅速发展。

（三）科学价值

物质文化遗产是以往历史的物质呈现形式，在一定程度上反映了当时社会条件下生产力发展水平、科学技术水平和人们的创造力，具有科学价值。渝东南地区现今常见的盐井和流传至今的制盐技术，都蕴藏着极高的科学价值。通过对渝东南制盐遗物、遗迹和遗产的调查研究，可以复原渝东南早期制盐工艺，提炼出晚期淋土法制盐技术，全面复原制盐流程，并清理出古代盐业运销线路。渝东南地区武隆县现存的水利设施——牌垭双堰，开掘于明代，在经过整治利用后，至今仍可灌溉牌垭乡百分之八十以上的水田。渝东南物质文化遗产的一部分反映的是人类利用和改造自然的结果，有助于探索和解释该地区人类社会活动与自然环境之间的相互联系、人类社会和自然环境相互作用的演变规律，有利于人类社会的可持续发展。很多在今天看来仍然具有重要的可借鉴的科学价值，也将为今天的科学技术发展作出贡献。

（四）精神价值

渝东南很多物质文化遗产体现了当地居民长期形成的共同心理结构、意识形态、性格特征、生活习俗等特点。在一定程度上是一种精神载体，负载着那一地域人们独特的文化传统。近代在渝东南地区留下了很多革命历史遗址、文物、纪念地、名人故居、烈士陵园、纪念场馆及革命标语、诗歌等物质文化遗产，反映了渝东南人民热爱祖国、热爱人民、勇敢战斗、不怕牺牲、军民团结、共克时艰、爱岗敬业、无私奉献、艰苦奋斗、勇往直前等精神品质。这些文化资源可以供后世瞻仰回顾，也是实施德育和思想政治教育十分珍贵的教育资源。

（五）艺术价值

艺术在诞生伊始，不是为满足人的精神愉悦，而是满足实际功用目的的生产劳动成果。物质文化遗产的艺术价值主要包括审美、欣赏、愉悦、借鉴等价值。审美价值主要是从美学的深层次给人以艺术启迪和美的享受。欣赏价值主要是从观赏角度给人以精神作用，陶冶情操。愉悦价值是给人以娱乐、消遣。借鉴价值主要是从中汲取精华，在艺术表现手法、技巧方面学习借鉴以创新。而美术史料价值，主要是作为研究美术史的实物资料。渝东南物质文化遗产中的石刻、石雕、木刻、木雕等就是这样极具艺术价值的遗产。很多古墓碑上的石刻字迹端庄雄伟、苍劲有力，有着重要的书法艺术价值。一些古建筑上有龙凤、花草、鱼等浮雕图案和雕花栏杆窗户，凸显了历史上精湛的雕刻技艺，值得现代人借鉴和学习。人类巧夺天工的艺术作品和大自然鬼斧神工的天然美景因人的实践活动而有了密切联系。人在对遗产的审美过程中陶冶情操，丰富了自己的精神生活。

三、渝东南民族地区物质文化遗产的功能

物质文化遗产的功能和价值有联系也有区别，文化遗产的价值随着人类对遗产功能的认识深化而变化。但功能和价值并非一一对应的，有时还有矛盾。如过分注重遗产的某种功能，必然影响遗产整体价值的维护；若片面强调遗产的某种价值，也要影响其综合功能的发挥。唯有认识遗产的综合功能，才能充分体现其价值；也唯有注重遗产的整体价值，才能充分发挥其功能。① 渝东南物质文化遗产具有的上述价值可以和其下面的功能一

---

① 鲍展斌：《关于历史文化遗产的哲学思考》，浙江大学 2002 年硕士学位论文。

一对应。

（一）可以为文化遗产地带来客观的经济效益

物质文化遗产常常会使一个风景优美的旅游胜地具有深厚的文化底蕴，为该地蒙上一层文化的面纱并附加上悠长的回味。一个地方仅有自然风光，肯定会少了点灵气。充分发挥好物质文化遗产在旅游中的功能，应该成为遗产地政府和人民不容忽视的问题。只是要考虑好旅游开发中长远利益与当前利益、开发建设与资源保护、发展旅游与维护生态的关系，保护好文化遗产资源、科学合理地开发利用，这是遗产地政府和人民必须考虑的问题。渝东南峡谷河流纵横，森林密布，优美自然风光已声名在外，如果其文化遗产得以深度挖掘，与优美自然风光交相辉映，定会使渝东南的旅游事业锦上添花。

（二）可以抚慰人类心灵、延续人类记忆

人类是有记忆的，并需要通过各种不同形式的"怀旧手段"，来抚慰心灵和抒发情性。人类将自己的记忆附着在某些文化载体上，物质文化遗产便是载体之一，它是"历史的见证"。在中国传统文化中，缅怀历史、崇拜祖先，不断与先辈和历史进行对话、沟通成为社会普遍存在的仪式和风俗。文化遗产就成为人类连接过去和现在的桥梁，也为人类从今天走向明天提供不可或缺的精神养料。在这些文化遗产身上遗留了先人的思想和文化、精神与信仰。渝东南历史上遗留下来的祠堂和历史悠久的古城遗址、土司遗址、名人遗迹等都是人们敬仰和膜拜的文化载体，通过一代代人的追思和回顾，让先人的思想和文化，精神和信仰得以薪火相传，从而成为人们终极的精神家园。

（三）可以维护生态平衡

人类社会的生态可以分为文化生态和自然生态。文化遗产是人类世世代代的生产生活实践、艺术创造、科学发明的结晶，为后人提供生产生活

经验和创造发明灵感。它是文化生态的重要组成部分。自然界靠生物基因来维持生物多样性，人类社会则靠文化（体现为文化遗产）来保持人类社会的多样性。任何一种文化遗产的消失，都可看作一种文化的消失，或多或少会影响人类文化生态，文化生态的破坏可能比自然生态的破坏更加可怕。渝东南历史上形成的盐丹文化、贬谪文化、土司文化、宗教文化等都是借助一定的物质文化遗产得以表达，彰显出独特的地域特色，是中华民族大家庭异彩纷呈文化中不可缺少的一部分，也是中国大文化生态系统的重要组成部分。众多如渝东南地区的文化遗产才得以构成全中国乃至全世界的文化多样性，任何一种地域文化或文化遗产形式都充当或扮演了维持文化生态平衡、保护文化多样性的角色。

（四）可以教化宣传，感染后人

物质文化遗产为教育后代提供了直观可感的媒介。渝东南地区很多物质文化遗产是对青少年进行爱国主义教育的基地，如渝东南很多红色文化遗产。一些具科学价值的遗产也可成为青少年科普教育的素材。世界上许多国家都非常重视博物馆教育，即通过博物馆展示自己国家、民族或地方的文化传统和文化特色，让本国年青一代熟知自己国家和民族的历史，以启发他们对国家、民族的认同和自豪感，塑造正义感。可以学习这些国家把博物馆建成一个传播社会主义精神文明、传播科学知识的阵地。渝东南地区应该建成一座地域文化或民族文化博物馆，宣传和弘扬传统文化中那些积极、有益和精华的部分，清除那些有负面影响的、假恶丑的部分，充分发挥博物馆的宣传教化功能。

第三节　渝东南民族地区的物质文化遗产保护

一、渝东南民族地区物质文化遗产保护实践回顾

尽管我国的历史文化遗产保护发端于 20 世纪 30 年代，不过真正意义上

的保护却是新中国成立后才全面开展起来的。渝东南物质文化遗产保护作为新中国历史文化遗产保护工作的一个组成部分，与全国历史文化遗产保护的总体趋势是一致的。由于众所周知的政治和社会原因，与国内其他地区一样，渝东南地区物质文化遗产的保护也经历了一个"由乱到治"的过程。在这一段文化遗产保护的曲折经历中，整个国家和民族曾经付出过惨痛的代价，"吃一堑长一智"，也真正认清了保护的意义和方向，更加坚定了保护文化遗产的信念。物质文化遗产的保护有其独特的时代特点，据此可以把渝东南地区的物质文化遗产的保护划分为以下几个阶段。

（一）20 世纪 50 年代到 70 年代：政治运动频繁，物质文化遗产破坏严重

长达数年的抵抗外敌入侵的战争和国内战争，使我国物质形态的历史文化遗产遭到灭顶之灾。除一些偏僻地域的文化遗产幸免于难外，很多著名文化遗产在战火中灰飞烟灭，有幸遗存下来的文化遗产也是些残垣断壁、破败不堪。新中国伊始，伴随着国家全面建设事业的发展，文化遗产的保护工作也慢慢得到恢复，这个时期文化遗产保护工作的重点便是对物质文化遗产尤其是文物的修复。

国民经济逐渐恢复的新中国成立初期，国家颁布法令、建立机构、对外禁止盗运、对内严禁破坏，整顿旧中国薄弱的文化遗产保护事业，建立新的文化遗产保护体系和机制。但由于经济建设处于逐渐复苏阶段，新生人民政权缺乏对文化遗产价值的深入认识，保护经验不足，加上清除"封建残余"的政治干扰，除了已经颁布作为重点保护文物和具有重大影响的历史文化遗产外，其他作为封建统治和封建残余象征的各种历史文化遗产，不仅没有得到保护反而遭到了严重的破坏。在渝东南地区，许多宫庙如观音院、灵应寺、万寿寺等，还有各大姓氏祠堂等古建筑就是在这一时期遭到不同程度的损毁。跟全国的其他地方一样，这一时期渝东南地区开展了轰轰烈烈的土地改革运动，一些大家族世代居住的宅院、祠堂或宫庙被没收后给广大贫下中农居住或政府办公，没有得到应有的保护，反而原先功能完整

的建筑被人为地分成了零散的部分，居住在其中的居民或工作人员按照自己的意愿随意分割建筑，造成这部分历史文化遗产的严重损坏。比较典型的如酉阳龙潭古镇的王家大院、万寿宫，以及一些名人故居和祠堂等。

1958 年在"左"的指导思想影响下，渝东南地区的遗产保护工作出现了一些脱离实际、急躁冒进的"左"倾失误。主要表现为不尊重遗产保护工作本身的客观规律，盲目地发动群众，采取群众运动的方式开展遗产保护。这些不切合实际的做法，不仅干扰了保护工作的正常开展，其粗暴的方式还对原生的历史环境造成了极其严重的破坏。与此同时，全国兴起了"大炼钢铁"运动，这一运动导致历史文化遗产所处的外部环境遭到严重破坏，森林被大量砍伐，生态环境遭到毁灭性破坏，也波及众多的文物古迹。这期间，渝东南地区许多金属文物被当作"废铜烂铁"予以"回炉"，很多古庙宇旁的参天古树以及大量木质古建筑被当作大炼钢铁的"燃料"或"原料"被拆除。以渝东南酉阳龙潭古镇为例，其万寿宫的厢房、禹王宫的大殿基本上都是在这一时期被拆毁并被当作了炼钢燃料。[①]

1966 年开始的"文化大革命"更是给巴蜀古镇带来了毁灭性的打击。在"十年动乱"期间，林彪、"四人帮"煽动极左思潮，严重破坏法治，提出要扫荡一切文物，使国家刚刚建立起来的文化遗产保护制度受到了严重冲击，各类历史文化遗产成为政治运动的主要冲击对象，大量文物遭到破坏。渝东南地区的历史文化遗产在被冠以"破四旧"的一系列政治运动中遭到重大损坏，造成无法弥补的损失。渝东南黔江地区遗存几百年的灵应寺便在这一时期被捣毁和拆除，庙里的数尊佛像在"文化大革命"中也被捣毁殆尽。与此同时，遭此厄运的还有其他地方的文庙和宗教寺庙等；一些传统建筑上的精美雕花、雕龙刻凤的屋檐和栏杆被锯掉，变得残缺不全，破败不堪。

从 1949 年到 1979 年这三十年间，我国建立了以文物保护为重心的文化遗产保护制度，对于挽救处于政治斗争中的历史文物以及相应的历史文化

---

① 戴彦：《巴蜀古镇文化遗产适应性保护研究》，重庆大学 2008 年博士学位论文，第 28 页。

遗产取得了令人瞩目的成绩。但是，另一方面，在 20 世纪的五六十年代，新生政府对历史文化遗产保护对象的认识，还仅局限于文物或遗址的范围，对更大范围的古城、古镇、古村落的价值认识不足，也没有把这些大范围的历史文化遗产保护区列入文化遗产保护体系之中，以致仅有少量文物或遗址得以保护，而文化遗产所在的更大范围的外在环境遭到破坏。

（二）20 世纪八九十年代：物质文化遗产保护由"点"到"面"逐渐扩展

十年"文化大革命"，使中国历史文化遗产遭受了严重破坏。直至 20 世纪 70 年代中期，中国的文物保护工作才得以逐步恢复。20 世纪 70 年代中期以来，国务院颁布一系列通知和试行条例，恢复、调整了原有文物法规和保护制度。

1976 年颁布的《中华人民共和国刑法》，明确规定对违反文物保护法者追究刑事责任；1980 年国务院又批准并公布《关于强化保护历史文物的通知》等文件；1982 年 11 月 19 日《中华人民共和国文物保护法》的颁布更进一步完善了我国文物保护的法律制度。为响应国家相关文物保护的政策，渝东南地区于 20 世纪 80 年代开始文物普查工作，及时将散落民间的文物登记在案，以备日后系统保护。

20 世纪 70 年代末以来，随着改革开放政策的实施，中国城市进入了规模空前的开发建设阶段：新区建设、旧城的改造等对城市传统风貌造成了新的冲击，中国历史文化遗产保护进入到了一个更为严峻的时期。1983 年 2 月 8 日国务院公布了首批国家级历史文化名城。1983 年，城乡建设环境保护部发布了《关于强化历史文化名城规划的通知》和《关于在建设中认真保护文物古迹和风景名胜的通知》。国务院于 1982 年 12 月 8 日还批准了原国家基本建设委员会和文物局、城市建设局《关于制定第一批国家级重点风景名胜地区的请示报告》，并同时指定了 4 处国家重点风景名胜区。1984 年还制定了《风景名胜地区管理暂行条例》。1986 年又公布了第二批 38 个国家级历史文化名城。与此同时，国务院的文件中规定了要保护文物古迹比较集中，或能较完整地体现出某历史时期传统风貌的街区、建筑群、小镇、村落等历史地段，要求各地依据它们的价值公布为地方各级"历史文化保护区"。还规定除国家级历史文化名城外，各省（自治区、直辖市）可以审批公布本地的省级历史文化名城。至此，可以看出中国文化遗产保护的历程已由最初的"点状"文物的保护扩展到以历史文化保护区为主的"面状"保护，建立了历史文化名城保护制度以及风景名胜地区保护制度，历史性环境保护的范畴更加广泛。

为了有效地推进文物保护工作，在国家的体系架构之下，重庆市政府早在1990年就成立了文物委员会，由市领导担任负责人，文物、规划、计划、城建、财政、国土、房管、园林、公安等有关部门参加，统筹领导和协调全市历史文化遗产保护工作，建立起文物委员会——市文物局——区、县、市文化局——文物管理所的四级文化遗产保护管理机构，初步建立和规范了保护工作的行政架构；同时，结合国家有关法规，重庆市还颁发了一系列有关文物保护的法规和规章，如《重庆市城市规划管理条例》《文物保护范围及城市重点保护地带加强保护，依法管理的紧急通知》《重庆市划定文物保护范围和建设控制地带试行办法》等，使遗产保护工作逐步纳入法制化轨道。[1]

渝东南地区积极配合上级部门的文物调查和保护工作。但是囿于理论探索不深、舆论宣传不够、保护资金不足，加上民众保护意识淡薄，渝东南地区这一时期的历史文化遗产保护实践还未能全面展开，很多历史遗存和古迹仅仅只是登记在案，并未能开展一些实质性的保护工作，仅属于保护的准备阶段，但从一定意义上来说，这些文物法律制度和普查工作，为后来渝东南地区历史文化遗产保护工作积累了宝贵经验，奠定了坚实的基础。

---

[1]　李和平：《重庆历史建成环境保护研究》，重庆大学2002年博士学位论文。

（三）21 世纪：物质文化遗产保护工作逐渐深入细化

进入 21 世纪以来，随着我国经济建设的成效显著，历史文化遗产保护工作得到各级政府从上至下的重视，表现为持续推进，逐渐深入细化。2002年，全国人大对 1982 年颁布的《中华人民共和国文物保护法》进行了修订，增补了历史文化保护区的内容，提出除了保护历史文化名城外，还应保护包括历史文化村镇和街区在内的历史文化保护区，尤其是对具有历史文化价值的历史村镇应加大保护力度，从法律上保障历史文化底蕴深厚和聚集的城市和村镇。这意味着历史文化保护区已进入法律保护范围，中国历史文化遗产保护体系又向前迈进了一大步。根据这一最新变化，建设部和国家文物局联合发布通知，要求各省市积极申报国家级历史文化街区、名镇和名村。这一时期，重庆陆续成功申报了近 20 个国家级历史文化名镇，其中渝东南黔江濯水古镇，酉阳龚滩古镇、龙潭古镇和石柱的西沱古镇等榜上有名。古镇中一些古老的有民族特色的建筑得到保护。

在文物保护方面，随着人们对文化遗产保护认识的增进和文物开掘工作的深入，渝东南文物普查和鉴定工作也更加细致。2007 年 7 月全国开展第三次文物普查工作，渝东南地区通过全面普查摸清了该地区整个历史文化遗产资源情况，辖区各县的相关部门加强了对历史文化遗产的造册统计，各县分别整理出各地文物志，对现有的历史文化遗产进行了认真清理、实地调查，挖掘、抢救了一批濒危的历史文化遗产，并对一些已经在地面消失的地下文物也进行了登记在案，为历史文化资源保护与利用奠定了坚实基础。

在历史文化遗产保护体系中，确定了国家、市、县三级名录保护机制。

近年来，渝东南地区对一些遭到严重毁坏的古老建筑投入专项经费进行抢救维修，加大历史文化遗产的保护投入，对在新农村建设和城市改造过程中或因自然灾害或发展需要而有可能消失的文物古迹进行及时抢救修复和搬迁再现。例如，号称重庆市第一历史文化名镇的酉阳龚滩古镇，已有 1700 多年历史，建筑风格独特，民族特色鲜明，气势恢弘的土家吊脚楼群，被国内外游人誉为"悬崖绝壁上的风景"。由于所处地带危岩险情加剧和乌江彭水电站的修建，古镇整体迁到距现址1.5公里的小银滩，搬迁复建工程于2007年6月完工。

由于国家把文化遗产的保护提高到一个战略高度，对经济建设的重视使人们的生活水平较前一时期有了很大提高，也极大刺激了人们对文化消费的需求，历史文化遗产作为文化消费资源之一，迎合了广大人民群众的需求，反过来也使大众保护文化遗产的意识不断增强。在这一时期，历史文化遗产的保护工作从上至下取得了较为突出的成绩，保护文化遗产的意识逐渐深入人心，开始成为政府和民众的共同意志，对历史文化遗产保护的理论研究和实践活动也进入一个空前活跃时期。

二、渝东南民族地区物质文化遗产保护的现状和对策

（一）渝东南民族地区物质文化遗产保护现状

1. 普查工作逐步推进

2007年7月第三次全国文物普查工作开展以后，渝东南地区通过全面的普查工作，共登记了近250多项历史文化遗产，初步摸清历史文化资源情况，相关部门加强了对历史文化遗产的造册统计，对现有历史文化遗产进行了认真清理，实地调查、挖掘和抢救了一批濒危的历史文化遗产，初步建立了渝东南历史文化遗产数据库，各县整理出版了各地文物志，为历史文化资源保护和利用奠定了坚实基础。

2. 物质文化遗产保护体系基本形成，保护制度基本建立

随着国际和国内文化遗产保护热潮的兴起和国家保护机构的完善，渝东南地区目前也逐步建立起区县、乡镇、村社三级文物保护联动响应机制，文物监管体系在机构设置上齐全到位，这有利于强化文物综合执法，并重点查处建设工程中破坏文物的行为和偷盗文物行为。

《中华人民共和国文物保护法》《中华人民共和国文物保护法实施条例》

《国务院关于加强文化遗产保护工作的通知》等关于历史文化遗产保护的法律和条例是渝东南实施历史文化遗产保护的重要依据和制度保障。结合第三次全国文物普查，加强历史文化遗产"五纳入"（把文物保护纳入当地经济和社会发展计划、纳入城乡建设规划、纳入财政预算、纳入体制改革、纳入体制改革、纳入各级领导责任制）和"四有"（有记录档案、有保护范围、有保护标志、有保护机构或保护人员）基础工作，进一步完善工作机构和健全工作机制，加强对历史文化遗产保护的政策法规建设，通过问责的形式明确各级政府、有关职能部门的职责、权利和义务。目前，渝东南大部分文物保护单位已全部符合要求，重庆市三级文物保护单位已有一半以上达到"四有"要求。

3. 投入经费抢救和保护物质文化遗产，采取措施激发公众文保意识

渝东南物质文化遗产年代跨度长，从史前到近代，物质文化遗产类型丰富，数量可观，在政治活动中曾遭严重破坏。自21世纪始，渝东南地区开始对历史文化遗产的保护给予专项保护资金。于2001年进入国家重点文物保护单位的酉阳赵世炎故居，始建于1902年，酉阳县每年平均投入近十万元进行维护和修缮，在2013年，还投入118万元为其打造安防和消防等安全系统。近年来，渝东南地区初尝旅游业所带来的甜头，逐渐加大对各类文化遗产保护的投入，根据各县财政的具体情况来分配专项投入经费。很多文物古迹经过修缮后，重新对游人开放。

在具体的物质文化遗产保护工作中，渝东南各区县还利用请专家做讲座、展出和发放图片、及时公布文物出土信息等方式向公众普及文物知识。此外还有些特色举措，如武隆县文物管理所组织人员对全县公布的第四批文物保护单位标志牌进行了安装，将文物保护单位标志牌安装在易于识别的位置，起到界定文物保护单位和宣传文物保护单位的双重效果。

（二）渝东南民族地区物质文化遗产保护面临的问题

1. 对遗产价值认识不足，保护意识欠缺

整体来看，进入21世纪以后全国的文化遗产保护热潮高涨，相关法律

法规也形成体系。重庆市人民政府于 2000 年公布第一批市级文物保护单位，2005 年实施《中华人民共和国文物保护法》并颁布《重庆市文物保护条例》，但与其他保护工作开展得好的地区相比还处于起步阶段，很多文物只是被登记在案，并没有实施实质性的保护和管理。

由于人文社会科学理论与知识的缺乏以及思想观念上的差异，我国上至政府官员、专家学者，下到商家企业、平民百姓，或从发展地方经济、旅游事业，或从保护的方式方法，或从个人喜好等不同侧面对历史文化遗产的保护存在着轻视乃至不屑的状况。另外，由于保护历史文化遗产和追求经济效益往往会发生矛盾，在市场经济条件下，人们往往注重具有市场价值、能够给自身带来可观利润的东西，而忽视那些无市场价值或缺乏赚钱效应的东西。历史文化遗产便属于此类。

在重庆市关于历史文化遗产保护的各级法律法规中，虽然都将历史文化遗产保护所需费用列入财政预算，并且保护经费的财政拨款要随着财政收入而增加，但是保护经费在财政拨款中所占的比例及不同文化遗产所需的文化经费的比例均未涉及，这使得各级政府对保护经费享有极大的决定权，对于那些能及时带来经济效益的文化遗产类别优先考虑投入经费，而不能及时带来经济效益的历史文化遗产往往得不到充分的保护。法规虽对违反相关规定的不利于文化遗产保护的行为进行了明文规定，对有关负责人要给予行政处分，但此说法过于笼统，具体的行政处分并没有明确界定，这样不利于过失责任的追究。在渝东南地区，诸如因施工建设触及文物保护现场或因文物保护部门工作失职而导致的历史文化遗产损坏的现象，法律条文规定要罚款或是依法追究刑事责任，但具体负什么刑事责任，还要依刑法来定，这无形中增加了操作的难度，导致很多法律条文形同虚设。

另外，在培养公众保护文化遗产意识的过程中，渝东南地区相关部门向社会各界宣传物质文化遗产保护的方式有点机械，并没有把悠久的物质文化遗产长期地融汇于人们的日常生活中。在执行过程中，宣传物质文化遗产保护工作的重要意义力度不够，广泛普及物质文化遗产保护知识深度有待加强，全民保护物质文化遗产的观念和意识比较淡薄，没有引起人民大众足够的重视，更谈不上启发其足够的自觉保护意识。

2. 保护机构不健全、专业人员素质偏低

在我国现有的文化遗产保护体系中，物质文化遗产保护工作要接受多个主管部门的业务归口管理和地方各级政府的行政领导，这种管理体系容易导致条块分割、多头管理的局面。渝东南地区文化遗产类别多样，不同文化遗产分属不同部门管理，不利于统一协调。更何况很多文化遗产保护部门只是协调机构，并没有实质的管理权、监督权和必要的执法权，不利于对文化遗产实施有效集中管理。对于现实中破坏传统格局、历史风貌和历史建筑的违法行为，领导责任追究制度不能得到严格执行。

在渝东南历史文化遗产保护队伍中，更多的是管理和监督人员，而专业从事文物鉴定、维修和养护的专业技术人员匮乏，迫切需要的时候只能从外地引进，也没有专门从事文物科研和展览陈列设计等方面的专业人员，更谈不上拥有像样的文物保护规划设计部门。近年来，渝东南地区因机构改革，人员调动频繁，相当一部分管理人员的业务素质不高，专业基础知识薄弱，专业人员少，引进人员困难，且年龄老化，学历、职称偏低等问题得不到有效解决，在很大程度上降低了文物保护工作的水平。随着越来越多的文化遗产的出现和文物出土，渝东南地区急需一个能展示当地历史文物的博物馆，但因经费和人才限制，一直未能成行。

3. 因自然或人为原因，物质文化遗产及其周边环境破坏严重

在热衷经济发展、关注改善生活条件和崇尚现代建筑的今天，现代生活方式增加了自然环境的负荷，许多文物古迹、历史建筑或地段等在经济建设过程中遭到了无情的破坏，面临着自然环境破坏、人文环境衰退等一系列严峻形势。渝东南一些古镇建筑便面临着因自然环境的破坏而导致的保护危机。酉阳的龙潭古镇一直以来水系较为发达，南北向的龙潭河由东侧流过镇区，其间还有四条东西向小溪穿过镇区注入龙潭河。但由于上游新源纸厂的废水不断排入龙潭河，致使水质变差，不能作为生活饮用水源；镇内部分溪道也由于溪畔植被的破坏和垃圾的堆积，早已腐臭不堪。类似

污染在渝东南的古镇和古建筑中普遍存在。还有一些古建筑由于久未居住，酸雨腐蚀、风吹日晒使其脆弱不堪。酉阳另一古镇龚滩则受危石困扰，加之上游修筑电站发电，致使其整体搬迁。

历史上很多文物古迹、历史建筑等都特别注意与周围环境的协调，尤其以古建筑最为突出。渝东南地区的古建筑本身就是人们居住、工作、娱乐、社交等活动的环境，古代设计师们不仅要考虑房屋内部各组成部分的协调和配合，还特别注意与周围大自然环境的协调，在设计时十分注意周围的环境，对周围的山川形势、地理特点、气候条件、森林植被等都要认真调查研究，使建筑布局、形式、色调等跟周围的环境相适应，从而构成为一个大的协调的建筑环境。但在现代条件下，人类对自然无条件的利用和索取，致使很多历史文化遗产的外部环境受到严重损坏，如河边的建筑或古镇因河滩挖沙而变得基脚不稳，新农村建设也在一定程度上改变了原来古建筑的原貌。

4. 重建、恢复历史古迹以及"仿古""复古"之风日盛

自然或人为因素导致了历史文化遗产的破坏甚至毁灭。为让这些已经破败的历史文化遗产重现人间，更好地服务于旅游产业，渝东南地区也仿照其他地方的做法，将文化遗产重建，或"仿古"建设。2013 年的 11 月，有"亚洲第一廊桥"之称的黔江濯水古镇风雨廊桥发生火灾，这座经历了无数风雨洗礼的廊桥被烧毁。专家经考证后声明无修复的可能，只有进行重建。渝东南地区还有很多古迹因战乱、城市扩建或自然灾害等原因被毁坏或消失，为了增加旅游吸引力，被重新挖掘出来拟修复和重建。重建都是在原有建筑或环境已经灭失的情况下，根据原有的影像、图纸或其他资料，重新兴建与原有古建一模一样的建筑（群）。重建后的建筑（群）已不具有历史的真实性，只是现代人仿制的假古董。而复原则是以维修或修复为名，把保存下来的建筑物等历史遗产恢复到当初刚建起时的状况，也就是回复到其最原初的状态。①

---

① 孙施文：《重建和复原不是历史文化遗产保护》，《中州建设》2009 年第 11 期。

图 2 - 1　"风貌改造"后的土家族吊脚楼（魏锦　摄）

《威尼斯宪章》强调文物建筑修复时添加的部分必须保持整体的和谐一致，但又必须和原来的部分明显地区别。禁止任何重建。这是历史古迹的保护都应遵循的原真性原则。因此，任何随意地、不分界限地进行"复古""仿古"，都是不负责任的，是对历史的讹传。对"已经不存在的东西，已被损坏，或早已湮没的建筑或构筑物"重新建造或按所谓的原样恢复，即使符合部分历史记载，但用现代的材料、工艺及施工方法再掺以现代人理解臆想的东西，建成的充其量称之为名胜，但绝不是历史古迹，不具有文物价值。[①] 渝东南地区无论是古镇、古寺庙还是名人故居的改造，都是在一点点地削弱历史遗存原有的价值。很多时候，这种翻新并不是对古建筑的保护，更多的是破坏。

（三）渝东南民族地区物质文化遗产保护的总体策略

1. 规范和完善物质文化遗产保护的法律法规

物质文化遗产的保护需要完善的法制环境予以保障。虽然目前我国乃

---

① 　王景慧：《城市历史文化遗产的保护与弘扬》，《城乡建设》2002 年第 8 期。

至重庆市都制定了一些关于物质文化遗产保护的法律法规，各地方政府也相继出台了相关的保护规划和条例等，但由于牵涉的主管部门不一，往往是"头痛医头，脚痛医脚"，治标不治本，在具体实施过程中起不到应有的效果。因此，国家必须在更高的层面上制定《物质文化遗产保护法》，将不同层次的文物古迹、古道、历史文化名镇的保护纳入一个总的框架，树立正确的物质文化遗产保护观念，建立完善的保护和管理程序以及问责制度。在此基础上，根据不同的保护层次，进一步探索和完善保护方法，使保护工作得以规范有序地开展。渝东南地区也应在国家总体思路布局下把该地区丰富的文化遗产融入到一个有效的保护体系内，使物质文化遗产和非物质文化遗产能协调保护，以促进当地旅游业的发展。

2. 普及物质文化遗产知识，提高全民保护意识，共筑文化家园

社会经济发展到一定水平，人们的价值观念必将发生变化，进而追求更高层次的精神生活，由此人们的文化遗产保护意识也逐步觉醒。自 21 世纪初始，全国乃至地方兴起文化遗产保护热潮，并相继颁布法律法规和举办相关宣传活动，这是令人欣慰和鼓舞的。但是，很多措施仅是将保护停留在政府和专家关心的层面上，没有调动起公众认识和参与文化遗产保护的自觉意识。文化遗产保护，除了采用科学的保护手段外，要让更多的人尤其是年轻人了解地方历史文化遗址的过去，了解自己家乡的历史，从保护的意义上这样做尤其重要。

就渝东南地区，大多数年轻人背井离乡在外地打工或是求学，就是生活在家乡的居民也缺乏对周边文化遗产全面而形象的认识，自觉维护或者保护就无从谈起。让当地人了解当地的历史和文化，是文化遗产保护极为有效的措施之一。渝东南地区基本完成物质文化遗产的普查、定级和建档等工作，但目前来说还没有建立向市民宣传、展示、普及相关知识的长效机制，诸如赞助民办博物馆、举办免费知识讲座、在地方性教材中编入地方物质文化遗产和地方历史、开设专门网站以及地方报刊专栏等，多种方式宣传物质文化遗产的珍贵价值及其保护意义，让遗产地的居民们都了解地方历史及其文化内涵，还有保护文化遗产对地方发展的重要意义，使更

多的居民参与到文化遗产保护行列中来。

3. 坚持整体性、真实性保护原则

渝东南的物质文化遗产保护还需坚持整体性原则，即由点及面，将各类文化遗产连同其衍生的社会环境都列入整体保护范围内，包括其生成的环境以及在这个环境里的物质文化遗产和非物质文化遗产等。从某种意义上来说，相对于物质文化遗产，非物质文化遗产对社会环境的依存性更大。物质文化遗产与周围环境也有依存关系，体现在周围环境氛围的营造和其地域属性上。具有悠久历史的物质文化遗产的生成具有其自身的特殊环境和背景，即地域性，如果离开地域谈历史文化，就会削弱其本身所包含的历史和文化艺术价值。

物质文化遗产的保护要本着保留和体现其传统风貌的完整性和历史风貌的真实性：尽量不要搬迁和重建，修缮和保护也不得改变文物原状；传统建筑还要保持建筑本体的历史风貌和特点；要保护文化遗产历史地段的整体性，体现物质文化遗产周围的自然环境和人文环境，即物质文化遗产所在的历史风貌。避免在眼前经济利益的诱惑下或在城市化进程中毁灭文化遗产。

4. 兼顾物质文化遗产多重价值，协调发展，综合应用

物质文化遗产具有社会、文化、经济等多方面的价值，但最根本的还是文化遗产本身的价值——它保留了当初的原始信息并记录了不同时代历史活动的信息，见证了人类历史活动的过程，从其文化价值中也可见证到其重大的社会价值。如从渝东南的盐业遗址中，我们不仅可以了解到古代人们提取盐的技术，还可通过运盐道路和遗址分布推想当时的社会状况，考察当时人们的活动轨迹和历史上与盐相关的民俗情况。这些物质文化遗产传递给我们的是久远的历史文化信息，承载的是积淀在它身上的社会价值。

除了这些无形价值外，我们还应充分认识到遗产的"功利性价值"，主要体现在三个方面：教育功能、政治功能、经济功能。在认识到物质文化

遗产多重价值的同时，我们更要明确，物质文化遗产本身所具有的价值才是我们对遗产进行有效保护和合理利用的直接动力和根本目的，而利用的目的就是要让文化遗产在得到妥善保护的基础上充分实现它的社会价值。在价值实现的过程中，其文化价值和经济价值是互动的，这种互动是文化遗产保护的一种良性循环。只有完整地认识文化遗产的价值，才能在实践中将遗产自身价值、文化价值、社会价值和经济价值有机衔接起来，协调发展。

附录 渝东南民族地区重要的物质文化遗产简介

古遗址

1. 后溪土司遗址

位于酉阳县的后溪土司遗址包括小河口遗址、衙院遗址与上寨遗址三部分。小河口遗址位于大干溪与西水河交汇处台地上，衙院遗址位于巴科山南麓，上寨遗址位于巴科山东麓的一片狭长台地。三处遗址在后溪镇的三个不同方向呈"品"字形分布。

古建筑

2. 飞来峰熏阁

飞来峰位于酉阳县桃花源镇桃花源中路，坐北向南，该建筑由峰和阁组成，上为阁、下为峰；建筑面积 176.12 平方米，占地面积 640 平方米。该建筑具有很高的历史科研价值，为研究酉阳土司文化及社会发展历史提供了重要的实物资料。

3. 后溪古建筑群

后溪古建筑群位于酉阳县后溪镇长潭村五组，小地名河湾。该建筑群为一完整的土家山寨，依山而建，基本朝向为座西北向东南，共有木结构建筑 82 栋，全为当地土家族民居建筑风格，是渝东南少数民族地区民风民俗的重要展示场所，能为研究土家民族的发展历史、民风民俗及民间建筑工艺提供重要的实物资料。

4. 龚滩古建筑群

酉阳龚滩古建筑群处在两江交汇处，万刃峭壁下，全镇只有一条弯弯曲曲的石板小街，鳞次栉比的吊脚楼群临江而立，吊脚楼全系木料支撑、穿斗而成的梁架结构，屋高三五丈许，二至三层，是典型的土家族建筑。

5. 龙潭万寿宫

龙潭万寿宫又称江西会馆，位于酉阳县龙潭镇永胜下街 98 号。始建于乾隆二十七年（1763 年），道光六年（1826 年）竣工。该建筑坐西向东，复四合院布局，用封火墙桶子，总占地面积 1820 平方米，建筑面积 2740 平方米。该建筑见证了龙潭镇在明清时期的繁荣，是研究当地历史和建筑艺术的重要实物资料。

6. 永和寺

永和寺位于酉阳县万木乡柜木村八组，当地人也称永和寺庙。该寺坐北向南，四合院布局，建筑面积 600 平方米，占地面积 2664 平方米。

7. 石堤卷洞门

石堤卷洞门位于秀山县石堤镇石堤居委会下码头梅江河西岸南北长 230 米、东西宽 130 米的长方形遗址上，座西北朝东南，为石堤古城门之一，青石砌成。石堤卷洞门表层石头风化，原貌完好。该遗址是仅存下来的石堤古城遗址，是土家族、苗族人民革命斗争的历史见证。

8. 溪口天生桥

天生桥位于秀山县溪口乡五龙村北 4 组河街，建于清光绪二十九年（1903 年）。桥南头门楣上阴刻楷书"天生桥"三字，桥北头有石栏杆及二层十二级踏道，桥旁有石碑数座，均已毁，是研究土家族桥梁建筑技术的重要实物，也是当地土家族人民的主要交通要道。

9. 草圭堂

草圭堂位于黔江区阿蓬江镇大坪村四组草圭塘，建于清道光末年，解放后，为原犁弯乡第一小学校，办有十余个班，学校迁出后，现主要为李氏后裔居住。充分展示了清代较典型的民居建筑特色。

10. 银杏堂

银杏堂位于石柱县河咀乡银杏堂村银堂组盘龙山，因寺前有两棵参天的银杏大树，故而得其名。银杏堂与梁平的双桂堂齐名，被古人美称为

"川东二堂"。该寺为研究当地宗教文化提供了实物资料。

11. 西沱云梯街民居建筑群

云梯街古街道，又称巴盐古道，位于石柱县西沱镇沿江居委、月台居委和云梯街居委，东西走向，西起长江岸边，沿山脊蜿蜒而上，至山上独门嘴，石阶层层叠叠，宛如登天云梯，故称"云梯街"，当地人也称其为"坡坡街"。

古墓葬

12. 清溪苗王墓

清溪苗王墓位于秀山县清溪场镇东林居委会邦好组，小地名大坟堡。清溪苗王墓为研究秀山历史及"赶苗夺业"这一著名历史事件提供了实物资料。

13. 官陵墓群

该墓群位于黔江区濯水镇泉门村三组的筒车坝半坡，系清代西阳宣慰使司家族墓葬，习称"官陵"，陵地在第二次全国文物普查时登记有椭圆形封土堆71座。它是黔江区目前发现的唯一可信的冉土司家族墓地群，对研究土司葬俗有重要的考古价值。

14. 秦良玉陵园

秦良玉陵园位于石柱县三河乡鸭庄村三教组回龙山上，建于清顺治五年（1648年），占地面积120亩。陵内有秦良玉墓，兄秦邦屏、弟秦民屏和麾下将官秦怀远、马德音及子孙马祥麟、马光仁等墓20座。

15. 长孙无忌墓

长孙无忌墓位于武隆县江口镇蔡家村天子坟小组天子坟。长孙无忌为唐初大臣，公元659年，反对立武昭仪为后，谪贬黔洲自缢。该墓对研究唐代历史及唐代墓葬形制、葬俗葬制有重要作用。

近现代重要史迹及代表性建筑

16. 赵世炎故居

赵世炎同志的故居位于酉阳县龙潭镇赵庄社区，距县城 36 公里。该建筑建于 1902 年，坐北向南，复四合院布局，共有瓦房 32 间，占地面积 1605 平方米，建筑面积 721 平方米。

17. 刘仁故居

刘仁同志故居位于酉阳县龙潭镇五育村（原龙潭区苦竹乡五育村）一组。刘仁同志在这里度过他的童年和少年时期。

18. 客寨桥

客寨桥位于秀山清溪场镇司城村中寨组客寨，横跨平江河，古名"钟灵桥"，习惯称客寨桥，始建于元代。具有重要的历史、艺术和科学价值。该桥系清溪、龙凤、塘坳等地土家、苗、汉人民的交通要道，也是附近乡民休闲聚会的主要场所。

19. 万涛故居

万涛故居位于黔江区冯家街道办事处桂花树，是中国工农红军第三军政委、洪湖革命根据地创始人之一万涛烈士的故居。万涛故居环境优美，功能布局合理，建筑造型典雅，作为革命纪念建筑，既有革命纪念意义，也有建筑艺术价值。

20. 张氏民居

张氏民居位于黔江区黄溪镇黄桥居委，坐东北向西南，一楼一底木结构单檐悬山式屋顶，穿斗式梁架，呈复四合院布局，前左右厢房配以吊脚楼，四周封以土墙，布局井然，结构紧密。

第三章 渝东南民族地区的非物质文化遗产

第一节 渝东南民族地区非物质文化
遗产的分布与类型

渝东南地区地处武陵山区腹地，境内多山地和丘陵，少平地，森林广布，主要有乌江、酉水两大水系，酉水在此注入乌江又流向长江。因此渝东南一带自古以来就有"八山一水半分田"的说法。世代居住在渝东南地区的各族人民就在这山水之间生产、生活，谱写了悠久跌宕的民族历史，创造了独特灿烂的地域文化与民族文化。

从文化类型来看，渝东南是武陵山区亚热带山区经济文化类型的代表：雨量充沛，植被葱郁；山呈立体差别，水有千姿百态；坝上平畴，坡上梯田；农业和副业一起发展，建筑和用具大都以石木为材；文娱活动以家族、村寨为主，信仰以农业丰收与身心健康（防灾去病）为中心。

从文化属性来看，渝东南是典型的少数民族聚居区，以土家族、苗族为主体民族。因此，这片区域在族源、经济、语言、信仰、习俗等方面都带有较浓郁的土家族、苗族文化特色。

武陵山群山与南流的酉水、北流的乌江构成自成一体的渝东南生态空间，不仅形成了众多独特的自然景观和丰富的自然资源；山与水的功能互相搭配，还造就了本地区特有的动能。为大山所阻隔，易于保留自己的社会构成与地方特色；乌江和酉水在南北两个方向贯通，有舟楫之便，为内外物质贸易与人口流动留下了方便之门。因此，渝东南文化既有多元文化兼容并包、和谐共存，呈现出开放性、包容性的特点，又能够保持一些民族特色的千年传承，呈现出延续性与传承性的特点。其包容性，从历史发展角度来看，体现为巴文化、汉文化、楚文化、蜀文化等相继融合。从共时文化样态表现来看，渝东南文化的民族融合也有诸多表现。比如拥有共同的基础文化：各个民族都采用汉文教育、汉人日历，全民节日是春节、清明、端午、中元、中秋。不过，土家族和苗族在节日上又保留了自己的特色，如土家族提前一天过赶年，而苗族保持了自己的四月八牛王节。此外不同民族的文化要素同处一地，或相安无事，或功能互补。诸如四合院、防火墙建筑与吊脚楼民居同处一地，土家、苗族服饰与汉族服饰都可穿戴，土家梯玛与汉族端公、道士同为民间祭祀仪式主持，儒、释、道的祠庙与土王庙、爵主宫、三抚堂、白帝天王庙、八部大王庙在境内都可并存，都是多元文化兼容特征的具体体现。其延续性与传承性则表现为巴文化的深厚历史渊源。渝东南地区的古老民族是"巴人"，他们的一种舞非常引人关注，在很早的时候就有文献记载，并且不断出现在历代文献之中。先秦文献《左传》记载："周武王伐纣，巴师勇锐，歌舞以凌殷人。故曰：武王伐纣前戈后舞。"晋人郭璞注释"巴渝"一词说："巴西阆中有渝水，獠人居其上，皆刚勇好舞，汉高祖之以平三秦，后使乐府习之，因名'巴渝舞'也。"晋人常璩《华阳国志·巴志》也有类似记载。唐代诗人韩弘有诗句"万里歌钟相庆时，巴童声节渝儿舞"，写的还是亲见巴渝舞的情形，还提到了相伴生的歌与乐，内容更为丰富具体。土家族为巴人后裔，历史久远的巴渝舞以及相关的民歌和器乐在渝东南土家族中仍有流传。古老的神话传说，对廪君、土王、家先的事迹代代颂扬。如酉阳龚滩的蛮王洞传说，讲述秦灭巴，巴人流入乌江，到达龚滩，在悬崖绝壁下发现大溶洞，据洞固守，得以幸存。每年正月十五为蛮王洞香会，吸引众多居民前来祭拜。其形态和形式都相当古朴。这里有起源于狩猎时代、身披茅衣喁喁而语的茅古斯，演绎着土家古老的过去；这里还有代表图腾崇拜余绪的白虎信仰，多种形态的傩戏，多神崇拜的宗教信仰，都透射出原始古拙的气息，散发出一种率真敦厚的质朴美。

渝东南的文化正是这样一个悠久厚重、包含多层次多方面内容的有机结构或系统。渝东南土家族、苗族等各族人民，依托他们身处的自然生态环境，凭借他们的勤劳与智慧，创造并传承着独特灿烂、丰富多彩的地域与民族文化，为今天的人们留下了数量众多、种类丰富，特色鲜明的非物质文化遗产。

截至 2014 年末，渝东南地区酉阳、秀山、黔江、彭水、石柱、武隆六区县进入非物质文化遗产代表性项目名录的项目共有 433 项，其中重庆市级名录项目 80 项、国家级名录项目 11 项。

一、分布在各区县的非物质文化遗产

（一）酉阳土家族苗族自治县的非物质文化遗产

酉阳土家族苗族自治县有 178 项进入非物质文化遗产名录的项目，其中酉阳古歌、酉阳民歌、酉阳土家摆手舞 3 项为国家级名录项目，木叶吹奏、高台狮舞、西兰卡普、哭嫁等 14 项为重庆市级名录项目。酉阳的非物质文化遗产以民间文学、传统音乐、传统技艺和民俗为多数，其内容则主要反映土家族的历史、风俗与信仰。

表 3 - 1　酉阳土家族苗族自治县的非物质文化遗产代表性项目名录

序号	项目名称	类别	备注（区县级以上项目）
1	酉阳古歌		第三批国家级，第二批市级
2	乌杨树的传说		
3	贞节牌坊的传说		
4	雅浦泉的传说	民间文学	
5	太古藏书的传说		
6	插旗山的故事		
7	八部大王的传说		
8	敬梅山草神		

序号	项目名称	类别	备注（区县级以上项目）
9	白果树的传说		
10	仙人湖的传说		
11	卵异射日		
12	端午节门上挂菖蒲		
13	庙溪福诗		
14	宝剑碑的故事		
15	北斗山的故事		
16	梯玛神歌		
17	布所和雍妮		
18	公公树与婆婆树		
19	犀牛洞的传说		
20	五龙洞的传说		
21	土家神树的传说		
22	强盗岩的传说	民间文学	
23	背子岩的传说		
24	金头和尚郎个死的		
25	救兵粮（红籽泡）		
26	马桑树长齐天高		
27	唐大马棒趣事		
28	酉阳教案		
29	苦媳妇		
30	陈小二祠堂		
31	洪福山传说		
32	升财有道		
33	猫猫山起义		
34	镇魂碑		
35	秦牯牛		
36	赵世炎的故事		

续表

序号	项目名称	类别	备注（区县级以上项目）
37	贺龙招"神兵"的故事	民间文学	
38	清官图		
39	酉阳民歌	传统音乐	第二批国家级，第一批市级
40	木叶吹奏		第三批市级
41	龚滩耍锣鼓		第四批市级
42	咚咚喹		
43	唢呐吹奏		
44	黄杨扁担		
45	楠木花灯		
46	金钱棍		
47	赌钱歌		
48	拗岩号子		
49	打夯号子		
50	石工号子		
51	礼俗歌		
52	孝歌		
53	福事歌		
54	吴幺姑		
55	娇阿窝		
56	说嫂嫂		
57	田间号子		
58	乌江号子		
59	抬工号子		
60	苦根歌		
61	大理吹打		
62	苦竹娘		
63	五福吹打		
64	锄草歌		

续表

序号	项目名称	类别	备注（区县级以上项目）
65	酉水号子	传统音乐	
66	龙灯锣鼓		
67	划拳歌		
68	薅草歌		
69	香灯歌		
70	薅草锣鼓		
71	浪坪吹打		
72	梁山伯与祝英台		
73	南溪号子		
74	采茶调		
75	两罾吹打		
76	宜居吹打		
77	楠木打闹		
78	楠木山歌		
79	十八啰哩车		
80	土家族孝歌		
81	苦媳妇		
82	唢呐套打		
83	节气歌		
84	劝赌歌		
85	跳粉墙		
86	三棒鼓		第三批市级
87	酉阳土家摆手舞	传统舞蹈	第二批国家级，第一批市级
88	打绕棺		第二批市级
89	梅嫦舞		
90	铜铃舞		
91	摇宝宝舞		
92	小坝狮子灯舞		

序号	项目名称	类别	备注（区县级以上项目）
93	茅古斯舞	传统舞蹈	
94	板凳龙舞		
95	香灯舞		
96	秧歌		
97	高台狮舞		第四批市级
98	面具阳戏	传统戏剧	第一批市级
99	铺子马马灯		
100	酉阳花灯（龚滩阳戏灯）		第四批市级
101	龙潭戏剧		
102	包谷灯戏		
103	花灯		
104	川剧		
105	龙灯舞	传统体育、游艺与杂技	
106	狮灯舞		
107	划龙船		
108	煞铧		
109	下油锅		
110	玄心吊斗		
111	发油火		
112	化符喝水		
113	砍二十八宿		
114	土家族织锦	传统技艺	
115	雕刻	传统技艺	
116	刺绣		
117	挑花		
118	西兰卡普		第三批市级
119	柚子龟		
120	土家族吊脚楼		

序号	项目名称	类别	备注（区县级以上项目）
121	土纸制作工艺		
122	宜居手工制作工艺		第三批市级
123	手工铁器工艺		
124	手工竹编工艺		
125	荞面制作技艺		
126	莲花茶制作技艺		
127	平地坝酒制作技艺		
128	皮蛋制作技艺		
129	纸盒制作技艺		
130	竹编		
131	母合酒制作技艺		
132	龚滩酥食制作技艺		
133	母子酒制作技艺		
134	铸铧	传统技艺	
135	李氏松花皮蛋制作技艺		
136	马打滚制作技艺		
137	梅树鞭炮制作工艺		
138	辣茶制作技艺		
139	龙灯扎制技艺		
140	红井手工茶制作技艺		
141	清泉村石雕		
142	黑面条制作技艺		
143	土家手工布鞋制作技艺		
144	传统榨油制作技艺		
145	麻旺醋制作技艺		
146	莓茶手工制作技艺		
147	造木船技艺		
148	米豆腐制作技艺		

序号	项目名称	类别	备注（区县级以上项目）
149	菜豆腐制作技艺	传统技艺	
150	传统酿米酒技艺		
151	传统霉豆腐制作技艺		
152	土茶制作技艺		
153	土家走马转角翘檐吊脚楼营造技艺		
154	铜鼓村剪纸		
155	海椒粑制作技艺		
156	米茶制作技艺		
157	打糍粑技艺		
158	治蛇毒	传统医药	
159	接骨疗伤		
160	田氏治疮肿		
161	化符剂疮		
162	咒语治毒疮		
163	土家族语言	民俗	
164	过赶年		
165	哭嫁		第四批市级
166	划旱龙船		
167	龙潭鸭子龙		
168	土家酿豆腐		
169	酉阳油香		
170	龚滩绿豆粉		
171	土家族油茶汤		
172	宜居龙头山香会		
173	咒语防腐		
174	化卡子水		
175	上刀山下火海		第四批市级
176	幽冥观花		

序号	项目名称	类别	备注（区县级以上项目）
177	社饭	民俗	
178	观花		

资料来源：重庆市非物质文化遗产保护中心。

（二）秀山土家族苗族自治县的非物质文化遗产

秀山土家族苗族自治县有 24 项进入非物质文化遗产名录的项目，其中秀山民歌、秀山花灯 2 项为国家级名录项目，薅草锣鼓、佘家傩戏、龙凤花烛、三六福等 12 项为重庆市级名录项目。秀山的非物质文化遗产以传统音乐、传统戏剧和民俗为多数，尤其是地方小戏保存较好。秀山的非物质文化遗产项目展现了民族融合背景下渝东南地区广大农村人口的生活画卷。

表 3－2　秀山土家族苗族自治县的非物质文化遗产代表性项目名录

序号	项目名称	类别	备注（区县级以上项目）
1	秀山民歌	传统音乐	第二批国家级，第一批市级
2	薅草锣鼓		第一批市级
3	酉水号子		
4	山歌		
5	新房歌		
6	船工号子		
7	摆手舞	传统舞蹈	
8	摇宝宝		
9	余家傩戏	传统戏剧	第一批市级
10	阳戏传统		第一批市级
11	辰河戏		第二批市级
12	灯儿戏		第二批市级
13	花灯戏		

续表

序号	项目名称	类别	备注（区县级以上项目）
14	三六福	传统体育、游艺与杂技	第二批市级
15	蹴球		
16	龙凤花烛	传统技艺	第一批市级
17	蜡染		
18	竹编		第二批市级
19	秀山花灯	民俗	第一批国家级，第一批市级
20	打绕棺		第二批市级
21	哭嫁		
22	赶社		
23	牛王节		
24	羊马节		第四批市级

资料来源：重庆市非物质文化遗产保护中心。

（三）黔江区的非物质文化遗产

黔江区有37项进入非物质文化遗产名录的项目，其中南溪号子为国家级名录项目，吴幺姑传说、后坝山歌、濯水后河戏、中塘向氏武术等14项为重庆市级名录项目。黔江的非物质文化遗产以传统音乐、传统技艺为多数，尤其在传统音乐方面颇具特色。

表3-3　黔江区的非物质文化遗产代表性项目名录

序号	项目名称	类别	备注（区县级以上项目）
1	吴幺姑传说	民间文学	第二批市级
2	神话故事		
3	梁山伯与祝英台		

续表

序号	项目名称	类别	备注（区县级以上项目）
4	南溪号子	传统音乐	第一批国家级，第一批市级
5	后坝山歌		第一批市级
6	帅氏莽号		第二批市级
7	高炉号子（马喇号子）		第二批市级
8	石城情歌		第四批市级
9	土家摆手舞	传统舞蹈	
10	跳丧舞		
11	毛古斯		
12	铜铃舞		
13	向氏花灯		
14	连萧舞		
15	竹梆舞		
16	濯水后河戏	传统戏剧	第二批市级
17	傩戏		
18	彩龙船	曲艺	
19	花鼓		
20	中塘向氏武术	传统体育、游艺与杂技	第一批市级
21	板凳龙		
22	龙舞		
23	剪窗花	传统美术	
24	木根雕技艺	传统技艺	
25	扎花鞋		
26	土陶工艺		
27	土家血粑		
28	濯水绿豆粉制作技艺		第二批市级
29	黔江珍珠兰茶罐窨手工制作技艺		第三批市级
30	黔江斑鸠蛋树叶绿豆腐制作技艺		第三批市级
31	西兰卡普（土家织锦）制作技艺		第四批市级

序号	项目名称	类别	备注（区县级以上项目）
32	打火灌	传统医药	
33	刘氏"捏膈食筋"疗法		第四批市级
34	角角调	民俗	第三批市级
35	木工佛事		
36	赶场		
37	哭嫁		

资料来源：重庆市非物质文化遗产保护中心。

（四）彭水苗族土家族自治县的非物质文化遗产

彭水苗族土家族自治县有 47 项进入非物质文化遗产名录的项目，其中苗族民歌、高台狮舞 2 项为国家级名录项目，诸佛盘歌、普子铁炮火龙、木蜡庄傩戏、彭水普子火药制作技艺、郁山孝歌等 20 项为重庆市级名录项目。彭水的非物质文化遗产以传统音乐、传统技艺为多数，其特色也最为突出。彭水的非物质文化遗产项目展示了苗族人民的日常生活与信仰礼俗。

表 3-4　彭水苗族土家族自治县的非物质文化遗产代表性项目名录

序号	项目名称	类别	备注（区县级以上项目）
1	吴幺姑	民间文学	
2	蔡龙王的传说		
3	苗族民歌（鞍子苗歌）	传统音乐	第四批国家级，第一批市级
4	娇阿依		
5	诸佛盘歌		第二批市级
6	梅子山歌		第三批市级
7	太原民歌		第四批市级
8	乌江号子		
9	彭水打闹		第二批市级

续表

序号	项目名称	类别	备注（区县级以上项目）
10	彭水耍锣鼓	传统音乐	第二批市级
11	三义吹打		
12	彭水唢呐		
13	任家班吹打		
14	嗡		
15	红门幺二三鼓		
16	苗山打闹（平安薅草锣鼓）		第四批市级
17	高台狮舞	传统舞蹈	第三批国家级，第二批市级
18	普子铁炮火龙		第二批市级
19	高谷旱船		
20	彭水土家摆手舞		
21	踩花山		
22	庙池甩手揖		第二批市级
23	跳花		
24	木蜡庄傩戏	传统戏剧	第二批市级
25	朱砂三人花灯		
26	郁山挑花	传统技艺	
27	彭水吊脚楼工艺		
28	撮箕口房屋工艺		
29	朗溪竹板桥造纸		第一批市级
30	文清土香		
31	彭水青瓦烧制技艺		第三批市级
32	苗族银饰制作		
33	彭水普子火药制作技艺		第三批市级
34	嘟圈子		
35	彭水灰豆腐制作技艺		第三批市级
36	彭水荞面豆花		
37	郁山擀酥饼		第二批市级

序号	项目名称	类别	备注（区县级以上项目）
38	郁山鸡豆花		第二批市级
39	晶丝苕粉	传统技艺	
40	斑鸠窝豆腐		
41	西南蜂毒疗法	传统医药	
42	鹿角镇民间蛇伤疗法		第三批市级
43	彭水道场		第二批市级
44	扛神		
45	哭嫁歌	民俗	
46	郁山孝歌		第四批市级
47	诸佛三四五铙钹		

资料来源：重庆市非物质文化遗产保护中心。

（五）石柱土家族自治县的非物质文化遗产

石柱土家族自治县有122项进入非物质文化遗产名录的项目，其中石柱土家啰儿调、土家族吊脚楼营造技艺、玩牛3项为国家级名录项目，男女石柱神话、石柱土家断头锣鼓、打绕棺、黄连传统生产技艺等13项为重庆市级名录项目。石柱的非物质文化遗产以民间文学、传统音乐、传统舞蹈、传统技艺和民俗为多数。作为渝东南唯一一个土家族自治县，石柱的非物质文化遗产项目几乎展现了当地土家族民间生活的全貌。

表3-5　石柱土家族自治县的非物质文化遗产代表性项目名录

序号	项目名称	类别	备注（区县级以上项目）
1	男女石柱神话		第二批市级
2	石柱酒令	民间文学	第三批市级
3	龙河方言		
4	土家语言（残留）	民间文学	

续表

序号	项目名称	类别	备注（区县级以上项目）
5	秦良玉传文学	民间文学	
6	仙人洞传说		
7	龙骨寨传说		
8	银杏堂传说		
9	石柱民间歌谣		
10	猴婆子大闹高龙		
11	御笔改龙河		
12	十二花园姊妹		
13	八德会		
14	桥头国遗事		
15	龙骨寨的神话		
16	龙洞传说		
17	洞立新房吉利		
18	土家谚语、歇后语		
19	石柱土家啰儿调	传统音乐	第一批国家级，第一批市级
20	石柱耍锣鼓（斗锣）		第一批市级
21	石柱土家断头锣鼓		第四批市级
22	西沱川江号子		
23	土家哭嫁歌		
24	土家丧歌		
25	土家薅草锣鼓		
26	石柱山歌		
27	石柱民间吹打		
28	石柱号子		
29	啰儿调（金银花儿开）		
30	劳动歌（薅草歌）		
31	生活歌（螃蟹歌、闹五更菜）		
32	山歌调（莲花调）		

序号	项目名称	类别	备注（区县级以上项目）
33	耍锣鼓（六翻、孝鼓、土戏锣鼓）	传统音乐	
34	郎氏唢呐		
35	玩牛	传统舞蹈	第四批国家级，第二批市级
36	打绕棺		第二批市级
37	土家板凳龙		第三批市级
38	石柱土家摆手舞		
39	石柱土家铜铃舞		
40	玩龙灯		
41	玩灯（车灯、蚌壳灯）		
42	玩狮子		
43	打道钱		
44	玩草龙	传统舞蹈	
45	三星女子龙灯		
46	石柱土戏	传统戏剧	第二批市级
47	石柱阳戏		
48	京剧		
49	川剧		
50	竹琴	曲艺	
51	金钱板		
52	快板		
53	花鼓		
54	说唱		
55	狩猎口技	传统体育、游艺与杂技	
56	土家幼儿游戏		
57	土家40张		
58	打长条子		
59	土家少年儿童游		
60	土家竹铃球		

续表

序号	项目名称	类别	备注（区县级以上项目）
61	抢龙	传统体育、游艺与杂技	
62	三星石雕石刻	传统美术	
63	土家古床和窗花木雕		
64	石柱根雕		
65	石柱土家刺绣		
66	石板老街建筑		
67	雕花床		
68	石佛雕塑		
69	根雕书法		
70	墓葬雕刻		
71	土家族吊脚楼营造技艺	传统技艺	第三批国家级，第二批市级
72	黄连传统生产技艺		第三批市级
73	石柱白酒酿造		
74	石柱烟熏牛肉		
75	石柱铁具打制		
76	干柏陶器		
77	竹篾小背		
78	土漆		
79	金铃造纸		
80	土家偏方	传统医药	
81	传统中医		
82	巴盐古道	民俗	第三批市级
83	薅草仪式		第三批市级
84	土家怀胎习俗		
85	土家生崽崽习俗		
86	土家打三朝		
87	土家婚俗		

序号	项目名称	类别	备注（区县级以上项目）
88	土家泡生酒	民俗	
89	土家丧葬礼俗		
90	土家赶年		
91	春节		
92	上九		
93	元宵节		
94	三月会		
95	清明节		
96	端午节		
97	七月半		
98	中秋节		
99	重阳节		
100	巫教信仰		
101	三教信仰		
102	烧符纸		
103	六月十九观音庙		
104	三虎老爷		
105	变色岩		
106	怕痒石		
107	掐时		
108	石柱黄连		
109	石柱莼菜		
110	长毛兔		
111	辣椒		
112	土烟生产与烟具		
113	土家狩猎		
114	石柱土家服饰		
115	石柱土家饮食		

续表

序号	项目名称	类别	备注（区县级以上项目）
116	石柱碉楼		
117	打土墙		
118	檩子		
119	石磨	民俗	
120	弹棉絮		
121	石柱民间运输		
122	立房短水		

资料来源：重庆市非物质文化遗产保护中心。

（六）武隆县的非物质文化遗产

武隆县有 25 项进入非物质文化遗产名录的项目，其中仙女山耍锣鼓、平桥耍龙、羊角豆干等 8 项为重庆市级名录项目。武隆的非物质文化遗产以传统音乐、传统技艺为多数，市级名录项目也主要集中在这两个类别。

表 3-6　武隆县的非物质文化遗产代表性项目名录

序号	项目名称	项目类别	备注（区县级以上项目）
1	仙女山耍锣鼓		第三批市级
2	后坪山歌		第三批市级
3	鸭平吹打		第三批市级
4	乌江号子	传统音乐	
5	薅打闹草		
6	薅秧号子		
7	阴腔号子		
8	叶笛吹奏		
9	闹花灯	传统舞蹈	
10	平桥耍龙	传统体育、游艺与杂技	第四批市级
11	舞狮		

序号	项目名称	项目类别	备注（区县级以上项目）
12	根雕	传统美术	
13	泥塑		
14	纸竹工艺		第一批市级
15	羊角豆干		第三批市级
16	羊角老醋		第四批市级
17	鸭江老咸菜	传统技艺	
18	神豆腐		
19	都粑		
20	布鞋、鞋垫		
21	木器制品		第四批市级
22	竹篾制品		
23	手工造纸术		
24	寺院坪庙会	民俗	
25	大石箐庙会		

资料来源：重庆市非物质文化遗产保护中心。

二、类型丰富的非物质文化遗产

渝东南的非物质文化遗产类型丰富，涵盖国务院公布的非物质文化遗产代表性项目名录的十大类别。进入各级非物质文化遗产代表性项目名录的项目中，有民间文学 61 项，传统音乐 97 项，传统舞蹈 39 项，传统戏剧 20 项，曲艺 7 项，传统体育、游艺与杂技 23 项，传统美术 12 项，传统技艺 89 项，传统医药 11 项，民俗 74 项。

（一）民间文学

20 世纪 80 年代，在编修《中国民间故事集成》《中国歌谣集成》《中国谚语集成》（简称"民间文学三套集成"）的时候，渝东南地区就搜集了大量口头流传的民间文学，编辑、印刷了"民间文学三套集成"。2005年开展非物质文化遗产普查以来，又有大批民间文学被挖掘、整理。这些民间文学样式丰富，包括有歌谣、神话和传说、故事、史诗和叙事诗、谚语和谜语等，多以当地方言或少数民族语言在民众中世世代代口耳相传。其中歌谣最为丰富、最有特色。其类别有仪式歌、劳动歌、情歌、生活歌、时政歌和儿歌等。其中仪式歌、劳动歌、情歌最为多姿多彩。仪式歌包括梯玛歌、摆手歌、歌源歌、哭嫁歌、上梁歌、丧鼓歌等，多用古老的土家语唱，反映民族历史、早期生活状况和风俗习惯，有很高的历史文化价值。劳动歌包括猎歌、渔歌、劳动号子、薅草锣鼓歌、栽秧歌、伐木歌、砍柴歌、轿夫歌等。历史上土家族和苗族青年的婚姻是"以歌为媒"，因此留下了难以计数的优秀情歌，按内容分有初恋歌、送郎歌、离别歌、相思歌、失恋歌、忧思歌等，按形式分有长篇叙事情歌、四句子情歌、五句子情歌，尤以四句子情歌和五句子情歌最多。

从形式上看，这些口头流传的民间文学可以分为散说体和韵说体。

散说体民间文学主要是从叙事的形式上来界定，叙事语言如散文，无需遵循一定规定韵脚和韵律。包括神话、传说、故事、笑话等。渝东南地区流传较广的有反映土家族、苗族民族历史、迁移的传说故事，以及与"鬼文化"相关的大量丰都民间故事等。

韵说体民间文学是指叙事语言遵循押韵的规律。主要有古歌、山歌、情歌、生活歌、长诗、儿歌等。渝东南地区广为流传的韵说体民间文学如酉阳古歌，也称巫傩诗文，蕴藏着酉阳人对大自然、对人生社会的审美评价，涉及天上地下、人间万物、历史事件甚至生命价值，渊源久远，精深博大，是一个古老瑰丽的民间文学宝库。在黔江、彭水等地流行的长篇叙事诗《吴幺姑》，产生于清雍正十三年（1735年）酉阳土司"改土归流"前后，是一首歌颂爱情的土家族长诗，被称为土家族版的《梁山伯与祝英台》。主人公敢爱敢恨敢斗争，不受世俗观念的约束，其语言与行为都充满土家人不同于汉族礼教的豪迈气质，昭示着这首爱情长诗的地域性特点和土家族文化的特质，同时也映射出其时正处于土家族文化与汉族文化的碰撞冲突期。除了这些传统韵说体形式，还有劝酒词、把传说编成韵说体唱词等形式，石柱酒令就颇有特色。

从其语言载体来看，渝东南民间文学主要以当地方言讲述传承，部分以土家语、苗语传承。土家族的语言，属汉藏语系藏缅语族，其属于什么语支，尚需进一步考证。土家族没有本民族文字，语言都靠世代口头传承。土家语的特点主要有：（1）在语音上，有声调，无复辅音，复合元音较多，辅音韵尾较少；（2）在词汇上，复音词占优势，单音词一般是一词多义，构词方式灵活多样；（3）在语法上，基本语序是"主语加谓语"和"主语加宾语加谓语"两种形式。由于土家人与汉人交相错杂而居，交往频繁，关系日益密切，汉语渐渐也成为他们交流思想的工具。在整个武陵山区，多数土家人都使用汉语，只有聚居在边远山区的约10万老人还保留说土家语的习惯，真正能用土家语进行交流的仅约3万人。据酉阳普查，该县至今仍说土家语的有1万余人。在普查时，他们用汉字记土家语音，共采录了654组（个）词语。其中时令、数量、天象气候和方位词98组；人与人的称谓词85组；人体器官和生、老、病、残、死现象称谓词58组；常用物品称谓和日常生活用语词汇160组；民事交往常用词47组；地理、农事活动称谓词51组；植物、动物称谓词101个；其他单词54个。这与清代乾隆年间编修的湖南《永顺县志》用汉字记录的145个土家语词语、清代光绪年间编修的湖南《古丈坪厅志》用汉字记录的170个土家语词语相比，丰富得多。渝东南的苗族分红苗和青苗，苗族有自己的语言和文字，但其文字现仅有秀山县晏龙乡民族村还在使用。[①] 苗语属汉藏语系苗瑶语族苗语支。渝东南的苗族人一般都会苗语和汉语。在民族内和家庭中，有时讲苗语，有时讲汉语；与汉族交谈时，都用汉语。

---

① 杨月蓉主编：《重庆市志·方言志》（1950—2010），重庆出版社2012年版，第6页。

表3-7　渝东南民间文学类非物质文化遗产项目

序号	项目名称	地区	备注
1	酉阳古歌	酉阳土家族苗族自治县	第三批国家级，第二批市级
2	乌杨树的传说	酉阳土家族苗族自治县	
3	贞节牌坊的传说	酉阳土家族苗族自治县	
4	雅浦泉的传说	酉阳土家族苗族自治县	
5	太古藏书的传说	酉阳土家族苗族自治县	
6	插旗山的故事	酉阳土家族苗族自治县	
7	八部大王的传说	酉阳土家族苗族自治县	
8	敬梅山草神	酉阳土家族苗族自治县	
9	白果树的传说	酉阳土家族苗族自治县	
10	仙人湖的传说	酉阳土家族苗族自治县	
11	卵异射日	酉阳土家族苗族自治县	
12	端午节门上挂菖蒲	酉阳土家族苗族自治县	
13	庙溪福诗	酉阳土家族苗族自治县	
14	宝剑碑的故事	酉阳土家族苗族自治县	
15	北斗山的故事	酉阳土家族苗族自治县	
16	梯玛神歌	酉阳土家族苗族自治县	
17	布所和雍妮	酉阳土家族苗族自治县	
18	公公树与婆婆树	酉阳土家族苗族自治县	
19	犀牛洞的传说	酉阳土家族苗族自治县	
20	五龙洞的传说	酉阳土家族苗族自治县	
21	土家神树的传说	酉阳土家族苗族自治县	
22	强盗岩的传说	酉阳土家族苗族自治县	
23	背子岩的传说	酉阳土家族苗族自治县	
24	金头和尚郎个死的	酉阳土家族苗族自治县	
25	救兵粮（红籽泡）	酉阳土家族苗族自治县	
26	马桑树长齐天高	酉阳土家族苗族自治县	
27	唐大马棒趣事	酉阳土家族苗族自治县	

序号	项目名称	地区	备注
28	酉阳教案	酉阳土家族苗族自治县	
29	苦媳妇	酉阳土家族苗族自治县	
30	陈小二祠堂	酉阳土家族苗族自治县	
31	洪福山传说	酉阳土家族苗族自治县	
32	升财有道	酉阳土家族苗族自治县	
33	猫猫山起义	酉阳土家族苗族自治县	
34	镇魂碑	酉阳土家族苗族自治县	
35	秦牯牛	酉阳土家族苗族自治县	
36	赵世炎的故事	酉阳土家族苗族自治县	
37	贺龙招"神兵"的故事	酉阳土家族苗族自治县	
38	清官图	酉阳土家族苗族自治县	
39	吴幺姑传说	黔江区	第二批市级
40	神话故事	黔江区	
41	梁山伯与祝英台	黔江区	
42	吴幺姑	彭水苗族土家族自治县	
43	蔡龙王的传说	彭水苗族土家族自治县	
44	男女石柱神话	石柱土家族自治县	第二批市级
45	石柱酒令	石柱土家族自治县	第三批市级
46	龙河方言	石柱土家族自治县	
47	土家语言（残留）	石柱土家族自治县	
48	秦良玉传文学	石柱土家族自治县	
49	仙人洞传说	石柱土家族自治县	
50	龙骨寨传说	石柱土家族自治县	
51	银杏堂传说	石柱土家族自治县	
52	石柱民间歌谣	石柱土家族自治县	
53	猴婆子大闹高龙	石柱土家族自治县	
54	御笔改龙河	石柱土家族自治县	
55	十二花园姊妹	石柱土家族自治县	

序号	项目名称	地区	备注
56	八德会	石柱土家族自治县	
57	桥头国遗事	石柱土家族自治县	
58	龙骨寨的神话	石柱土家族自治县	
59	龙洞传说	石柱土家族自治县	
60	洞立新房吉利	石柱土家族自治县	
61	土家谚语、歇后语	石柱土家族自治县	

资料来源：重庆市非物质文化遗产保护中心。

（二）传统音乐

传统音乐是渝东南重要的非物质文化遗产类别。渝东南地区，尤其是土家、苗族山寨，是歌的海洋，不管男女老少，无人不歌，无处不歌。传统音乐是渝东南地区进入非物质文化遗产代表性项目名录最多的项目（97项），在渝东南进入重庆市级（80项）和国家级名录（11项）的项目中，所占比例也是最大的，分别占到29%和45%以上。

渝东南山谷蜿蜒、河流纵横，艰苦的地理环境塑造了该地区独特的民族精神和气质。环境的恶劣塑造了他们勤劳乐观的品质。他们在田间劳作时喊山歌，吼号子；农闲时唱情歌，哼小调。这个地区的民间音乐相对别的地区要多，是该地区非遗名录中数量最多的一个类别。这个地区的人们在长期与艰苦自然环境打交道的过程中，通过自己独特方式来缓解环境和社会境遇所带来的痛苦和困惑。由于身处山区，交通不便，一年四季，忙忙碌碌，劳作时的号子，忙里偷闲时的山歌，各种节庆仪式活动中的吹打，充分表达了他们乐观进取的精神和对美好生活的向往。

1. 山歌

由于地处山区，此地域的民歌多以"山歌"为主。他们唱山歌，节日设歌场，平日随处可唱。无论庭院、山头，还是船上、田中，只要一人起音，便有人接嗓。山歌开了头，可从早唱到晚，乃至通宵达旦。他们以歌问候，用歌述事，凭歌寄情。可以说，歌是土家、苗族民众寸步不离的影子，更是青年男女传情达意互通心声的大媒人。"腊肉炒菜不用盐，哥妹订婚不用钱。只要哥心合妹意，就用山歌订姻缘。"每逢"歌会""踏青""赶秋""赶坳"等活动，他们常通过对歌来选择意中人。到结婚时，更离不了歌。主人要对客人唱谢客歌，对媒人唱谢媒歌。大家要对新婚夫妇唱祝福歌。送亲客以及男方的陪客全都要唱歌，亲朋好友要相互赛歌、对歌、盘歌，通宵达旦，连唱三天三夜。三天宴毕，女方送亲客告辞回家，这时他们才把送给新娘的礼物摆出（或开一张清单），由一人说唱，内容是远祖从何来，嫁妆谁人送，价值多少等。这三天内，新娘新郎不能同房，要等回门后才算正式成婚。

秀山县梅江镇民族村的苗族姑娘出嫁，更是把歌奉为喜庆、吉祥、幸福的象征。她们一不哭嫁、二不坐轿、三不拜堂、四不酌喜茶（下聘）、五不要嫁奁、六不讲排场（办酒席），而只求婚期长歌达旦，尽情欢唱。大婚之期，新郎新娘不同宿，而是与陪送和祝贺的亲朋好友，围着火塘，彻夜不眠地对歌，这种歌会通常持续三天三夜。

2. 号子

先秦《吕氏春秋·审应览》："今举大木者，前呼舆，后亦应之。"应是劳动号子的最早记载。宋代高承《事物经原》："今人举重出力者，一人倡则为号头，众皆和之曰打号。"则说明号子是一人领唱，众人齐声应和，起着指挥劳动、协调动作、鼓舞劳动热情、解除疲乏的作用。[1]

渝东南地区山高林密、河流众多。生产生活中常须集体出动，才能应对恶劣的自然环境。在繁重的体力劳动中，尤其是集体劳作中，为了统一步调和节奏，人们常常因劳动场景和工种的不同而高声喊着极具地域特色的劳动号子。劳动号子主要有以下几种类别：船工号子、石工号子、农事号子、作坊号子、盐工号子、抬工号子和打夯号子等。

---

① 戴祖义：《中国"劳动号子"》，《云岭歌声》2004年第9期。

　　船工号子是船工们驾驶木船闯激流险滩拉纤时唱的号子，在渝东南地区的梅江和酉水支流等水域都有传唱。根据水流急缓和劳动强度的大小，又分为上水号子、下水号子等。石工号子是石工们在劳动中为统一用力、振奋精神、战胜困难而喊唱的一种号子，内容即兴编唱、一领众和、气质雄健粗犷、情绪热烈，主要包括：撬石号子、拖石号子、打石号子等。农事号子是在一般的农业劳动中，如翻草、收草、打麦、舂米、车水、薅草时歌唱。因从事农事活动的环境相对安全，劳动强度也不是很大，所以农事活动的号子往往不那么沉重，其旋律较为优美，歌词内容也丰富多样，轻松活泼些。在渝东南地区，油菜、桐油的产量一直丰富，种植和加工的历史悠久，蜚声海外，至今仍有很多采用手工劳动方式从事加工生产的工场和作坊。作坊号子就是工人从事这类体力劳动时所唱的号子。如制作菜油时的"榨油号子"、造纸时的"竹麻号子"、制盐时的"盐工号子"等。

3. 民间器乐

　　渝东南的乐器主要有吹奏和打击两种。吹奏乐器有咚咚喹、木叶、土笛、唢呐、牛角、莽号、麦秆、野喇叭、竹笛等。打击乐器种类较多，可以分为古代打击乐器和现代打击乐器。古代打击乐器主要有钲、錞于、编钟、朝典钟、虎钮钟等。现代打击乐器鼓类有羊皮鼓、小鼓（棋子鼓）、盆鼓、堂鼓（阵鼓）、甑子鼓；锣类有冬子锣、点子、勾锣、马锣、二星锣、包锣、搬锣、大锣；钹锣有小钹、大钹、荷叶钹、铙钹等。

　　器乐音乐，大致可分为吹奏乐、吹打乐、打击乐、宗教音乐几类。吹奏乐有咚咚喹、吹木叶、吹牛角、吹八仙、羊角调、牛角调等；吹打乐有坐堂调、花锣鼓、穿调子与广调子、打安庆等；打击乐有耍锣鼓、闹台锣鼓、打围鼓、打馏子、丢马锣等；宗教祭祀音乐有敬神音乐、道教音乐、佛事锣鼓等。

　　在土家族地区流行的所有民间乐器中，尤以锣鼓最为普遍和常见。这也是跟土家族居住的环境紧密相关的。渝东南地区地处崇山峻岭之间，有史料显示，在明清时期仍然"喜渔猎、不事商贾"，仅有的农耕生产模式也仅局限于伐木烧畲的粗放农业经营。但在崇山峻岭遍布、野兽经常出没的恶劣自然环境中，土家人为了给自己壮胆抑或给野兽制造恐惧，他们采取敲击石头或撞击木头，进而发展到用锣鼓的方式吓退野兽，自卫自娱，保护庄稼。《龙山县志》云："溪州之地黄狼多，三十六地尽岩窑。春种秋熟都窃食，只怕土人鸣大锣。"其中折射出土家人敲锣吓兽，保护庄稼的历史图景。

在渝东南土家族聚居区普遍流行的薅草锣鼓，是一种崇尚劳动、祭祀"田祖"的音乐行为表现。土家人居住深山，每逢插秧、薅草季节，为抢天气时令，调节劳逸，提高工效，就由一人或数人在薅草人群前面打鼓踏歌，鼓劲加油，薅草锣鼓故而得名。薅草锣鼓歌一般由歌头、请神、扬歌、送神四个部分组成，基本上是伴随着每日的劳动顺序依次进行的。歌头，是薅草锣鼓的开头部分，也就是薅草锣鼓的开场白。请神，是薅草锣鼓歌头之后所唱的歌，主要是祈求神灵护佑风调雨顺、五谷丰登和劳动者的人身安全。由于太阳神与农业收成关系密切，加上薅草一般要在太阳天才能进行，因此，土家人在打薅草锣鼓时，往往要先请太阳神："太阳神呵太阳神，日日夜夜不留停；太阳神呵太阳神，为了凡人苦尽心……农夫来把太阳敬，保佑禾苗好收成；老人来把太阳敬，白发转青牙生根；小孩来把太阳敬，少犯关煞长成人；放牛娃儿敬太阳，牛羊不得走四邻……"扬歌，是薅草锣鼓的主歌，其唱词既有固定的传统段子，如历史故事、民间传说、现实生活等，也有歌手们结合劳动过程或劳动者的具体表现现编现唱的，俗称"见子打子"，并对一些薅草者给予适当的鼓励与批评。送神，是薅草锣鼓的结尾部分，在当日劳动接近尾声时所唱，唱了送神歌，薅草也就收工了。[①]

"耍锣鼓"的起源则可追溯至远古战争频繁和自然环境恶劣的时期，其功能是为征战、宗教仪式、吓退野兽和自我保卫等。后随着战争减少和社

---

① 周兴茂：《重庆土家族薅草锣鼓的现状与保护对策》，《铜仁学院学报》2008 年第 3 期，第37 页。

会环境的太平，"耍锣鼓"渐渐成为人们寻求生产劳动情趣和生活玩耍的方式。但其中仍遗存了远古时代的文化信息，如锣鼓曲牌中有的常模仿六畜兴旺或自然界动物鸣叫声音，有时候还通过某个动物的行为特征表现出对大自然的崇敬之情，有时会表达人们的祈祷和美好祝愿等。

石柱另一种锣鼓"土家斗锣"演奏方式则别具一格。此地民众平时就有以锣会友、比个输赢的习惯。斗锣的高潮在正月十五晚上，数十拨"角儿"（班子）汇聚一起，一拨"角儿"占一个山头，你方敲罢我即始。每拨"角儿"打的曲牌不能重复，要使出浑身解数，才能达到斗赢的目的，直到有"角儿"不能应对，退出争斗为止。斗锣活动经常是通宵达旦，成了当地土家人春节民俗活动的一道亮丽风景，也是渝东南民族器乐的一次盛大展演。

表 3 - 8　渝东南传统音乐类非物质文化遗产项目

序号	项目名称	地区	备注
1	酉阳民歌	酉阳土家族苗族自治县	第二批国家级，第一批市级
2	木叶吹奏	酉阳土家族苗族自治县	第三批市级
3	龚滩耍锣鼓	酉阳土家族苗族自治县	第四批市级
4	咚咚喹	酉阳土家族苗族自治县	
5	唢呐吹奏	酉阳土家族苗族自治县	
6	黄杨扁担	酉阳土家族苗族自治县	
7	楠木花灯	酉阳土家族苗族自治县	
8	金钱棍	酉阳土家族苗族自治县	
9	赌钱歌	酉阳土家族苗族自治县	
10	拗岩号子	酉阳土家族苗族自治县	
11	打夯号子	酉阳土家族苗族自治县	
12	石工号子	酉阳土家族苗族自治县	
13	礼俗歌	酉阳土家族苗族自治县	
14	孝歌	酉阳土家族苗族自治县	

序号	项目名称	地区	备注
15	福事歌	酉阳土家族苗族自治县	
16	吴幺姑	酉阳土家族苗族自治县	
17	娇阿窝	酉阳土家族苗族自治县	
18	说嫂嫂	酉阳土家族苗族自治县	
19	田间号子	酉阳土家族苗族自治县	
20	乌江号子	酉阳土家族苗族自治县	
21	抬工号子	酉阳土家族苗族自治县	
22	苦根歌	酉阳土家族苗族自治县	
23	大理吹打	酉阳土家族苗族自治县	
24	苦竹娘	酉阳土家族苗族自治县	
25	五福吹打	酉阳土家族苗族自治县	
26	锄草歌	酉阳土家族苗族自治县	
27	酉水号子	酉阳土家族苗族自治县	
28	龙灯锣鼓	酉阳土家族苗族自治县	
29	划拳歌	酉阳土家族苗族自治县	
30	薅草歌	酉阳土家族苗族自治县	
31	香灯歌	酉阳土家族苗族自治县	
32	薅草锣鼓	酉阳土家族苗族自治县	
33	浪坪吹打	酉阳土家族苗族自治县	
34	梁山伯与祝英台	酉阳土家族苗族自治县	
35	南溪号子	酉阳土家族苗族自治县	
36	采茶调	酉阳土家族苗族自治县	
37	两罾吹打	酉阳土家族苗族自治县	
38	宜居吹打	酉阳土家族苗族自治县	
39	楠木打闹	酉阳土家族苗族自治县	
40	楠木山歌	酉阳土家族苗族自治县	
41	十八啰哩车	酉阳土家族苗族自治县	

续表

序号	项目名称	地区	备注
42	土家族孝歌	酉阳土家族苗族自治县	
43	苦媳妇	酉阳土家族苗族自治县	
44	唢呐套打	酉阳土家族苗族自治县	
45	节气歌	酉阳土家族苗族自治县	
46	劝赌歌	酉阳土家族苗族自治县	
47	跳粉墙	酉阳土家族苗族自治县	
48	三棒鼓	酉阳土家族苗族自治县	第三批市级
49	秀山民歌	秀山土家族苗族自治县	第二批国家级，第一批市级
50	薅草锣鼓	秀山土家族苗族自治县	第一批市级
51	酉水号子	秀山土家族苗族自治县	
52	山歌	秀山土家族苗族自治县	
53	新房歌	秀山土家族苗族自治县	
54	船工号子	秀山土家族苗族自治县	
55	南溪号子	黔江区	第一批国家级，第一批市级
56	后坝山歌	黔江区	第一批市级
57	帅氏莽号	黔江区	第二批市级
58	高炉号子（马喇号子）	黔江区	第二批市级
59	石城情歌	黔江区	第四批市级
60	苗族民歌（鞍子苗歌）	彭水苗族土家族自治县	第四批国家级，第一批市级
61	娇阿依	彭水苗族土家族自治县	
62	诸佛盘歌	彭水苗族土家族自治县	第二批市级
63	梅子山歌	彭水苗族土家族自治县	第三批市级
64	太原民歌	彭水苗族土家族自治县	第四批市级
65	乌江号子	彭水苗族土家族自治县	
66	彭水打闹	彭水苗族土家族自治县	第二批市级
67	彭水耍锣鼓	彭水苗族土家族自治县	第二批市级

序号	项目名称	地区	备注
68	三义吹打	彭水苗族土家族自治县	
69	彭水唢呐	彭水苗族土家族自治县	
70	任家班吹打	彭水苗族土家族自治县	
71	嗡	彭水苗族土家族自治县	
72	红门幺二三鼓	彭水苗族土家族自治县	
73	苗山打闹（平安薅草锣鼓）	彭水苗族土家族自治县	第四批市级
74	石柱土家啰儿调	石柱土家族自治县	第一批国家级，第一批市级
75	石柱耍锣鼓（斗锣）	石柱土家族自治县	第一批市级
76	石柱土家断头锣鼓	石柱土家族自治县	第四批市级
77	西沱川江号子	石柱土家族自治县	
78	土家哭嫁歌	石柱土家族自治县	
79	土家丧歌	石柱土家族自治县	
80	土家薅草锣鼓	石柱土家族自治县	
81	石柱山歌	石柱土家族自治县	
82	石柱民间吹打	石柱土家族自治县	
83	石柱号子	石柱土家族自治县	
84	啰儿调（金银花儿开）	石柱土家族自治县	
85	劳动歌（薅草歌）	石柱土家族自治县	
86	生活歌（螃蟹歌、闹五更菜）	石柱土家族自治县	
87	山歌调（莲花调）	石柱土家族自治县	
88	耍锣鼓（六翻、孝鼓、土戏锣鼓）	石柱土家族自治县	
89	郎氏唢呐	石柱土家族自治县	
90	仙女山耍锣鼓	武隆县	第三批市级
91	后坪山歌	武隆县	第三批市级
92	鸭平吹打	武隆县	第三批市级
93	乌江号子	武隆县	

续表

序号	项目名称	地区	备注
94	薅打闹草	武隆县	
95	薅秧号子	武隆县	
96	阴腔号子	武隆县	
97	叶笛吹奏	武隆县	

资料来源：重庆市非物质文化遗产保护中心。

（三）传统舞蹈

渝东南的舞蹈体现着巴渝舞的古老渊源。巴人居于山水之间，天性刚勇，又喜爱歌舞。史籍中，常见巴人"尚武"并"善歌舞"的描述，最具代表性的便是被世人称道的古代"巴渝舞"。《左传》记载："周武王伐纣，巴师勇锐，歌舞以凌殷人。故曰：武王伐纣前戈后舞。"《华阳国志·巴志》也有类似记载，又载"阆中有渝水，賨民多居水左右，天性劲勇，初为汉前锋，陷阵，锐气喜舞。帝善之，曰'此武王伐纣之歌也。'乃令乐人习学之，今所谓'巴渝舞'也"。賨民，据学者考证，是巴人的一支，也被称为板楯蛮，正是今天居住在武陵山区的土家族人的先祖。[1] 今天渝东南武陵山区流传的土家族摆手舞当中有表现土家族人参加战斗时冲锋陷阵勇往直前情景的军事类舞蹈，仍可见当年巴渝舞的英武雄姿。

从舞蹈的内容性质角度划分，渝东南的传统舞蹈可分为民俗祭祀性舞蹈、民族图腾式舞蹈和民间歌舞性舞蹈三类。[2]

民俗祭祀性舞蹈在渝东南非常普遍，原始宗教祭祀功能可以说是所有民间舞蹈诞生的原动力，很多民间舞蹈也是民间信仰习俗的重要组成部分。渝东南地区山林密布、河流众多，云雾缭绕，该地区尚武信巫，笃信鬼神。

---

① 罗安源、田心桃、田荆贵、廖乔婧：《土家人和土家语》，民族出版社 2001 年版，第 11—15 页。

② 重庆市文化局编：《重庆民族民间舞蹈集成》，西南师范大学出版社 2003 年版，第 1—14 页。

"信巫鬼、重人祠"，描绘出该地区的民间信仰习俗，有史以来，植物崇拜、图腾崇拜、祖先崇拜极盛，其舞蹈的原始功能也渗透了诸多宗教内涵。这类舞蹈主要有：茅古斯、端公舞、花灯、打绕棺、跳丧等。祭祀舞常在一些民俗活动中进行，主要作用是祭神娱神、驱祟降魔、哀悼逝者、祈求吉祥等。如在土家族社巴日祭祖庆典中表演的摆手舞，当中就有"祭神舞""降神舞""驱祟舞"；打绕棺则是在祭祀法师带领孝子告别逝者遗体时的舞蹈。此外还有梅嫦舞、铜铃舞、踩戏舞、摇宝宝舞、镏子舞、大鼓舞、三棒鼓舞等表现形式。

在节日里，用舞龙、舞狮的舞蹈形式来表达喜悦之情似乎已成为中华民族的典型庆贺方式。在重庆渝东南地区也不例外。龙是中华民族的图腾和精神象征，中华龙的基型是蛇，蛇是南蛮族团大家庭中巴人的图腾。中华龙与巴人蛇图腾水乳交融，因此龙舞在重庆、在渝东南其意义非同凡响。人们以龙舞这一艺术形式，表达对龙的崇拜并祈求龙的庇佑。常见的有火龙舞、水龙舞、板凳龙舞等。狮舞是一种巫舞表演的衍化，也属于民族图腾式的舞蹈。其内容主要表现人世间的吉祥和康宁。渝东南的高台狮舞技术性强、动作惊险、诙谐幽默。玩牛、各种戏牛舞也是渝东南地区历史悠久且较常见的民间图腾式舞蹈，起源于古代自然崇拜。农耕文明时代，耕牛对人们的生产和生活显得尤其重要，于是，在农时节令和喜庆场面模仿牛的动作、戏牛来表达人们对五谷丰登、人畜平安的乞愿。

流传在渝东南的花灯、连宵、车车灯等是主要靠演员的身体姿态表演和唱念结合的民间歌舞性舞蹈。这些舞蹈产生于民间，不需要复杂的表演技巧，表演形式灵活、多样，载歌载舞，非常贴近底层劳动群众的思想感情，具有极强的群众参与性。

表 3-9 渝东南传统舞蹈类非物质文化遗产项目

序号	项目名称	地区	备注
1	酉阳土家摆手舞	酉阳土家族苗族自治县	第二批国家级，第一批市级
2	打绕棺	酉阳土家族苗族自治县	第二批市级
3	梅嬗舞	酉阳土家族苗族自治县	
4	铜铃舞	酉阳土家族苗族自治县	
5	摇宝宝舞	酉阳土家族苗族自治县	
6	小坝狮子灯舞	酉阳土家族苗族自治县	
7	茅古斯	酉阳土家族苗族自治县	
8	板凳龙舞	酉阳土家族苗族自治县	
9	香灯舞	酉阳土家族苗族自治县	
10	秧歌	酉阳土家族苗族自治县	
11	高台狮舞	酉阳土家族苗族自治县	第四批市级
12	摆手舞	秀山土家族苗族自治县	
13	摇宝宝	秀山土家族苗族自治县	
14	土家摆手舞	黔江区	
15	跳丧舞	黔江区	
16	茅古斯	黔江区	
17	铜铃舞	黔江区	
18	向氏花灯	黔江区	
19	连萧舞	黔江区	
20	竹梆舞	黔江区	
21	高台狮舞	彭水苗族土家族自治县	第三批国家级，第二批市级
22	普子铁炮火龙	彭水苗族土家族自治县	第二批市级
23	高谷旱船	彭水苗族土家族自治县	
24	彭水土家摆手舞	彭水苗族土家族自治县	
25	踩花山	彭水苗族土家族自治县	
26	庙池甩手揖	彭水苗族土家族自治县	第二批市级
27	跳花	彭水苗族土家族自治县	
28	玩牛	石柱土家族自治县	第四批国家级，第二批市级

序号	项目名称	地区	备注
29	打绕棺	石柱土家族自治县	第二批市级
30	土家板凳龙	石柱土家族自治县	第三批市级
31	石柱土家摆手舞	石柱土家族自治县	
32	石柱土家铜铃舞	石柱土家族自治县	
33	玩龙灯	石柱土家族自治县	
34	玩灯（车灯、蚌壳灯）	石柱土家族自治县	
35	玩狮子	石柱土家族自治县	
36	打道钱	石柱土家族自治县	
37	玩草龙	石柱土家族自治县	
38	三星女子龙灯	石柱土家族自治县	
39	闹花灯	武隆县	

资料来源：重庆市非物质文化遗产保护中心。

（四）传统戏剧

传统戏剧的源头要追溯至原始社会时期的劳动歌舞和祭祀活动。发展到今天，戏剧的原始功能有所转变，由娱神和传播劳动生产知识转化成以娱人为主要功能。除了还保留有原始的演出要素外，还生发出各种各样的深受人民大众喜欢的形式，表现为"善用喜剧手法，独具幽默诙谐的艺术风格"或"具有高度简练的艺术方法，善于截取生活的横剖面来组织戏剧冲突"或"语言朴实亲切，多为通俗口语，善于使用乡音土音"等。渝东南不仅流传川剧、京剧等大剧种，同时也流传一些诸如邻省传入的傩戏、阳戏、辰河戏等小剧种，更有一些土生土长的土戏、花灯戏、灯儿戏、包谷灯戏，还有土家族祭祖活动演出的古老戏剧茅古斯等。渝东南地区以秀山流传剧种最为众多。上述剧种除土戏、包谷灯戏外，其余剧种都在该县流传，傩戏和阳戏尤为突出。

傩戏是从傩舞逐步演变过来的。随着巫术礼仪的发展，傩舞相应而诞生。其在漫长的历史过程中，由原来驱鬼消灾的祭祀仪式逐渐增加了祈求人兽平安、五谷丰登、缅怀祖先、赞颂智慧、劝人除恶从善，以及传播生产知识等内容，这就逐渐形成为兼备宗教、娱乐性质的祭祀性歌舞，成为一种古朴的民间艺术。傩戏就是在傩舞的基础上增加了故事情节、人物关系，并吸收诸种戏剧因素而发展起来的。傩戏的表演形式包括歌舞、说唱、戏曲三种类型，是一种祭祀仪式与戏剧表演相结合的艺术形式。它的仪式是通过歌舞戏剧去完成的；而在戏剧表演中又夹杂着还愿祭祀的内容，戏中有祭，祭中有戏。无论在傩堂祭祀仪式中，还是在戏剧表演中，都有传统歌舞出现。其歌唱以一唱众和形式为主，唱腔多属一个曲调多段唱词的上下结构，段与段之间全由锣鼓过渡，曲调单一，节奏自由，口语性强，是"人声帮腔、锣鼓伴奏"，故傩戏又称"打锣腔"。舞蹈分单人、双人、三人和多人，在歌舞基础上逐渐形成了有人物名称、有简单故事情节的戏剧表演形式。[1] 渝东南地区傩戏主要分布在酉阳西部和秀山县西南。

阳戏，又名脸壳戏，因演出时大多数演员依不同身份要戴上各种形式的木质脸壳，故名。阳戏起源于上古"傩仪"，与傩戏关系密切，具有浓郁的地方特色，其功能已由原先的驱鬼还愿的祭祀戏剧转变为人们自娱自乐的一种方式。阳戏中生旦净丑等角色，除旦角不戴面具而涂面化妆外，其他角色多头戴面具，故称面具阳戏。在结构上有内坛与外坛之分。内坛主要是做法事，外坛主要是唱戏。酉阳、秀山一带因地理环境恶劣，鬼神信仰之风很盛，跳阳戏和各种巫术，尤为盛行。现在虽有所减少，但仍有遗风，求子安胎、观风水、安香火、祭祖祭神、天旱求雨、跳戏还愿等活动还能见到，活动时，阳戏表演是必不可少的程序之一。阳戏整个演出的程序，会因跳戏的原因不同而有所变化。主要有两种类型，一类是坛班应一般人家之请去到主家跳戏，此类以还愿祈神最为普遍；另一类是坛班在掌

---

[1]　王仕权：《恩施土家傩戏》，《戏剧之家》2006 年第 6 期。

坛人家跳戏，此类主要是为酬神祭祖。① 酉阳的阳戏最具特色。它源于驱逐鬼疫的傩愿戏，是酉阳人酬神娱己的地方戏剧。《酉阳直隶州总志·风俗志》"祈禳"云："案州属多男巫，其女巫则谓之师娘子。凡咒舞求佑，只用男巫一二人或三四人。病愈还愿谓之阳戏，则多至十余人，生旦净丑、袍帽冠服无所不具，伪饰女旦亦居然梨园弟子以色媚人者。"② 酉阳阳戏有三种形态：一是面具阳戏，特点是戴着面具唱阳戏，主要在小冈、铜西、黑水等地。二是开脸阳戏，又叫阳灯戏，特点是不戴面具，用花灯调唱阳戏，主要在龚滩。以上两种阳戏流传于乌江流域。三是面具开脸混合阳戏，主要流传于酉水流域的大溪、酉酬一带。这些地方的祭司给主家做法事，时间如果较长，除做必要的法事外，就插演一些阳戏。面具阳戏要演，阳灯戏也要演，因此形成面具开脸混合形态。

表3-10 渝东南传统戏剧类非物质文化遗产项目

序号	项目名称	地区	备注
1	面具阳戏	酉阳土家族苗族自治县	第一批市级
2	铺子马马灯	酉阳土家族苗族自治县	
3	酉阳花灯（龚滩阳戏灯）	酉阳土家族苗族自治县	第四批市级
4	龙潭戏剧	酉阳土家族苗族自治县	
5	包谷灯戏	酉阳土家族苗族自治县	
6	花灯	酉阳土家族苗族自治县	
7	川剧	酉阳土家族苗族自治县	
8	余家傩戏	秀山土家族苗族自治县	第一批市级
9	阳戏传统	秀山土家族苗族自治县	第一批市级
10	辰河戏	秀山土家族苗族自治县	第二批市级
11	灯儿戏	秀山土家族苗族自治县	第二批市级
12	花灯戏	秀山土家族苗族自治县	

① 段明：《重庆酉阳土家族面具阳戏》，《中华艺术论丛》2009年第九辑。
② 《酉阳县志》编纂委员会：《酉阳县志》，重庆出版社2002年版。

续表

序号	项目名称	地区	备注
13	濯水后河戏	黔江区	第二批市级
14	傩戏	黔江区	
15	木蜡庄傩戏	彭水苗族土家族自治县	第二批市级
16	朱砂三人花灯	彭水苗族土家族自治县	
17	石柱土戏	石柱土家族自治县	第二批市级
18	石柱阳戏	石柱土家族自治县	
19	京剧	石柱土家族自治县	
20	川剧	石柱土家族自治县	

资料来源：重庆市非物质文化遗产保护中心。

（五）曲艺

曲艺是以口头语言进行"说唱"的表演艺术，是各种说唱艺术的统称，它是由民间口头文学和歌唱艺术经过长期发展演变形成的一种独特的艺术形式。曲艺发展的历史源远流长，品类繁多，历史上流传的和传承至今的曲种数量，有 500 种左右，主要分为说书、唱曲、谐谑三种基本类型，具体包括竹琴、金钱板、评书、谐剧、车灯、花鼓、快板、相声、小锣书、鼓词、弦书、莲花落、数来宝、琴书等。渝东南的曲艺主要由汉族地区传入，包括竹琴、金钱板、快板、花鼓等。

表3–11　渝东南曲艺类非物质文化遗产项目

序号	项目名称	地区	备注
1	彩龙船	黔江区	
2	花鼓	黔江区	
3	竹琴	石柱土家族自治县	
4	金钱板	石柱土家族自治县	
5	快板	石柱土家族自治县	

序号	项目名称	地区	备注
6	花鼓	石柱土家族自治县	
7	说唱	石柱土家族自治县	

资料来源：重庆市非物质文化遗产保护中心。

（六）传统体育、游艺与杂技

传统体育、游艺与杂技历史悠久，是流传于大众生活中的嬉戏娱乐以及带技巧性的文化活动，民间游艺又俗称"杂耍"。在我国，各民族的传统体育、游艺与杂技几乎都和本民族的独特的家庭、社会生活、生产劳动及军事战斗紧密结合，种类样式繁多，而游戏和竞赛规则也十分复杂，在农耕时期，是民间娱乐最主要的方式。

渝东南民间竞技体育甚多，有抢花炮、射弩、打陀螺、踢毽子、棉花球、跷旱船、秋千、摔抱腰、抢贡鸡、发界鸡、打碑、扳手劲、抵杠、打飞棒、举石锁、抱岩跖子、斗角、追鸭、飞石子、扭扁担、抵捶头劲、爬竿（树）、抵腰杆、赛龙舟、荡藤、撑杆越沟、倒挂金钩、脚踩独木穿急流、骑竹马等。许多项目已经纳入少数民族传统体育运动会比赛项目。作为非物质文化遗产的传统体育主要是武术。渝东南民众喜好武术，体现了土家先民巴人天性劲勇的民族性格。有代表性的项目是黔江区的中塘向氏武术。向氏武术主要在黔江中塘乡向氏家族流传，现有传人约600人，其中向姓300多人。向氏武术系家族世代传承。中塘向氏为后晋时武安军节度衙前兵马使向宗彦的后代，世代均有效命于朝廷的武官。迁至黔江的这支向姓，清末民国年间尚有服役于县衙的捕头。由此，向氏便有世代习武强身，报效国家，并世代相传的传统，数百年不曾中断。在几百年的传承中，向氏武术形成了刀、枪、铜、棍、锤、鞭、镖、叉、拳等诸般武术套路，每套均有固定招数。向氏武术有拳术四套，包括四明拳23招、偷身拳45招、五虎下溪拳60招、板凳拳32招；棍术三套，包括四明棍20招、子母棍28

招、单头棍 40 招；刀术两套，包括双合刀 28 招、单刀 30 招；双铜一套 37 招；牛角叉一套 46 招；绳镖一套 49 招；九节鞭一套 8 招；流星锤一套 49 招；岳家枪法一套 25 招。具有历史源远流长、技艺独特精绝、世代相袭传承、传承关系明显、套路招数相对固定并有所发展等特征。

民间游艺大多是小孩在家里和野外玩耍时开展的活动。如牵羊肠、蛤蟆抱蛋、抢山头、打山枪、打铁、土地挂拐棍、蒙蒙狗、丢帕帕、跳飞机、挤油渣、蹦蹦劲、偷营、擒毛、滚藤圈、鸡儿上树、射箭、打拖板、摸打互换、推磨摇磨、打趿趿脚、筛落花生、排排坐、冲跷跷板、舂碓、坐轿子、打三棋、裤裆棋、牛眼睛棋、猪娘棋、金木水火土棋、皇帝棋、五子飞棋、打牌等。也有成人的游艺娱乐活动，如拦门、找摸米、偷瓜等。秀山的"三六福"是一种独特的牌类游艺项目。它起源于 1735 年"改土归流"之后，为全国所仅有。这个项目实为一种纸牌，以大写"壹"到"拾" 10 个 4 组数字和小写"一"到"十" 10 个 4 组数字，加上一张"换底"，共 81 张组成，此牌系数字组成，故称"字牌"。字牌中大写的"贰、柒、拾"和小写的"二、七、十"分别用红色，其余尽用黑色。一张一字，每张字牌长 12.3 厘米，宽 2.7 厘米。它的长宽之和为"15"，刚好等于农历每月的从"朔"到"望"（谐音"缩"和"旺"）；长宽之积为"33.21"，意为"平等上桌，后分输赢"。从它构成上看，本为符号的"符"，因人们都有祈福的心理，故称"福"。它的游艺方式很多，如"麻雀福""对对福""黄六福""搏福""黑碰""黄十八"和"三六福"等。除"三六福"以外其他都较简单，妇孺皆会。"三六福"则比较复杂。其基本规则是：用一张四方桌，四个人相对而坐，一人数箕，三人搏击，每福一轮都要通过叫庄、洗牌、扯牌、出牌、碰牌、截牌、开诏、比牌、数游子、计算游子等过程，轮流坐庄，周而复始。"三六福"名堂多样，什么"观灯红""十三太保红""十八学士""双飘带""富贵图""全家福""花红漂""遍地金""朱印""散印""正印"等，是一种比较复杂的智力较量。

在渝东南，龙舞、狮舞等因在艺术技巧方面较为简单，群众普及性、参与度高，常常也被视为群众性的传统体育项目。在祭祀活动中出现的煞铧、下油锅等有时也被单独视作一种独具民族特色的杂技项目。

表 3-12　渝东南传统体育、游艺与杂技类非物质文化遗产项目

序号	项目名称	地区	备注
1	龙灯舞	酉阳土家族苗族自治县	
2	狮灯舞	酉阳土家族苗族自治县	
3	划龙船	酉阳土家族苗族自治县	
4	煞铧	酉阳土家族苗族自治县	
5	下油锅	酉阳土家族苗族自治县	
6	玄心吊斗	酉阳土家族苗族自治县	
7	发油火	酉阳土家族苗族自治县	
8	化符喝水	酉阳土家族苗族自治县	
9	砍二十八宿	酉阳土家族苗族自治县	
10	三六福	秀山土家族苗族自治县	第二批市级
11	蹴球	秀山土家族苗族自治县	
12	中塘向氏武术	黔江区	第一批市级
13	板凳龙	黔江区	
14	龙舞	黔江区	
15	狩猎口技	石柱土家族自治县	
16	土家幼儿游戏	石柱土家族自治县	
17	土家 40 张	石柱土家族自治县	
18	打长条子	石柱土家族自治县	
19	土家少年儿童游	石柱土家族自治县	
20	土家竹铃球	石柱土家族自治县	
21	抢龙	石柱土家族自治县	
22	平桥耍龙	武隆县	
23	舞狮	武隆县	

资料来源：重庆市非物质文化遗产保护中心。

（七）传统美术

一般看来，渝东南的传统美术是丰富多彩且充满民族风情的，包括有织锦、刺绣、挑花、蜡染、雕刻、编织、绘画、剪纸等门类。由于这些美术门类常与"工艺"或"技艺"有密切关联，它们也常被称为民间工艺或工艺美术。《辞海》中对"工艺美术"就作了这样的定义："劳动人民为适应生活需要和审美要求就地取材而以手工业生产为主的一种工艺美术品。"作为非物质文化遗产的传统美术是以"工艺"或"技艺"而非其产品或作品作为核心传承，在这点上与传统技艺是一致的，因此实际分类中，许多看来非常具有审美和艺术价值的项目被归入了传统技艺类别，比如上面提到的织锦、挑花、蜡染、编织等。这里主要的分类标准基于《中国民族民间文化保护工程普查工作手册》对各个类别所包含内容的概括，同时区分也在于其生产或制作是以实用为主要目的还是以审美为主要目的，前者为传统技艺，后者则为传统美术。尽管分类是对立的，但艺术与技艺、审美与实用从来就不是泾渭分明的，艺术来源于生活，是技艺的延伸，艺术的审美价值脱胎于实用价值并与之共存。尤其在艺术与生活结合日益紧密、人们更加追求生活美学的今天，艺术更趋于回归技艺，这其中的差别也就更加模糊了。因此，这样的分类丝毫不会影响或削弱这些项目自身的审美和艺术价值。

就地取材是传统民间美术的重要特征。在地处武陵山区的渝东南，木材与石材是自然环境赋予的最佳材料，世居于此的各族人民依据其实用功能运用于各种场面，留下了各类工艺精湛的木雕、石雕艺术作品，如各种雕花床、墓葬雕刻等。尽管随着时代变迁，这些作品的实用价值几近消失，但其强烈的装饰性与审美性却仍然清晰地传达着渝东南各族人民对自然的热爱、对美好生活的追求和人生的各种理想、情感与眷恋。

表 3-13　渝东南传统美术类非物质文化遗产项目

序号	项目名称	地区	备注
1	剪窗花	黔江区	
2	三星石雕石刻	石柱土家族自治县	
3	土家古床和窗花木雕	石柱土家族自治县	
4	石柱根雕	石柱土家族自治县	
5	石柱土家刺绣	石柱土家族自治县	
6	石板老街建筑	石柱土家族自治县	
7	雕花床	石柱土家族自治县	
8	石佛雕塑	石柱土家族自治县	
9	根雕书法	石柱土家族自治县	
10	墓葬雕刻	石柱土家族自治县	
11	根雕	武隆县	
12	泥塑	武隆县	

资料来源：重庆市非物质文化遗产保护中心。

（八）传统技艺

渝东南传统技艺内容丰富，品类繁多，涉及民众生产生活、衣食住行等方方面面，具有鲜明的民族特色和地域特色。依靠传统手工的建筑技艺及其对生态美学、力学、光学的应用，染织、陶瓷、造纸工艺中对化学知识的探索和应用，造船、修桥、水车制造对物理学知识的应用等，更积累了不少的科学知识，传统手工技艺大有学问。

1. 染织类传统技艺

土家族的织锦、苗族的刺绣和蜡染颇有特色，充满神奇的艺术魅力。

土家织锦的突出代表是"西兰卡普"，汉语意为"花铺盖（花被面）"。土家织锦的编织方法是：土家姑娘坐在木制斜腰织机前，以蓝、青色棉线为经线，各色棉线、丝线、毛线作纬线，手拿牛骨或铜、银等挑刀，采用通经断纬、挑、打、钩、织等方法，以手工挑织而成锦布。西兰卡普在题材选用、纹式风格、色彩运用方面具有鲜明的民族特色。其图案涉及土家族人生活的方方面面，基本定型的传统图案达200多种。以植物花卉为题材的有九朵梅、莲花、韭菜花、牡丹花、藤藤花等；以动物形态为题材的有阳雀花、燕子花、虎皮花、小马花、猫脚花迹等；以生活物品为题材的有桌子花、双八勾、十二勾、二十四勾、四十八勾等；以文字类为题材的有万字花、王字花、喜字花等；以吉祥图案为题材的有凤穿牡丹、鹭鸶采莲、双凤朝阳、二龙抢宝、喜鹊闹梅等。此外，还有汉字题材的福禄寿喜、长命富贵、一品当朝、鲤鱼跳龙门、狮子滚绣球等。整体效果古朴典雅，主题突出，色彩层次分明，光彩夺目。

苗族刺绣、蜡染手工制品久享盛名，饮誉川渝内外。刺绣以紫色为基调，工艺十分精湛。蜡染更别具特色，独领风骚。苗家姑娘常用自己的手工艺品刺绣和蜡染，来装点自己花团锦簇的美丽青春。

刺绣是在布底上用五彩线绣出各种图案花纹。苗家女的刺绣技艺高超，刺绣前早已成竹在胸，不需先在布上绘出草图，而是根据布的颜色和经纬，直接在布上用彩线绣出构思精巧的长形、方形、圆形、锯齿形，然后将各种图案绣入其中。经过细针密线，形成绚丽多姿、五彩斑斓的花纹图案。苗族刺绣的运用，在生活中无处不见。大至厅室围帘、被面、服装，小至枕头、围兜、荷包、裙裙等，配以刺绣，无不精美动人。

蜡染的工艺程序大体是：将白布平铺于案上；置蜡于锅中，加温熔解为汁；用蜡刀蘸起蜡汁，直接在布料上描绘各种美丽的花纹图案。整个绘制过程虽不用规、矩，但所画的几何图形，工整对称，花鸟鱼虫，惟妙惟肖；图案描绘好后，将布投入染缸浸泡，染缸中的染料用蓝靛和白酒配制而成，白布上凡未涂蜡的部分，均被染为蓝色；待布料浸透蓝靛后取出，晾晒；然后把布放入盛有清水的锅中煮沸，使布料上的蜡全部溶于水中，显现出白色的花纹图案，再取出来晾干，即成。由于蜡汁流动形成自然龟裂，还在布料上留下许多人工无法描绘的冰花，使蜡染画面产生一种特殊的艺术效果。穿上一件蜡染制品裙装，戴上一顶蜡染太阳帽，妙龄少女如锦上添花，倍增风韵；在厅堂卧室，以蜡染品装饰点缀，更是赏心悦目，满室增辉。因此，蜡染在当代备受青睐，已进入大都市，走出国门，走向世界。

2. 建筑类传统技艺

土家族吊脚楼不仅凝聚了设计者和建造者的建筑理念智慧，也体现出他们和房主人的避凶求吉信仰。土家人最讲求吉祥，所以，不论是破土动工，木匠进屋开建，还是立房短水，都要选择良辰吉日。吊脚楼选址，与当地人们生活环境和民族思想理念相适应。一般选择一块平地，后依山，前面谷，最好左右有小山，讲究卧虎藏龙，藏风聚水。在建筑手法上，依据屋基地形，巧妙运用错层、错位、吊层、吊脚、挑层、抬基、贴岩（坎）等技艺，创造出层层叠叠、错落有致、别具一格的吊脚楼民居。建造时，工匠们充分利用当地石、木材料，穿斗勾心，飞檐翘角，运用力学原理，牢固防震。在结构和装饰功能上，外檐营造特有的挑枋（含硬挑、软挑）、撑班、坐墩、吊瓜柱和花格，有的还镂雕多种图案；门窗图案常见的有豆腐块、冬瓜圈、三条线、乱劈柴（又称冰纹）、回纹、万字纹、球纹等。在用材尺度上，梁、柱、枋、檩、桷等断面尺寸十分讲究。房屋的纵面墙体为竖立的木柱，它决定房屋的高矮，各木柱从前后向当中逐渐升高，所以墙面的柱子往往是单数。各木柱被穿孔、穿牌通过穿斗连接牵引，中间用枋子连接（枋子出头），楼板铺于上面，顶上用檩子连接，中柱顶上是中梁，需栋梁之材。结构框架搭建好后，四周用木板镶嵌入挖槽的立柱和川牌中，装成板壁。枋子内为房屋楼，枋外装上供休憩、晒物品的耍栏。立柱的顶上横置檩子，平行等距的椽子固定在檩子上，再盖上瓦或者铺上茅草以避免风雨烈日。在建筑色调处理上，梁柱、门窗除为本色上涂桐油漆外，也常用黑色生漆罩面，或施以浅褐色矿物质原料刷涂等。吊脚楼的室内布局有传统的习惯。当中为堂屋，为祭祀祖宗，接待客人等交往活动的重要场所。两旁为厢房，有的在厢房铺上离地一尺的木板楼，所以也称地正屋。厢房或地正屋上面是住房或土家姑娘的闺房。再往两边拓展，是厨房和火塘，火塘呈四方形，上面挂有腊肉，吊冲塘钩和鼎罐。火塘既是吊脚楼的重要组成部分，也是土家人冬天和节日的重要活动场所。吊脚楼下方的位置是牲畜的圈舍、厕所或柴房。吊脚楼的外观，不管从哪个角度看，都透射出古朴美观的气息，是居住和安全、社交和祭祀的统一，体现了天人合一的奇妙观念。

图 3-1　土家吊脚楼营造技艺·立列柱子

资料来源：重庆市非物质文化遗产保护中心。

图 3-2　土家吊脚楼营造技艺·挑梁加吊敦

资料来源：重庆市非物质文化遗产保护中心。

3. 编结类传统技艺

竹编制品是渝东南人民生活中必不可少的用品，精湛的竹编技艺也使这些竹编制品美观与实用兼具，装饰着人们的生活。以秀山的竹编为例。当地主要盛行篾丝和篾片两种工艺。篾丝类竹编主要有箩篼、孟篼、花背篼、鞋篮、筛具等，它的主要特点是篾丝细匀，做工精巧，美观大方，实用性强，花背篼、孟篼是篾丝的代表作。篾片类竹编主要有凉席、篓子、皮箩、晒席等，它的主要特点是篾片细薄均匀，融美观、大方、精巧、实用为一体，凉席是扁篾的代表作。它将秀山竹编推向了极致。这种凉席不但可以擦洗，还可以折叠，并在里面根据消费者的意愿织入各种人物、动物、花鸟鱼虫和文字等图案，堪称中国竹编制品一绝。

4. 食品制作加工传统技艺

诸多食品制作加工传统技艺当中凝结的是当地人民依托自然的馈赠、就地取材让生活变得健康有滋味的民间智慧，与生存环境、气候相得益彰的饮食方式，在生活中创造出无与伦比的烹饪特色，等等。这些都构成了渝东南民族地区内富有特色的饮食文化。

渝东南土家族的饮食具有如下特色：一是文化内涵丰富。古巴国历史基本上由战争构成，因此土家族饮食中遗留着"战争"痕迹。如"赶年"习俗，是土家祖先古巴人为抗击外侮，设伏迎防提前过年。过"赶年"要吃"年肉"和"年合菜"，"年肉"切大块是为打仗便于携带，"年合菜"是因战情紧急，合煮而食以便紧急赶路。过年的酒宴也有"烽火硝烟"的味道，如糍粑上插梅枝与松针，挂纱布，表示征战的"帐篷"。坐席时大门一方不设位，是为"观察敌情"。① 二是注重食疗。土家居住的武陵山区，阴冷潮湿、瘴气弥漫、疾病流行，因此古巴人所用调味品多有祛湿、散寒、驱虫等功效。如魔芋能消肿、攻毒，花椒能温中、祛寒、驱虫，姜为"御湿之菜也"。三是饮食风味独特。下料重，口味以酸辣为主，因山区水质

---

① 谭志国：《土家族饮食旅游资源特点与开发探析》，《安徽农业科学》2011 年第 8 期，第 81—83 页。

硬，碱性大，酸可以中和，所以巴地的许多菜都有"酸辣"特征，如酸鱼、酸肉、酸汤等。四是食品种类丰富。渝东南的食品制作加工技艺主要集中在制茶、酿造（酒、醋）、豆制品尤其是发酵豆制品方面。腌制、熏制食品，如泡菜、腊肉等可在湿热的气候条件下贮存的食物；豆制品如豆豉、豆叶皮、豆饭、绿豆粉等；谷类酿制的甜酒和咂酒等。

表 3 – 14　渝东南传统技艺类非物质文化遗产项目

序号	项目名称	地区	备注
1	土家族织锦	西阳土家族苗族自治县	
2	雕刻	西阳土家族苗族自治县	
3	刺绣	西阳土家族苗族自治县	
4	挑花	西阳土家族苗族自治县	
5	西兰卡普	西阳土家族苗族自治县	第三批市级
6	柚子龟	西阳土家族苗族自治县	
7	土家族吊脚楼	西阳土家族苗族自治县	
8	土纸制作工艺	西阳土家族苗族自治县	
9	宜居手工茶叶制作工艺	西阳土家族苗族自治县	第三批市级
10	手工铁器工艺	西阳土家族苗族自治县	
11	手工竹编工艺	西阳土家族苗族自治县	
12	荞面制作技艺	西阳土家族苗族自治县	
13	莲花茶制作技艺	西阳土家族苗族自治县	
14	平地坝酒制作技艺	西阳土家族苗族自治县	
15	皮蛋制作技艺	西阳土家族苗族自治县	
16	纸盒制作技艺	西阳土家族苗族自治县	
17	竹编	西阳土家族苗族自治县	
18	母合酒制作技艺	西阳土家族苗族自治县	
19	龚滩酥食制作技艺	西阳土家族苗族自治县	
20	母子酒制作技艺	西阳土家族苗族自治县	

续表

序号	项目名称	地区	备注
21	铸铧	酉阳土家族苗族自治县	
22	李氏松花皮蛋制作技艺	酉阳土家族苗族自治县	
23	马打滚制作技艺	酉阳土家族苗族自治县	
24	梅树鞭炮制作工艺	酉阳土家族苗族自治县	
25	辣茶制作技艺	酉阳土家族苗族自治县	
26	龙灯扎制技艺	酉阳土家族苗族自治县	
27	红井手工茶制作技艺	酉阳土家族苗族自治县	
28	清泉村石雕	酉阳土家族苗族自治县	
29	黑面条制作技艺	酉阳土家族苗族自治县	
30	土家手工布鞋制作技艺	酉阳土家族苗族自治县	
31	传统榨油制作技艺	酉阳土家族苗族自治县	
32	麻旺醋制作技艺	酉阳土家族苗族自治县	
33	莓茶手工制作技艺	酉阳土家族苗族自治县	
34	造木船技艺	酉阳土家族苗族自治县	
35	米豆腐制作技艺	酉阳土家族苗族自治县	
36	菜豆腐制作技艺	酉阳土家族苗族自治县	
37	传统酿米酒技艺	酉阳土家族苗族自治县	
38	传统霉豆腐制作技艺	酉阳土家族苗族自治县	
39	土茶制作技艺	酉阳土家族苗族自治县	
40	土家走马转角翘檐吊脚楼营造技艺	酉阳土家族苗族自治县	
41	铜鼓村剪纸	酉阳土家族苗族自治县	
42	海椒粑制作技艺	酉阳土家族苗族自治县	
43	米茶制作技艺	酉阳土家族苗族自治县	
44	打糍粑技艺	酉阳土家族苗族自治县	
45	龙凤花烛	秀山土家族苗族自治县	
46	蜡染	秀山土家族苗族自治县	
47	竹编	秀山土家族苗族自治县	第二批市级

续表

序号	项目名称	地区	备注
48	木根雕技艺	黔江区	
49	扎花鞋	黔江区	
50	土陶工艺	黔江区	
51	土家血粑	黔江区	
52	濯水绿豆粉制作技艺	黔江区	第二批市级
53	黔江珍珠兰茶罐窨手工制作技艺	黔江区	第三批市级
54	黔江斑鸠蛋树叶绿豆腐制作技艺	黔江区	第三批市级
55	西兰卡普（土家织锦）制作技艺	黔江区	第四批市级
56	郁山挑花	彭水苗族土家族自治县	
57	彭水吊脚楼工艺	彭水苗族土家族自治县	
58	撮箕口房屋工艺	彭水苗族土家族自治县	
59	朗溪竹板桥造纸	彭水苗族土家族自治县	第一批市级
60	文清土香	彭水苗族土家族自治县	
61	彭水青瓦烧制技艺	彭水苗族土家族自治县	第三批市级
62	苗族银饰制作	彭水苗族土家族自治县	
63	彭水普子火药制作技艺	彭水苗族土家族自治县	第三批市级
64	嘟圈子	彭水苗族土家族自治县	
65	彭水灰豆腐制作技艺	彭水苗族土家族自治县	第三批市级
66	彭水荞面豆花	彭水苗族土家族自治县	
67	郁山擀酥饼	彭水苗族土家族自治县	第二批市级
68	郁山鸡豆花	彭水苗族土家族自治县	第二批市级
69	晶丝苕粉	彭水苗族土家族自治县	
70	斑鸠窝豆腐	彭水苗族土家族自治县	
71	土家族吊脚楼营造技艺	石柱土家族自治县	第三批国家级，第二批市级

续表

序号	项目名称	地区	备注
72	黄连传统生产技艺	石柱土家族自治县	第三批市级
73	石柱白酒酿造	石柱土家族自治县	
74	石柱烟熏牛肉	石柱土家族自治县	
75	石柱铁具打制	石柱土家族自治县	
76	干柏陶器	石柱土家族自治县	
77	竹篾小背	石柱土家族自治县	
78	土漆	石柱土家族自治县	
79	金铃造纸	石柱土家族自治县	
80	纸竹工艺	武隆县	
81	羊角豆干	武隆县	
82	羊角老醋	武隆县	
83	鸭江老咸菜	武隆县	
84	神豆腐	武隆县	
85	都粑	武隆县	
86	布鞋、鞋垫	武隆县	
87	木器制品	武隆县	
88	竹篾制品	武隆县	
89	手工造纸术	武隆县	

资料来源：重庆市非物质文化遗产保护中心。

（九）传统医药

渝东南山峦重叠，壑谷幽深，盛产多种药材，总计数千种。石柱出产的药材达307个科1700余种，主要有黄连、天麻、党参、当归、杜仲等，其中以黄连为最，产量占全国的45%以上，是我国著名的"黄连之乡"。酉阳有中药材1400多种。在全国常用中草药材418种中，酉阳有231种，占55.3%；在四川主要药材132种中，酉阳有53种，占40%以上；国务院认定的34种名贵药材中，酉阳有24种，占71%。酉阳的青蒿最为著名，全县种植达 10 万亩，年产约 200 万斤，享有"世界青蒿之乡"的美誉。

这里的民族民间医生在长时期与疾病作斗争中，总结形成了自己的一套民间医学理论、药物理论和治疗方法。

他们用药讲究针对性，对药物予以严格分类。大致有：跌打损伤药，蛇虫蛾伤药，祛风除湿药，解表药，泻火药，赶气药，理血药，止痛药，消食药，利水药，补养药。

他们摸索出了一套行之有效的治疗方法。主要有：（1）采用问、望、听、摸的直观诊断法；（2）熬汁口服、洗擦敷贴的内服外用法；（3）治疗各种骨折、枪伤、刀伤、关节脱臼等病的封刀接骨法；（4）治疗风湿、疮痛等病的熏蒸坐浴法；（5）治疗由风寒引起的腹痛、腹胀、腹泻、嗝食、小儿发热、心跳无力等症的烧药夹攻热药烫熨法；（6）用于排脓、放血、消毒、退火、止痛的针刺扎挑法；（7）治疗头痛、发烧、受凉、鼻血、嗝食、腹泻等病的刮痧法；（8）治疗感冒、淤血、扭肿等病的拔火罐法；（9）治疗小儿疾病和成人扭伤等病的推拿按摩等。

渝东南这些民族民间传统医学已引起医学界高度重视，一些医学大专院校和科研单位正在挖掘、整理他们的传统秘方和验方。

表 3－15　渝东南传统医药类非物质文化遗产项目

序号	项目名称	地区	备注
1	治蛇毒	酉阳土家族苗族自治县	
2	接骨疗伤	酉阳土家族苗族自治县	
3	田氏治疽肿	酉阳土家族苗族自治县	
4	化符剂疮	酉阳土家族苗族自治县	
5	咒语治毒疮	酉阳土家族苗族自治县	
6	拔火罐	黔江区	
7	刘氏"捏嗝食筋"疗法	黔江区	第四批市级
8	西南蜂毒疗法	彭水苗族土家族自治县	
9	鹿角镇民间蛇伤疗法	彭水苗族土家族自治县	第三批市级

序号	项目名称	地区	备注
10	土家偏方	石柱土家族自治县	
11	传统中医	石柱土家族自治县	

资料来源：重庆市非物质文化遗产保护中心。

（十）民俗

渝东南的民间习俗丰富多彩，有岁时节令习俗、生产生活习俗、人生礼仪习俗、宗教信仰习俗，由于民族不同、地域不同，这些习俗也有所差异。土家族的"过赶年""舍巴节""六月六"，苗族的"苗年""赶秋""羊马节"等，民族色彩十分浓郁。风情习俗中婚俗的"哭嫁"、丧俗的"跳丧"和信仰习俗中的"多神崇拜"颇有特色。

土家姑娘的结婚喜庆之日，是用哭声迎来的。新娘在结婚前半个多月就哭起，有的要哭一月有余。土家人还把能否唱哭嫁歌，作为衡量女子才智和贤德的标准。新娘对家中每位亲人都要唱一首哭嫁歌，来一位亲朋又唱一首，遇上陌生人来要唱，每做一件事也唱。哭嫁歌有"哭父母""哭哥嫂""哭伯叔""哭姐妹""哭媒人""哭梳头""哭戴花""哭辞爹离娘""哭辞祖宗""哭上轿"等等。

与"哭嫁"不同，土家人的丧事却办得十分热闹。"热热闹闹送亡人，欢欢喜喜办丧事"，充分体现了土家人豁达的生死观。

山寨里，无论谁家老人去世，必请歌师傅打丧鼓。当夜，唢呐高奏，锣鼓大作，鞭炮阵阵。丧鼓一响，相邻数寨齐去奔丧。所谓"听见丧鼓响，脚板就发痒"，人死众人哀，不请自己来。奔丧者几人一组，踏着鼓点，和着唱词，在灵堂里高歌狂舞，叫做"跳丧"。仿佛亡人逝去，人们必得欢送庆贺。那灵堂里的舞者，每人手执一件乐器，鼓、锣、大钹、小钹、铙、唢呐等，由掌鼓师指挥。鼓声一起，或高歌狂舞，或轻歌曼舞。有时，掌鼓击锣，二人坐唱，其余三人边跳边唱，此名"坐丧歌"；有时，掌鼓击锣，二人坐唱，另二人边跳边唱，此名"靠丧鼓"；有时，四人围棺转圈，边跳边唱，此名"转丧鼓"，也有骑棺领唱的。曲调有"撒儿嗬""叫歌""摇丧""将军令""正宫调""一字词""节节高""螃蟹歌"等数十个曲牌，节奏明快，气氛热烈。唱词，有歌颂亡人的，有赞美爱情的，有唱历史的，有唱典故的，有唱动物植物的，有猜谜的，内容十分丰富。

秀山称跳丧为打绕棺。又打、又唱、又跳，并以打、跳为主要表现手法。参与绕棺的队伍各执一件道具，在"罗汉"的引领下，依次有"金童"、"玉女"、孝子、唢呐、螺号、阴阳幡、宝莲幡、鼓、锣、钹、珠棍、火棍等绕着棺材舞蹈，在进门、院坝里东西南北中各个方位穿梭雀跃，并表演"双龙出洞""螺丝旋顶""古树盘根""雪花盖顶""金蛇脱壳""绕线扒子""押篱笆""海底捞沙""攮孝""济公戏罗汉""火龙喷珠"等舞蹈语汇。

渝东南土家族的宗教信仰复杂，呈现出多神崇拜事象。他们崇奉的神灵有树神、山神、洞神、水神、火神、财神、四官神、土地神、五谷神、白虎神、梅嫦神等。他们也信奉佛教、道教，也有天主教、基督教传入。最有民族特色的是敬奉白虎神而建白帝天王庙予以膜拜的图腾崇拜，敬奉巴山老祖婆和八部大王而建八部大王庙予以祀奉的祖先崇拜，敬奉历代土王彭公爵主、向老官人、田公好汉等而建彭公爵主宫、土王庙、三抚庙、三抚宫、土王神堂、摆手堂等予以祭祀的土王崇拜，给土家信仰罩上神秘奇异的色彩。

渝东南苗族节庆类非物质文化遗产也极具特色。秀山石堤一带的苗族流行过"羊马节"。据传，明代苗族人民为反对民族压迫而举行起义，适逢农历五月二十六日这天被官军追杀，他们只得把羊吊在鼓上，把马拴在尘土多的树林里，布置疑阵。当敌人进攻时，受惊的羊马狂奔乱跳，战鼓咚咚，尘土飞扬，如千军万马，把敌人吓退了。苗族人民这才得救。为了纪念羊马的功劳，每年五月二十六日前后，逢羊逢马生肖的日子并取其前面一个日子让羊马进菜园尝新，办酒席过节，叫"羊马节"，也称为"五月年"和"苗年"。

由于历史原因，渝东南苗族在很长时期内都保留着"族内通婚制"。婚礼也是苗族生活中最盛大隆重的喜庆活动，一般通宵达旦持续三日之久，苗族婚礼是整个族内的大事，是苗族人民展示民族服装的场所，竞赛苗歌的舞台。整个过程由苗歌贯穿，歌声不断。从最初的情歌唱到定亲、结亲，每个过程都要唱歌，如"接亲歌""开亲歌""答谢歌"等。在新娘出嫁的前几个晚上，新娘的闺中密友和女性亲戚都要到新娘家陪着新娘唱歌，歌颂父母的养育之恩和离别之情。

苗族的丧葬仪式也是比较隆重的习俗，人们用歌声哀悼和缅怀逝者。在这些场合中演唱的苗歌还有对后代进行教育和传承的作用。

民俗活动具有很强的综合性特点，往往是由较为复杂的程序和多种文化事项构成，在艺术表现形式上也多种多样，比如秀山花灯就糅合了戏曲、文学、舞蹈、音乐、美术、杂技等多种民间艺术表现形式。

表3-16　渝东南民俗类非物质文化遗产项目

序号	项目名称	地区	备注
1	土家族语言	酉阳土家族苗族自治县	
2	过赶年	酉阳土家族苗族自治县	
3	哭嫁	酉阳土家族苗族自治县	第四批市级
4	划旱龙船	酉阳土家族苗族自治县	
5	龙潭鸭子龙	酉阳土家族苗族自治县	
6	土家酿豆腐	酉阳土家族苗族自治县	
7	酉阳油香	酉阳土家族苗族自治县	
8	龚滩绿豆粉	酉阳土家族苗族自治县	
9	土家族油茶汤	酉阳土家族苗族自治县	
10	宜居龙头山香会	酉阳土家族苗族自治县	
11	咒语防腐	酉阳土家族苗族自治县	
12	化卡子水	酉阳土家族苗族自治县	
13	上刀山下火海	酉阳土家族苗族自治县	第四批市级
14	幽冥观花	酉阳土家族苗族自治县	
15	社饭	酉阳土家族苗族自治县	

序号	项目名称	地区	备注
16	观花	酉阳土家族苗族自治县	
17	秀山花灯	秀山土家族苗族自治县	第一批市级，第一批国家级
18	打绕棺	秀山土家族苗族自治县	第二批市级
19	哭嫁	秀山土家族苗族自治县	
20	赶社	秀山土家族苗族自治县	
21	牛王节	秀山土家族苗族自治县	
22	羊马节	秀山土家族苗族自治县	第四批市级
23	角角调	黔江区	第三批市级
24	木工佛事	黔江区	
25	赶场	黔江区	
26	哭嫁	黔江区	
27	彭水道场	彭水苗族土家族自治县	第二批市级
28	扛神	彭水苗族土家族自治县	
29	哭嫁歌	彭水苗族土家族自治县	
30	郁山孝歌	彭水苗族土家族自治县	第四批市级
31	诸佛三四五铙钹	彭水苗族土家族自治县	
32	巴盐古道	石柱土家族自治县	第三批市级
33	薅草仪式	石柱土家族自治县	第三批市级
34	土家怀胎习俗	石柱土家族自治县	
35	土家生崽崽习俗	石柱土家族自治县	
36	土家打三朝	石柱土家族自治县	
37	土家婚俗	石柱土家族自治县	
38	土家泡生酒	石柱土家族自治县	
39	土家丧葬礼俗	石柱土家族自治县	
40	土家赶年	石柱土家族自治县	
41	春节	石柱土家族自治县	
42	上九	石柱土家族自治县	

续表

序号	项目名称	地区	备注
43	元宵节	石柱土家族自治县	
44	三月会	石柱土家族自治县	
45	清明节	石柱土家族自治县	
46	端午节	石柱土家族自治县	
47	七月半	石柱土家族自治县	
48	中秋节	石柱土家族自治县	
49	重阳节	石柱土家族自治县	
50	巫教信仰	石柱土家族自治县	
51	三教信仰	石柱土家族自治县	
52	烧符纸	石柱土家族自治县	
53	六月十九观音庙	石柱土家族自治县	
54	三虎老爷	石柱土家族自治县	
55	变色岩	石柱土家族自治县	
56	怕痒石	石柱土家族自治县	
57	掐时	石柱土家族自治县	
58	石柱黄连	石柱土家族自治县	
59	石柱莼菜	石柱土家族自治县	
60	长毛兔	石柱土家族自治县	
61	辣椒	石柱土家族自治县	
62	土烟生产与烟具	石柱土家族自治县	
63	土家狩猎	石柱土家族自治县	
64	石柱土家服饰	石柱土家族自治县	
65	石柱土家饮食	石柱土家族自治县	
66	石柱碉楼	石柱土家族自治县	
67	打土墙	石柱土家族自治县	
68	檩子	石柱土家族自治县	
69	石磨	石柱土家族自治县	
70	弹棉絮	石柱土家族自治县	

序号	项目名称	地区	备注
71	石柱民间运输	石柱土家族自治县	
72	立房短水	石柱土家族自治县	
73	寺院坪庙会	武隆县	
74	大石箐庙会	武隆县	

资料来源：重庆市非物质文化遗产保护中心。

第二节　与渝东南民族地区非物质文化遗产相关的自然环境、物质文化遗产、社会空间

一、与非物质文化遗产密切相关的自然环境和物质文化遗产

（一）自然环境

自然环境是孕育非物质文化的母体，特定的自然景观、水源、空气、光照、土壤、植被是非物质文化遗产形成、保护和传承的必要条件，其中一些独特的地貌已经成为宝贵的自然遗产，并伴生着具有生命力的非物质文化遗产。

渝东南地区自古有"八山一水半分田"的说法。境内多山地和丘陵，其中山地占78%，丘陵占19%，平地占3%，森林覆盖率为26%。境内有武陵山、方斗山、七曜山、毛坝盖、广沿盖等山脉。水系发达，主要有乌江、酉水和阮江三大水系。地质结构属新华夏构造体系，多为褶皱山脉，海拔高度大多为500—1000米。喀斯特岩溶地貌发育良好，作为"中国南方喀斯特"重要组成部分的武隆芙蓉洞、天生三桥、后坪天坑群，被列入全国第六处和重庆第一处世界自然遗产，更增添了渝东南自然风光的卓绝色

彩。气候具有随海拔高度变化的立体规律，是典型的亚热带山地气候，温和宜人，四季分明，热量丰富，雨量充沛，季风明显，但辐射、光照不足，灾害气候频繁。由于特殊的地质构造和气候条件，渝东南土地非常薄瘠，水土流失严重，土壤肥力较低，生态环境十分脆弱。渝东南各族人民在长期与自然打交道的过程中，一直以"狩猎""农耕"作为主要的生活方式，这就注定他们与土地、气候、植物以及动物种群发生着密切的关系，从而对自然生态环境产生了强烈的依赖性和从属性。因此，渝东南地区发端于农耕社会的非物质文化遗产是建立在自然生态，尤其是当地大山与江河的基础上的。在漫长的历史岁月中，渝东南地区各族人民在这片奇特的土地上垦殖开发，创造了丰富多彩的非物质文化遗产。

渝东南最具特色的民居建筑吊脚楼，临水而居、依山而筑，就充分体现出人与自然的和谐统一。渝东南地区地势起伏大，很少有供成片建造房屋的平地，斜坡多，不利于土方开掘和地基平整，吊脚楼依山就势，以吊脚之高低适应地形变化，减少土方开掘。在气候特征方面，渝东南地区处于亚热带季风性湿润气候地带，雨量充沛，空气湿度大，加之海拔较高，常年气温较低，空气湿润。吊脚楼使居住高悬于地面之上，隔绝潮湿，促进通风，有利于防止毒蛇害虫侵袭。此外，吊脚楼的建筑材料以当地天然木材、石材为主，不用一颗铁钉，全用木条做铆，牢固耐用，且没有对大型运输工具的依赖，在交通不发达的山区显然是十分适宜的。①吊脚楼无疑是人们适应山地环境和气候特征的建筑产物，而作为非物质文化遗产的吊脚楼营造技艺，则是千百年来渝东南人民建筑智慧的凝聚与传承。

渝东南人民普遍喜食酸辣。这里几乎家家都有酸菜缸，用以腌泡酸菜，几乎餐餐不离酸菜，酸辣椒炒肉视为美味，辣椒不仅是一种菜肴，也是每餐不离的调味品。酸辣菜品的制作技艺是渝东南普遍的食品制作技艺。这种饮食习惯和食品制作技艺的传承也与渝东南地区特殊的山地环境和气候

---

① 韩西芹：《土家吊脚楼建筑群》，《今日重庆》2009年第5期，第81页。陆泓、王筱春、王建萍：《中国传统建筑文化地理特征—模式及地理要素关系研究》，《云南师范大学学报》（哲学社会科学版）2005年第5期，第9—13页。

特征有密切关系。由于渝东南地区水土中含有大量的钙，因而他们的食物中钙的含量也相应较多，易在体内引起钙质积淀，形成结石。这一带的劳动人民，经过长期的实践，发现多吃酸性食物有利于减少结石等疾病，这样，久而久之，也就渐渐养成了爱吃酸的习惯。由于渝东南地区地处盆地边缘，多山且海拔较高，气候潮湿多雾，一年四季少见太阳，导致人的身体表面湿度与空气饱和湿度相当，难以排出汗液，令人感到烦闷不安，时间久了，还易使人患风湿寒邪、脾胃虚弱等病症。吃辣椒浑身出汗，汗液当然能轻而易举地排出，经常吃辣可以驱寒祛湿，养脾健胃，对健康极为有利。① 在土地贫瘠的渝东南地区，价格低廉、营养丰富的豆制品一直是当地人民餐桌上的重要食物，而这里潮湿的气候又不利于新鲜食材的存放，因此各种豆制品加工、发酵等技艺在渝东南民间也就异常发达，豆豉、豆干、豆腐乳、米豆腐、菜豆腐等都是渝东南地区盛产之物。

　　渝东南各族人民在崇山峻岭、恶浪险滩的恶劣环境中顽强生存、生产，艰难的环境造就了他们艰苦奋斗、坚强乐观、热情旷达、勇往直前的品质，这些内化的品质精神在岁月沉积中，逐渐外化彰显为他们奔放、粗犷、激情、幽默的各种传统艺术形式。渝东南是音乐的世界。在繁重的体力劳动中，尤其是集体劳作中，为了统一步调和节奏，人们常常因劳动场景和工种的不同而高声喊着极具特色的劳动号子：险滩恶浪里的船工号子、崇山峻岭上的石工号子、田间地头的农事号子等。在土家族地区流行的所有民间乐器中，尤以锣鼓最为普遍和常见，这也是跟土家族居住的环境紧密相关的。在崇山峻岭遍布、野兽经常出没的恶劣自然环境中，土家人为了给自己壮胆抑或给野兽制造恐惧，他们采取敲击石头或撞击木头，进而发展到用锣鼓的方式吓退野兽，自卫自娱，保护庄稼。天长日久，"要锣鼓"渐渐成为人们寻求生产劳动情趣和生活玩耍的方式，但其中仍遗存了远古时代的文化信息，如锣鼓曲牌中有的常模仿六畜兴旺或自然界动物鸣叫声音，有时候还通过某个动物的行为特征表现出对大自然的崇敬之情，有时会表

---

① 蓝勇：《西南历史文化地理》，西南师范大学出版社 2001 年版。

达人们的祈祷和美好祝愿等。

（二）物质文化遗产

与非物质文化遗产密切相关的遗址、遗迹和文物等物质文化遗产是非物质文化遗产开展传承活动的重要场所和载体。

在渝东南地区特定的历史人文环境之中，大量存在的文物古迹都与特定的非物质文化遗产项目的传承相关。活态的非物质文化遗产与静态的文物古迹共同构成本地区的文化遗产，对于传承弘扬民族精神，增强民族凝聚力，促进人的全面发展具有整体意义。

渝东南地区现有国家重点文物保护单位 3 处，市级重点文物保护单位 30 处，区县文物保护单位 301 处，涉及古墓葬、古遗址、古建筑、石窟寺及石刻、近现代重要史迹及代表性建筑等类别。3 处全国重点文物保护单位中，近现代重要史迹及代表性建筑 2 处，古遗址（冶锌）1 处。全国重点文物保护单位和市级重点文物保护单位当中，民居建筑 19 处，占 58%；少数民族文化遗产 9 处，占 27%。

在时间跨度上，最早有距今 1 亿年左右白垩纪早期的黔江山阳岭的恐龙化石；更新世的秀山扁口洞动物化石遗址，出土有大熊猫、剑齿虎、鬣狗、犀牛等 6 目 26 种 1000 余件动物化石和 4 颗人类牙齿化石；黔江老屋基的旧石器时代遗址，出土有 100 余件古动物化石和 800 余件旧石器时代石器材料。经先秦、汉唐，一直绵延至清代、民国。在文物形式上，有古城、古镇、民居、庙宇、石刻等地面文物古迹，有墓葬、残址等地下文物遗址。在承载功能上，有制盐贩盐的盐井盐道，有抗暴卫民和起义的城寨战场，也有镌刻贤达圣绩的摩崖碑刻，还有交通乡梓畅达四方的桥梁渡口。在存藏方式上，除原地原样保存原生形态文物外，还修建博物馆、陈列馆、文管所等予以馆藏。

在众多的文物宝藏中，有一些珍贵文物，蕴含着浓郁厚重的历史文化信息，而其中一些文物古迹直接就是传说、歌曲、戏剧的内容，形成珠联璧合的文化遗产。西阳西酬的新石器制造场，彭水郁山和武隆的盐井盐场，搬运巴盐入湘、通楚、达黔的绵延千里的巴盐古道，以及酉阳、彭水、武隆境内的乌江纤道和秀山境内的花垣河、梅江河的石构栈道，承载了先民们垦殖创业的累累业绩；黔江隋代庸州城址、武隆唐代县城遗址、彭水宋代绍庆府古城以及酉阳龚滩、龙潭、后溪和秀山石堤、洪安及石柱西沱等古镇，石柱、酉阳等地巴人干栏式建筑遗风的吊脚楼民居，记录了先民们兴城建家的隽永智慧；酉阳县城西北角的大酉洞，洞中的美景，洞壁的石刻，历代诗家的题咏，一些志书的载录和学士的撰文，诉说了此乃晋代陶渊明笔下的世外桃源；彭水初葬的被废黜为庶人而死于黔州的唐太宗长子李承乾，武隆埋葬唐代因反对武昭仪封后而贬至黔州自缢身亡的宰相长孙无忌，宋代著名诗家黄庭坚谪贬涪州常游于彭水郁山，殁后绅民寻其衣冠葬于彭水，以及彭水的郁濯二江、秀山的花垣梅江二河、武隆的乌江沿岸悬崖上古至汉唐的墓葬群，这些古墓陈述着先民们坎坷历尽归宿寂寞的悲苦辛酸；秀山宋农的大摆手堂遗址，酉阳后溪的爵主宫（小摆手堂），把土家族人带回到古老的祭祖摆手的记忆之中；武隆博物馆藏的巴人军用乐器虎钮錞于，彭水保存的南宋末年绍庆府军民抗元战场鸡冠城遗址，秀山保存的明代苗民反抗压迫斗争的地道战遗址，以及秀山、酉阳、武隆、彭水等地多处红二军、红三军、解放军二野司令部旧址、革命根据地，全国重点文物保护单位赵世炎烈士故居等，迸发出先民们骁勇奋战的凛然锐气；其他一些已经消失的遗迹，譬如《酉阳直隶州总志·祠庙志》中记述的众多庙、祠、宫、坛、寺、观等，透露出先民们崇神祭祖的浓郁深情。

二、作为非物质文化遗产传承条件的社会空间

非物质文化遗产作为活态文化总是存续在一定的社会空间之中。当地的物质文化遗产和特殊的自然环境作为纪念活动、仪式庆典的场所，成为负有盛名的非物质文化遗产传承的社会空间；此外，村社、市镇还有各种历史留存的、复建的或新建的活动场所，如戏台、场院、广场，也是非物质文化遗产在日常生活环境中传承的广为所见的社会空间；一些少数民族

特色村寨、传统村落、历史文化名镇、民间文化艺术之乡等作为一种综合性的特殊社会空间在传承非物质文化遗产中可以发挥巨大的作用。

（一）民间文化艺术之乡

中国民间文化艺术之乡是指运用民间文化资源或某一特定艺术形式，通过创新发展，成为当地广大群众喜闻乐见并广泛参与的群众文化主要活动形式和表现形式，并对当地群众文化生活及经济社会发展产生积极影响的县（县级市、区）、乡镇（街道）。

为推动民间文化艺术事业的繁荣发展、丰富活跃基层群众文化生活、保障基层群众基本文化权益，1987 年，文化部首次在全国命名"中国民间艺术之乡"和"中国特色艺术之乡"。至 2003 年，全国共命名了 486 个"中国民间艺术之乡"和"中国特色艺术之乡"。2007 年至 2008 年，文化部在总结以往经验的基础上，为规范"中国民间艺术之乡"和"中国特色艺术之乡"的命名和管理，制定并颁布了《中国民间文化艺术之乡命名办法》，将名称统一为"中国民间文化艺术之乡"。"中国民间文化艺术之乡"命名周期为 3 年，应当符合以下基本条件：已被省级文化行政主管部门命名为各类文化艺术之乡；当地政府重视民间文化艺术之乡创建发展工作，并将其纳入当地文化建设发展的总体规划，对当地精神文明建设和经济发展起到较大促进作用；广泛开展具有浓厚的民族和地域特色的文化艺术活动，被当地群众普遍熟知和认同，为当地群众喜闻乐见，对当地群众文化生活产生较大影响；拥有开展民间文化艺术活动的代表人物和骨干队伍，经常性开展有关民间文化艺术的创作、演出、展示、培训、交流等活动，建有规范和完备的创建民间文化艺术之乡的档案；具备经常开展民间文化艺术活动的场地、设施等条件，并有开展活动的基本经费保障。"中国民间文化艺术之乡"为传承和弘扬我国优秀民间文化艺术、加强基层特色文化建设、丰富广大人民群众精神文化生活，促进经济、政治、文化、社会全面发展发挥了重要作用。

2014 年，文化部组织开展了 2014—2016 年度"中国民间文化艺术之乡"评审命名工作，经过专家严格评审，全国共有 442 个县（县级市、区）、乡镇（街道）被命名为 2014—2016 年度"中国民间文化艺术之乡"。此次命名的"中国民间文化艺术之乡"涉及特色民间文化资源或艺术形式550 种，涵盖表演艺术、造型艺术、手工技艺、民俗活动等艺术门类，集中展示了我国民间文化艺术蓬勃发展的现状。① 重庆市此次有 10 个区县及镇被命名，渝东南占 4 个，分别是：酉阳土家族苗族自治县（摆手舞）、秀山土家族苗族自治县（秀山花灯）、石柱土家族自治县（啰儿调）、彭水苗族土家族自治县鞍子镇（苗族歌舞）。这是渝东南四县（酉阳、秀山、石柱、彭水）的再度入选。在 2011—2013 年公布的 528 个"中国民间文化艺术之乡"中，这四个县也名列其中（重庆共 11 个）。

渝东南四县连续两次进入"中国民间文化艺术之乡"名录，说明了当地政府对民族民间艺术的重视。当地政府不仅对民间艺术进行保护、继承和发展，还致力于民族民间艺术在民间的普及工作，让群众喜闻乐见的民间艺术走进社区，以丰富群众的精神文化生活；并制订相应的措施和发展规划，给予某种程度的优惠政策。这些措施有效地保证了民族民间艺术各项工作顺利进行和长效发展，也是渝东南良好文化生态、浓厚文化氛围、超前文保意识的重要保证。

（二）中国历史文化名镇

中国历史文化名镇名村，是由建设部和国家文物局从 2003 年起共同组织评选的，保存文物特别丰富且具有重大历史价值或纪念意义的、能较完整地反映一些历史时期传统风貌和地方民族特色的镇和村。这些村镇分布在全国 25 个省份，包括太湖流域的水乡古镇群、皖南古村落群、川黔渝交界古村镇群、晋中南古村镇群、粤中古村镇群，既有乡土民俗型、传统文化型、革命历史型，又有民族特色型、商贸交通型，基本反映了中国不同地域历史文化村镇的传统风貌。

---

① http：//www.mcprc.gov.cn/whzx/whyw/201412/t20141221_ 437911.html。

中国历史文化名镇名村的评选与公布工作，以不定期的方式进行。建设部和国家文物局以部际联席会议形式对专家委员会的评议意见进行审定后，以建设部、国家文物局的名义进行公布。中国历史文化名镇名村实行动态管理。省级建设行政主管部门负责对本省（自治区、直辖市）已获中国历史文化名镇（名村）称号的镇（村）保护规划的实施情况进行监督，对违反保护规划进行建设的行为要及时查处。建设部会同国家文物局将不定期组织专家对已经取得中国历史文化名镇（名村）称号的镇（村）进行检查。对于已经不具备条件者，将取消中国历史文化名镇名村称号。

截至 2014 年，全国已公布了六批共 528 个中国历史文化名镇名村，重庆市有 18 个，渝东南民族地区有 3 个，分别是：石柱土家族自治县西沱镇、酉阳土家族苗族自治县龙潭镇、黔江区濯水镇。

重庆市也自 2003 年起评选重庆市级的历史文化名镇，截至 2014 年，共命名 28 个重庆市历史文化名镇，渝东南民族地区有 5 个，分别是：酉阳土家族苗族自治县龚滩镇、龙潭镇、酉水河镇，秀山土家族苗族自治县洪安镇，黔江区濯水镇。

（三）传统村落

农耕文明悠久的中国，遍布着形态各异、风情万种、历史悠久的传统村落。这些村落是在长期的农耕文明过程中逐步形成的，凝结着历史的记忆，反映着文明的进步。传统村落不仅具有历史文化传承方面的功能，而且对于推动农业现代化进程、推进生态文明建设等具有重要价值。随着中国城镇化的迅猛发展，中国传统村落也在快速消失。为了留住这些历史记忆，保护传统村落，2011 年中央四部委（住建部、文化部、财政部、国家文物局）发出《关于开展传统村落调查的通知》，要求各省、自治区、直辖市的住房城乡建设厅、文化厅、文物局、财政厅，摸清我国传统村落底数，加强传统村落调查保护和改善，决定尽快联合开展传统村落调查，全面掌握我国传统村落的数量、种类、分布和价值及其生存状况。国家四部委将根据调查的情况，依据它的价值来确定一批国家保护的传统村落名录，公布名录之后要建立一套保护的机制，确定"机制"中包括哪些东西，哪些需要保护，如何进行科学保护。

2012年4月16日国务院发布的《关于开展传统村落调查的通知》（以下简称《通知》）中明确，所谓传统村落是指：村落形成较早，拥有较丰富的传统资源，具有一定历史、文化、科学、艺术、社会和经济价值，应予以保护的村落。传统村落具备的条件为：（1）传统建筑风貌完整：历史建筑、乡土建筑、文物古迹建筑集中连片分布或总量超过村庄建筑总量的1/3。（2）选址和格局保持传统特色：村落选址具有传统特色和地方代表性，村落格局具有鲜明体现现有代表性的传统文化，且整体格局保存良好。（3）非物质文化遗产活态传承：拥有较为丰富的非物质文化遗产资源，民族地域特色鲜明。① 保护传统村落就是保护村落建筑、村落形制等物质文化遗产，也是保护与村落形成息息相关的自然生态环境，还是保护民间非物质文化遗产和村落文化生态系统的完整性。

截至2014年年底，住建部、文化部、国家文物局等7部委共公布了三批中国传统村落名录，重庆市共有63个村落列入，渝东南有39个，占比在60%以上。渝东南地区中国传统村落名录如下。

第一批：

石柱土家族自治县金岭乡银杏村

石柱土家族自治县石家乡黄龙村

石柱土家族自治县悦崃镇新城村

秀山土家族苗族自治县梅江镇民族村

酉阳土家族苗族自治县苍岭镇大河口村

酉阳土家族苗族自治县西水河镇河湾村

酉阳土家族苗族自治县西水河镇后溪村

酉阳土家族苗族自治县南腰界乡南界村

---

① 《关于加强传统村落保护的通知》，中央人民政府网站，2012年4月16日，见http://www.mohurd.gov.cn。

第二批：

酉阳土家族苗族自治县可大乡七分村

第三批：

黔江区小南海镇新建村

黔江区阿蓬江镇大坪村

黔江区五里乡五里社区程家特色大院

黔江区水市乡水车坪老街村

武隆县后坪苗族土家族乡文凤村

武隆县沧沟乡大田村大田组

武隆县浩口苗族仡佬族乡浩口村田家寨

秀山土家族苗族自治县清溪场镇大寨村

秀山土家族苗族自治县清溪场镇两河村

秀山土家族苗族自治县洪安镇边城村

秀山土家族苗族自治县洪安镇猛董村大沟组

秀山土家族苗族自治县梅江镇凯干村

秀山土家族苗族自治县钟灵镇凯堡村陈家坝

秀山土家族苗族自治县海洋乡岩院村

酉阳土家族苗族自治县桃花源镇龙池村洞子坨

酉阳土家族苗族自治县龙潭镇堰提村

酉阳土家族苗族自治县西酬镇江西村

酉阳土家族苗族自治县丁市镇汇家村神童溪

酉阳土家族苗族自治县龚滩镇小银村

酉阳土家族苗族自治县西水河镇大江村

酉阳土家族苗族自治县西水河镇河湾村恐虎溪寨

酉阳土家族苗族自治县苍岭镇苍岭村池流水

酉阳土家族苗族自治县苍岭镇南溪村

酉阳土家族苗族自治县花田乡何家岩村

酉阳土家族苗族自治县浪坪乡浪水坝村小山坡

　　酉阳土家族苗族自治县双泉乡永祥村

　　彭水苗族土家族自治县梅子垭镇佛山村

　　彭水苗族土家族自治县润溪乡樱桃村

　　彭水苗族土家族自治县郎溪乡田湾村

　　彭水苗族土家族自治县龙塘乡双龙村

（四）少数民族特色村寨

　　2009 年，国家民委、财政部联合开展少数民族特色村寨保护与发展试点工作。并出台《少数民族特色村寨保护与发展纲要》。纲要明确指出对少数民族特色村寨的保护与发展须坚持以下原则：（1）立足发展、保护利用。少数民族特色村寨既是保护对象更是发展资源，要通过挖掘利用少数民族村寨特有的文化生态资源，促进群众增收，带动少数民族优秀传统文化的保护和传承，做到在发展中保护，在保护中发展，走出一条有特色、可持续的发展路子。（2）因地制宜、突出特色。把握少数民族特色村寨的发展规律，结合地域特征、民族特点、历史背景和发展水平，研究探索不同建筑类型、不同地域特征少数民族特色村寨保护与发展的不同模式，做到综合考虑、因地制宜、突出特色。（3）科学规划、统筹兼顾。从自身优势出发，与扶贫开发、生态旅游、文化保护区和新农村、新牧区建设相结合，与当地的各专项规划相衔接，统筹兼顾，做到科学合理、依法办事、量力而行。要发挥好专家在规划制定中的专业作用，建立健全规划项目的专家论证、社会公示以及社会各界意见征集制度。（4）政府主导、社会参与。把特色村寨保护与发展纳入当地经济社会发展总体规划，充分发挥政府在少数民族特色村寨建设中的主导作用，整合各方资源，同时发挥好市场机制的作用，广泛动员社会力量参与少数民族特色村寨的保护与发展。（5）村民主体、自力更生。项目坚持以民生为本，使村民直接受益。项目决策、规划、实施、监督等过程都要吸收村民参与，尊重村民意愿。要发扬自力更生的精神，充分调动和发挥村民的积极性、主动性和创造性，提高村民的文化自觉性和自我发展能力。

自 2009 年试点以来，少数民族特色村寨保护与发展工作广泛开展，涌现了一大批民居特色突出、产业支撑有力、民族文化浓郁、人居环境优美、民族关系和谐的少数民族特色村寨，在保护少数民族传统民居、弘扬少数民族优秀文化、培育当地特色优势产业、开展民族风情旅游、改善群众生产生活条件、增加群众收入、巩固民族团结等方面取得了显著成效。

为更好地推动少数民族特色村寨保护与发展工作，2013 年，国家民委下发《国家民委关于印发开展中国少数民族特色村寨命名挂牌工作意见的通知》，组织开展了少数民族特色村寨命名挂牌工作。由各地民委推荐，经专家评审公示并报国家民委委务会议批准，在全国范围内命名 340 个村寨为首批"中国少数民族特色村寨"，并予以挂牌。

渝东南具有浓厚的民间艺术氛围，蕴藏着极为丰富的少数民族文化特色资源，在国家民委命名首批少数民族特色村寨名录中，重庆市 5 个"少数民族特色村寨"都落户在渝东南地区，分别是：黔江区小南海镇板夹溪十三寨、石柱土家族自治县冷水镇八龙山寨、彭水苗族土家族自治县鞍子镇罗家坨苗寨、酉阳土家族苗族自治县酉水河镇河湾山寨、秀山土家族苗族自治县海洋乡岩院古寨。

民族特色村寨政策所依赖的政策文本主要为《国家民委关于印发开展中国少数民族特色村寨命名挂牌工作意见的通知》和《少数民族特色村寨保护与发展纲要》。这两个政策性文件属于国家民委、财政部的部门文件，并不具有普遍的法律约束作用。民族特色村寨政策需要进一步规范化与法制化。法律、法规的不健全将会影响到民族特色村寨政策的执行效果，将成为制约民族特色村寨保护与发展工作的瓶颈。因此，民族特色村寨政策的规范化问题是关系到民族特色村寨永续发展的重要问题，是执行民族特色村寨政策的关键问题，需要国家民委、财政部以及相关部门从首批特色村寨实践中总结经验与教训，上升到理论高度和法律层面，使民族特色村寨政策走向规范化。[①]

---

① 李安辉：《少数民族特色村寨保护与发展政策探析》，《中南民族大学学报》2014 年第 4 期。

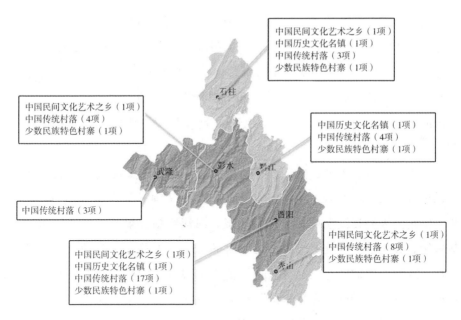

图3-5　非物质文化遗产传承的综合性社会空间分布情况

第三节　渝东南民族地区非物质文化遗产的总体特征与价值体现

一、总体特征

渝东南地区特殊的地理人文环境，孕育、创造了丰富多彩的非物质文化遗产。

从分布上来看，渝东南各区县都是非物质文化遗产的富集区。一些非物质文化遗产项目能够呈现渝东南整体文化风貌，如民歌、号子、锣鼓、龙舞、狮舞等传统音乐、传统舞蹈类项目。也有一些非物质文化遗产项目则体现出某个区县甚或某个特定区域的文化特色。比如盛行于酉阳酉水河流域的土家摆手舞规模最为宏大，参与者众多，春节期间的摆手舞活动更是如火如荼、盛况空前，彰显了酉阳作为渝东南土家族核心区域对其重要

213

传统习俗的良好传承·秀山的花灯冠绝于世，地方小戏多姿多彩、存续良好，龙凤花烛制作技艺独一无二；彭水苗歌唱响整个武陵山区，娇阿依婉转悠扬。而在每个区县当中，非物质文化遗产则主要依托保存良好的古镇、古村落分布。比如彭水的鞍子镇、郁山镇，武隆的仙女山镇、羊角镇，黔江区的濯水镇、中塘乡，石柱的西沱镇、冷水镇等，皆传承有多项非物质文化遗产。

从类别来看，传统音乐是渝东南地区进入非物质文化遗产代表性项目名录最多的项目（97 项），其次是传统技艺（89 项）和民俗（74 项）。音乐是渝东南人们在渝东南地区山谷蜿蜒、河流纵横、艰苦的地理环境中宣扬情绪、彰显精神的重要途径。劳作时的号子，忙里偷闲时的山歌，各种节庆仪式活动中的吹打，充分表达了他们乐观进取的精神和对美好生活的向往。传统技艺和民俗则反映的是渝东南地区作为一个相对独立的社会生活空间，生活于其中的各族人民所累积起来的各种生活、生产技能以及由此衍生出来的审美、知识、各种习俗，等等。

从文化内涵来看，渝东南非物质文化遗产呈现出"风貌古朴，精神旷达，历史悠久，民族融合"的总体特征。

渝东南民族文化深植于大山之中，整体风貌古朴。土家语讲述着古老的神话传说，对廪君、土王、家先的事迹代代颂扬。如酉阳龚滩的蛮王洞传说，讲述秦灭巴，巴人流入乌江，到达龚滩，在悬崖绝壁下发现大溶洞，据洞固守，得以幸存。每年正月十五为蛮王洞香会，吸引众多居民前来祭拜。其形态和形式都相当古朴。这里有起源于狩猎时代、身披茅衣喝喝而语的茅古斯，演绎着土家古老的过去；这里还有代表图腾崇拜余绪的白虎信仰，多种形态的傩戏，多神崇拜的宗教信仰，都透射出原始古拙的气息，散发出一种率真敦厚的质朴美。

渝东南的民族文化伴江河而生，在精神气质上热情旷达。渝东南溪流无数，汇聚到酉水和乌江，千百年来，各族人民在万山丛中凭水进出。当他们面对激流呼喊号子的时候，最能够表现本地人的旷达精神。无论是乌江号子、石柱号子，还是高炉号子，我们感受的都是抖擞精神的直抒胸臆。

土家族和苗族都是能歌善舞的民族。他们的先民从先秦的记载里就一路歌舞而来，在军舞军乐中表现为勇武，在民间仪式中表现为开朗、豁达，尤其是在集体劳动中的锣鼓与歌唱、在丧葬仪式中的打绕棺，都贯穿着乐观、通达的精神。

渝东南民族地区在文化上的民族特色具有深厚的历史渊源。早在旧石器时代，渝东南地区的居民就拥有武陵山区的独特文化，奠定了区域文化的底色。渝东南地区的古老民族是"巴"人，他们的一种舞非常引人关注，在很早的时候就有文献记载，并且不断出现在历代文献之中。先秦文献《左传》记载："周武王伐纣，巴师勇锐，歌舞以凌殷人。故曰：武王伐纣前戈后舞。"晋人郭璞注释"巴渝"一词说："巴西阆中有渝水，獠人居其上，皆刚勇好舞，汉高祖之以平三秦，后使乐府习之，因名'巴渝舞'也。"晋人常璩《华阳国志·巴志》也有类似记载。唐代诗人韩弘有诗句"万里歌钟相庆时，巴童声节渝儿舞"，写的还是亲见巴渝舞的情形，还提到了相伴生的歌与乐，内容更为丰富具体。土家族为巴人后裔，历史久远的巴渝舞以及相关的民歌和器乐在渝东南土家族中仍有流传。对"三苗""苗"的特色文化的关注也是史不绝书。

渝东南是多民族杂居区，本地的文化是民族融合的产物，也呈现为多民族文化共存的格局。渝东南文化的民族融合有诸多表现。一是拥有共同的基础文化：各个民族都采用汉文教育、汉人日历，全民节日是春节、清明、端午、中元、中秋。不过，土家族和苗族在节日上又保留了自己的特色，如土家族提前一天过赶年，而苗族保持了自己的四月八牛王节。二是不同民族的文化要素同处一地，或相安无事，或功能互补。诸如四合院、防火墙建筑与吊脚楼民居同处一地，土家、苗族服饰与汉族服饰都可穿戴，土家梯玛与汉族端公、道士同为民间祭祀仪式主持，儒、释、道的祠庙与土王庙、爵主宫、三抚堂、白帝天王庙、八部大王庙在境内都可并存，都是多元文化兼容特征的具体体现。

二、价值体现

（一）精神价值

渝东南民族文化是中华文化的一个鲜活的类型，通过非物质文化遗产世代相传，既表现出很强的生命力和创造力，也形成凝聚力很强的历史连续性。其连续性既体现在文化形式的基本稳定，也体现在精神价值的一以贯之。

渝东南少数民族非物质文化遗产中的某些传统文化内容，反映和表现了民族共同心理结构、思维习惯、生活习俗等内容，这也规范着民族的群体生活方式、思想价值取向，能产生强大的民族凝聚力，促进民族共识和认同，具有重要的社会和谐价值。处于不同族群的人们从诞生伊始就面临在一个有着特定行为规则的群体中成长，他赖以成长的环境中的信仰、风俗、宗教等先天存在的条件时时刻刻地熏染他，从而产生对本民族的认同意识。为维系和增强族群的认同感，各族群开展了多种内容丰富、特色鲜明的民间艺术活动。曾盛行于酉阳酉水河一带的茅古斯、摆手舞、跳丧舞、穿花，以及以傩戏、阳戏、花灯戏、土戏等为代表的民间戏剧等，融入了大量的民族历史、信仰、价值观等内容，都能极大地增强人们对于本民族的认同。同时，渝东南的地理特点——虽群山环绕又有水道舟楫之便，使得这里在历史上从来都是民族迁移、交通融合不断，这也决定了渝东南文化开放包容的特点。因此渝东南非物质文化遗产中所体现出的一些内容同时也呈现出渝东南各族人民对整个区域的地域认同——譬如渝东南就有民谣"养儿不用教，酉秀黔彭走一遭"，乃至对整个中华民族的认同。

渝东南的土家族、苗族等各族人民在"八山一水半分田"的恶劣环境中顽强生存、生产，艰难的环境造就了他们艰苦奋斗、坚强乐观、热情旷达、勇往直前的品质，这些品质精神蕴藏于各种形式的非物质文化遗产当中。渝东南溪流无数，汇聚到酉水和乌江，千百年来，各族人民在万山丛中凭水进出。当他们面对激流呼喊号子的时候，最能够表现本地人的旷达精神。无论是乌江号子、南溪号子，还是高炉号子，我们感受的都是抖擞精神的直抒胸臆。土家族和苗族都是能歌善舞的民族，土家族为巴人后裔，历史久远的巴渝舞以及相关的民歌和器乐在渝东南土家族中仍有流传。土家族、苗族的先民从先秦的记载里就一路歌舞而来，在军舞军乐中表现为勇武，在民间仪式中表现为开朗、豁达，尤其是在集体劳动中的锣鼓与歌唱、在丧葬仪式中的打绕棺，都贯穿着乐观、通达的精神。在对这些宝贵的非物质文化遗产代代传承中，也将先辈的精神品质代代延续，成为其精神世界的一部分。

在渝东南地区，非物质文化遗产中的神话传说、谚语俗语中蕴藏着深刻的人生哲理，通过这些丰富的民间艺术表现形式，将勤劳善良、爱憎分明、勤俭持家等美德代代传承，规范人们行为，教育树立代代新人。在诞生、满周岁、婚礼、丧礼等人生礼仪中，要求整个家族的人团聚，这是宣讲族群主要道德行为规范的主要场合和时机，人们通过讲故事或唱歌以及相应的仪式程序，让年轻一代明白长幼尊卑有序、孝顺父母长辈、兄弟姊妹团结、做人讲忠义理智信等传统伦理道德。

凡此种种，都伴随着非物质文化遗产的传承，沉淀为具有广泛认同的区域文化的内在精神。

（二）美学价值

渝东南民族地区的非物质文化遗产是不同时代的人民在日常生活实践中的艺术结晶。艺术的审美活动既来自生活，也是对生活的升华。从美学角度来审视渝东南地区的非物质文化遗产，其歌，其舞，其居，其服，其技，皆彰显着巨大的艺术魅力，蕴含着极高的美学价值，并且具有造福当代的审美创新功能。

渝东南地区的先民巴人居于山水之间，天性刚勇，又喜爱歌舞。史籍中，常见巴人"尚武"并"善歌舞"的描述。直至今日，这片土地依然是一片歌舞的世界。这里的传统音乐情真意切，不饰雕琢，表达了渝东南人民最直接的生活体会和最真实的情感宣泄。号子雄浑有力、山歌豪迈幽默、锣鼓欢快喧天。民歌歌词中的许多意象都取自日常生活和生存环境，如各种动物、植物，以及云雨等自然气象，表达人们对生活的热爱和对自然环境的依赖。另外，在渝东南民间音乐中，也运用了大量的衬字、重复、比兴以及夸饰等艺术手法。比如国家级非物质文化遗产项目石柱土家啰儿调就是以其唱词中重复出现的衬字"啰儿"命名的，在南溪号子、酉阳民歌中都能够找到此类修饰手法。这些修饰手法也为一些结合渝东南民间音乐元素创作的歌曲提供了艺术风格上的借鉴。比较典型的有《太阳出来喜洋洋》："太阳出来（啰儿）喜洋洋（哦郎啰），挑起扁担（郎郎扯光扯）上山岗（哦啰啰）……"衬字和重复手法的运用，生动地渲染了歌曲的意境，使歌曲更富感染力。这里的传统舞蹈同样充满艺术张力和浓郁的生活气息。气势恢弘的万人摆手舞再现土家人的历史与传统生活场景，龙舞、狮舞、玩牛等延续着古老民族图腾崇拜与产生于农耕生活的信仰与祈愿。通过这些少数民族非物质文化遗产中的艺术作品，我们可以形象地看到发生于斯的历史事件、人的生存状态和生活方式、不同人群的生活习俗以及他们的思想与感情、艺术创作方式、艺术特点和艺术成就。

各种民俗节庆活动更是渝东南传统艺术的嘉年华。比如秀山花灯，载歌载舞，而且还有短小精悍的故事情节。花灯表演形式有一旦一丑的"单花灯"，也有"二旦二丑"的"双花灯"，还有"多旦多丑"的"群体花灯"。旦与丑的服饰装扮，各具特色，幺妹子，穿大襟，扎长辫，着花裙，披云肩，戴头花，右手耍折扇，左手舞彩巾，脸搽脂抹粉，姿态飘逸；赖花子，穿对襟，反穿白皮袄，头插英雄结，白画鼻梁筋，右手舞蒲扇，两腿往下蹲，风趣诙谐。旦、丑表演时也有基本的形态美：方桌上面跳花灯，妹子玉立桌中心，端庄秀丽移碎步，轻盈舞动扇和巾；花子走的桌边边，围着妹子转圈圈，身子下蹲走矮步，风趣潇洒在其间。① 花灯中的角色装扮、舞蹈动作、戏曲声调等给观众带来艺术享受；嬉笑怒骂的表演，幽默诙谐的风格让一年辛苦劳作的人们洗尽疲劳，沉醉在轻松喜庆的氛围里。

---

① 姚祖恩：《绚丽的山花：秀山花灯二人转》，《中国民族》2005 年第 11 期。

在这些非物质文化遗产中，不仅民间文学、表演艺术有审美价值，就是其民族社会习俗、衣食住行等也普遍涉及美的内容，具有重要的审美艺术价值。

渝东南土家族爱群居，爱住吊脚楼。吊脚楼一般依山而建，用木柱撑起两层。楼前有篱笆，后有竹林，青石板铺路。房屋多为木构，小青瓦，花格窗，司檐悬空，木栏扶手，走马转角，雕梁画栋，檐角高翘，石级盘绕，大有空中楼阁的诗画意境。吊脚楼群更是渝东南最具风格与特色的文化遗产，以西沱古镇、龚滩古镇、洪安边城、龙骨寨、土家十三寨等地的建筑群为代表，从古至今组成了既体现独特美学价值又有丰富内涵的人文景观完整体系。土家族吊脚楼，无论是单体建筑还是街巷空间，无不体现出丰富绚丽的建筑装饰艺术，展现着优美柔和的轮廓造型和构架的科学成就，传达着"天人合一"的艺术境界。

非物质文化遗产中蕴藏着劳动人民许多天才的艺术创造、无与伦比的艺术技巧，能深深打动人类心灵、触动人类情感，同时也成为艺术家进行艺术创造、审美创新的源泉。渝东南非物质文化遗产中有些内容已成为文化艺术创作原型和素材，为新的文艺创作提供灵感与动机，充分利用了非物质文化遗产的审美艺术价值，很好地发挥了非物质文化遗产的审美再造功能。石柱土家啰儿调描述了劳动人民上山劳作的情景，表达了他们劳动时愉悦的心情，音乐家们在田野采风基础上对歌词和曲调稍加改编，就成了蜚声海内外的重庆民歌。秀山、酉阳一带的民歌《黄杨扁担》也是由酉阳包谷花灯戏中和秀山花灯音乐中杂调和伴奏音乐改编而来，另一首秀山民歌《一把菜籽》几乎是秀山花灯戏的灵魂。这些是民间音乐经过改编成为著名歌曲的例证，在渝东南地区还潜藏有很多可以转化为艺术创造力的宝藏，诸如民间舞蹈、土家织锦西兰卡普制作等，甚至民间传说也可成为文学创作的原型。

（三）科学价值

有学者说，中国的科学是经验的积累。非物质文化遗产作为历史发展的产物，是对历史进程中不同时代生产力发展状况、科学技术发展程度、人类创造能力和认识水平的原生态地保存和反映。渝东南地区的非物质文化遗产既是中华文化在渝东南这块热土里生根开花的产物，也是当地人民千百年劳动实践的结晶。

与生态环境和谐相处，这是渝东南人民一种极大的生态智慧，蕴含其间的科学价值令人惊叹。这在诸多非物质文化遗产中都有所体现。以土家族建造吊脚楼为例。梯玛选址时，村寨的水井位置、土地庙方位、堂屋朝向等都将考虑进去，认为吉地标准应以山为依托，背山面水，在龙脉之前有一块平旷的地坪，称之"明堂"。明堂之后常有较高的山称为"祖山"，从这里分出支脉，从而把明堂包围在中央，由此形成一个以明堂为中心的内向的自然空间，内部宽敞明亮，向外则可凭栏远眺，心旷神怡。吊脚楼的"因山就势"既讲究天地人和谐相处，又讲究人自身身心健康和谐统一。尤其是吊脚楼的房屋从装修到设计完成不用图纸，土家匠人对其形式及数百根瓜柱、梁枋的大小长短和开卯作榫的部位，皆胸有成竹，表现出精湛的建筑技艺和艺术法则，实现了技术性能和审美性能的有效结合。①不仅如此，碉楼、墓葬、栈道，这些多样化的建筑同样都具有丰富的科技含量。

山地农业和畜牧业也包含渝东南的地方性知识，以此为基础的养生与医药知识，这些都是宝贵的文化遗产。渝东南地区由于环境闭塞，交通不便，人们生病、受伤或被凶猛动物袭击，只能自己寻找解决方式，经年累月的实践积累，形成的民间蛇毒疗法、蜂毒疗法、特色封刀接骨术、苗家水师"化水接骨"等针对地域病的特色疗法，在传统中医药中也是非常独到和有效的。其中所蕴藏的科学知识成分有待进一步挖掘和传承。

渝东南非物质文化遗产的科学价值有待我们今后认真发掘，它们是无数人长期的技术创新与心血的结晶，是经过代代改进而总结形成的地方性知识，不仅在传统时代发挥过至关重要的作用，而且对于我们现代社会依

---

① 王其钧：《中国民居鉴赏》，上海人民美术出版社1991年版。

然具有实践的指导意义。大到世界观、生态理念，小到造纸、豆制品制作、酿酒酿醋的技巧，我们今天仍然可以从中发掘人类社会可持续发展的科技智慧。

第四节 渝东南民族地区的非物质文化遗产保护

一、渝东南民族地区的非物质文化遗产保护措施

渝东南地区民族文化、地方文化资源富集，非物质文化遗产丰富，这些非物质文化遗产在很大程度上本身就是当地人民生活的一部分。随着社会的发展与生活环境的改变，以及外来文化的冲击等诸多因素影响，许多非物质文化遗产在不知不觉中已日渐式微，甚至走向消亡，一些重要的非物质文化遗产一度被视为毒草、糟粕、封建迷信，受到压制与摧毁。非物质文化遗产保护工作，在很大程度上就是唤起当地人民的文化自觉，在认识自身文化的基础上维护优秀的民族文化传统、保存珍贵的民族文化基因，弘扬民族文化精神。自2005年重庆市自上而下开展非物质文化遗产保护工作以来，渝东南各区县以政府为主导，调动社会各界和民众的积极性，开展非物质文化遗产资源普查、调查，建立非物质文化遗产代表性名录体系与代表性传承人体系，强化法律法规政策保障，结合群众文化活动恢复传统民俗等非物质文化遗产，开展生产性保护、传承性保护、整体性保护，等等，以多种措施保护渝东南非物质文化遗产，守护当地人民群众共同的精神家园。

（一）开展非物质文化遗产资源普查与调查

按照国家的统一部署，2005年重庆市开始开展全市非物质文化遗产资源普查。经过大量的田野调查，全市38个区县于2010年基本完成初次普查。经普查认定，全市属于保护范围的非物质文化遗产共计10个门类、

4110 项，其中有民间文学 798 项、传统音乐 817 项、传统舞蹈 275 项、传统戏剧 69 项、曲艺 119 项、传统体育、游艺与杂技 151 项、传统美术 155 项、传统技艺 750 项、传统医药 250 项、民俗 645 项，其他 81 项。从资源分布的地域来看，渝东南民族地区的非物质文化遗产资源相对较为丰富，占重庆市普查资源总数的 1/3 强，酉阳、彭水等地在普查中搜集到的非物质文化遗产线索更多达 1000 余条。非物质文化遗产以传统音乐、传统舞蹈、戏剧、民俗等方面传承较好，例如秀山花灯、阳戏，酉阳的土家山歌、舞蹈、傩戏，彭水的苗族民歌，等等。

在初次普查的基础上，渝东南各区县对国家级、市级代表性项目进行动态调查更新，以文字、图片、影像等方式对项目的历史渊源、主要内容、流传区域等信息及代表性传承人的口述史、技艺特色再次进行深度调查，并详细记录，实行数字化管理。目前，区域内 11 个国家级名录项目均已建立了相应的档案，并征集了一批相关珍贵实物和资料，市级名录项目档案也在陆续建设与完善中。

（二）建立非物质文化遗产代表性名录体系与代表性传承人体系

代表性项目名录体系和代表性传承人体系的建立以及制度化是目前开展非物质文化遗产保护工作的基础，既是抢救保存的前提，也是传承、弘扬的依据。渝东南民族地区各区县已建立起国家级、重庆市级、区县级三级非物质文化遗产代表性项目名录体系和非物质文化遗产代表性传承人体系。

1. 非物质文化遗产代表性项目名录体系

渝东南民族地区非物质文化遗产名录项目存量丰富，特点鲜明。截至 2014 年年底，渝东南民族地区酉阳、秀山、黔江、石柱、彭水、武隆六区县进入非物质文化遗产代表性项目名录的项目共有 433 项。其中重庆市级名录项目 80 项，占全市的 21%；国家级名录项目 11 项，占重庆市进入国家级名录项目总数的 25%。

表 3 –17 进入重庆市级非物质文化遗产名录的渝东南项目数

重庆市级名录批次	重庆市级名录项目	渝东南市级名录项目
第一批	62	17
第二批	97	25
第三批	119	21
第四批	110	17
总计	388	80

表 3 –18 进入国家级非物质文化遗产名录的渝东南项目数

国家级名录批次	重庆市国家级名录项目	渝东南国家级名录项目
第一批	13	3
第二批	16	3
第三批	10	3
第四批	5	2
总计	44	11

在10大类非物质文化遗产项目中，重庆市级名录项目涵盖除曲艺、传统美术两类外的其他8类，包括：民间文学4项，传统音乐24项，传统舞蹈10项，传统戏剧9项，传统体育、游艺与杂技3项，传统技艺20项，传统医药2项，民俗7项。进入国家级名录的项目则涵盖5项，分别是：民间文学1项，传统音乐5项，传统舞蹈3项，传统技艺1项，民俗1项。

可以看出：在区县级名录中，传统音乐与传统技艺类项目所占比重较大，民俗、民间文学次之；在市级名录中，传统音乐与传统技艺类项目所占比重较大，传统舞蹈、传统戏剧、民俗次之；国家级名录中，传统音乐与传统舞蹈尤为突出。这反映出非物质遗产代表性项目名录同时体现出项目的普遍性与独特性。在最基层的区县级名录中，占比重较大的项目类别是当地具有普遍性的项目类别；在逐级向上的名录中，能够彰显地方特色的独特性的项目比重得以提升。但普遍性与独特性并不矛盾，渝东南地区

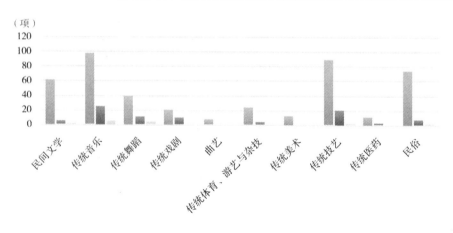

（项）

■ 区县级项目　■ 重庆市级项目　■ 国家级项目

图 3 - 6　渝东南非物质文化遗产项目名录体系分布

进入国家级名录的项目就显示出，能够作为代表性项目进入高级别名录的往往是在地方普遍分布与传承并且独具本地特色的项目。比如渝东南的传统音乐类项目，不仅有石柱土家啰儿调等 5 项国家级非物质文化遗产名录项目，还形成了很多知名度高的特色品牌，如石柱土家啰儿调改编成的民歌《太阳出来喜洋洋》、秀山民歌代表作《黄杨扁担》已蜚声全国。

表 3 - 19　渝东南国家级非物质文化遗产代表性名录项目表

序号	项目名称	类别	批次	申报地区或单位
1	西阳古歌	民间文学	第三批	重庆市西阳土家族苗族自治县
2	石柱土家啰儿调		第一批	重庆市石柱土家族自治县
3	南溪号子		第一批	重庆市黔江区
4	秀山民歌	传统音乐	第二批	重庆市秀山土家族苗族自治县
5	西阳民歌		第二批	重庆市西阳土家族苗族自治县
6	苗族民歌		第四批	重庆市彭水苗族土家族自治县
7	土家族摆手舞（西阳摆手舞）		第二批	重庆市西阳土家族苗族自治县
8	狮舞（高台狮舞）	传统舞蹈	第三批	重庆市彭水苗族土家族自治县
9	玩牛		第四批	重庆市石柱土家族自治县

续表

序号	项目名称	类别	批次	申报地区或单位
10	土家族吊脚楼营造技艺	传统技艺	第三批	重庆市石柱土家族自治县
11	秀山花灯	民俗	第一批	重庆市秀山土家族苗族自治县

资料来源：重庆市非物质文化遗产保护中心。

表3-20　渝东南重庆市级非物质文化遗产代表性项目名录

序 号	项　目	类　别	批次级别	申报地区或单位
1	男女石柱神话	民间文学	第二批市级	石柱土家族自治县
2	吴幺姑传说		第二批市级	黔江区
3	酉阳古歌		第二批市级	酉阳土家族苗族自治县
4	石柱酒令		第三批市级	石柱土家族自治县
5	石柱土家啰儿调	传统音乐	第一批市级	石柱土家族自治县
6	南溪号子		第一批市级	黔江区
7	鞍子苗歌		第一批市级	彭水苗族土家族自治县
8	秀山民歌		第一批市级	秀山土家族苗族自治县
9	薅草锣鼓		第一批市级	秀山土家族苗族自治县
10	酉阳民歌		第一批市级	酉阳土家族苗族自治县
11	后坝山歌		第一批市级	黔江区
12	土家斗锣		第一批市级	石柱土家族自治县
13	诸佛盘歌		第二批市级	彭水苗族土家族自治县
14	彭水打闹		第二批市级	彭水苗族土家族自治县
15	彭水耍锣鼓		第二批市级	彭水苗族土家族自治县
16	彭水道场音乐		第二批市级	彭水苗族土家族自治县
17	马喇号子		第二批市级	黔江区
18	帅氏莽号		第二批市级	黔江区
19	后坪山歌		第三批市级	武隆县
20	鸭平吹打		第三批市级	武隆县
21	仙女山耍锣鼓		第三批市级	武隆县
22	木叶吹奏		第三批市级	酉阳土家族苗族自治县

续表

序号	项 目	类 别	批次级别	申报地区或单位
23	三棒鼓	传统音乐	第三批市级	酉阳土家族苗族自治县
24	梅子山歌		第三批市级	彭水苗族土家族自治县
25	石城情歌		第四批市级	黔江区
26	石柱土家断头锣鼓		第四批市级	石柱土家族自治县
27	酉阳耍锣鼓		第四批市级	酉阳土家族苗族自治县
28	苗山打闹		第四批市级	彭水苗族土家族自治县
29	彭水太原民歌		第四批市级	彭水苗族土家族自治县
30	摆手舞	传统舞蹈	第一批市级	酉阳土家族苗族自治县
31	普子铁炮火龙		第二批市级	彭水苗族土家族自治县
32	高台狮舞		第二批市级	彭水苗族土家族自治县
33	庙池甩手揖		第二批市级	彭水苗族土家族自治县
34	玩牛		第二批市级	石柱土家族自治县
35	打绕棺		第二批市级	石柱县，酉阳县，秀山县
36	石柱板凳龙		第三批市级	石柱土家族自治县
37	平桥耍龙		第四批市级	武隆县
38	高台狮舞		第四批市级	酉阳土家族苗族自治县
39	酉阳花灯		第四批市级	酉阳土家族苗族自治县
40	面具阳戏	传统戏剧	第一批市级	酉阳土家族苗族自治县
41	阳戏		第一批市级	秀山土家族苗族自治县
42	余家傩戏		第一批市级	秀山土家族苗族自治县
43	石柱土戏		第二批市级	石柱土家族自治县
44	辰河戏		第二批市级	秀山土家族苗族自治县
45	保安灯儿戏		第二批市级	秀山土家族苗族自治县
46	木腊庄傩戏		第二批市级	彭水苗族土家族自治县
47	濯水后河戏	传统戏剧	第二批市级	黔江区
48	酉阳花灯		第四批市级	酉阳土家族苗族自治县
49	中塘向氏武术	传统体育、游艺与杂技	第一批市级	黔江区
50	三六福字牌		第二批市级	秀山土家族苗族自治县
51	上刀山		第四批市级	酉阳土家族苗族自治县

续表

序号	项　目	类　别	批次级别	申报地区或单位
52	龙凤花烛		第一批市级	秀山土家族苗族自治县
53	朗溪竹板桥造纸		第一批市级	彭水苗族土家族自治县
54	纸竹工艺		第一批市级	武隆县
55	重庆吊脚楼营造技艺		第二批市级	渝中区，石柱县
56	郁山鸡豆花制作技艺		第二批市级	彭水苗族土家族自治县
57	郁山擀酥饼制作技艺		第二批市级	彭水苗族土家族自治县
58	秀山竹编制作技艺		第二批市级	秀山土家族苗族自治县
59	濯水绿豆粉制作技艺		第二批市级	黔江区
60	黔江珍珠兰茶罐窨手工制作技艺	传统技艺	第三批市级	黔江区
61	黔江斑鸠蛋树叶绿豆腐制作技艺		第三批市级	黔江区
62	羊角豆腐干传统制作技艺		第三批市级	武隆县
63	石柱黄连传统生产技艺		第三批市级	石柱土家族自治县
64	西阳西兰卡普传统制作技艺		第三批市级	酉阳土家族苗族自治县
65	宜居乡传统制茶技艺		第三批市级	酉阳土家族苗族自治县
66	彭水青瓦烧制技艺		第三批市级	彭水苗族土家族自治县
67	彭水灰豆腐制作技艺		第三批市级	彭水苗族土家族自治县
68	彭水普子火药制作技艺		第三批市级	彭水苗族土家族自治县
69	西兰卡普（土家织锦）制作技艺		第四批市级	黔江区
70	后坪木器制作工艺		第四批市级	武隆县
71	羊角老醋传统制作技艺		第四批市级	武隆县
72	鹿角镇民间蛇伤疗法	传统医药	第三批市级	彭水苗族土家族自治县
73	刘氏"捏膈食筋"疗法		第四批市级	黔江区
74	秀山花灯		第一批市级	秀山土家族苗族自治县
75	角角调	民俗	第三批市级	黔江区
76	盐运民俗		第三批市级	石柱土家族自治县

续表

序号	项　目	类　别	批次级别	申报地区或单位
77	薅草仪式	民俗	第三批市级	石柱土家族自治县
78	秀山苗族羊马节		第四批市级	秀山土家族苗族自治县
79	哭嫁		第四批市级	酉阳土家族苗族自治县
80	郁山孝歌		第四批市级	彭水苗族土家族自治县

资料来源：《重庆市人民政府关于公布第一批省级非物质文化遗产名录的通知》（渝办发〔2007〕154号）；《重庆市人民政府关于公布第二批市级非物质文化遗产名录的通知》（渝府发〔2009〕94号）；《重庆市人民政府关于公布第三批市级非物质文化遗产名录的通知》（渝府发〔2011〕27号）；《重庆市人民政府关于公布重庆市第四批非物质文化遗产代表性项目名录的通知》（渝府发〔2014〕1号）。

2. 非物质文化遗产代表性传承人体系

代表性传承人是非物质文化遗产最主要的传承主体，体现了非物质文化遗产保护的主体性。截至2014年年底，渝东南民族地区酉阳、秀山、黔江、石柱、彭水、武隆六区县进入非物质文化遗产项目代表性传承人名录的传承人共有509人，按行政区划分，区县级代表性传承人酉阳145人，秀山24人，黔江28人，石柱196人，彭水37人，武隆79人。重庆市级代表性传承人共120人，占全市市级代表性传承人（569人）的21%；国家级

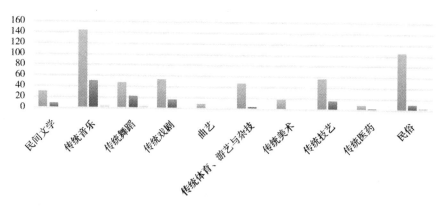

图3-7　渝东南非物质文化遗产项目代表性传承人体系类别分布

代表性传承人共 8 人，占重庆市国家级代表性传承人（40 人）的 20%。

可以看出：各级代表性传承人中，传统音乐类都占据优势。这与各级名录体系中的类别分布情况是一致的。区县级代表性传承人中，仅次于传统音乐类的是民俗，传承人多，这与民俗多为群体性传承项目有关；其后是传统技艺、传统戏剧、传统舞蹈，传统体育、游艺与杂技的区县级代表性传承人相对其项目数而言，也是比较多的。在市级层面，代表性传承人的分布数量与名录项目的类别分布情况是一致的，排序依次是传统音乐、传统技艺、传统舞蹈、传统戏剧、民俗。与国家级名录项目分布一致，国家级代表性传承人也集中于传统音乐、传统舞蹈与民俗。与非物质遗产代表性项目名录体系相同，代表性传承人体系同样能够体现出项目的普遍性与独特性。区县级代表性传承人较多的项目类别，是当地具有普遍性的项目类别，其传承群众基础好，有较好的生存土壤；在逐级向上的代表性传承人中，个人掌握相应项目能力出众者则更加突出，这与项目本身的独特性同样关系密切。

表 3-21　渝东南国家级非物质文化遗产项目代表性传承人表

序号	地区	项目名称	项目类别	批次	姓名	性别
1	酉阳土家族苗族自治县	土家族摆手舞（酉阳摆手舞）	传统舞蹈	第三批	田景仁	男
2				第四批	田景民	男
3	秀山土家族苗族自治县	秀山花灯	民俗	第三批	石化明	男
4				第三批	彭兴茂	男
5	黔江区	南溪号子	传统音乐	第二批	杨正泽	男
6	石柱土家族自治县	石柱土家啰儿调	传统音乐	第二批	刘永斌	男
7				第三批	黄代书	男
8	彭水苗族土家族自治县	狮舞（高台狮舞）	传统舞蹈	第四批	唐守益	男

资料来源：重庆市非物质文化遗产保护中心。

表 3 - 22　渝东南重庆市级非物质文化遗产项目代表性传承人表

序号	地区	项目名称	项目类别	批次	姓名	性别
1	酉阳土家族苗族自治县	酉阳古歌	民间文学	第二批	彭承善	男
2	酉阳土家族苗族自治县	酉阳古歌	民间文学	第三批	张泽本	男
3	酉阳土家族苗族自治县	酉阳古歌	民间文学	第四批	吴少强	男
4	酉阳土家族苗族自治县	酉阳民歌	传统音乐	第一批	宁清孝	男
5	酉阳土家族苗族自治县	酉阳民歌	传统音乐	第一批	宁清成	男
6	酉阳土家族苗族自治县	酉阳民歌	传统音乐	第一批	程光江	男
7	酉阳土家族苗族自治县	酉阳民歌	传统音乐	第一批	熊正禄	男
8	酉阳土家族苗族自治县	酉阳民歌	传统音乐	第一批	程茂昌	男
9	酉阳土家族苗族自治县	酉阳民歌	传统音乐	第二批	白现贵	男
10	酉阳土家族苗族自治县	酉阳民歌	传统音乐	第四批	冉平英	女
11	酉阳土家族苗族自治县	酉阳民歌	传统音乐	第四批	简祖明	男
12	酉阳土家族苗族自治县	木叶吹奏	传统音乐	第三批	张宗应	男
13	酉阳土家族苗族自治县	木叶吹奏	传统音乐	第四批	田景义	男
14	酉阳土家族苗族自治县	三棒鼓	传统音乐	第三批	唐开其	男
15	酉阳土家族苗族自治县	酉阳耍锣鼓	传统音乐	第四批	冉文章	男
16	酉阳土家族苗族自治县	酉阳摆手舞	传统舞蹈	第一批	田大翠	女
17	酉阳土家族苗族自治县	酉阳摆手舞	传统舞蹈	第一批	田景仁	男
18	酉阳土家族苗族自治县	酉阳摆手舞	传统舞蹈	第二批	田景民	男
19	酉阳土家族苗族自治县	酉阳摆手舞	传统舞蹈	第四批	田维政	男
20	酉阳土家族苗族自治县	酉阳摆手舞	传统舞蹈	第四批	田景银	男
21	酉阳土家族苗族自治县	酉阳摆手舞	传统舞蹈	第四批	田景树	男
22	酉阳土家族苗族自治县	酉阳摆手舞	传统舞蹈	第四批	彭银花	女
23	酉阳土家族苗族自治县	酉阳摆手舞	传统舞蹈	第四批	顾昌福	男
24	酉阳土家族苗族自治县	打绕棺	传统舞蹈	第二批	彭世泽	男
25	酉阳土家族苗族自治县	打绕棺	传统舞蹈	第四批	白运文	男
26	酉阳土家族苗族自治县	打绕棺	传统舞蹈	第四批	董仁虎	男
27	酉阳土家族苗族自治县	打绕棺	传统舞蹈	第四批	董仁明	男
28	酉阳土家族苗族自治县	面具阳戏	传统戏剧	第一批	吴长富	男

续表

序号	地区	项目名称	项目类别	批次	姓名	性别
29	酉阳土家族苗族自治县	面具阳戏	传统戏剧	第一批	陈德森	男
30	酉阳土家族苗族自治县	面具阳戏	传统戏剧	第二批	黄光尧	男
31	酉阳土家族苗族自治县	面具阳戏	传统戏剧	第三批	陈永霞	男
32	酉阳土家族苗族自治县	面具阳戏	传统戏剧	第四批	吴中良	男
33	酉阳土家族苗族自治县	酉阳花灯	传统戏剧	第四批	罗忠廷	男
34	酉阳土家族苗族自治县	酉阳西兰卡普传统制作技艺	传统技艺	第三批	左翠平	女
35	酉阳土家族苗族自治县	酉阳西兰卡普传统制作技艺	传统技艺	第四批	胡荣贞	女
36	酉阳土家族苗族自治县	哭嫁	民俗	第四批	向金翠	女
37	酉阳土家族苗族自治县	哭嫁	民俗	第四批	田维翠	女
38	秀山土家族苗族自治县	秀山民歌	传统音乐	第一批	何建勋	男
39	秀山土家族苗族自治县	秀山民歌	传统音乐	第二批	王世金	男
40	秀山土家族苗族自治县	薅草锣鼓	传统音乐	第一批	赵祖静	男
41	秀山土家族苗族自治县	阳戏	传统戏剧	第一批	侯锦辉	男
42	秀山土家族苗族自治县	傩戏	传统戏剧	第一批	何建勋	男
43	秀山土家族苗族自治县	龙凤花烛	传统技艺	第一批	喻淑芬	女
44	秀山土家族苗族自治县	秀山花灯	民俗	第一批	石化明	男
45	秀山土家族苗族自治县	秀山花灯	民俗	第一批	彭兴茂	男
46	秀山土家族苗族自治县	秀山花灯	民俗	第一批	何建勋	男
47	秀山土家族苗族自治县	秀山花灯	民俗	第三批	杨正斌	男
48	黔江区	吴幺姑传说	民间文学	第二批	胡万华	男
49	黔江区	南溪号子	传统音乐	第一批	杨正泽	男
50	黔江区	南溪号子	传统音乐	第一批	冯广香	女
51	黔江区	南溪号子	传统音乐	第一批	李绍俊	男
52	黔江区	后坝山歌	传统音乐	第一批	张国文	男
53	黔江区	后坝山歌	传统音乐	第一批	田桂香	女
54	黔江区	马喇号子	传统音乐	第二批	张柱阳	男

序号	地区	项目名称	项目类别	批次	姓名	性别
55	黔江区	马喇号子	传统音乐	第四批	张宇江	男
56	黔江区	帅氏莽号	传统音乐	第二批	帅世全	男
57	黔江区	石城情歌	传统音乐	第四批	孙其华	女
58	黔江区	濯水后河戏	传统戏剧	第二批	樊宣洪	男
59	黔江区	濯水后河戏	传统戏剧	第三批	徐余清	女
60	黔江区	濯水后河戏	传统戏剧	第四批	陈绍明	男
61	黔江区	中塘向氏武术	传统体育、游艺与杂技	第一批	向国胜	男
62	黔江区	中塘向氏武术	传统体育、游艺与杂技	第一批	向国珍	男
63	黔江区	西兰卡普（土家织锦）制作技艺	传统技艺	第四批	周秀霞	女
64	黔江区	角角调	民俗	第四批	张永松	男
65	石柱土家族自治县	男女石柱神话	民间文学	第二批	马兹文	男
66	石柱土家族自治县	男女石柱神话	民间文学	第二批	秦文洲	男
67	石柱县	石柱酒令	民间文学	第四批	谭世银	男
68	石柱土家族自治县	石柱土家啰儿调	传统音乐	第一批	刘永斌	男
69	石柱土家族自治县	石柱土家啰儿调	传统音乐	第一批	黄代书	男
70	石柱土家族自治县	石柱土家啰儿调	传统音乐	第一批	胡德先	男
71	石柱土家族自治县	石柱土家啰儿调	传统音乐	第一批	李高德	男
72	石柱土家族自治县	石柱土家啰儿调	传统音乐	第一批	帅时进	男
73	石柱土家族自治县	土家斗锣	传统音乐	第一批	谭松芳	男
74	石柱土家族自治县	土家斗锣	传统音乐	第一批	王洪奇	男

续表

序号	地区	项目名称	项目类别	批次	姓名	性别
75	石柱土家族自治县	土家斗锣	传统音乐	第四批	申绪权	男
76	石柱土家族自治县	玩牛	传统舞蹈	第二批	江再顺	男
77	石柱土家族自治县	玩牛	传统舞蹈	第二批	刘贤江	男
78	石柱土家族自治县	玩牛	传统舞蹈	第四批	马兹美	女
79	石柱土家族自治县	打绕棺	传统舞蹈	第二批	刘远高	男
80	石柱土家族自治县	石柱板凳龙	传统舞蹈	第三批	余绍军	男
81	石柱土家族自治县	石柱土戏	传统戏剧	第二批	向大学	男
82	石柱土家族自治县	重庆吊脚楼营造技艺	传统技艺	第二批	刘成柏	男
83	石柱土家族自治县	重庆吊脚楼营造技艺	传统技艺	第二批	刘成海	男
84	石柱土家族自治县	石柱黄连传统生产技艺	传统技艺	第三批	郭华贵	男
85	石柱土家族自治县	盐运民俗	民俗	第三批	彭家胜	男
86	彭水苗族土家族自治县	鞍子苗歌	传统音乐	第一批	任云新	男
87	彭水苗族土家族自治县	鞍子苗歌	传统音乐	第一批	任茂淑	女
88	彭水苗族土家族自治县	鞍子苗歌	传统音乐	第一批	吴庆友	男
89	彭水苗族土家族自治县	鞍子苗歌	传统音乐	第四批	庹清先	女
90	彭水苗族土家族自治县	诸佛盘歌	传统音乐	第二批	万朝珍	男
91	彭水苗族土家族自治县	彭水耍锣鼓	传统音乐	第二批	任汉平	男
92	彭水苗族土家族自治县	彭水道场音乐	传统音乐	第二批	冯秀平	男
93	彭水苗族土家族自治县	梅子山歌	传统音乐	第三批	刘俊高	男
94	彭水苗族土家族自治县	梅子山歌	传统音乐	第三批	冯广田	男
95	彭水苗族土家族自治县	彭水太原民歌	传统音乐	第四批	刘凤平	男
96	彭水苗族土家族自治县	苗山打闹	传统音乐	第四批	唐守学	男
97	彭水苗族土家族自治县	苗山打闹	传统音乐	第四批	唐守贵	男
98	彭水苗族土家族自治县	普子铁炮火龙	传统舞蹈	第二批	潘中仁	男
99	彭水苗族土家族自治县	高台狮舞	传统舞蹈	第二批	唐守益	男

续表

序号	地区	项目名称	项目类别	批次	姓名	性别
100	彭水苗族土家族自治县	高台狮舞	传统舞蹈	第四批	朱万志	男
101	彭水苗族土家族自治县	庙池甩手揖	传统舞蹈	第二批	李元胜	男
102	彭水苗族土家族自治县	木腊庄傩戏	传统戏剧	第二批	冉正高	男
103	彭水苗族土家族自治县	木蜡庄傩戏	传统戏剧	第三批	李应中	男
104	彭水苗族土家族自治县	木蜡庄傩戏	传统戏剧	第四批	冉瑞财	男
105	彭水苗族土家族自治县	朗溪竹板桥造纸	传统技艺	第一批	刘开胜	男
106	彭水苗族土家族自治县	郁山擀酥饼制作技艺	传统技艺	第二批	甘秉廉	女
107	彭水苗族土家族自治县	彭水青瓦烧制技艺	传统技艺	第三批	李举奎	男
108	彭水苗族土家族自治县	郁山鸡豆花制作技艺	传统技艺	第三批	黄守萍	女
109	彭水苗族土家族自治县	鹿角镇民间蛇伤疗法	传统医药	第四批	陈洪儒	男
110	彭水县	郁山孝歌	民俗	第四批	蔡明杨	男
111	武隆县	仙女山耍锣鼓	传统音乐	第三批	代祖林	男
112	武隆县	仙女山耍锣鼓	传统音乐	第四批	吕代林	男
113	武隆县	后坪山歌	传统音乐	第三批	黄华禄	男
114	武隆县	鸭平吹打	传统音乐	第三批	王孝尤	男
115	武隆县	鸭平吹打	传统音乐	第三批	肖久永	男
116	武隆县	平桥耍龙	传统舞蹈	第四批	李代琼	女
117	武隆县	纸竹工艺	传统技艺	第一批	王远贤	男
118	武隆县	羊角豆腐干传统制作技艺	传统技艺	第三批	梁启超	男
119	武隆县	羊角豆腐干传统制作技艺	传统技艺	第四批	石登阳	男

续表

序号	地区	项目名称	项目类别	批次	姓名	性别
120	武隆县	羊角老醋传统制作技艺	传统技艺	第四批	谢承玉	女

资料来源：《重庆市文化广播电视局关于公布第一批市级非物质文化遗产名录项目代表性传承人的通知》（渝文广发〔2009〕48 号）；《重庆市文化广播电视局关于公布第二批市级非物质文化遗产名录项目代表性传承人的通知》（渝文广发〔2010〕359 号）；《重庆市文化广播电视局关于公布第三批市级非物质文化遗产名录项目代表性传承人的通知》（渝文广发〔2012〕320 号）；《重庆市文化委员会关于命名第四批市级非物质文化遗产项目代表性传承人的通知》（渝文委发〔2014〕283 号）。

（三）落实政策与法律法规保障

渝东南各区县认真落实、严格执行国家、部级以及重庆市的相关政策与法律法规，以法制化保障非物质文化遗产保护工作的顺利开展。

1. 遵照执行国家级、部级相关政策与法律法规

（1）中华人民共和国非物质文化遗产法

2004 年 8 月，十届全国人大常委会第十一次会议批准我国加入联合国教科文组织《保护非物质文化遗产公约》。我国正式成为联合国教科文组织《保护非物质文化遗产公约》的缔约国。全国人大教科文卫委员会随即开始我国非物质文化遗产的立法起草工作。2004 年年底，非物质文化遗产立法起草工作移交到国务院。由文化部牵头，联合全国人大相关委员会、国务院有关部门、有关社会团体和研究机构等成立了立法工作小组，起草《中华人民共和国非物质文化遗产保护法》。

2006 年 9 月，文化部完成《中华人民共和国非物质文化遗产保护法（草案送审稿）》，报请国务院审议。国务院法制办开始审查，广泛征求意见。由于 2007 年至 2008 年组织大量专家论证民事法律保护问题，直到 2009 年，去掉"保护"二字的《中华人民共和国非物质文化遗产法》确定最终方向，被列入一档项目。随后，这部备受社会各界瞩目的法律进入了快速立法程序。在审议过程中，"限制境外组织和个人在国内进行非物质文化遗

产调查"，以及"建立非遗代表性传承人退出机制"作为重大修改意见被提及。

2011年2月23日，经调整的《中华人民共和国非物质文化遗产法（草案）》，送交全国人大常委会第三次审议。2月25日，十一届全国人大常委会第十九次全体会议表决通过《中华人民共和国非物质文化遗产法》；国家主席胡锦涛当天签发了中华人民共和国主席令第42号，该法自2011年6月1日起施行。

（2）国家保护非物质文化遗产与少数民族非物质文化遗产的相关政策

2004年，文化部、财政部联合发出《关于实施中国民族民间文化保护工程的通知》，内附《中国民族民间文化保护工程实施方案》。该方案规定了实施"保护工程"的基础条件，其中前两个条件分别是：第一，多次开展调查，对我国民族民间文化资源有基本认识和了解。第二，采取一系列措施，重点扶持和抢救濒危文化遗产，弘扬民族民间文化。对濒临失传的民间绝技，国家一方面组织人员进行记录、整理，一方面给民间艺人一定资助，鼓励他们传承技艺，对具有重要价值的民族民间文化遗产，国家采取了重点扶持政策。国家对少数民族地区文化设施建设、文艺人才培养、对外文化交流、文物保护实行特殊的优惠政策，实施了"万里边疆文化长廊工程"，开展了"民间艺术之乡"的命名。各地在建立民族文化生态保护区、保护传统工艺方面也都进行了有益的尝试。

国务院于2005年下发的《关于加强文化遗产保护的通知》中规定："保护文化遗产，保持民族文化的传承，是联结民族情感纽带、增进民族团结和维护国家统一及社会稳定的重要文化基础，也是维护世界文化多样性和创造性，促进人类共同发展的前提。加强文化遗产保护，是建设社会主义先进文化，贯彻落实科学发展观和构建社会主义和谐社会的必然要求。""加强少数民族文化遗产和文化生态区的保护。重点扶持少数民族地区的非物质文化遗产保护工作。对文化遗产丰富且传统文化生态保持较完整的区域，要有计划地进行动态的整体性保护。对确属濒危的少数民族文化遗产和文化生态区，要尽快列入保护名录，落实保护措施，抓紧进行抢救和保护"。

2005 年 6 月 17 日，中共中央宣传部、中央文明办、教育部、民政部、文化部联合下发了《关于运用传统节日弘扬民族文化的优秀传统的意见》。在文件的最后，特别强调了"我国是一个统一的多民族国家。各少数民族在长期的历史发展过程中，形成了各具特色的民族传统节日。少数民族传统节日，是中华民族文化的优秀传统的重要组成部分。当地各级人民政府要加强对相应节庆活动的组织与引导，充分尊重少数民族的节日习俗，积极开展丰富多彩的民族节庆活动，进一步增强民族团结，维护国家统一，弘扬中华民族文化的优秀传统"。

2006 年 5 月 26 日，文化部、国家发展改革委、教育部、国家民委、财政部、建设部、国家旅游局、国家宗教事务局、国家文物局联合发出了《关于组织开展我国第一个"文化遗产日"活动的通知》。通知要求从 2006 年起，每年 6 月的第二个星期六为我国的"文化遗产日"。该通知还部署了第一个"文化遗产日"各级政府的任务，规定国务院各有关部门在"文化遗产日"期间将举办"少数民族珍贵文物展""中国民族服饰工艺精品展"等系列宣传展示活动。

国务院办公厅关于印发《少数民族事业"十一五"规划》的通知中也特别提出："加强少数民族文化遗产的保护、抢救、发掘、整理和展示宣传。营建少数民族文化社区和文化生态区，有计划地保护少数民族文化遗产和保存完整的少数民族自然与文化生态区。"

（3）其他国家级法律法规中对少数民族非物质文化遗产保护的相关规定

《中华人民共和国宪法》第四条第四款规定："各民族都有使用和发展自己的语言文字的自由，都有保持或改革自己的风俗习惯的自由。"第一百一十九条规定："民族自治地方的自治机关自主地管理本地方的教育、科学、文化、卫生、体育事业，保护和整理民族的文化遗产，发展和繁荣民族文化。"

《中华人民共和国民族区域自治法》第六条第四款规定："民族自治地

方的自治机关继续和发扬民族文化的优良传统，建设具有民族特点的社会主义精神文明。"第三十八条规定："民族自治地方的自治机关自主地发展具有民族形式和民族特点的文学、艺术、新闻、出版、广播、电影、电视等民族文化事业。……民族自治地方的自治机关组织、支持有关单位和部门收集、整理、翻译和出版民族历史文化书籍，保护民族的名胜古迹、珍贵文学和其他重要历史文化遗产，继承和发展优秀的民族传统文化。"第五十九条规定："国家设立各项专用资金，扶助民族自治地方发展经济文化建设事业。"

《中华人民共和国刑法》第二百五十一条规定："国家机关工作人员非法剥夺公民的宗教信仰自由和侵犯少数民族风俗习惯，情节严重的，处 2 年以下有期徒刑或者拘役。"

2. 认真落实重庆市相关政策与法律法规

（1）重庆市的非物质文化遗产政策

2005 年重庆市开展非物质文化遗产保护工作，重庆市政府先后颁布了《重庆市人民政府办公厅关于加强我市非物质文化遗产保护工作的实施意见》《重庆市非物质文化遗产资源普查工作方案》等，从政策制度上保证了渝东南非物质文化遗产保护工作的正常、有序开展。还出台了《关于加强我市非物质文化遗产保护工作的实施意见》，组建了由市政府分管副市长担任召集人，市级相关部门组成的重庆市非物质文化遗产保护工作局际联席会。通过联席会议制度，统一协调解决重庆市非物质文化遗产保护工作中的重大问题。2006 年 5 月重庆市人民政府又发布了《关于加强文化遗产保护的通知》，表明文化遗产是不可再生的珍贵资源。提出了"通过开展非物质文化遗产保护工作，使我市珍贵、濒危并具有历史、文化和科学价值的非物质文化遗产得到有效保护，建立起比较完备的重庆非物质文化遗产保护制度和保护体系，在全社会形成自觉保护民族、民间文化的意识，实现重庆非物质文化遗产保护工作的科学化、规范化、网络化、法制化"的工作目标，明确了"保护为主、抢救第一、合理利用、传承发展"的基本方针。

（2）重庆市的非物质文化遗产法规

重庆市非物质文化遗产相关法规在全市非物质文化遗产保护工作实践中不断完善并系统化，为非物质文化遗产保护工作的推进提供了重要保障。

2005 年出台并施行的《重庆市非物质文化遗产代表作申报评定暂行办法》，有效推进了建立重庆市非物质文化遗产代表性项目名录的进程。

对传承人的保护是非物质文化遗产保护工作的核心和关键。重庆市于 2008 年、2010 年先后出台的《重庆市非物质文化遗产名录项目代表性传承人认定与命名暂行办法》《重庆市非物质文化遗产代表性传承人扶助办法》，对非物质文化遗产项目代表性传承人的申报、认定、管理等作出了明确规定。首先规定了代表性传承人的义务，代表性传承人必须完成非物质文化遗产的"传帮带"工作，否则将被取消代表性传承人资格，并加大了对代表性传承人的认定命名及传承扶持工作，规定了各级文化行政部门将为传承工作提供资金支持，明确了传承补贴的发放方式为定期对非物质文化遗产代表性传承人的授徒情况进行量化考核，再根据考核情况发放传承补贴；并且要求有条件的区县和单位，可以专门建立非物质文化遗产专题陈列室、博物馆和传习场所，在建筑规划、财政支持、土地利用等方面作出了比较细致的规定。

2012 年 7 月 26 日，重庆市第三届人大常委会第三十三次会议通过了《重庆市非物质文化遗产条例》，并于 2012 年 12 月 1 日起正式实施。条例明确了政府、政府部门和相关单位职责，并制订了鼓励社会参与的措施。条例鼓励公民学习、传承非物质文化遗产代表性项目技艺，并将对学习、传承优异者给予补助。此外，条例规定了代表性传承人和保护单位的认定条件、认定方式、认定程序、应当履行的义务和享有的权利。同时，条例还对制订代表性项目保护规划，属于非物质文化遗产组成部分的实物和场所保护，代表性项目集中、内涵保持完整的区域实施整体性保护以及相关文献实物保护保存等方面进行规范。《重庆市非物质文化遗产条例》的出台与实施，大大推进了重庆市非物质文化遗产工作的法制化进程，说明重庆市非物质文化遗产立法工作在全国走在了前列，进一步推动了重庆非物质文化遗产保护工作全面深入开展。

2012年11月21日重庆市政府第138次常务会议审议通过了《重庆市非物质文化遗产专家评审办法》（市政府令第268号），对评审重庆市非物质文化遗产代表性项目的代表性传承人和保护单位的专家标准及应行使的职责义务进行了详细规定，强化了专家组在论证、评审中的指导作用。据此，重庆市建立起非物质文化遗产专家库和专家论证机制，完善了项目评审机制。

（四）探索有效传承机制

渝东南各区县在用好国家与重庆市政策的基础上，以传承人为核心，探索有效传承机制，开展保护传承工作。

渝东南各区县主要采取三种方式建立传承机制，确保非物质文化遗产的存续与流传，收效明显。一是实行"项目合同制"。对于国家级项目，从2009年起，重庆市非物质文化遗产保护中心与本年度获得中央补助专项资金的项目保护单位、项目所在地文化行政主管部门，签订《国家级非物质文化遗产保护项目任务书》，约束三方责任单位履行各自职责并开展年度考核，共同按期完成"五个一"工作任务，即培养一批传承人，推出一批传习作品，出版一部书籍，发行一套声像作品，举办一次大型展示活动。二是传承人扶助实行分期补助。根据与国家级代表性传承人签订传承协议书的内容，坚持"按任务完成进度拨款"的拨付原则，实行事前、事中、事后依据传承效果分期拨付传习补贴经费。对于国家级代表性传承人，在国家给予每人每年8000元补助的基础上，由市财政给予每人每年2000元配套补助；市级代表性传承人，由市财政给予每人每年5000元补助。同时建立传承培训随访工作机制，及时解决代表性传承人在传承活动中遇到的困难。三是传承技艺实行以奖代补扶持奖励。2011年以来，重庆市开展了代表性传承人学徒技艺大赛，在传承人学徒之间开展技艺竞赛，对优秀者给予奖励。渝东南各区县也通过民歌大赛、吹打乐大赛、举办乡村文化艺术节等活动发现出类拔萃的项目传承人，评选民间艺术大师，每年以区县政府的名义表彰奖励一批优秀民间艺人。

渝东南各区县的代表性传承人在各级政府、文化主管部门和项目保护单位的引导与支持下，利用自身优势，在传承义务的履职方面发挥了积极作用。如：（1）开展传承活动，培养后继人才。一是依托当地的中小学，进行校园传承；二是利用本人的知名度，广收学徒。（2）收集、保存相关实物资料。渝东南各区县的代表性传承人均能妥善保存手中的实物资料，甚至部分代表性传承人还能积极主动地到民间收集资料。（3）积极配合进行非物质文化遗产调查。对国家级名录项目的历次田野调查中，渝东南的国家级代表性传承人均积极配合并参与到采录工作当中，对调查工作做出了应有贡献。（4）参与公益性宣传活动。在重庆市每年举行的文化遗产日、渝东南当地举办的文化推介活动、传统节日等各类公益性宣传活动中，都能看见代表性传承人的身影。他们积极参加，热情高涨，以自身高超的技艺，展现了非物质文化遗产代表性项目的魅力，形成了良好的传承体系。一些非物质文化项目也因此逐渐复苏和发展壮大。如秀山民族村的苗鼓在消亡十多年后，重新被传承人操练，传至下一代；黔江高炉号子也在老一辈的积极传承下，逐渐复苏。

（五）广泛开展文化宣传与展示交流活动

文化宣传与展示交流活动是面向公众推广普及传播非物质文化遗产的重要途径，因其直接影响着非物质文化遗产的传播范围与影响面，影响着社会公众对非物质文化遗产的认识与接受程度。因此渝东南各区县在非物质文化遗产工作中积极广泛地开展文化宣传与展示交流活动并取得了可喜的社会效应。

一是积极参加、组织节会宣传活动，营造了良好的氛围。渝东南各区县从2006年开始举办一年一度的"文化遗产日"系列宣传展示活动，届届都精彩纷呈，营造了全民参与和支持非遗保护的工作氛围，取得了较好的社会反响。在上海世博会重庆活动周、首届中国非遗博览会等全国大型活动中，渝东南的非物质文化遗产项目都备受瞩目，影响广泛。各区县也利用自身优势，搭建平台，举办多种多样的节会活动与文化品牌活动。比如酉阳县持续举办"中国土家摆手舞欢乐文化节""武陵山区山歌民歌大赛""民间传统技艺展示"等大型文化活动，宣传推广酉阳民族文化项目；秀山举办了"中国花灯·秀山论坛"和花灯艺术节，还编辑出版了《秀山花灯论文集》《秀山花灯大全》《秀山花灯歌曲》等系列专著；2006年以来，彭水县开展了一年一度的"踩花山节"、民歌大赛、民间吹打乐比赛等文化品牌活动；黔江区联合武陵山兄弟县市成功申报了中国武陵山民族文化节，并成功承办了首届、第二届和第四届中国武陵山民族文化节，使之成为展示武陵山区丰富民族文化的重要平台，成为武陵山区各族人民的文化盛事。

二是实施文化"走出去"战略，参与了一系列国际文化交流活动。重庆市从2008年开始，先后组织包括渝东南地区在内的全市优秀的非物质文化遗产项目和相关创作作品，赴德国、澳大利亚、美国、泰国、英国等国家举办"重庆文化周"活动及各种文化交流展示活动，现场展示巴渝民间艺术，在国内外产生了积极影响。黔江区融合土家族、苗族文化元素创作的大型民族歌舞诗《云上太阳》，还曾代表文化部参加了"中国巴西文化月"活动，在巴西9大城市成功演出17场，受到热烈欢迎。

三是以媒体为平台，广泛扩大影响。《重庆日报》曾开辟了非物质文化遗产宣传展示专栏，先后对包括渝东南项目在内的全市39个国家级项目进行了全面展示宣传报道。重庆电视台生活频道《全城搜索》栏目从2014年开始每周播放一期国家级项目的专题片，渝东南高台狮舞、土家族摆手舞等项目都已播出，收视效果良好。黔江区民歌《南溪号子》《土家八宝铜铃》《土家耙田歌》和《咂酒歌》等4个节目走进中央电视台音乐频道《民歌·中国》栏目，把重庆民歌推向了全国，舞蹈《母亲的火塘》参加了第十六届"群星奖"决赛。彭水把民间音乐作为本县甚至整个重庆一张响亮的文化名片，鞍子苗歌、梅子山歌、诸佛盘歌、太原民歌、苗山打闹等先后亮相第六届中国农民艺术节、中央电视台青歌赛决赛、全国原生态民歌展演、西部花儿歌会、上海世博会、北京园博会、第十届中国艺术节、渝台少数民族文化交流会、重庆园博会等，《娇阿依》《包谷调》《齐田大号》

等代表曲目两进央视，两次摘取西部花儿歌会金奖，在各种国家级、市级展演活动中获取金奖 20 多个。

（六）实施生产性保护

为进一步规范、加强非物质文化遗产生产性保护，根据《中华人民共和国非物质文化遗产法》和《国务院办公厅关于加强我国非物质文化遗产保护工作的意见》，2012 年 2 月 2 日，文化部印发《关于加强非物质文化遗产生产性保护的指导意见》。

非物质文化遗产生产性保护是指在具有生产性质的实践过程中，以保持非物质文化遗产的真实性、整体性和传承性为核心，将非物质文化遗产及其资源转化为物质形态产品的保护方式。这一保护方式目前主要是在传统技艺、传统美术和传统医药药物炮制类非物质文化遗产领域实施。

生产性保护方式是在开展非物质文化遗产保护工作实践中应运而生的，它既体现了我国政府在开展此项工作方面的独创性，又与联合国教科文组织颁布的相关文化公约精神相一致。如《保护非物质文化遗产公约》指出：在不断使非物质文化遗产得到"创新"的同时，使非物质文化遗产的拥有者自己具有一种认同感和历史感，从而促进文化多样性和人类的创造力。《保护和促进文化表现形式多样性公约》也明确提出：非物质文化遗产保护工作要体现"经济和文化发展互补原则"以及"可持续发展原则"。在此基础上，《中华人民共和国非物质文化遗产法》第三十七条对此又做了具体阐述："国家鼓励和支持发挥非物质文化遗产资源的特殊优势，在有效保护的基础上，合理利用非物质文化遗产代表性项目开发具有地方、民族特色和市场潜力的文化产品和文化服务。"

在渝东南非物质文化遗产保护进程中，一些传统技艺项目已经开始与市场经济衔接，其产品逐渐地得到市场认可，不仅展现了较高的文化价值和精神价值，其经济价值也得以体现，表现出较强的生命力。2012 年，为进一步建立科学的非遗传承机制，有效保护和传承全市的非物质文化遗产，恢复一些非物质文化遗产的"自我造血"功能，有效延续其生命活力，重庆市开始命名重庆市非物质文化遗产生产性保护示范基地，至 2014 年年底，共命名了两批 35 家重庆市非物质文化遗产生产性保护示范基地，渝东南有 3 家重庆市非物质文化遗产生产性保护示范基地。

表 3 - 23　渝东南地区的重庆市非物质文化遗产生产性保护示范基地

序号	区县	示范基地名称	批次	项目类别	非物质文化遗产名录项目
1	黔江区	重庆市珍珠兰御咏茶业有限公司	第一批	传统技艺	黔江珍珠兰茶罐窖手工制作技艺
2	酉阳县	重庆市酉阳县里都文化传媒有限公司	第二批	传统技艺	酉阳西兰卡普传统制作技艺
3	酉阳县	酉阳县子月苗族文化传播有限责任公司	第二批	传统技艺	酉阳西兰卡普传统制作技艺

资料来源：重庆市非物质文化遗产保护中心。

（七）非物质文化遗产进校园与教育传承

文化的传承离不开教育。非物质文化遗产是我国传统文化的一个重要组成部分，也是对学生进行传统文化教育的很好素材。社会公众特别是青少年学生参与保护非物质文化遗产的程度从根本上决定着非物质文化遗产的未来命运。学校教育是非物质文化遗产传承最为重要的举措。把非物质文化遗产传承教育纳入学校教育与教学体系，可以在广大青少年学生心灵中埋下朴素的爱祖国、爱家乡思想的种子，从一定程度上来说继承和发展了优秀的传统文化，这会在他们未来成长的道路上潜移默化地发挥作用。

渝东南地区自开展非物质文化遗产保护工作以来，各种非遗进校园活动就成为促进非物质文化遗产传承传播的有效方式之一。从目前开展非遗进校园活动的形式来看，主要有以下几类：一是非物质文化遗产代表性传承人利用文化宣传展示活动的机会走进中小学校进行技艺展示展演。二是开办非物质文化遗产讲座、课堂，请非物质文化遗产代表性传承人授课传艺等。不少中小学校都聘请本区域非遗项目的代表性传承人为学生讲解项目、传授非遗技艺。比如石柱盐运民俗代表性传承人彭家胜就曾在西沱中学为学生讲授盐运民俗与历史。三是编制当地非物质文化遗产项目校本教材，使学校师生共同参与到非物质文化遗产项目的传承与教学。如秀山县编辑出版了乡土教材《秀山民歌》，纳入到中小学试点推广；石柱县结合传统体育项目编辑了体育课教材《土家竹玲球》。四是命名非物质文化遗产教育传承基地。重庆市政府自 2012 年开始命名重庆市非物质文化遗产教育传承基地，其基本条件包括开设非物质文化遗产相关课程，有计划地聘请非物质文化遗产项目传承人进校授课，开展具有鲜明地域文化特色的非物质文化遗产项目传习活动，等等。至 2014 年，重庆市共命名了两批 55 个重庆市非物质文化遗产教育传承基地，渝东南有 9 所学校获得命名。

　　各类方式的非遗进校园活动互为补充，由非遗传承人主动寻求传承空间与政府和各级文化主管部门推动形成合力，共同促进了渝东南地区非物质文化遗产在青少年中的传播与传承。

图 3－6　教育传承·木叶吹奏（魏锦　摄）

表 3-24 渝东南地区的重庆市非物质文化遗产教育传承基地

序号	区县	教育传承基地名称	批次	项目类别	非物质文化遗产名录项目
1	石柱县	石柱土家族自治县枫木乡小学校	第一批	传统音乐	石柱土家啰儿调
2	秀山县	秀山土家族苗族自治县海洋乡中心校	第一批	民俗	秀山花灯
3	彭水县	彭水苗族土家族自治县诸佛乡中心校	第一批	传统音乐传统舞蹈	诸佛盘歌，庙池甩手揖
4	黔江区	黔江区中塘乡中心小学校	第二批	传统体育游艺与杂技	中塘向氏武术
5	黔江区	黔江区鹅池镇中心学校	第二批	传统音乐	南溪号子
6	酉阳县	酉阳县可大乡新溪小学	第二批	传统舞蹈	摆手舞
7	酉阳县	酉阳四中	第二批	传统音乐	木叶吹奏
8	彭水县	彭水文武中学	第二批	传统舞蹈	高台狮舞
9	彭水县	彭水县鞍子镇小学	第二批	传统音乐	鞍子苗歌

资料来源：重庆市非物质文化遗产保护中心。

（八）推进整体性保护

1. 渝东南各区县的整体性保护意识

活态传承是非物质文化遗产的重要特征。非物质文化遗产是人的行为创造，它的价值不但有物质载体进行体现，还要借助人的行为过程进行展现，它的物质形态只有融入了传承人或者创造者的思想、智慧、人生观、价值观等因素，才能体现出物质形态的灵魂，这也是非物质文化遗产的灵魂。这种高超技艺、技能的呈现和传承是需要人的语言和行为产生并支持的，是具有"活"的鲜明特色。"活鱼"必须养在"活水"里，活态传承的非物质文化遗产总是要存在于特定的文化空间与生态环境当中，才能保持其生命力。要将非物质文化遗产同其生存空间与载体共同保护，或恢复一些非物质文化遗产的生存空间与载体，才能使非物质文化遗产在当代传承弘扬，绽放光彩。这是渝东南各界朴素的整体性保护意识。这种意识的形成源自于非物质文化遗产保护工作开展以来，渝东南地区丰富多彩的民族文化以非物质文化遗产的形式受到外界青睐，当地政府、民众及社会各界的文化自觉意识被大大激发，自觉保护与弘扬本土民族文化的积极性被调动起来。

在渝东南各区县，当地民众或自发、或由政府及相关部门引导，恢复了一些传统节庆和习俗活动。2010 年酉阳县自治条例明确将"摆手节"确定为地方法定民俗节日。秀山县"四月八"苗王节等传统节日活动及相应的民间灯班、戏班开始逐渐恢复和壮大。少数民族村寨重新兴起的"牛王节""羊马节"等让苗族"上刀山""捞油锅"等绝活再现江湖，让少数民族歌舞重现生机，再展魅力。近年来在渝东南的春节欢庆仪式上的花灯、龙舞都依托春节这种传统节日在文化遗产保护的背景下得到很好的传承和公众认可。民俗是文化的根，是民族文化的基础。节日民俗、庙会民俗、人生礼仪民俗、集市贸易民俗、集体生产民俗等具有自发性、群体性特征。在传统节庆如春节、元宵节、清明节、端午节、中元节、中秋节、重阳节中，由民众自发组织盛大节庆民俗活动，传统戏曲、曲艺、民间舞蹈、民间美术、杂技与竞技、传统饮食等都将在浓厚的节日氛围中得到原生态的保护。而随着传统节日和习俗的复兴，地方普通民众的文化自觉又进一步增强，保护非物质文化遗产的积极性进一步高涨。

黔江区甚至在 2000 年时就依据文化部、国家民委《关于进一步加强少数民族文化工作的意见》提出了建立"渝东南民族文化生态保护区"和"重庆市黔江小南海土家族文化生态博物馆"的设想。在 2009 年，黔江区建成了以武陵山民俗生态展示中心和 13 个集中成片的原生态土家村寨为重点的"重庆市黔江小南海土家族文化生态博物馆"。该博物馆集文化展示、旅游休闲、情景体验为一体，集中保存土家族风土人情、民俗民物，成为中国第一座土家族文化生态博物馆。

2. 申报国家级文化生态保护实验区

重庆市及渝东南各区县文化主管部门在非物质文化遗产保护工作推进过程中，越来越清晰地认识到依托区域文化共性与特性、对非物质文化遗产及其文化生态实施整体性保护的重要性和建设意义，深切地认识到"武陵山区（渝东南）土家族苗族文化生态保护实验区"的建设意义，决心调动一切积极的因素，发挥各个非物质文化遗产传承主体的作用，在渝东南地区建成一个组织健全、措施有力、保障到位、传承有效的文化生态保护区。

2008 年，重庆市开始规划建设渝东南民族文化生态保护区。2009 年 4 月，重庆市政府批准渝东南民族文化生态保护区为市级文化生态保护区，同时正式向文化部提出将其纳入国家级文化生态保护区的申请。渝东南民族文化生态保护区也是重庆市唯一一个文化生态保护区，为强力推进文化生态保护区建设，重庆市政府同时还将其纳入重庆市文化事业发展"十二五"规划和政府工作报告。从 2009 年至 2012 年间，重庆市文化主管部门、重庆市非物质文化遗产保护中心与渝东南各区县一道，多次组织专家团队和大量非物质文化遗产保护工作者深入调研、实地考察，普查渝东南文化资源，积累了大量档案资料，并数易其稿编制《渝东南文化生态保护区建设规划》，同时将规划纲要报送文化部审核。2012 年 12 月，文化部专家组到保护区进行了实地考察。按照文化部专家组的实地考察意见，重庆市非物质文化遗产保护中心组织专家认真修改完善了规划纲要，并将修改后的《武陵山区（渝东南）土家族苗族文化生态保护实验区规划纲要》再次上报文化部。2013 年 12 月底文化部对其举行专家评审。2014 年 8 月，文化部正式批准"武陵山区（渝东南）土家族苗族文化生态保护实验区"为国家级文化生态保护实验区。这标志着渝东南、重庆市的非物质文化遗产保护进入了一个整体、活态保护的新阶段。《重庆市人民政府办公厅关于加快武陵山区（渝东南）土家族苗族文化生态保护实验区建设的意见》已经正式公布实施，这将成为指导渝东南各区县开展文化生态保护区建设的纲领性文件。

二、渝东南民族地区非物质文化遗产保护状态与成因

（一）渝东南民族地区非物质文化遗产保护状态

1. 非物质文化遗产名录项目的保护状态

渝东南非物质文化遗产名录项目，尤其是国家级和重庆市级的代表性项目都有着良好的社会基础，保护和传承自发性强，实践率高。非物质文化遗产名录项目与当地民众的日常生活紧密相连，传统音乐、传统舞蹈、传统戏剧及传统体育、游艺与杂技在节日庆典、人生仪礼、民俗仪式等重要的仪式活动中展演；一些民俗项目逐渐复兴和壮大；一些传统技艺项目已经开始与市场经济衔接，不仅展现了较高的文化价值和精神价值，其经济价值也得以体现，表现出较强的生命力。

与此同时，渝东南地区非物质文化遗产名录项目在保护过程中也存在诸多问题。

从进入市级名录的项目类别来看，以歌舞类为主，表现为数量多、层次高，其次是民俗和民间文学。其他类别的项目则数量较少，尤其是一些与民间生活息息相关的传统技艺、传统美术等项目在名录中还未有充分体现。反映出申报主体对本地非物质文化遗产的认识还有所欠缺，普查工作还需继续扩大广度和深入。目前的项目名录尤其是区县级的名录还存在普查不足、不够完善、分类不科学等问题。

从对项目的保护情况来看，国家级名录项目和市级名录项目有相对固定的资金和政策支持，情况相对较好，区县级名录项目则缺乏相应的支持，相当一部分只是列入名录而尚未采取有效保护措施。

从项目存续情况来看，许多项目的传承断代危机非常严峻。表3-25反映了渝东南国家级非物质文化遗产项目的濒危现状。

表 3 - 25　渝东南国家级非物质文化遗产项目濒危现状

序号	项目名称	地区	项目类别	濒危现状
1	酉阳古歌	酉阳土家族苗族自治县	民间文学	掌握技艺知识的传承人相继去世或年高体弱，有影响力且传承能力较强的传承人日渐稀少；愿学者少；缺乏从事保护工作的专业人才；经费投入不足
2	石柱土家啰儿调	石柱土家族自治县	传统音乐	能唱"啰儿调"的艺人，初步调查只有70人左右，占全县总人口的万分之一左右，且大多生活在县境东北山区、西北丘陵、中部河谷及南部等偏远山区。农村60%的地区农耕文化发生巨大变化，"啰儿调"的生存空间加速缩小。大部分青壮年长年外出务工，能唱"啰儿调"的人都年事已高，传承力度微弱
3	南溪号子	黔江区	传统音乐	年轻人学习积极性不高，与代表性传承人的传承热情形成反差；缺乏从事保护工作的专业人才，且经费投入不足。现存只有近10人会唱，其中最高年龄78岁，最小年龄58岁，中青年没有一人能喊出号子；一般群众对喊号子已无热情，觉得粗俗，日益疏远，特别是青年对其冷漠，不适应当代的审美兴趣，且大多数已外出打工，无缘于此。加之电视普及，群众文化生活逐渐走向现代化，原始古朴的民歌已难以与流行歌曲抗衡。同时由于南溪号子及民歌只限于口授声传，没有歌词和曲调的书面记载，传承难以进行
4	秀山民歌	秀山土家族苗族自治县	传统音乐	受外来文化艺术的冲击，爱唱、会唱秀山民歌的人越来越少；大部分民间老艺人相继辞世，青年人外出务工，后继乏人已非常明显，接受面、传承面越来越小
5	酉阳民歌	酉阳土家族苗族自治县	传统音乐	会唱民歌的人，尤其是"歌箩子"，有的已经作古，有的年事已高，后继乏人。年轻人外出打工，离开了民歌生长的土壤，喜欢流行音乐，有的民族歌手到歌厅唱流行歌曲挣钱

序号	项目名称	地区	项目类别	濒危现状
6	狮舞（高台狮舞）	彭水苗族土家族自治县	传统舞蹈	经费投入不足，缺乏从事保护工作的专业人才。虽是群众自发的娱乐项目，但在参加各种活动时仍要收取一定费用，随着改革开放的继续深入，狮舞的表演范围也进一步扩大。近年来，打工浪潮席卷而来，大多数青壮年已远走他乡，高台狮舞玩班大多只剩下年老体弱者，无法进行正常表演
7	土家族摆手舞（酉阳摆手舞）	酉阳土家族苗族自治县	传统舞蹈	众多摆手堂现已损毁，仅存后溪镇长潭村西水河西岸的"爵主宫"，为渝东南地区现存唯一的土王庙与宗祠结合的"摆手堂"，随着西水下游秀山石堤水电站的兴建也将迁移，古老的摆手舞赖以生存、发展的社会基础和群众基础，发生了巨大的变化。大批青壮年外出经商、打工，追求时尚娱乐，对传统文化的兴趣日益淡漠，认为摆手舞不够时髦，不愿学，不愿跳，随着能跳会唱、见证和传承摆手舞历史的土家老人一个个去世，土家族摆手舞面临巨大危机
8	土家族吊脚楼营造技艺	石柱土家族自治县	传统技艺	一方面，社会上有一种意识，认为住吊脚楼的人贫穷落后，导致住在吊脚楼的人千方百计要改造吊脚楼；另一方面，当今大量的建筑用木材也不能充分供应，建筑材料由砖板、钢筋和混凝土逐步取代了木材，难以新建吊脚楼。随着当前城市化、大型工程启动、新农村建设步伐加快，导致大量传统的吊脚楼和吊脚楼群颠覆性地消失。而随着新农村建设的进一步推进，新的建筑材料和建筑技术，代替了土家族传统的吊脚楼营造技艺；山寨的中青年人多外出打工，很少有人学习传统木工及造木屋技术，造成了土家族吊脚楼营造技艺可传人员减少；也缺乏从事保护工作的专业人才。传承危机严峻

序号	项目名称	地区	项目类别	濒危现状
9	秀山花灯	秀山县土家族苗族自治县	民俗	花灯赖以生存的农村社会基础发生了变革，跳花灯的习俗日益淡化，过去红红火火的花灯班和玩灯、接灯的风气有所冷落。全县60岁以上的花灯老艺人70%已相继辞世，有的绝技已经失传。健在的艺人都在70岁以上，老艺人手中的绝技亟待抢救。有的灯班虽然还在传承，但青年人普遍学艺不精。许多灯班已学成的青年多外出打工，不得不停止活动。受现代文化的冲击，青年人热衷于现代娱乐方式而不愿学习传统花灯
10	苗族民歌	彭水苗族土家族自治县	传统音乐	社会快速发展引发的生产关系、生活方式等的深刻变化，特别是所谓的"强势文化"的冲击，改变了年轻人审美情趣，对即使是较固守的苗族民俗也产生了颠覆性冲击，这使民俗依附性较强的鞍子山歌等活动时空逐渐萎缩。加上农村青年长期外出务工，中小学又缺乏传统民族音乐的教育，而有造诣的民族歌手年事已高，有的已经谢世，使传统苗歌后继乏人
11	玩牛	石柱土家族自治县	传统舞蹈	玩牛受多种因素的影响，当前正在加速衰亡。西沱江氏班子用女子作为替代，而且平时连女子也外出务工，难以配齐班子；而下路刘氏班子的活动也很少。他们都仅仅在春节玩，真正原来在谷雨和牛王节日玩牛的习俗已经渐行渐远

资料来源：重庆市非物质文化遗产保护中心。

2. 非物质文化遗产代表性传承人的保护状态

代表性传承人是非物质文化遗产最主要的传承主体，体现了非物质文化遗产保护的主体性。渝东南文化生态保护区内有着庞大的各级非物质文化遗产名录项目代表性传承人群体，以及非物质文化遗产的持有者和爱好者群体，体现了非物质文化遗产广泛的社会基础。

存在的问题是：代表性传承人年龄普遍偏大，青壮年较少。国家级和重庆市级的代表性传承人平均年龄在 60 岁以上，有的已达高龄。一些传承人因年事已高精力不足或疾病缠身导致无法开展传承活动。每年都有代表性传承人离世。截至 2014 年年底，渝东南地区有 3 名国家级非物质文化遗产代表性传承人、4 名市级非物质文化遗产代表性传承人去世，国家级非物质文化遗产项目土家族摆手舞的 2 名国家级代表性传承人均已离世。年轻一代的非物质文化遗产代表性传承人获得的支持不够，有些项目陷入后继乏人的困境。在职业分布上，重庆市级以上非物质文化遗产代表性传承人多为农民，还有一部分为退休职工。有的非物质文化遗产代表性传承人生活困难，缺乏资金、场地的支持，在一定程度上影响了传习活动。

图 3－7　两位木叶吹奏的代表性传承人切磋技艺（魏锦　摄）

（二）渝东南民族地区非物质文化遗产保护状态的成因

1. 渝东南文化生态失衡

（1）传统文化生态面临冲击

在当代，传统文化共同体内部密切的人际关系和人际交往发生变化，传统的家庭、社区、社群逐渐分化甚至逐渐解体，使得传统仪礼、风俗逐渐发生改变，传统文化认同与传承功能逐渐弱化。与传统节庆仪礼和风俗密切相关的非物质文化遗产在现代生活中失去了根基。

（2）文化传承乏力

非物质文化遗产得以存在的关键载体是传承人，一直以来，对非物质文化遗产的保护都强调传承人的保护。然而近年来，随着城镇化速度加快，大量劳动力从农村向城市流动，农村社区常住人口尤其是年轻人逐渐减少。在非物质文化遗产赖以存在的农村社会，很多传承人年岁已高，中青年外出打工，正常的传习活动难以保证，造成非物质文化遗产传承断代。这些因素使得依附于这些传统社区传承群体的传统技艺、传统舞蹈、传统音乐、民俗等活动传承乏力。

（3）现代生活的影响

现代生活中的工业化生产方式和现代传媒手段引导所带来的消费观念、审美观念改变使得民众逐渐忽视了传统手工艺品、传统艺术、民俗活动的价值，使得一些非物质文化遗产的实践群体和享用群体逐渐萎缩。诞生于农耕社会的非物质文化遗产，面临如何适应日新月异的社会和与时俱进的大众并取得发展的窘境。

（4）自然生态的改变

部分地区内原有自然地貌、周边环境的改变，空气、水源、植被、土壤等自然资源遭到破坏，使得一些非物质文化遗产项目失去了赖以生存的自然生态环境。对生态环境依赖较强的吊脚楼营造、木雕、石雕、饮食、酿造、编织等传统技艺所需的原料短缺、自然环境的改变会使其存续状况进一步恶化。

2. 渝东南非物质文化遗产保护工作中存在问题

总体而言，渝东南的非物质文化遗产在数量和质量上得天独厚，但同时，非物质文化遗产保护工作在摸索中前进，也还面临不少问题：

（1）整体性活态性保护观念不足

目前，从国家到地方，三级非物质文化遗产保护名录已经形成，针对单个项目以及项目传承人的经费也按计划下拨到位。为争取更多的保护经费，各地纷纷在进入名录的数目上下工夫，出现了不少因各级名录的分类而在保护中同样将非物质文化遗产人为进行分割单独保护和隔离保护的行为和措施。这种保护措施往往违背了非物质文化遗产整体性和活态性保护原则。在文化生态系统中，非物质文化遗产、相关的物质文化遗产和自然遗产是共生的系统，非物质文化遗产代表性传承人、团体、社区、现代部门等都是非物质文化遗产保护、传承、传播的不可分割的主体。如民间舞蹈既离不开音乐的伴奏，又大多与特定的民俗、礼仪相关；婚礼或丧葬仪式歌既蕴藏着民族迁徙的古老传说，也代代相传着为人处世的经验和生产生活知识。非物质文化遗产还与其存在的环境紧密相依，如果名录保护初衷是把非物质文化遗产从其所依存的环境中抽取出来，无疑是断其进一步生存发展的土壤和水分，必将使其衰竭而亡。但在目前的保护实践中，尽管人们对非物质文化遗产的整体性保护形成了一些朴素的认识，但就文化生态系统的整体性而言这些认识仍不够充分；在操作层面上，也还无法建立起文化生态系统中各要素之间的关联。主要的保护措施只针对那些非物质文化遗产名录项目和代表性传承人，与其相关的系统性因素往往被忽视，甚至被忽略。只注重项目申报和以获取经济利益为目的的商业化生产性开发与"重申报、轻保护；重开发、轻管理"的现象不同程度地存在。整体性保护观念不足，对非物质文化遗产在文化生态中的活态性保护难以实现，会使得非物质文化遗产成为无源之水、无本之木，难以维系。所以，要在非物质文化遗产保护的工作中树立整体性、活态性保护的观念。保护非物质文化遗产还要使其获得良好的生存发展空间，依托于整体协调发展的文化生态系统。另外，现有非物质文化遗产保护的法律和实践中，对非物质文化遗产传承人相当重视，但社会受众和全民的文化自觉和保护意识也需要树立和激发。由此看来，非物质文化遗产保护需协调好遗产本身、人与环境三者间的关系，也就是文化生态系统各要素间的关系，达到对整个文化生态系统的保护，使非物质文化遗产处于一个整体和谐的动态发展中，才会有利于传承和发展。

（2）人才队伍建设薄弱

2006年以来，重庆市开办各类非物质文化遗产培训班共280期（次），对全市保护工作队伍26000余人次进行了系统培训。但在目前的非物质文化遗产保护工作中，部分区县仍未建立稳定的专业性的从事非物质文化遗产保护的工作队伍，专职人员少，再加上缺乏经费保障，培训机制不健全，相关工作人员素质参差不齐，非物质文化遗产保护意识薄弱，这就导致非物质文化遗产的概念、非物质文化遗产保护所应坚持的基本原则等专业知识不能在基层中得到很好体会和实践。保护队伍建设结构不合理，尚未很好地发动广大的文化资源的享用者、爱好者、研究者以及相关的社会组织参与到保护工作中来。非物质文化遗产保护队伍的人才培养、培训工作未被重视，未被纳入到整个工作的框架内，缺乏相应的落实措施和长效机制。培养非物质文化遗产和文化生态保护人才，加强队伍建设十分紧迫。

（3）管理体制尚不健全完善

渝东南地区的非物质文化遗产保护工作中还没有建立起完善的管理体制。这主要表现在：保护工作施力不均，对有些项目大包大揽，对有些项目忽视；保护经费不足；缺乏项目保护的科学性、整体性规划；管理体制不顺，非物质文化遗产保护工作由文化部门一力担当，缺乏和其他相关职能部门的沟通和协调机制，致使在保护实践中文化部门常常心有余而力不足，牵涉其他部门又时有掣肘，没有政府有力统筹，统揽全局，很难推进。非物质文化遗产保护与社会经济协调发展的观念缺乏。

综上，尽管渝东南地区历史文化源远流长，民族文化、地域文化独具魅力，非物质文化遗产丰富多彩，但在整体文化生态失衡、非物质文化遗产保护工作仍存在诸多问题的情况下，要传承传统文化精魂，守住这片丰饶的精神家园，依然任重道远，需要凝聚各方面力量，上下求索，不断寻求有效的道路与途径。国家级武陵山区（渝东南）土家族苗族文化生态保护实验区的申报成功无疑为渝东南民族地区的非物质文化遗产保护、民族民间文化弘扬乃至精神文明建设等提供了一个绝好的契机，建设好这个文化生态保护实验区，意味着渝东南地区乃至整个武陵山区在非物质文化遗产整体保护、文化与社会生态协调发展等方面都将实现创新与突破，具有重大的示范作用。当然，这将又是一段充满机遇与挑战的全新征程。

附录 渝东南民族地区国家级非物质文化遗产名录项目简介

一、酉阳古歌

酉阳古歌又称巫傩诗文，是土家族宗教职业者——梯玛在法事活动中所唱念吟诵的歌词。流传于地处湘鄂渝黔交界处的重庆酉阳土家族苗族自治县，是南方古文化在武陵山区延续和衍变的产物，风格诡谲，源头可以追溯到上古时代的巫歌，是劳动人民长期积累的自然知识和社会知识的总汇。

酉阳古歌有双句押尾韵的自由体和两句一节、四句一节句尾押韵的格律体，多为四言七言句式，穿插连接，有高腔与平腔两种唱腔，颇有韵味。内容取决于所主持活动仪式的性质，分为神灵类和生活类，其代表作有：风俗诗《藏身躲影》《鸣锣会兵》，赞美诗《东岳齐天是齐王》《来也匆匆，去也匆匆》，诀术诗《一年四季》等。口耳相传，文辞固定，较少即兴创作，保存了大量的原始信息和艺术因子。

早期巫歌内容以创世神话为主。漫天洪水后幸存兄妹滚磨成婚，繁衍人类，带领子孙农耕生息，被后辈作为主神祭祀，祈求佑护，形成巫傩文化，并成为南方文化的核心组成部分，史称"北儒南巫"。《晋书·李特传》称巴郡南郡蛮地"以鬼道教百姓，賨人敬信巫觋，多往奉之"。朱熹《楚辞集注》（卷二）称"昔楚南郢之邑，沅湘之间，其俗信鬼而好祀。其祀必使巫觋作乐，歌舞以娱神"。两千多年前，诗人屈原沿袭巫歌的形式和叙事，创作出的《离骚》《九歌》《天问》《招魂》《大招》等作品，在文学史上具有标本意义。东汉以后，道教主要神灵也成了巫师法事活动中所请的主神，巫歌内容逐渐发生变化。明清至民国，酉阳社会生活较为稳定，经济发展平稳，巫傩活动频繁，基本上一村一坛，念诵吟唱诗的土家族、苗族和汉族巫傩师及其协助人员比较庞大。近现代巫傩诗文则是指流传在民间的，以自然崇拜、祖先崇拜和鬼神崇拜为基础、杂糅着儒、道、佛等成分的祭祀韵文。

西阳古歌内涵深厚，想象丰富，意象奇特，娱神娱人，大俗大雅，吟诵或唱诵的场合主要是族团性的祭祖崇拜、祈福活动和零星性的纳吉迎祥、逐疫活动。西阳古歌承载远古神话，是南方古文化在武陵山区延续和衍变的产物，以民俗活动为载体，融合诗、歌、舞、乐，用吟诵和吟唱两种方式，传播宇宙知识系统和群体生存技能，其中蕴藏着土家族人对大自然、对人生社会的审美评价，涉及天上地下、人间万物、历史事件，甚至生命价值，渊源久远，精深博大，是一个古老瑰丽的民间文学宝库。

二、石柱土家啰儿调

石柱土家啰儿调分布在重庆市石柱县全境 32 个乡镇，以七曜山区的枫木乡、沙子镇、马武镇、黄水镇、下路镇、三河乡、三星乡、六塘乡、西沱镇以及县城所在地南宾镇一带为主。

石柱土家啰儿调民歌与竹枝词有渊源关系。唐宋时期，竹枝词的主要流行地区以巴渝为中心，下及两湖，黄庭坚说，"竹枝歌木出三巴，其流在湖湘耳"。从地域上看，竹枝词在"三巴"和"湖湘"一带流行，石柱县正好处于其中间地带。从句式结构看，竹枝词为整齐的七言四句体，而土家民歌中的七言四句式占有重要的地位。啰儿调的词一般是七字句，它们表达的内容都比较粗俗、直白、乡土化，甚至有些放荡不羁。石柱土家啰儿调民歌在坚持土家族本民族特色的基础上，与外来文化有三次较大的融合。第一次是宋朝时期中原官军入主石柱带来的文化与早期石柱本土文化的交融；第二次是明末清初秦良玉时期，由于外出征战，从各地带回一些文化，也对石柱的民歌产生影响；第三次是清代移民文化对石柱民歌的充实。从黄德仁、刘永斌等传承谱系中可以看出，近 200 年来啰儿调民歌与其他土家族民歌一脉相承，代代相传，从而形成了石柱土家啰儿调的独特风格及艺术韵味。

石柱土家啰儿调旋律简单，每曲音域都在八度以内，腔中少有装饰，行腔起伏得当，易于掌握，便于传唱；调式多为徵、羽、商调式；既有传统曲目，又有现场发挥的即兴曲目；歌词句式大多为七字句，可即兴填词，现场发挥，通俗痛快，有的曲调相同而词不同，有竹枝词遗风；歌词直白、世俗，都是反映当地土家人的生活、劳动、民风、民俗、情感、宗教等方面内容，比较全面地记录了土家的礼俗活动、生存状况及演变过程，其乡音乡韵的民族风格，淳朴而浓郁。特别是啰儿调中大量的运用"啰儿""啰儿啰""啰喂"等习惯方言衬词，源自当地方言语音，溶入曲调声腔，或在起声，或在腔中，或在腔尾，与歌词内容相衬相托，连缀成曲，使曲子音调与当地土家方言的四声声调结合十分紧密，酣畅淋漓地表现了土家人乐观、豁达、睿智、幽默的性格，从而形成了独特的风格和艺术韵味，成为该民歌的独特性特征。蜚声海内外的《太阳出来喜洋洋》就是石柱土家啰儿调民歌的代表作之一。[①]

三、南溪号子

南溪号子的原生地和流传区域主要为重庆市东南部的黔江区鹅池镇南溪村。该村位于重庆市黔江区、彭水苗族土家族自治县、酉阳土家族苗族自治县三地交界处，村寨集中在两座高山所夹的深谷之中，两面山高坡陡，地理环境恶劣，南溪河纵贯全境，至酉阳注入乌江的支流阿蓬江。全村幅员面积为13平方公里，下设6个组，400多人，主要居民为土家族。

南溪号子是当地土家族劳动人民在生产劳动中孕育出来的解乏鼓劲的劳动号子和山歌号子，与薅草锣鼓近似。在长时期生产生活中，常以"赋、比、兴"的手法，不断产生新的歌词，改进唱腔，口授声传，代代增补，从而形成现在的山歌号子样式。

南溪号子的唱腔大致有"大板腔""九道拐""三台声""打闹（即薅草锣鼓）台""南河号""喇叭号"等10多种。一首号子多为四句，一句七个字，中间有大量衬词。

---

① 王洪华主编：《重庆市非物质文化遗产名录图典一》，贵州人民出版社2007年版，第48—50页。

南溪的民歌除了粗犷豪放、气势宏大的号子外，还有热情奔放、曲调优雅的情歌，有充满幽默智慧的谐趣歌，有讲述传奇、叙述历史的历史歌，有互问互答、妙趣横生的盘歌，还有各种小调、儿歌、山歌等体裁。其题材丰富多样，既有即兴创作的山野俚语，展现土家人的生产生活，也有涉及历史、地理和土家族民俗文化、民间传说等方面的内容。作品近 1000 首。

南溪号子及民歌系即兴演唱，无伴奏乐器。以口头形式保留，目前尚无完整文字记录。

喊唱南溪号子一般不少于 7 人。其唱法的突出特点是 1 人领喊，2 人或 3 人扮尖声（即喊高音），3 人或更多人不等喊低音，众人帮腔。从而形成高中低声部互相应和，在山野间荡气回肠的天籁之声。它既不同于流传于周边的川江号子、纤夫号子，也有别于广泛传唱于武陵山区的其他劳动号子和山歌号子，更不同于现代音乐的和声演唱，而是在发展过程中自成一格的特异的号子山歌样式。[1]

四、秀山民歌

秀山民歌系流传于重庆市秀山土家族苗族自治县全境（主要是溪口乡、溶溪镇、隘口镇及其周边地区）的民间歌谣。

远古至清朝末年，秀山"处蜀僻远"，为"百里阻荒"之地。土司制度时期，统治者在县东筑了一道近 200 公里的"边墙"，把秀山划为"生苗区"，并立了"蛮不出境，汉不入洞"的禁令，因此交通极其闭塞。特殊的地理因素，构成了民俗、民间文化生长和传承的特殊地理环境。

秀山民歌的突出代表《黄杨扁担》，出自溪口乡（原玉屏乡）白粉墙村。这是一个至今保持着原生态环境的村落。山清水秀，沟壑纵横，森林郁郁葱葱，白鹭飞翔；清澈见底的溪流中鱼儿漫游；桃李竹林掩映的吊脚木楼里，不时升起袅袅炊烟；鸡鸣犬吠伴随着悠扬的歌声，好一个鸟语花香的世外桃源。这里孕育了优美动人的花灯文化，也孕育了享誉全国的秀

---

① 王洪华主编：《重庆市非物质文化遗产名录图典一》，贵州人民出版社 2007 年版，第 54 页。

山民歌。

绚丽多姿、风格独特的秀山民歌，它与秀山花灯有紧密的联系。据近年来的考证，秀山花灯起源于唐，兴盛于宋，延续于元、明、清，发展于民国，辉煌于新中国。而秀山民歌的产生却远远在秀山花灯形成之前，其源头可以追溯到上古时代的巴渝歌舞。

促使秀山民歌飞跃发展的是作为花灯调重要内容的《黄杨扁担》的广泛传唱。最先将《黄杨扁担》唱出秀山，唱响全国的是严思和。他居住在秀山县溪口乡白粉墙村。这里人人能歌，个个善舞，唱山歌、跳花灯、打薅草锣鼓一代传一代，成为当地人的拿手好戏。在漫长的历史岁月中，涌现出一位杰出的民间艺术家——严思和。他出生在花灯世家，受环境的熏陶，自幼就显示出艺术天分，并得到私塾老师科大公（识音通律）的真传，青年时期的他就能自己编唱花灯调，有文化谙音律的他成为方圆百里著名的"花灯客"和歌师傅。1957 年，成渝两地的艺术家来秀山采风，严思和为他们演唱了花灯调《黄杨扁担》，真是一鸣惊人，专家们听后，赞不绝口。当时，由作曲家林祖炎将词曲原原本本记录下来。回成都后，即交给四川省歌舞团男高音歌唱家朱宝勇演唱，轰动蓉城舞台，中国唱片公司当时就录成唱片向全国发行。从此，以《黄杨扁担》为代表的秀山民歌走向全国，走向世界。

除《黄杨扁担》外，秀山还有大量的民歌。主要有：

（1）劳动歌：分薅草歌、船工号子、石工号子、农事歌等。薅草歌是农事歌曲，多在农忙季节薅草、薅秧时演唱。演唱者身挂扁鼓，手执大锣，边打边唱，热情奔放，以激励劳动者的劳动热情，推进劳动进度。代表曲目有"上田号"等。另有农事歌《一把菜籽》《划船调》《上茶山》，以朴实优美的音乐旋律抒发劳动感情，讴歌了劳动人民对美好生活的向往。

（2）山歌：又分对歌、盘歌、情歌等。对歌和盘歌相互呼应对唱，表现的内容非常丰富，歌词生动贴切，其中的情歌数量较多，大都反映了青年男女真挚朴素的爱情生活，代表曲目有《豇豆林》《绣荷包》《一根树儿弯》《太阳出来照白岩》等。

（3）风俗歌：分为孝歌和婚嫁歌等。其中的代表曲目《黄花草》，反映了青年对封建包办婚姻的不满。

（4）生活时政歌：代表剧目有《抓壮丁》，凄婉、悲愤的歌声是对旧社会抓兵的血泪控诉。

经过初步普查，秀山民歌有上千首。单是秀山花灯的歌曲，就有 24 大调，1000 余首曲子。主要分为正调和杂调两大类，重要曲调有"红灯调""灯笼调""花调""十字调"等 10 余种，代表性歌曲有《黄杨扁担》《风吹竹叶空挂心》《绣花绫》《猜字》等数百首。

花灯歌曲唱词，内容丰富多彩，已整理的有 500 余首，形成了一个庞大的歌词群体。歌词内容，有拜年祝贺、赞美大自然、歌颂爱情、讲述人生哲理、传授生产生活知识、咏叹历史故事或历史人物等，具有鲜明的地域性语言特色。[①]

五、酉阳民歌

酉阳民歌系流传于重庆市酉阳土家族苗族自治县境内的民间歌曲。

酉阳民歌的源头可以追溯至上古时代的巴渝歌舞。2005 年，考古专家在重庆酉阳土家族苗族自治县境内发现两处新石器时代晚期到东周早期的人类遗址，具有典型的巴文化特点，证明酉阳在 4000 年前就有巴人活动。

酉阳地形起伏较大，山上种玉米、洋芋、红苕，坝下种水稻。酉阳号子的起源与酉阳种植水稻的历史同样古老。清代《酉阳州志续志》中载："农人薅秧去稗锄草，以养嘉禾。"酉阳民歌的《农事歌》也有"秧子栽得好，大米饭吃得饱"的唱词，演唱形式是一领众合，见物起兴，说明号子的兴起很早。

酉阳民歌在南宋以后歌风为之一变。土司冉守忠从夔州率兵来酉阳镇压苗民起义，平叛后镇守酉阳，给当地民歌输入了三峡巴音竹枝歌的影响。

---

① 王洪华主编：《重庆市非物质文化遗产名录图典一》，贵州人民出版社 2007 年版，第 118—120 页。

清雍正年间"改土归流"，汉人迁入酉阳日益增多，酉阳民歌融合进部分汉族歌谣的元素。

目前已挖掘到的酉阳民歌有1700多首，其中最具特色、最有音乐价值的是号子。主要代表是黑水号子、楠木号子和井岗号子，不仅富有浓郁的山之情韵，又因多民族聚居，音乐互相影响变化，呈现出土家族、苗族、汉族音乐融合的特点。且各乡镇大山阻隔，同源传承，封闭发展，号子一方一调，音乐风格同中有异，异中有同。黑水号子分下秧号、栽秧号、薅秧号等；楠木号子分起号、上田号、溜溜号、长号、花号、齐声号等；井岗号子分晨号、中午号、下午号、晚上号、煞号等，曲调众多，各不相同。每到薅秧、薅草季节，各家换工互助，数十人集体劳动，选出歌手多名，在田边土角敲锣打鼓，边打边唱，用鼓点和歌声提高劳动干劲，场面热烈。根据劳作方式的不同，酉阳另有船工号、拗岩号、车水号、抬工号、打石号、打夯号等号子。

酉阳民歌的重要歌类还有山歌。旋律优美，歌词即兴发挥，张口就来，如遇对手，此落彼起，竟日不休。代表曲目有《不要愁来不要焦》《太阳去了坡背凉》《木叶情歌》《这边岭来那边梁》等。

除了号子和山歌外，酉阳民歌还有情歌、盘歌、祭祀歌、叙事歌等众多歌类，内容从民俗中的婚丧嫁娶，修房建屋，生活中的酸甜苦辣，扯谎说白，挖苦讽刺，到天上地下，东西南北，人物景观，山水花草，无所不唱，随问随答，信口就唱，生活气息浓郁，妙趣横生，表现了土家、苗、汉各族人民活泼开朗的乐观主义精神。

酉阳是民歌的海洋。下辖39个乡镇能歌会唱的人数以万计，每个乡镇都有许多擅唱民歌的高手，在房前屋后，田间地头随时随地对唱，一到四月八、六月六、赶年节等传统节日，各乡镇都要举办赛歌会。[①]

---

① 王洪华主编：《重庆市非物质文化遗产名录图典一》，贵州人民出版社2007年版，第126—127页。

六、苗族民歌

苗族民歌系流传于重庆市彭水苗族土家族自治县鞍子乡及其周边地区的民间歌曲，也称鞍子苗歌。

彭水的苗族，经历史上多次战乱与变迁，如明代的"赶苗拓业"，清初的"湖广填四川"等，使之与其他民族（主要是土家族、汉族等）在这里往复迁徙流动，形成了各民族杂居错处的状况。更由于彭水处于渝、川、黔、湘、鄂文化结合部这一特殊地理区位，又是一个苗（为主，最多）、土家、汉等多民族杂居错处的地域，便决定各族文化差异的前提——地域差异不复存在，"文化隔离机制"逐渐消失了，各民族原本具有的独立的定型的文化特征在这里相互浸染、渗透、融合，使彭水成了多地域文化与多民族文化交相浸染渗透的"文化媾融区"。在其影响下形成的鞍子苗歌，使各族不同的音乐思维交流，音乐审美习惯交融，它既有苗歌的基因，也有土家族民歌的"血缘"，还有西南方言区汉族民歌的"染色体"。鞍子苗歌的这种特色的形成时期大致是清代中晚期。由于历史上交通闭塞等诸多原因，鞍子乡成为彭水苗族民众生活历史最久、聚居密度最大、民族风习保持最稳固、民族文化原生态传承最稳定的地方，致使这成型于清代中晚期的与众不同的鞍子苗歌，得以传承至今。

鞍子苗歌内容十分丰富。按类别分，有劳动歌（如打闹歌、采茶歌、刺绣歌等）、时政歌、仪式歌、情歌、生活歌、历史歌、儿歌、杂歌；按表现形式分，有独唱、合唱、对唱、一领众唱（打音）、多领众唱、齐唱等；按歌词结构分，有五言句、七言句、十字句和长短句；按唱腔分，主要有高腔、平腔、混腔三大类；按曲式分，有号子、小调、连句、盘歌等。鞍子苗歌不仅适用于山间田野，还适用于庭院楼房。鞍子苗歌一般采取无伴奏清唱，但薅草打闹歌和祭祀唱歌必须加入间奏。间奏乐器主要是锣鼓等打击乐器。

薅草打闹间奏主要有盆鼓、大锣（均为铜制品）。表演形式为二人边唱边击打，有时采用帮腔，帮腔人数视场合而定，三至五人不等。唱词内容丰富，有叙事唱歌、即景即事（见人说人，遇事论事）等。

祭祀歌间奏有盆鼓、大锣、川钹、铰铰、小马锣（均为铜制品）、海螺等。由一人专唱，演唱者必穿祭祀专用服装。

鞍子苗歌代表作品有：《娇阿依》《花线囊》《过山号》《莽号》《太阳去了四山阴》《联八句》《连八首》《正月麦草青》《十绣》《逢春歌》《郎在对门打伞来》《倒采茶》等。

由于特殊的"文化嬬融区"区位，使鞍子苗歌形成了一种既植根于我国西南苗歌特质基因，又涵化整合了土家等民族及巴（渝）、黔、楚（鄂湘）、蜀多地域民歌音调元素的特型歌腔，形成了以下特征：

（1）鞍子苗歌紧贴鞍子苗民生产生活习俗创作，作用于生产生活及其习俗，又依赖其作用的发挥而传承、创新，形成了鞍子苗歌对民间习俗的依存性特征。

（2）在音乐形态上，鞍子苗歌是多民族、多地域文化浸溶渗透的"文化嬬融区"产物，既保持了苗歌的固有特质，在音调结构、基本旋律、节拍节奏、音域音型、音阶调式等一系列显示色彩上又融入周边其他民族的民歌因素，形成了音乐色彩的混合驳杂性特征。

（3）鞍子苗歌被广泛运用于生产、生活，诸如劳动的指挥、男女思恋的表达、婚丧嫁娶的渲染等都能以灵活多变的唱词在不同的对象、不同的场景、不同的时间中运用，形成了鞍子苗歌广泛的实用性特征。

（4）鞍子乡山高谷深，重峦叠嶂，歌唱要求高亢嘹亮，故形成了以古老的窄声韵三声腔为核心歌腔、核心音调结构变形延伸及交替调式的广泛运用、宽音域高腔系列的大跳进上升下跌旋线、乐句拖腔尾音及乐曲结音的下滑、非功能性均分律动型节拍节奏等与我国其他民歌以及异地苗歌迥然不同的地域性特征。

（5）"娇阿依"（娇：美丽可爱的阿妹；阿依：作为苗歌演唱的衬腔。）这一衬腔的广泛嵌入，从而形成特型衬腔，又因这一特型衬腔在鞍子苗歌中广泛运用，竟成了该地苗歌的代指，就像陕北的"信天游"、青海与甘肃的"花儿"一样，从而形成衬腔使用的独特性特征。①

七、土家族摆手舞

渝东南少数民族在长期的社会生活和生产实践中，创造了形形色色的民间舞蹈，其中最有特色的堪称土家族摆手舞。流传于重庆市酉阳土家族苗族自治县东部酉水中游的可大、后溪等沿河乡镇的土家族摆手舞风貌古朴，充满生机，2003年3月，文化部还将酉阳命名为"中国民间艺术之乡（摆手舞）"。

摆手舞的源头可以追溯至上古时代的巴渝舞。上古时代的巴渝舞被汉高祖引入宫廷，经过上千年的流衍而逐渐趋于消失，但它在民间特别是武陵山区却以顽强的生命力生存、发展着。

酉水是古代联系渝、鄂、湘的重要通道。清同治《酉阳直隶州总志·地舆志·山川》载："三峿山，在州东一百六十里后溪河上（即酉水河），三峰并峙，苍翠逼人，为大江里彭、白、田三姓祖山。土人言三姓之祖始入川时，各踞峰下以居……"土家族强宗大姓彭、白、田三姓之祖在洞庭湖地区多次经历战争，被迫逆流而上到达酉水河中游，仕酉阳的后溪、大溪、可大等沿河乡镇繁衍生息，传播了这一祭祀土王和先祖的文化形式。因生活环境相对安定，表现日常生产、生活场面的舞蹈内容犹为丰富。曾经遍布酉阳全境的各种"三抚庙""土王庙""爵主宫"是土家人"摆手祭祖"的主要场所。酉阳长潭村的"爵主宫"是目前渝东南地区唯一幸存的土王庙与宗祠一体的土家"摆手堂"，清《永顺县志》载："土司祠，合县皆有，以祀历代土司，俗称土王庙。每岁正旦后元宵前，土司后裔或土民后裔鸣锣击鼓，舞蹈长歌，名曰摆手。"

摆手舞是酉阳土家族标志性民族文化，根据表演形式、内容、规模和祭祀主体的不同，分为"大摆手"和"小摆手"两种，均是环圈跳摆。过

---

① 王洪华主编：《重庆市非物质文化遗产名录图典一》，贵州人民出版社2007年版，第110—111页。

去，几乎各寨都有举行祭祖仪式的摆手堂。祭祀的日期，有的在正月，有的在三月，也有的在六月。每次祭祀的时间，有三天、五天、七天不等。其规模有大小之分，一般是每年一次小摆手，三年一次大摆手。"大摆手"规模大，参与人数多，祭祀的主神是"八部大神"，表现了土家族起源、迁移、抵抗外敌和农事活动。大摆手常在社巴堂外的坪坝即社巴坪举行，参加的人数众多，往往是几个乡甚至几个县的人参加，动辄数以千计，更有上万人参与活动的记录。届时旗帜招展，灯火辉煌，鼓乐声喧，万头攒动，整个山乡洋溢着恢弘磅礴、热烈威壮的气势。在热烈的气氛中，舞者围成环形，男女混杂，蹈跹进退，律动齐一。队前有"导摆者"，队后有"押摆者"，队间有"示摆者"。导摆，押摆，示摆，一般由梯玛（巫师）充任。"小摆手"规模小，参与人数少，以祭祀彭公爵主、向老官人、田好汉和各地土王为主，也表演农事活动。各地区摆手舞的内容和表演形式大体相同，整体动作风格是刚健有力、粗犷朴实。内容有狩猎、农事生产和日常生活等动作和各种农业生产动作的模仿，每个动作都随锣鼓声舞蹈。

摆手舞的动作主要有：娱乐型动作，一般用来连接、过渡、装饰其他动作，如单摆、双摆、回旋摆等；生产型动作，主要是农事生产活动动作，如插秧、割谷、种地等；生活型动作，即日常生活事务的习惯性动作，如背小孩、钓鱼灯；动物型动作，即模仿动物的动作，如大鹏展翅、螃蟹伸脚等；祭祀型动作，一般是在祭祀仪式上表演的动作，如朝拜、拉弓等。在击鼓台的鼓点指挥下，有时也模拟各种军事动作。

西阳摆手舞在州府时期内容完整，大体分为：（1）祭祖仪式，包括请神、酬神、祈神、送神等；（2）唱摆手歌，以人类起源、古代战争、民族迁徙、英雄传说和农事劳动为主要内容；（3）跳摆手舞，分军事舞、迁徙舞、生活舞和农事舞，在摆手锣鼓、咚咚喹、牛角号、唢呐等乐器的伴奏下，参舞者以各种舞姿重温先祖千辛万苦的生活和道路，如迁徙征战、狩猎捕鱼、刀耕火种和饮食起居等场景，最后所有人围成一圈，随着锣鼓的节拍踢踏摆手，动作有20多种，队列有环形摆、双圆摆、双铜钱、插花摆、一条龙、螺丝旋顶、绕山涉水等30多种；（4）表演原始戏剧"毛人的故事"，村民头戴尖顶齐脖茅草帽，头扎草辫，全身皆用稻草包扎，一人先领舞出场，数人尾随欢跳，抖动全身稻草，摇头耸肩，屈膝碎步，翻跟斗，做游戏，以土话对白歌唱，表演内容有刀耕火种、围猎、捕鱼、甩火把等，再现长着毛的祖先的生活，称为"茅古斯"，形态滑稽，诙谐有趣。

经过长时期的流衍，州府时期摆手舞的部分内容已经失传。目前文化部门搜集到的舞蹈主要是"迁徙舞""生活舞"和"农事舞"。迁徙舞多模拟撵野猪、网山羊、找果子、叫花子烤火、螃蟹上树、抖虼蚤、岩鹰展翅、"状元踢死府台官"的动作；生活舞内容丰富，有扫地、挽麻团、纺棉纱、打蚊子、牛擦背、打糍粑、照镜子、喝豆浆、打草鞋等动作；农事舞中多模拟积肥、挖土、播种、栽秧、薅秧、薅草、割谷、打谷、挑谷、摘包谷、种棉花、撒小米的动作。参舞者以"单摆""双摆"和"回旋摆"为基本动作，手脚同边，下不过膝，上不过肩，身体下沉而微有颤抖，伴随着"咚咚哐/咚咚哐/咚哐咚哐/咚咚哐"的节奏，展示各种舞姿，古朴自然。

值得特别提及的是酉阳长潭村的"爵主宫"。它位于后溪镇长潭村西水河西岸，是目前渝东南地区唯一幸存的土王庙与宗祠一体的土家"摆手堂"。它建于清代咸丰年间，砖木结构，主体建筑有前厅、正殿、供台、厢房、前后天井和侧门等，分左右两道正门，左边为"彭氏宗祠"，供奉彭氏历代先祖，右边为"爵主宫"，供奉"彭公爵主"，正门前是用青石板铺成的能容纳数百人跳摆手舞的长方形坝子，坝子的三周是雕刻精美的石护栏。

酉阳摆手舞融歌、舞、乐于一体，是酉阳土家族民众共同创造的传统文化，是特殊的生存环境和民族历史的产物，具有独特的民族个性和地域特色。[①]

八、高台狮舞

高台狮舞是重庆彭水县民间独具特色的体育与舞蹈相结合的表演艺术，

[①] 王洪华主编：《重庆市非物质文化遗产名录图典一》，贵州人民出版社2007年版，第162—165页。

已有约150年历史，具有较高的历史文化价值，在民众中颇有影响。

彭水狮舞可以分为地面狮舞和高台狮舞两种。地面狮舞主要用于日常节日、生日、婚丧嫁娶、开业庆典等活动。搭台上架的高台狮舞则多用于重大节庆和比赛，表演时常常与地面狮舞连为一体。

彭水高台狮舞表演模拟狮子或者其他动物的动作，可以用单狮表演，也可以双狮表演，或者一大一小两头狮子参与表演。有蹬黄冬儿、打羊角桩、鹞子翻叉、扯链盖拐、翻天印、黄龙缠腰、懒牛困塘、狗连裆、扯海趴狗、钻圈等动作套路。高谷表演班还有狮子高杆夺绣球、游走板凳等表演动作。

高台狮舞表演时，一般由一人或者两人面戴大头和尚、猪八戒等面具，手持绣球、钉耙等道具，在狮子的前面以各种滑稽的动作挑逗狮子。最核心的部分是空中表演。用方桌搭台，最少7张，一般15张，多则24张，极限达到108张。狮舞表演者身披长约2米的彩绘狮子，在导引师的引导下，踩着锣、大鼓、小鼓、钹、铰等响器伴奏节奏，从第一层开始，层层上升，直达"一炷香"。在各层表演时，狮子要穿过每一张方桌。在"一炷香"上要进行玩狮子和立桩表演，惊险刺激。

高台狮舞表演最主要的道具是狮子。过去，一般都由民间艺人扎制。有锣、大鼓、小鼓、钹、铰等响器伴奏。另有大头和尚、猪八戒、鬼怪等面具和绣球、钉耙、棕扇、彩圈等道具。

高台狮舞表演风格或惊险刺激，或古朴滑稽，或华丽多姿。其动作惊险、难度大，表演成套路，有特色。在渝东南地区流传很广，影响甚大。[1]

九、玩牛

玩牛是流传在石柱西沱、下路和南宾等地的一种与农事相关的、用于喜庆场面的民间假型传统舞蹈。

---

[1] 王洪华主编：《重庆市非物质文化遗产名录图典一》，贵州人民出版社2007年版，第48—50页。

玩牛源自古代的自然崇拜，农耕文明时代，以耕牛为代表的牲畜对人们的生产和生活的作用是举足轻重的。加上石柱所属地域的先民对于巫、傩的崇拜是非常盛行的。于是，在封建社会，通过岁时节令、二十四节气和人生礼俗中的喜庆场面，表达人们对五谷丰登、人畜平安的乞愿习俗就应运而生并延续千百年，民间舞蹈石柱玩牛就是其中之一。玩牛一般在春节、谷雨季节和牛王节等节日进行，与春耕春播等农事紧密结合。

玩牛一般由七八个人配合，一人扮演手持道具的放牛大哥或者大嫂，另外两人在牛道具内扮演牛身，其他四个人为锣鼓手，牛大哥兼喊彩，有时锣鼓手或者观众也即兴喊彩说吉利。班主儿即放牛大哥，是玩牛队伍的指挥者，引导"牛儿起舞"。他在牛前，手牵牛索、拿牛棍，背着草背篓，随着舞蹈锣鼓有简单的单脚跳跃、摆手、扭腰等舞蹈动作。玩牛舞蹈动作主要集中在牛身体内的舞者。前后两人协调配合，常见舞蹈表演形式有：吃草、擦痒、滚水、跳坎、傲角、犁田、喝水摆尾和骑牛等。吃草：扮演牛头的人，一只手举牛头，另一只手当牛舌头，往牛嘴巴里捞草吃；擦痒：牛头扮演者左右扭腰，转动手腕，将牛头转向牛身，并且上下拱动；滚水：扮牛者同时屈膝、含胸，向一边倒地，前者用手搅水，后者勾脚蹬腿；跳坎：扮牛者同时双脚起跳，跨越梯子或田埂等障碍；傲角：表演者双脚一前一后的跳，前者双手举牛头，曲肘上下左右猛然移动；犁田：牛内表演者同步向前绞步移动，牛大哥在后扮耕田动作；喝水摆尾：舞牛前者一手将牛头伸到水边，一手伸出搅动水，后者用手不停摆动牛尾巴；骑牛：牵牛者一般是放牛大哥摆胯上牛，双腿夹牛肚，用手或鞭子轻拍牛身。

整个玩牛过程模仿牛的生活、劳动和习性而舞蹈，所以显得既真实，又有趣味。

十、土家族吊脚楼营造技艺

在石柱土家族自治县，吊脚楼分布十分广泛，特别是在七曜山区、方斗山区和河谷老街最为典型，当地又称之为"干栏""千柱落地式"或"转角楼"。它是民族建筑工艺的奇葩，是优秀的土家民族文化遗产。土家族吊脚楼营造工艺科学、构思巧妙、布局合理。营造时充分利用当地石、木材料，飞檐翘角，穿斗勾心，牢固防震。土家族木匠用他们的智慧，利用手中的斧子、锯子、墨斗和凿子等工具，精心打造，将分散的木柱、木方和木板组合为牢固的吊脚楼。吊脚楼有堂屋、厢房或地正屋、厨房和火塘，楼上是住房，吊脚柱下边是圈舍和柴房。

土家族吊脚楼有着悠久的历史渊源。早期巴人定居三峡地区和武陵山区后，介于二者之间的石柱正好是古代巴人活动的核心区域，所以这里成为巴人的原籍地。他们勇猛顽强，披荆斩棘，居所流动，为巢居。传说巴廪君建夷城，说明当时居住所显现出聚居性。石柱龙河和周边流域遗存了大量岩棺，相传岩棺也是居住之处，以避免野兽和虫蛇的伤害，这说明巴人在居室方面追求比较安全的穴居。秦代更元九年（公元前316年），秦灭巴国后，巴人散居武陵山脉"五溪"山地，渐渐演变为土家人。与当地山地坡度大、气候温暖湿润、木材丰富相适应，土家人依山而建木质结构的千柱落地式吊脚楼或转角楼使之得以安居乐业。吊脚楼在唐代称为"干阑"，在土家族人民中已经极为普遍。各代陆路盐运大道途经南宾县，历经宋代马氏在石柱崛起，加上明清时期石柱土司享誉南北，当地经济得到极大发展，石柱土家族吊脚楼从实用向艺术方向迈进。许多精美的吊脚楼、精湛的营造技艺得以流传至今。

土家族吊脚楼的建造过程，往往凝聚主人大量心血，耗费多年家财；建设过程融汇了设计者的智慧，凝结了土家能工巧匠的辛勤劳动。其基本特点有下面几个方面：

（1）选地动土，择期立房。土家人最讲求吉祥，所以，不论是破土动工，木匠进屋开建，还是立房竖水，都要选择良辰吉日。土家族吊脚楼营建的地方，与当地人生活环境和民族思想理念相适应。吊脚楼一般选择一块平地，后依山，前面谷，最好左右有小山，即讲求卧虎藏龙、藏风聚水。在建筑手法上，依据屋基地形，巧妙运用错层、错位、吊层、吊脚、挑层、抬基、贴岩（坎）等技艺，创造出层层叠叠、错落有致、别具一格的吊脚楼民居。受到环境地形的限制，有时也会在陡峭的地方悬空兀立起座座吊脚楼。选好地方以后，请老土司择黄道吉日，石、木二匠开始营建了。

（2）构思巧妙，建造科学。吊脚楼建造时，工匠们充分利用当地石、木材料，穿斗勾心，飞檐翘角，牢固防震。在结构和装饰功能上，常在外檐造型上营造特有的挑枋（含硬挑、软挑）、撑班、坐墩、吊瓜柱和花格，有的还镂雕多种图案；门窗图案常见的有豆腐块、冬瓜圈、三条线、乱劈柴（又称冰纹）、回纹、万字纹、球纹等，工艺精湛。在用材尺度上，梁、柱、枋、檩、桷等断面尺寸十分讲究；地面为石材，条石或石磴。房屋的纵面墙体为竖立的木柱，它决定房屋的高矮，各木柱从前向后逐渐升高，所以墙面的柱子往往是单数。各木柱被穿孔，穿牌通过穿斗连接牵引，中间用榫子连接（榫子出头），楼板铺于上面，顶上用枻子连接，中柱顶上是中梁。这样，整个吊脚楼木结构框架就搭建好了。然后，四周用木板镶嵌入挖槽的立柱和川牌中，装成板壁。榫子内为房屋楼，榫外装上供休憩、晒物品的耍栏。立柱的顶上横置檩子，平行等距的椽子固定在檩子上，再盖上瓦或者铺上茅草以避免风雨烈日。在建筑色调处理上，梁柱、门窗除为本色上涂桐油漆外，也常用黑色生漆罩面，或施以浅褐色矿物质原料刷涂等。这样，吊脚楼就建成了。

（3）布局合理，美观适用。石柱土家族吊脚楼的室内布局有传统的习惯。当中为堂屋，为祭祀祖宗、接待客人等交往活动的重要场所。两旁为厢房，有的在厢房铺上离地一尺的木板楼，所以也称地正屋。厢房或地正屋上面是住房或土家姑娘的闺房。再往两边拓展，是厨房和火塘，火塘呈四方形，上面挂有腊肉，吊冲塘钩和鼎罐。火塘既是吊脚楼的重要组成部分，也是土家人冬节和节日的重要活动场所。吊脚楼下方的位置是牲畜的圈舍、厕所或柴房。从吊脚楼的外观看，不管从哪个角度看，都透射出古朴美观的气息。从实用性方面说，吊脚楼是天人合一、居住和安全、社交和祭祀的统一。

土家族吊脚楼与土家人的生活地理环境密切相关。吊脚楼与当地自然环境和森林物产相适应，依山面水，具有外观形体多角度和层次轮廓的美感。土家族吊脚楼与土家人的民族理念相适应。从吊脚楼的布局可以看到土家人祭祀祖宗的风气，对长幼的关爱，善待家畜的行为，营造结构尺寸

"不离八（数字）"的信俗，以及崇尚俭朴，善于储藏的习惯，这些都是民族理念的反映。土家族吊脚楼是土家族人民善于运用传统手工技艺美化生活的反映。土家族不仅是历史上公认的能歌善舞、勇敢顽强的民族，也是能工巧匠辈出的民族。土家族吊脚楼是古代巴人建筑史变迁的遗存，它留下了土家这个民族历史的痕迹，在居室建筑史上具有重要的地位。

十一、秀山花灯

秀山花灯流传于重庆市秀山土家族苗族自治县，是一种集歌、舞、戏剧和民间吹打于一体的以歌舞表演为主的综合性表演艺术。秀山花灯，起于唐，兴于宋，元明时期得到发展。元朝末年，陈友谅兵败，将士流亡秀山，中原文化开始影响土著文化。清雍正十三年（1735年），秀山实行"改土归流"，结束了800余年的土司统治，朝廷派流官治理，废除了"蛮不出洞，汉不入境"的禁令，大批汉人迁居秀山安家落户。汉文化与土著文化相互渗透，经过长期演进，到清末民初，完成了秀山花灯的自我表演体系。抗日战争时期，大量"下江人"涌入这一地区，江汉文化促进了秀山花灯的发展。民国政府提倡"新文化运动"，给秀山花灯带来了发展机遇，花灯戏在这一时期形成。新中国成立后，党和政府十分重视发展花灯，进行了多次收集、整理，举办各种类型培训班和花灯调演，成立了专业的秀山花灯歌舞剧团，秀山花灯进入了辉煌时期，秀山花灯和秀山县先后被四川省文化厅命名为"四川省四大剧种"之一、重庆市文化局命名为"巴渝十大民间艺术"之一、文化部命名为"中国民间艺术——花灯歌舞之乡"。

秀山花灯的表现形式主要有：

（1）花灯"二人转"。花灯"二人转"表演，分"单花灯""双花灯""群体花灯"。两人表演（一旦一丑）叫"单花灯"；四人表演（二旦二丑）叫"双花灯"；多人表演叫"群体花灯"。舞蹈动作主要有身法、扇法、步法三种，包括诸如"金龙抱柱""观音坐莲""雪花盖顶""犀牛望月""矮子步""悠悠步""梭子步""过堂步""夹扇""羞扇""齐眉扇"等120余个动作。表演时旦角"幺妹子"秀丽乖巧，丑角"赖花子"热情诙谐，形象逼真，独具风格。

（2）花灯戏。花灯戏，又名单边戏，是在近百年内由花灯艺人们借鉴其他民间剧种创立的。它的唱腔和打击乐与跳花灯有相似之处，贯穿了特定的人物和故事情节，由旦、丑、生行当角色出演，有传统剧目《花子醉酒》《三碗饭》《四季景》《看牛牧童》《箍桶匠》《卖花记》《三星送子》等30余折。花灯戏短小简单，多是表现劳动、爱情及百姓日常生活，虽粗糙单调，却已具戏剧雏形。

（3）仪式跳灯。在民俗活动中成型成套的表现程序，名谓"跳灯"。每年正月初二出灯前，先在班主或有名望的花灯艺人家堂屋设灯堂，神壁下摆设香案和花灯神位，神位前面摆满供品。明烛燃香，唱启灯调，又唱又跳，又吹又打，顶礼膜拜乞求灯神保佑出灯顺利、六畜兴旺、五谷丰登。花灯来到主家，按开财门、送寿月，祝贺、观灯、闹红灯等程序进行表演。若主家是手艺人，要唱"参坛调"，如"参木匠""参裁缝""参十三代名医"等；遇祠堂庙宇要唱"参祠堂""参庙神"；若遇龙灯、狮灯要唱"会灯调"；深夜，主人家办招待要唱"谢主调"。表演结束，要唱"辞主调"后方能离开。

秀山花灯是独特的综合性表演艺术，其中的音乐、文学、舞蹈、曲艺、戏剧、祭祀，以及灯具、道具、服饰、造型，乃至民俗民风、民间信仰等，丰富厚重，是秀山土家族、苗族、汉族等民族共生互存的历史"百科全书"。保护、传承秀山花灯，对丰富人民群众的文化生活，提高人们素质，促进精神文明建设，构建和谐小康社会都有积极作用，同时，对音乐、舞蹈、戏剧、民俗等的研究，也具有重要的科学价值。[①]

---

① 王洪华主编：《重庆市非物质文化遗产名录图典一》，贵州人民出版社2007年版，第102—105页。

第四章 武陵山区（渝东南）土家族苗族文化生态保护实验区

第一节 国家级文化生态保护实验区建设的经验与困扰

文化生态保护实验区把非物质文化遗产与其他文化形态，主要是文化遗产、各种资源、区域内的文化共识和认同，也包括人们得以创造、形成、存续非物质文化遗产的自然环境等，进行关联性的、整体的、全面的保护。它是为了适应非遗活态流变性和整体性特征而采取的一种更为科学的保护方式，强调文化的原地生存状态，强调可持续传承，强调保持原有文化环境。划定文化生态保护区，使非物质文化遗产活态存在于其所属的区域及环境中，是保护非物质文化遗产的一种有效方式。

文化生态保护实验区的建设一方面基于文化生态的理论、参照生态博物馆的建设经验，另一方面则来自于非物质文化保护工作的实践经验。建设文化生态保护实验区，实施整体性保护，可以说是在对以往非物质文化遗产保护工作反思的基础上提出的新的尝试。相较于生态博物馆，文化生态保护实验区呈现出一些新的特点：（1）保护对象不再局限于少数民族文化。如徽州、晋中、淮水、陕北等文化生态保护实验区以地域文化为保护重点；象山文化生态保护实验区以海洋渔文化为保护重点，侧重其文化环境特性。（2）保护区域范围更大，承载内容也更丰富。不仅局限于村寨式的保护，而将范围扩展为一个行政区，如热贡、潍坊、迪庆文化生态保护实验区；或跨行政区的地区，如徽州文化生态保护实验区跨安徽、江西两省，羌族文化生态保护实验区跨四川、陕西两省，闽南文化生态保护实验区地跨厦门、漳州、泉州三市。

目前我国 18 个国家级文化生态保护实验区，文化特质不同，所处地域不同，规模范围不同，各自文化生态的状态与面临的威胁也不同。中西部地区以少数民族文化居多，文化依存环境相对封闭、独立，原有文化极易受到外来文化的干扰，导致文化生态系统平衡受到破坏，如热贡文化生态保护实验区、迪庆民族文化生态保护实验区等；东部地区自然地理环境相对开放，如闽南文化生态保护实验区、梅州客家文化生态保护实验区等，其固有文化一直处在与外来文化不断交融的过程中，但随着城市化进程的不断推进，文化冲突、文化嬗变的情况较为严重；还有一些特例，如羌族文化生态保护实验区，则是由于灾后村镇重建，原有文化生态系统发生巨大变化，面临文化重构的威胁。[①]

一、经验：明确建设思路，彰显特色模式

乌内安先生对 18 个国家级文化生态保护实验区的建设情况考察后认为，建设规划的基本思路、观念和模式的确定是建立保护区的关键问题。一些省区对保护实验区范围内"文化生态"的概念、定义及其历史与现状，有着比较清晰而全面的认识，并能作出比较准确的评估和定位，也因此初步确定了它们各具特色的保护区模式。早期的 4 个国家级文化生态保护实验区的建设思路与模式是可供论证和研讨的。

闽南文化生态保护实验区地处泉州、漳州、厦门三地，是闽台同胞的主要祖籍地，也是闽南文化的原生发祥地和固有保护地。闽南文化至今仍然展示着其多样而独特的风貌，方言中保留了古汉语音韵词汇；艺术方面有唐宋音乐遗响南音、宋元戏曲活化石梨园戏、傀儡戏等；工艺建筑有造

① 所萌：《区域视角下的非物质文化——以迪庆民族文化生态保护区为例》，《城市发展研究》2014 年 21 卷第 7 期，第 18—23 页。

船、制瓷、制茶、手工艺以及闽南民居、寺庙等。文化生态保护实验区成立后，闽台对渡文化节、海峡两岸保生慈济文化节、海峡两岸民间文化艺术节、海峡两岸三平祖师文化旅游节、漳台族谱对接和民俗展览等两岸文化交流活动，既是对文化遗产的保护，也展示了闽南文化生态，对促进两岸同胞深层次的文化交流、文化认同，增强中华文化的凝聚力，维护祖国的和平和民族的共同利益，具有其他地域文化不可替代的意义和作用。闽南文化生态保护实验区内众多原生态的非物质文化遗产和一大批国家重点文物保护单位等物质文化遗产，相互依存，与人们的生产生活融为一体，充分展示了闽南文化的多样性、完整性和独特性。使大量活态传承的遗产得以原形态地保存在其所属区域环境中，使之成为"活态文化"，这标志着我国的文化遗产保护已经进入整体、活态保护的新阶段。

徽州文化生态保护实验区包括安徽黄山市现属的三区四县、宣城市的绩溪县、江西省上饶市婺源县，这是我国第二个文化生态保护实验区。它包括了古代徽州的"一府六县"，是徽商的祖籍地和徽州文化的发祥地。安徽省《徽州文化生态保护实验区规划纲要》通过专家评审论证，标志着徽州文化遗产保护工作进入一个整体、动态保护的新阶段。通过采取有效的保护措施，将会建成一个物质文化遗产和非物质文化遗产相互依存，并与人们的生产生活密切相关，与自然环境、经济环境、社会环境和谐共处、协调发展的文化生态区域。徽州文化历来被认为是我国地域特色鲜明的文化之一，无论在器物、制度，还是精神文化层面，都有着深厚的底蕴和杰出的创造。但是，徽州地区的文化生态环境也遭受过"文革"历史的劫难、又受近年经济高速发展和城镇化建设的影响，也遭到了不同程度的破坏。因此，徽州文化生态保护实验区的建设应该坚持以保护为主、抢救第一、合理利用、加强管理、传承发展为基本方针，特别要把文化遗产保护的社会效益放在第一位，强力实施文化遗产保护项目，推进物质与非物质文化遗产普查、认定，完善基础设施，全面挖掘整理并重现徽州特有的民俗文化活动和深入拓展海内外文化交流，使文化遗产在良好的环境中得到保护和传承。牢牢掌握并尊重徽州文化独具的发展规律、保护非物质文化遗产的真实性、完整性和多样性，充分发挥文化遗产在传承弘扬中华民族精神、增强民族凝聚力方面的重要作用。

热贡文化生态保护实验区。青海省黄南藏族自治州同仁县的隆务河流域即热贡地区，走出了一代代大批从事民间佛教绘塑艺术的艺人，足迹遍及青海、西藏、甘肃、内蒙古等地，从业人员之多、技艺之精妙，都是其他地区少见的。同仁地区在藏语中被称为"热贡"，因此这些艺术也被统称为"热贡艺术"，至今已有 500 年的历史。热贡艺术融合了汉、藏、土、回、蒙古、撒拉等民族的优秀传统文化，形成了独特的文化形态。其中，唐卡、雕塑、堆绣、剪纸、壁画、藏戏等项目具有悠久历史和文化艺术价值。热贡地区的土族於菟、黄南藏戏、热贡艺术、热贡六月会、泽库和日寺石刻技艺等项目先后入选国务院公布的国家级非物质文化遗产名录。这些热贡文化中具有代表性的文化表现形式，已与生于青海高原、长于黄河流域的热贡人民的农牧生活密不可分，从而形成了热贡地区独特的文化生态。

羌族文化生态保护实验区。在《羌族文化生态保护区初步重建方案》中明确规定，保护区重建要打破行政区划界限和不同的地区习俗界限，整合羌区的羌文化和非物质文化遗产资源，保持羌族原有的建筑风貌、民风民俗、祭祀礼仪，体现羌族文化的原生态环境和地质结构特点。在灾后总体重建方案中，体现出对羌族的民族文化特质和象征符号的充分运用，把家园的恢复重建与羌族文化保护、传承、抢救和重建有机地结合起来，同时将方案向社会公布，择优选用。重建方案突出强调对羌文化原生态的保护。根据专家的论证和建议，羌族文化生态保护实验区坚持以抢救、保护、重建、利用、发展为基本原则。同时将羌族文化代表性传承人、特有的人文环境、自然生态、建筑、民俗、服饰、文学、艺术、语言、传统工艺以及相关实物、文字、图片、音像资料等作为重要保护内容。保护区实施的保护特别突出羌族地区的重点和特点，如汶川的释比文化、羌绣、黄泥碉，北川的大禹文化，理县的石碉民居建筑、蒲溪羌族语言、服饰、生活习俗等。要利用现代数字化技术手段，抓好羌族文化资料的抢救和保存；做好羌族文化数据库建设以及羌族数字文化空间的建设；充分关注环境，大力营造浓郁的羌文化氛围。在保护的同时注重建立羌族地区文化旅游特色产业集群，形成灾区恢复重建新的增长点。

上述建设思路与模式在各个保护实验区的保护纲要或规划方案中得到了充分体现，分别对闽南文化生态、徽州文化生态、热贡文化生态与羌族文化生态那些千百年来代代传承的深厚积淀以及文化多样性的品类分布，做了比较科学的论证，采取了相应的有效的对策，也显示了各地悉心建立保护区的目的和手段的正确性。在随后提出建设文化生态保护区的地区中也有类似的可喜表现。①

二、困扰：疑难问题多，推进困难大

尽管国家级文化生态保护实验区建设已经具备一定的理论和实践基础，但作为一项在摸索中前进的事业，毋庸讳言，还存在着一些疑难问题有待解决。从国家级文化生态保护实验区建设推进的现状来看，各地也呈现出较大的差异。不少省区市进行了地方立法，并启动了省级文化生态保护区建设。但是，推进工作依然困难重重，存在诸多问题。

（一）认识层面：对保护实验区内文化生态及其内部要素间关系的认识存在不足或偏差

要开展文化生态保护区建设，至少应首先认识清楚文化生态保护区包括哪些构成要素以及它们之间的关系是怎样的。简单来说，文化生态保护区的构成要素涵盖区域内的文化资源（包括非物质文化遗产与物质文化遗产）、自然资源、文化空间、社会结构，以及作为主体存在的居于此地的人等要素。要对文化生态进行有效保护就要理清文化生态与自然生态的关系、文化生态与非物质文化遗产的关系、非物质文化遗产与物质文化遗产的关系、文化生

---

① 乌丙安：《关于文化生态保护区建设基本思路和模式的思考》，《四川戏剧》2013年第7期，第19—22页。

态平衡与发展的关系等，对文化生态保护区内部诸要素进行关联性的整体保护。对文化生态、文化生态保护区缺乏足够认识或认识有所偏差都会导致思路不清、行为盲目、模式不定，乃至违背文化生态保护区建设初衷。

但从目前各保护实验区的建设状况来看，这种认识层面上的不足或偏差仍是普遍存在的。从认识的主体来看，包括了政府相关部门、从事保护的相关工作人员和当地民众本身。对文化生态、文化生态保护区缺乏足够认识或认识有所偏差，在政府及其相关部门表现为出于保护目的但做出不适当的参与或干预行为；在相关工作人员表现为无法采取有针对性的措施开展保护工作；在当地一些民众则表现为无法意识到自身所持有的文化的核心价值或被其他因素干扰、误导，因而无法实现其文化自觉。

譬如，在一些地方，甚至无法区别不同类型的非物质文化遗产，采取有针对性的不同举措，实现对不同类型的非物质文化遗产的全面而完整的保护。一些保护实验区建设中也面临着"重申报、轻建设"的问题。很多地方整体保护尚不能有效展开。文化生态保护区的设立为文化整体保护提供了空间地理条件。但在实际操作层面仍存在着不能有效协调文化生态保护区内文化生态保护与自然生态保护的关系、非物质文化遗产与物质文化遗产保护相结合的关系、各种文化共生关系，以及文化现象与人民群众生产生活之间的关系等问题。因此，在不少地方，会出现仍按非物质文化遗产的项目保护方式进行文化生态保护区建设，或是抛开非物质文化遗产，大搞旅游建设。

（二）主体层面：保护实验区内的民众主体性缺失

如何实现文化生态保护实验区的社会动员，使各方面达成共识，特别是如何调动生产与生活于保护区内广大民众广泛参与的积极性，使其成为保护区建设的主体和成果的享用者，最终形成政府主导、民众主体、社会参与的良性互动，这也是事关保护实验区建设的重大问题之一。[①] 尽管《文

---

① 卞利：《文化生态保护区建设中存在的问题及其解决对策——以徽州文化生态保护实验区为例》，《文化遗产》2010 年第 4 期，第 21—30 页。

化部关于加强国家级文化生态保护区建设的指导意见》明确指出要"坚持尊重人民群众的文化主体地位的原则"。但事实上在文化生态保护区的申报、保护规划的制定以及整个保护过程当中，民众的主体性没有得到很好的体现，"坚持尊重人民群众的文化主体地位的原则"很难在文化生态保护区建设中得到具体落实。与自然生态保护区主要以"物"为保护对象不同，文化生态保护区除了"物"外，还把"人"作为保护对象，因此征得被保护人同意，让其作为主体自愿、自觉地参与文化生态保护区建设，是文化生态保护区建设的首要原则。我们必须在保护区申报、规划制订、规划执行各环节中，保障保护区人民群众的知情权、参与权、决策权等权利。① 从文化生态保护区建设的长远目标来看，也应该是把重点放在提高广大民众对自身文化生态长远保护、继承发展的全面需求和高度文化自觉上来。老百姓不是要天天过各种巧立名目的文化节，而是渴望怡然自得地过好日子，这才是真正的"文化生态保护"。应该时刻关注保护区民众内在的自愿自觉，大力支持让文化生活习俗鲜活生动地自然而然地延续。只有老百姓积极主动地维护和完善本地域群众、本民族群体的文化生活方式，用这样的方式安居乐业，其所承载的"文化生态"才能可持续发展。②

（三）发展层面：保护与发展兼顾难度大

如何兼顾保护与发展的问题，依然是文化生态保护实验区建设的一大难题。一方面，"文化搭台、经济唱戏"的做法在社会实践中还占有相当的地位，对文化的盲目过度开发造成了对文化的严重伤害。在近几年我国的文化生态保护实验区建设中，存在着所谓"打造"或"营造"文化生态的做法。当前很多地方领导往往过分强调对非物质文化遗产项目的开发和利用，甚至在规划里突出强调打造非遗产品的"品牌效应"，很少关注保护与

---

① 宋俊华：《关于国家文化生态保护区建设的几点思考》，《文化遗产》2011 年第 3 期，第1—7 页。

② 《从"实验区"到"保护区"：还有多长的路要走》，《中国文化报》2015 年 1 月 16 日第7 版。

传承，其结果必然会因为不当开发或过度开发而造成严重后果。另一方面，缺少经济效益，保护工作常常在财政上给各级政府造成很大困扰。此外，对于保护区民众而言，如果不能在经济收入、生活水平等方面有所提高，其文化自信与文化自觉便也不能被激发，将文化形态空洞化、商品化展示、出售的情形，在民间也在所难免。甚至有人就此对文化生态保护区提出质疑，认为与国外的情况不同，我国大多数的非物质文化遗产是从遗留物状态发掘出来的，它们在"复活"之初就半推半就，忽而登上地方经济发展的快车，忽而登上行政工作的快车。我们如何确保它们的生命力？①

（四）机制层面：保护实验区内管理体制、保障机制不够健全有力

政府是文化生态保护实验区建设的主导者。要发挥好政府的主导作用关键是要建立起一套行之有效的、体系化的管理、保障机制、体制。因为没有建立这样的机制，在工作中常常会出现一些政府或部门对保护实验区建设大包大揽、事必躬亲却收效甚微，或者一些政府或相关部门缺位，把保护实验区的建设仅仅当作是文化部门的事，致使建设规划难以落实。许多地方机构、人员、经费等问题欠账严重，直接影响了保护实验区建设工作的进程。

此外，跨行政区域的文化生态保护区与现有行政区划管理体制和机制无法进行有效衔接，造成管理和协调上困难。由于历史、文化和自然的原因，特别是行政区划的变化，许多历史上同根同源、相对完整的文化生态区，现在因行政隶属关系的调整，无法进行统一的规划、管理、保护与建设。徽州文化生态保护实验区兼跨安徽和江西两省，闽南文化生态保护实验区地跨厦门、泉州、漳州三市，羌族文化生态保护实验区兼跨四川和陕西省。如何妥善处理保护区内跨行政区域的管理体制和机制问题，设立统一的管理、协调、保护与建设机构，统筹规划，共同实施，协调各方关系，这也是文化生态保护区建设一项艰巨而重要的任务。②

---

① 吴效群：《文化生态保护区可行吗？》，《河南社会科学》2008 年第 1 期。
② 卞利：《文化生态保护区建设中存在的问题及其解决对策——以徽州文化生态保护实验区为例》，《文化遗产》2010 年第 4 期，第 21—30 页。

目前，跨省的保护区各自保护，跨地区的保护区也是各自建立一些适应自身工作和需要的制度，按照自己的财力和工作思路进行保护。由于缺乏一个强有力的具有独立建制的机构，致使保护区无法形成统一的标准，工作力度也差异巨大，最后往往会成为一种追求政绩的工具和摆设，实际保护工作推进迟缓。另外，缺少一个由政府主导的强力协调机构。保护区的建设和保护是对于生态区各种文化形态，包括物质文化遗产、自然生态环境和各种资源，尤其是对非遗的存续进行整体保护的一项系统性工作。但文化遗产、自然生态与资源等的保护和管理目前隶属于不同部门，存在利益的交织，同时，不同的保护对象拥有不同的法律、条例或规章制度，要做到在保护区内对非遗进行全面、可持续、可解读的整体性保护是非常困难的。与此相关，一些文化生态保护区内的规章制度即使出台了，在执行过程中也会大打折扣。因为有些地方领导以经济发展为唯一指标和标准，而对于文化的保护，至少在短时期内看到的只有付出，没有收益。于是，便会发生文化部门认为不能拆的文化场所或特殊文化空间屡屡被拆的现象，这在近几年城镇改造和新农村建设中常常发生，在文化生态保护区建设过程中也时常出现。

陈华文对当下18个国家级文化生态保护实验区中的17个进行了书面问卷调查。其中，建立工作领导小组的有11个，一些跨两省的保护区没有建立相关的协调机制，还有一些保护区在不同层级都建立了文化生态保护区的领导小组，有的仅在非遗保护中心设立名义上的负责人，具体工作都由更小的单位，尤其是县区级单位去做，从而形成了同一保护实验区在政策制定、工作推进、保护措施、保护力度上存在差异极大的现实。当然，这些领导小组大都不是一个实体的机构，每年都不一定有定期的工作会议，也很难形成一些具体的工作决议。因此，实际上保护区的工作组织、领导、管理或执行，都没有切实的保障。①

---

① 《从"实验区"到"保护区"：还有多长的路要走》，《中国文化报》2015年1月16日第7版。

不少保护实验区建设经费紧张，人才队伍难以稳定，工作缺乏保障。人才方面，从省到市，从事相关工作的人员变动频繁，尤其是市县以下单位的工作人员严重不足，这本身就说明政府文化保护意识的淡漠，也说明文化部门的弱势。这种弱势还体现在经费方面，有的地方经济条件好一点，党委政府重视一点，保护经费就多一点，反之就很困难。以热贡文化生态保护实验区为例。一方面财政投入不足，黄南州所辖四县有两个国定贫困县、两个省定贫困县，是典型的依赖中央财政生存的十大藏区之一。目前已拥有 1 项世界级、5 项国家级非物质文化遗产项目，但受财力约束，特色产业建设和研发资金不足，直接影响到非物质文化遗产项目的传承发展。另一方面抵押担保落实难。自热贡文化生态保护实验区建设挂牌成立以来，金融机构积极调整经营重点，与黄南州政府达成热贡文化生态保护实验区贷款意向，但截至 2011 年末，全州 5 家县域融资性担保公司总注册资金 3720 万元，担保基金总额 6702 万元；实际担保规模为 27881 万元，担保比例为 416.01%。保护区建设的巨大资金缺口，6000 多万元的担保基金规模无疑是杯水车薪。无法落实担保抵押已成为金融支持热贡文化生态保护区建设的最大阻力。①

（五）研究层面：理论研究与保护实践难以对接

理论研究不够，尚不能为保护实践提供学术依据与指导。尽管启动时间不久，我国的文化生态保护实验区建设实践已经远远走在了学术研究的前面。而理论研究相对滞后，则工作思路就无法廓清。以闽南文化生态保护实验区为例，闽南文化生态保护实验区的工作自始至终得到了中央、省等不同层面领导的高度重视，但由于理论支撑不足，进展相对缓慢。尤其是对于具体从事此项工作的人来说，连概念都未能明晰，更难谈及具体的保护措施。而目前的研究一方面基于对国外相关理论的借鉴，缺乏来自田野考察的根基；另一方面往往执著于学理方面对于文化生态维系的美好愿

---

① 韩涌泉：《热贡文化生态保护区发展调查》，《青海金融》2012 年第 2 期，第 37—40 页。

景，而在实践层面缺乏可操作性。这样导致理论研究与保护实践之间难以对接，不少保护区开展的保护实践工作缺少理论根基，缺少指导性与前瞻性。

对于武陵山区（渝东南）土家族苗族文化生态保护实验区这个最年轻的国家级文化生态保护实验区而言，先行者的经验值得借鉴，上述建设中存在的问题和困扰同样值得深思，并应以更有效的方式予以解决。

第二节　武陵山区（渝东南）土家族苗族文化生态保护实验区建设的现实条件

国家级文化生态保护区是根据《国家"十一五"时期文化发展规划纲要》提出的设立民族民间传统文化的保护区的任务，以保护非物质文化遗产为核心，对历史文化积淀丰厚、存续状态良好，具有重要价值和鲜明特色的文化形态进行整体性保护，经文化部批准而划定的特定区域。2010 年 5月，文化部批准建立"武陵山区（湘西）土家族苗族文化生态保护实验区"。国家级"武陵山区（湘西）土家族苗族文化生态保护实验区"的设立，对同属武陵山区文化生态保护范围的渝东南、鄂西南、黔东北地区来说，既振奋人心，也带来挑战。渝东南、鄂西南、黔东北地区也先后把建设各自地区的国家级文化生态保护实验区纳入议事日程。

2008 年，重庆市就开始规划建设渝东南民族文化生态保护区。2009 年4 月，重庆市政府批准渝东南民族文化生态保护区为市级文化生态保护区，同时正式向文化部提出将其纳入国家级文化生态保护区的申请。渝东南民族文化生态保护区也是重庆市唯一一个文化生态保护区，为强力推进文化生态保护区建设，重庆市政府同时还将其纳入重庆市文化事业发展"十二五"规划和政府工作报告。从 2009 年至 2012 年间，重庆市文化主管部门、重庆市非物质文化遗产保护中心与渝东南各区县一道，多次组织专家团队和大量非物质文化遗产保护工作者深入调研、实地考察，普查渝东南文化资源，积累了大量档案资料，并数易其稿编制《渝东南文化生态保护区建设规划》，同时将规划纲要报送文化部审核。期间，专家及工作团队也赴武陵山区（湘西）土家族苗族文化生态保护实验区实地考察与学习。2012年12月，文化部专家组到保护区进行了实地考察。按照文化部专家组的实地考察意见，重庆市非物质文化遗产保护中心组织专家认真修改完善了规划纲要，并将修改后的《武陵山区（渝东南）土家族苗族文化生态保护实验区规划纲要》再次上报文化部。2013年12月底文化部对其举行专家评审。2014年8月，文化部正式批准"武陵山区（渝东南）土家族苗族文化生态保护实验区"为国家级文化生态保护实验区。同时获批的还有武陵山区（鄂西南）土家族苗族文化生态保护实验区。这标志着渝东南、重庆市的非物质文化遗产保护进入了一个整体、活态保护的新阶段，也标志着以土家族、苗族文化为核心的整个武陵山区的文化生态保护和非物质文化遗产保护进入了一个整体、全面、全新的阶段。

一、武陵山区（渝东南）土家族苗族文化生态保护实验区的区域特征

（一）武陵渊源

武陵山区涵盖渝、鄂、湘、黔各一部分，整个区域具有相似的自然生态条件和大致相同的社会历史，形成了汉族与土家族、苗族等多民族共生的山地经济文化类型，在中华民族的文化多样性中占据重要的位置。重庆市黔江、酉阳、秀山、彭水、石柱、武隆、丰都等区县，与湘西、鄂西南、黔东北地区，皆地处武陵山区。在这一空间区域内，山同脉、水同源、人同族、文同形。特别是苗族、土家族的文化源流、文化形态、文化价值等要素息息关联。在这一空间区域内，巴渝文化与黔中文化、荆楚文化、潇湘文化、夜郎文化、岭南文化相互融合，相互渗透，共同构成泛武陵山区文化生态圈。

1. 地理空间

武陵山是连贯渝、鄂、湘、黔 4 省市相邻地带的山脉，长度 420 千米，一般海拔高度 500—1000 米，最高点达 2570 千米。武陵山多为褶皱山脉，岩溶地貌，山脉从西南向东北延伸，经过重庆东南，主峰成为湘鄂的分界线。武陵山脉覆盖的地区称武陵山区，现在也习惯称武陵山片区。武陵山区的核心区域面积约 10 万平方千米；而全区域面积达 17.18 平方千米，人口 364.5 万人（2010 年）。境内有规模的少数民族有 9 个，主要是土家族、苗族、侗族等。这个连片山区占据我国版图的中央位置，在生态和战略上都十分重要。

武陵山区山水相连，是一个区位和地貌一体的自然实体。武陵山脉从云贵高原边缘向东北倾斜，形成一片包括乌江、沅水、澧水、清江四水流域、地貌大致相似的山区，呈现为与高原地带、丘陵地带、平原地带相区别的典型的山区地带。武陵山区在北纬 30 度两侧，属于亚热带季风湿润型气候区，四季分明，气候温和宜人。奇山秀水的环境、郁郁葱葱的植被，既是生物多样性的涵养乐土，也是人类生产与生活的美好家园。

武陵山区虽然被分割在四个省市，但是在历史上曾经长期具有同样的行政归属和大致相同的制度演变。武陵山区在战国时期是楚国所置的黔中郡之所在，在楚国被秦国统辖后仍称黔中郡。汉高祖改黔中郡为武陵郡，从此以"武陵"为名而使用开来。虽然中间短时间恢复过黔中郡的名称，但是直到宋代都主要采用武陵郡的名称统一管辖。元朝开始行省制度，历史上的武陵郡划分到湘鄂川黔四省分治，但是元代统治者在武陵山区和其他类似的少数民族地区开始施行土司与卫所并存的制度，直到明代和清代前期（雍正十三年（1735 年）改土归流）都是采行土司统治，因此这里虽然分属不同的行省，但是都施行同样的制度。不过，这种分治后来又有短暂的军管合并。在第二次国内革命战争时期，这里建立了湘鄂川黔革命根据地。在抗日战争时期，这里是第六战区，包括以武陵山为中心的湘鄂川黔十个区的 81 个县。从 20 世纪 80 年代以来，武陵山区被中央统一划为连片的民族地区、革命老区、贫困地区，再后来成为我国西部大开发的一个重要的经济协作区。

2. 族群结构

武陵山区不仅在地理和生态上是一体的，在行政上有很长的一体历史，而且具有大致相同的民族构成和文化传统。

武陵山区已经发现了迄今中国最早的人类——巫山人及其龙骨坡文化、长阳人、大溪文化等著名的早期人类文化遗存，以及大批从石器时代到秦汉时期的文化遗址。在文献中，这里的民族记载也很丰富。《南史·夷貊传下》"居武陵者有雄溪、樠溪、辰溪、酉溪、武溪，谓之五溪蛮"。秦灭巴以后，在原巴人故地设巴郡、黔中郡、南郡。汉改黔中郡为武陵郡。史书把当时活动于武陵山区的少数民族通称为"巴郡蛮""南郡蛮"和"武陵蛮"。西汉时，这些被称为"禀君种""板楯蛮"的人已经有了共同的地域、共同的风俗习惯和经济生活，其活动地域就在今天的武陵山区。从早期记载的三苗族团和濮人，到秦汉的武陵蛮（五溪蛮），再到巴、僚、苗蛮，在明清时期逐渐形成土家、苗、侗等民族的前身，史不绝书。虽然在土司制度时期有"蛮不出境，汉不入洞"的说法，但在事实上，汉人入居山区与山区民族流出的人口双向流动从来就没有停止过。这种多民族的交流与融合发展到当代，形成了民族人口分布的一种形势：汉族四处都有，大致占总人口的一半上下，但在立体上，汉族多在谷地和交通线上，只有少数深入峡谷和高山；土家族和苗族也大致分布到全境，但是土家族北多于南，苗族则南多于北，而在人数上土家族在少数民族人口中占绝对多数。少数民族与汉族构成小聚居、大杂居的交错穿插格局。

3. 文化形态

我国是世界上少有的文明从未中断的国家，而且由于地域辽阔，生态多变，民族众多，我国人民创造、传承着丰富多样的文化。我国文化的多样性主要表现在地域文化的多样性、民族文化的多样性以及多民族文化交融的多样性。武陵山区代表着我国地域文化的山区文化、多民族文化中的土家族苗族特色的文化，因而是我国多民族区域文化的一个典型代表。

武陵山区在文化上的核心区域由乌江（从贵州铜仁到重庆东南部的黔江区、石柱土家族自治县、秀山土家族苗族自治县、酉阳土家族苗族自治县、彭水苗族土家族自治县）、沅水（从贵州铜仁到湘西）和清江（从武陵山腹地的湖北恩施土家族苗族自治州到宜昌市的五峰土家族自治县、长阳土家族自治县等地）贯通。

武陵山区历史文化积淀丰厚，而土家族和苗族及其先民的文化历史悠久，特色鲜明。历史上，三苗文化、百越文化、巴文化、楚文化以及一般的汉文化都在武陵山区有所留存，既有特定民族对特定历史文化的直接继承，也有多民族文化的相互吸收与融合，从而使武陵山区成为我国文化多样性的重要保留地区。从史前文化来看，武陵山区多打制石器，多夹砂陶，多圈足器和圜底器，多刻划纹，与泥质陶、三足器和彩陶的域外文化明显不同，具有地域文化特色。从先秦以降，有多种民族被提及生活在武陵山区，如三苗、百越、巴、濮、武陵蛮、五溪蛮、僚等，其中一些古代民族的文化一直被传承下来。巴人崇拜白虎图腾，为武陵山区土家族所继承，土家族摆手舞与巴人的巴渝舞也是一脉相承；三苗崇拜狗，喜五彩服饰，为武陵山区的苗族所继承；武陵地区"信巫鬼，重淫祀"、赛龙舟、崇凤鸟等习俗则是楚人的遗俗。

从现在仍然存续的文化来说，武陵地区包括丰富的物质文化和自然遗产，如梵净山风光、武隆喀斯特地貌、乌江画廊、清江画廊、恩施大峡谷，凤凰古城、乾州古城、里耶古城和龚滩古镇、龙潭古镇、芙蓉古镇等；也包括多彩的非物质文化遗产，如各地的傩戏、土家摆手舞、土家啰儿调、长阳山歌、南曲、秀山及思南花灯，以及各种节会如过赶年、恩施女儿会、苗族四月八。

武陵山区以土家族苗族为特色的文化生态是本地区各族人民因地制宜，在数千年的历史中不断探索、不断创造、不断学习以及努力传承的伟大成就，在今天已经成为我国人民的宝贵财富和社会可持续发展的资源，同时也是人类文化多样性的重要内容。保护这一方水土，保护这里的非物质文化遗产，保护这里的文化生态，既关系到当地人民的福祉，也是我国政府加入《世界文化多样性宣言》（2001）、《保护和促进文化表现形式多样性公约》（2005）对国际社会所做的承诺。

（二）巴渝文脉

"巴""渝"都是重庆的简称。渝东南，包括重庆东南角的酉阳土家族苗族自治县、秀山土家族苗族自治县、黔江区、彭水苗族土家族自治县、石柱土家族自治县及武隆县。

渝东南地区以山而论，属于武陵山的腹部地区。按水系而言，除了秀山，大都属于从南往北流淌的乌江下游地区；但从北往南流淌的酉水同时也流经酉阳，并从秀山流入湖南。

渝东南地区在《尚书·禹贡》中被称为梁州之域，商周为"巴之南鄙"。秦时，酉阳、秀山、黔江、彭水、武隆隶属黔中郡，石柱属巴郡。两汉时期，酉阳、秀山、黔江、彭水、武隆先隶属巴郡，后属涪陵郡，石柱仍属巴郡。作为这一区域的核心，酉阳县于汉高祖五年（前202年）即正式置县，县治在今湖南省永顺县南猛河与酉水河交汇处之王村，因位于酉水北岸，古人称水北为阳，故名。西汉酉阳县含今湖南永顺县、古丈县、龙山县及重庆秀山土家族苗族自治县、酉阳土家族苗族自治县、黔江区、彭水苗族土家族自治县及贵州省德江县、思南县、印江土家族苗族自治县、沿河土家族自治县、务川仡佬族苗族自治县各一部分。晋太康中，"没于蛮僚"。唐、宋设羁縻州时，酉阳、秀山属思州，黔江、彭水属黔州，石柱属忠州，武隆则先后隶属涪州、黔州。其间于五代时，这里又一次"没于蛮僚"。自南宋建炎三年（1129年）起，实行土官制、土司制，长达600余年。清雍正十三年（1735年）酉阳"改土归流"，设酉阳直隶州，领秀山、黔江、彭水三县；乾隆二十七年（1762年）石柱"改土归流"，置石柱直隶厅。民国年间，酉阳直隶州改为酉阳县，石柱直隶厅改为石柱县，均属川东道。1935年，在酉阳设四川省第八行政督察公署，辖酉阳、秀山、黔江、彭水、石柱、武隆等共9县。中华人民共和国成立后，1949年11月建立酉阳专区，辖酉阳、秀山、黔江三县，石柱、彭水、武隆属涪陵专区。

1952 年 9 月，撤销酉阳专区，将其辖地划入涪陵专区。1983—1984 年，酉阳、秀山、黔江、彭水、石柱、武隆均单独设县或改为自治县。1988 年，酉阳、秀山、黔江、彭水、石柱五自治县从涪陵地区划出，建立黔江地区。1997—2000 年，设酉阳县、秀山县、黔江区、彭水县、石柱县、武隆县，均划归重庆市管辖。

巴蛮部族征战渝东南，土著苗濮先民从而入住此地，巴人后裔土家人溯江而上迁徙于此，乃至巴国疆域如《华阳国志·巴志》记载，"东至鱼腹（今重庆市奉节县），西至僰道（今四川宜宾），北接汉中（今陕西汉中），南接黔涪（今渝鄂湘武陵山一带）"。又"巴子中虽都江洲（今重庆），或治垫江（今重庆合川），或治平都（今重庆丰都），后治阆中（今四川省阆中），其先王陵在枳（今重庆涪陵），其牧在沮（今鄂西南漳），今东突硖（今铜锣峡）下畜沮是也……故巴亦有三硖"。可见，巴人以渝东南、鄂西为主要活动区域。巴渝文化滋长盛行，极大影响着渝东南文化的形成与发展。"巴渝舞"的战阵态势在土家族"摆手舞"共进退、齐喊唱中似见端倪；"巴渝舞"的长矛利刃在苗族"上天梯"刀丛赤脚爬杆中似为再现；酉水号子与川江号子、龚滩盐运与巴人善舟、巴盐远销等历史现象的前后关联，在渝东南的非物质文化遗产中比比皆是，不胜枚举。渝东南土家族苗族文化形态具有深厚的巴渝文化底蕴。

渝东南是土家族占多数的地区。与武陵山区其他省相比，渝东南的土家族具有一系列自身的特色：（1）在族源上，巴、樊、曋、相、郑五姓廪君巴人在江州建立的巴国被秦灭亡后，被迫退居西、辰、巫、武、沅而为"五溪蛮"延续下来，演变成"土家族"。渝东南系五溪之首的"酉溪"。（2）在经济上，廪君巴人战胜盐水女神得盐兴国，后徙于枳而又制盐贩盐得以进一步发展，留下彭水郁山盐井盐场，开拓了搬运巴盐入湘、通楚、达黔的绵延千里的巴盐古道。（3）在语言上，土家语系巴语的继承，整个武陵山区，能用土家语进行交流的约 3 万人。据酉阳普查，该县至今仍说土家语的有 1 万余人。（4）在信仰上，渝东南部分地区保存了巴人的较早时期的龙蛇图腾崇拜，这与湘西、鄂西土家族只有巴人的白虎图腾崇拜有显著差别。（5）在习俗上，保留一些古老节庆和人生礼仪习俗，其中丧葬的打廪、跳丧、打绕棺、梯玛古歌等具有浓郁巴人丧俗遗意。

（三）文化特质

渝东南的多民族文化中，土家族和苗族的文化特色最为鲜明突出，成为这个地区的文化标志。概括地说，渝东南土家族苗族文化的主要特性是"历史悠久，风貌古朴，精神旷达，民族融合"。

渝东南在文化上的民族特色具有深厚的历史渊源。渝东南地区的古老民族是"巴"人，他们的一种舞非常引人关注，在很早的时候就有文献记载，并且不断出现在历代文献之中。先秦文献《左传》记载："周武王伐纣，巴师勇锐，歌舞以凌殷人。故曰：武王伐纣前戈后舞。"晋人郭璞注释"巴渝"一词说："巴西阆中有渝水，獠人居其上，皆刚勇好舞，汉高祖之以平三秦，后使乐府习之，因名'巴渝舞'也。"晋人常璩《华阳国志·巴志》也有类似记载。唐代诗人韩弘有诗句"万里歌钟相庆时，巴童声节渝儿舞"，写的还是亲见巴渝舞的情形，还提到了相伴生的歌与乐，内容更为丰富具体。土家族为巴人后裔，历史久远的巴渝舞以及相关的民歌和器乐在渝东南土家族中仍有流传。对"三苗""苗"的特色文化的关注也是史不绝书。渝东南土家族、苗族的特色文化可谓历史悠久。

渝东南的民族文化深植于大山之中，整体风貌古朴。土家语讲述着古老的神话传说，对廪君、土王、家先的事迹代代颂扬。如酉阳龚滩的蛮王洞传说，讲述秦灭巴，巴人流落至乌江，到达龚滩，在悬崖绝壁下发现大溶洞，据洞固守，得以幸存。每年正月十五为蛮王洞香会，吸引众多居民前来祭拜。其形态和形式都相当古朴。这里有看似起源于狩猎时代、身披茅衣喁喁而语的茅古斯，演绎着土家古老的过去；这里还有代表图腾崇拜余绪的白虎信仰，多种形态的傩戏，多神崇拜的宗教信仰，都透射出原始古拙的气息，散发出一种率真敦厚的质朴美。

渝东南的民族文化伴江河而生，在精神气质上热情旷达。渝东南溪流无数，汇聚到酉水和乌江，千百年来，各族人民在万山丛中凭水进出。当他们面对激流呼喊号子的时候，最能够表现本地人的旷达精神。无论是乌江号子、石柱号子，还是高炉号子，我们感受到的都是抖擞精神的直抒胸臆。土家族和苗族都是能歌善舞的民族。他们的先民从先秦的记载里就一路歌舞而来，在军舞军乐中表现为勇武，在民间仪式中表现为开朗、豁达，尤其是在集体劳动中的锣鼓与歌唱、在丧葬仪式中的打绕棺，都贯穿着乐观、通达的精神。

渝东南是多民族杂居区，本地的文化是民族融合的产物，也呈现为多民族文化共存的格局。渝东南文化的民族融合有诸多表现。一是拥有共同的基础文化：各个民族都采用汉文教育、汉人日历，全民节日是大年、清明、端午、中元、中秋。不过，土家族和苗族在节日上又保留了自己的特色，如土家族提前一天过赶年，而苗族保持了自己的四月八牛王节。二是不同民族的文化要素同处一地，或相安无事，或功能互补。诸如四合院、防火墙建筑与吊脚楼民居同处一地，土家、苗族服饰与汉族服饰都可穿戴，土家梯玛与汉族端公、道士同为民间祭祀仪式主持，儒、释、道的祠庙与土王庙、爵主宫、三抚堂、白帝天王庙、八部大王庙在境内都可并存，都是多元文化兼容特征的具体体现。

二、武陵山区（渝东南）土家族苗族文化生态保护实验区的形态结构

（一）国家、市、区县三级非物质文化遗产代表性项目名录体系

根据非物质文化遗产普查工作调查的结果和国家公布的四批非物质文化遗产代表性项目名录，武陵山区（渝东南）土家族苗族文化生态保护实验区已建立了涵盖国家、重庆市、区县三级非物质文化遗产名录代表性项目名录体系。其中国家级非物质文化遗产名录项目11项，重庆市级80项，区县级433项。此外，大量蕴藏于民间的、未被挖掘的非物质文化遗产也是保护实验区文化生态系统的重要组成部分和潜在保护对象。

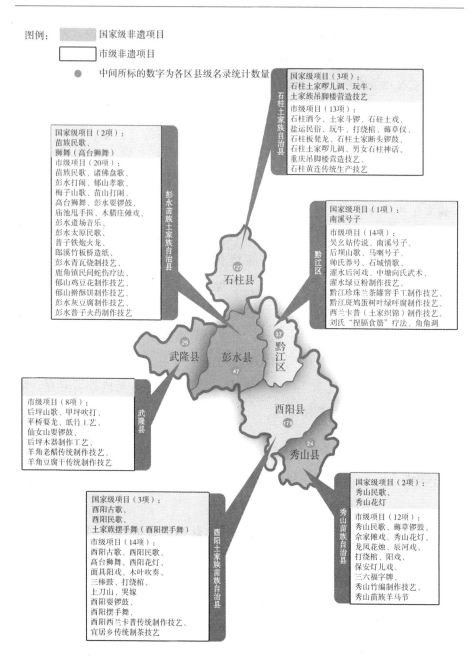

图例：　　　　国家级非遗项目

　　　　　　　市级非遗项目

　　　● 中间所标的数字为各区县级名录统计数量

国家级项目（3项）：
石柱土家啰儿调、玩牛、
土家族吊脚楼营造技艺

市级项目（13项）：
石柱酒令、土家斗锣、石柱土戏、
盐运民俗、玩牛、打绕棺、薅草仪、
石柱板凳龙、石柱土家断头锣鼓、
石柱土家啰儿调、男女石柱神话、
重庆吊脚楼营造技艺、
石柱黄连传统生产技艺

国家级项目（2项）：
苗族民歌、
狮舞（高台狮舞）

市级项目（20项）：
苗族民歌、诸佛盘歌、
彭水打闹、郁山孝歌、
梅子山歌、苗山打闹、
高台狮舞、彭水耍锣鼓、
庙池甩手揖、木腊庄傩戏、
彭水道场音乐、
彭水太原民歌、
普子铁炮火龙、
郎溪竹板桥造纸、
彭水青瓦烧制技艺、
鹿角镇民间蛇伤疗法、
郁山鸡豆花制作技艺、
郁山擀酥饼制作技艺、
彭水灰豆腐制作技艺、
彭水普子火药制作技艺

国家级项目（1项）：
南溪号子

市级项目（14项）：
吴幺姑传说、南溪号子、
后坝山歌、马喇号子、
帅氏莽号、石城情歌、
濯水后河戏、中塘向氏武术、
濯水绿豆粉制作技艺、
黔江珍珠兰茶罐窨手工制作技艺、
黔江斑鸠蛋树叶绿呼腐制作技艺、
西兰卡普（土家织锦）制作技艺、
刘氏"捏膈食筋"疗法、角角调

市级项目（8项）：
后坪山歌、甲坪吹打、
平桥耍龙、纸竹工艺、
仙女山耍锣鼓、
后坪木器制作工艺、
羊角老醋传统制作技艺、
羊角豆腐干传统制作技艺

国家级项目（3项）：
酉阳古歌、
酉阳民歌、
土家族摆手舞（酉阳摆手舞）

市级项目（14项）：
酉阳古歌、酉阳民歌、
高台狮舞、酉阳花灯、
面具阳戏、木叶吹奏、
三棒鼓、打绕棺、
上刀山、哭嫁、
酉阳耍锣鼓、
酉阳摆手舞、
酉阳西兰卡普传统制作技艺、
宜居乡传统制茶技艺

国家级项目（2项）：
秀山民歌、
秀山花灯

市级项目（12项）：
秀山民歌、薅草锣鼓、
余家傩戏、秀山花灯、
龙凤花烛、辰河戏、
打绕棺、阳戏、
保安灯儿戏、
三六福字牌、
秀山竹编制作技艺、
秀山苗族羊马节

石柱县 122
武隆县 25
彭水县 47
黔江区 37
酉阳县 175
秀山县 24

石柱土家族自治县
彭水苗族土家族自治县
黔江区
武隆县
酉阳土家族苗族自治县
秀山苗族自治县

图4-1　武陵山区（渝东南）土家族苗族文化生态保护实验区非物质文化遗产分布图

（二）各级非物质文化遗产名录项目代表性传承人和其他传承主体

在国家级和重庆市级非物质文化遗产项目代表性传承人的认定与命名工作中，武陵山区（渝东南）土家族苗族文化生态保护实验区内共有 8 人被列为国家级非物质文化遗产名录项目代表性传承人，保护区内还有重庆市级代表性传承人 120 人，区县级代表性传承人 509 人。

代表性传承人不是孤立地发挥作用的，而常常是利用专门组织（班、会、队、团等），并在与群众的互动中发挥作用的，因此，活跃于民间的致力于非物质文化遗产保护和传承的民间艺人、社群和相关组织也是（渝东南）土家族苗族文化生态的有机组成部分。

（三）与非物质文化遗产密切相关的物质文化遗产和自然遗产

与非物质文化遗产密切相关的遗址、遗迹和文物等物质文化遗产是非物质文化遗产名录项目开展传承活动的重要场所和载体。自然生态环境是孕育非物质文化的母体，特定的自然景观、水源、空气、光照、土壤、植被是非物质文化遗产形成、保护和传承的必要条件，其中一些独特的地貌已经成为宝贵的自然遗产，并伴生着具有生命力的非物质文化遗产。截至2013 年年底，渝东南区域内有"中国南方喀斯特"世界自然遗产 1 处，有国家重点文物保护单位 3 处，市级重点文物保护单位 30 处，区县文物保护单位 301 处。

（四）作为非物质文化遗产传承条件的社会空间

非物质文化遗产作为活态文化总是存续在一定的社会空间之中。当地的物质文化遗产和特殊的自然环境作为纪念活动、仪式庆典的场所，成为负有盛名的非物质文化遗产传承的社会空间；此外，村社、市镇还有各种历史留存的、复建的或新建的活动场所，如戏台、场院、广场，也是非物质文化遗产在日常生活环境中传承的广为所见的社会空间；一些少数民族特色村寨、传统村落、历史文化名镇、民间文化艺术之乡等作为一种综合

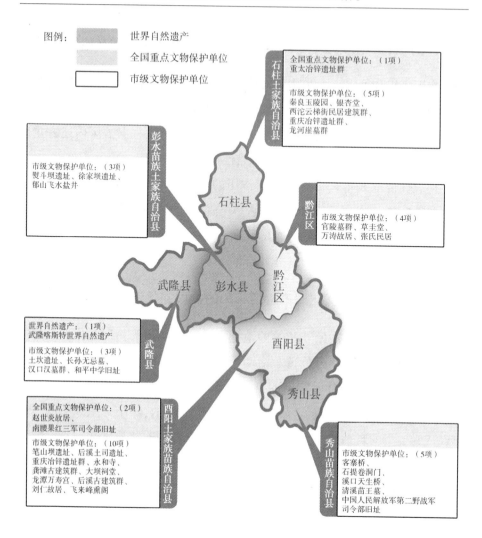

图 4-2 武陵山区（渝东南）土家族苗族文化生态保护实验区自然与文化遗产分布图

性的特殊社会空间在传承非物质文化遗产中可以发挥巨大的作用。

　　渝东南区域内酉阳土家族苗族自治县为"摆手舞之乡"，秀山土家族苗族自治县为"花灯之乡"，石柱土家族自治县为"啰儿调之乡"，彭水苗族土家族自治县鞍子镇为"苗族歌舞之乡"。现有中国历史文化名镇 3 个、重庆市历史文化名镇 5 个、传统村落 39 个、少数民族特色村寨 5 个。

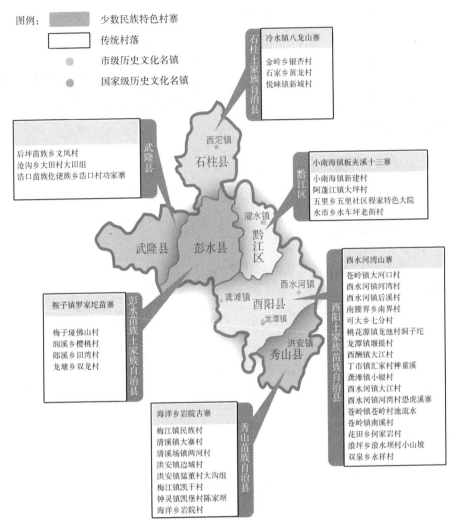

图例：
少数民族特色村寨
传统村落
市级历史文化名镇
国家级历史文化名镇

冷水镇八龙山寨
金岭乡银杏村
石家乡黄龙村
悦崃镇新城村

石柱土家族自治县

西沱镇
石柱县

小南海镇板夹溪十三寨
小南海镇新建村
阿蓬江镇大坪村
五里乡五里社区程家特色大院
水市乡水车坪老街村

黔江区

武隆县

后坪苗族乡文凤村
沧沟乡大田村大田组
浩口苗族仡佬族乡浩口村功家寨

濯水镇

武隆县 彭水县

酉水河镇

龚滩镇 酉阳县

龙潭镇

西水河湾山寨
苍岭镇大河口村
酉水河镇河湾村
酉水河镇后溪村
南腰界乡南界村
可大乡七分村
桃花源镇龙池村洞子坨
龙潭镇堰提村
酉酬镇大江村
丁市镇汇家神童溪
龚滩镇小银村
酉水河镇大江村
酉水河镇河湾村恐虎溪寨
苍岭镇苍岭村池流水
苍岭镇南溪村
花田乡何家岩村
浪坪乡浪水坝村小山坡
双泉乡永祥村

酉阳土家族苗族自治县

鞍子镇罗家坨苗寨
梅子垭佛山村
润溪乡樱桃村
郎溪乡田湾村
龙塘乡双龙村

彭水苗族土家族自治县

秀山苗族自治县

海洋乡岩院古寨
梅江镇民族村
清溪镇大寨村
清溪场镇两河村
洪安镇边城村
洪安镇猛董村大沟组
梅江镇凯干村
钟灵镇凯堡村陈家坝
海洋乡岩院村

洪安镇
秀山县

图4-3 武陵山区（渝东南）土家族苗族文化生态保护实验区文化空间分布图

（五）与非物质文化遗产有关的部门

现代经济部门、教育部门、媒体与宣传部门是非物质文化遗产保护和传承的重要组成部分，但长期以来，它们与中国传统文化之间被确定为一种紧张关系，在武陵山区（渝东南）土家族苗族文化生态保护实验区的建设中，有必要对这种关系重新定位，努力构建包括文化部门、民族宗教部门、旅游部门、现代经济部门、教育部门、媒体与宣传部门等多方共生共赢的关系，发挥这些部门在保护、弘扬、传承非物质文化遗产中的积极作用。

三、武陵山区（渝东南）土家族苗族文化生态保护实验区建设的总体要求

《武陵山区（渝东南）土家族苗族文化生态保护实验区规划纲要》对建设武陵山区（渝东南）土家族苗族文化生态保护实验区提出了总体要求。

（一）发展目标

到 2020 年，渝东南文化生态保护实验区基本形成区域文化环境、社会环境、自然环境协调发展的文化生态保护体系。文化保护法规进一步贯彻，文化生态保护区濒危非物质文化遗产得到全面抢救，重要文物保护单位得到全面保护，文化资源得以有效利用，特色文化品牌得到彰显，优秀文化遗产的成果和精神融入大众的现代生活，成为人民崇尚的生活方式。

（二）指导方针

渝东南文化生态保护区建设要以科学发展观为指导，认真贯彻国家非物质文化遗产保护工作"保护为主、抢救第一、合理利用、传承发展"和文物保护工作"保护为主、抢救第一、合理利用、加强管理"的指导方针。

（三）建设原则

坚持以保护非物质文化遗产活态传承和文物真实性原则；坚持人文环境与自然环境协调、维护文化生态平衡的整体性保护原则；坚持以人为本，尊重人民群众文化主体地位的原则；坚持文化与经济社会协调发展的原则；坚持在有效保护的基础上，合理利用文化遗产，开发具有地域特色、民族特色、市场潜力的文化产品和文化服务的原则；坚持政府主导、社会参与的原则。

第三节 武陵山区（渝东南）土家族苗族文化生态保护实验区建设应注意的问题

武陵山区（渝东南）土家族苗族文化生态保护实验区自筹建到设立以来，在非物质文化遗产名录项目、代表性传承人保护以及整体性保护等方面积累了一些经验，也存在一些问题。其中一些问题是在其他文化生态保护实验区建设中也存在的、具有普遍性的问题，比如对保护实验区内文化生态及其内部要素间关系的认识存在不足或偏差、保护实验区内的民众主体性缺失、保护与发展兼顾难度大、保护实验区内管理体制保障机制不够健全有力、理论研究与保护实践难以对接等。也有武陵山区（渝东南）土家族苗族文化生态保护实验区所要面临的新的问题，比如同属武陵山区的三家文化生态保护实验区如何协调保护发展的问题。因此，武陵山区（渝东南）土家族苗族文化生态保护实验区建设应该在深入了解、正确认识区域内文化生态及其保护现状和借鉴其他文化生态保护实验区建设经验、规避或解决相应问题的基础上进行。

一、正确认识保护实验区内文化生态及其内部要素间关系

深入了解、正确认识保护实验区内文化生态及其内部要素间关系能够帮助政府及相关部门制定更科学、恰当的建设规划与相关政策；能够帮助区分不同类别不同性质的非物质文化遗产，以便相关工作人员采取有针对性的措施开展保护工作；能够有效启发当地民众的文化自觉意识。加强对保护区内非物质文化遗产与文化遗产的普查广度与深度，是加深了解其文化资源的方式之一，同时，对区域内文化资源的正确认识，还应该建立在学术探究与分析的基础之上。面对丰富的文化外在形式，其所表现的价值内核是什么？所要传达的文化信息是什么？众多非物质文化遗产与物质文

化遗产以及自然生态、社会环境之间是怎样建立关联的？在众多文化样态中所隐含的最根深蒂固的核心观念与价值是什么？等等。在此基础上形成对保护实验区内文化生态的全面、深刻、联系的认识，是开展保护实验区建设工作的基本前提。

文化生态同时具有整体性与变迁性。文化生态保护实验区建设是对非物质文化遗产进行区域性整体保护的一项措施，整体性保护包括对文化与其共生伴生现象、自然环境、社会人文环境——尤其是民众的生产生活方式等的共同保护。同时也要注意到，文化、文化生态也有自身的历史发展过程、未来发展趋势，即文化具有变迁性。从历时角度看，文化的变迁过程也是一个不容割裂的整体。因此，在涉及整体性保护的时候，就要避免把文化"圈护"在一个区域，要"原汁原味"地把它展示出来。从渝东南地区文化的积淀形成与其多元化的特点来看，这样丰富厚重的文化正是在开放包容的环境中发展起来的，并且毫无疑问将来的文化接触与变迁只会愈演愈烈。在这种背景下保持原真性就不是让保护区内的文化一成不变，而是要"让其在变化中仍然保持自己内在的生命力"①。但这并不是容易做到的事情，因为外在的影响（诸如政令性措施、旅游者介入）往往导致文化发生被动的变迁，这反而会使文化的生命力在变化中逐渐萎缩。在这方面保护区内的各级政府和民众都有义务在清晰认识自己文化的基础上审慎地遵循其自身发展规律实施保护。

彭兆荣提出要对文化生态保护实验区的性质和内部结构进行观察、研究。因为在这方面，文化生态保护实验区存在着一个"硬伤"，即行政上确定的具有区域范畴和空间边界的"保护区"，与保护区内的"主打项目"非物质文化遗产所强调的"非确定空间性"存在矛盾。换言之，非物质文化遗产无论是就其性质还是就其现实功效而言，都是变动的和播散的。于是，在有确定性范围边界（保护实验区）和以播散性移动边界（非物质文化遗产）之间的矛盾关系——区域边界是限制的，而非物质文化遗产的边界却

①　方李莉：《遗产实践与经验》，云南教育出版社 2008 年版，第 72 页。

是播散的矛盾便显露出来。彭兆荣提出借鉴"一带一路"的策略在文化生态保护实验区中进行尝试。建设丝绸之路经济带和21世纪海上丝绸之路是当前党中央主动应对全球形势深刻变化、统筹国内国际大局做出的重大战略决策。战略目标在于筑牢"利益共同体"和"命运共同体"，因而受到许多国家，特别是与我国有着重要的利益关联国家的认同。"一带一路"与线路遗产存在必然的逻辑关系，它是以线路遗产为串联纽带，将文化遗产的动态性与区域性进行了极具创意的"带状协作"。有效地化解了文化遗产的"无边界"和区域的"有边界"（包括国家领土边界、区域行政边界、地缘性群体边界等）的矛盾。①

对于武陵山区（渝东南）土家族苗族文化生态保护区而言，其文化遗产同样具有这样的播散特性，尤其是要考虑到突破行政边界的限制，实现整个武陵山区文化生态的整体保护，这种"带状协作"思路是可以尝试的。

二、尊重与体现民众的主体性

文化生态保护区内的广大民众是其文化的创造者、持有者和传承者，是文化生态保护区的核心，只有一切从民众长远和根本的文化利益出发，文化生态保护的目的才能达到，文化生态的保护才能持久。应该充分尊重民众对文化生态保护的意愿，特别要尊重寓于文化遗产中的广大民众的价值观，这是保护文化生态的核心要务，也是这项事业成功的关键，更是真正贯彻民众主体性原则的前提和基础。目前我国文化生态保护区的建立，乃至于整个物质以及非物质文化遗产的保护工作，都是以政府为主导的。文化生态保护是一个系统工程，牵涉广泛，没有公共政策和行政部门的领导、参与和支持，是难以想象的。因此在现有机制下，就更需要政府部门在文化生态保护区的申报、保护规划的制定以及整个保护过程当中，给予传承人、给予民众足够的参与权与发言权。一切从民众出发，从长远的文

---

① 《从"实验区"到"保护区"：还有多长的路要走》，《中国文化报》2015年1月16日第7版。

化建设出发，十分细心地保护、继承和发展优秀的文化遗产，特别是正确地保护其文化生态，才能使民族文化的可持续发展达到理想境界。①

三、处理好文化生态保护与经济社会发展的关系

毫无疑问，文化生态保护与经济社会发展应该是相互促进的。因此当前很多保护实验区都强调在保护文化生态的前提下对非物质文化遗产等文化资源进行合理利用与开发，促进经济社会发展。同时在利用的过程中，坚持保护优先、利用与开发服从保护的原则，杜绝过度开发，尤其是无序的野蛮开发。这些原则同样也是武陵山区（渝东南）土家族苗族文化生态保护实验区建设所要遵循的。

但也应清醒地认识到，一旦文化资源被利用与开发，市场作用、经济效益的影响力就容易变得不可控。在目前的文化生态保护实验区建设中，重申报、轻建设、过度开发等现象依然在一定范围存在着。特别是当保护实验区建设同当地经济社会发展产生矛盾时，地方政府应按照《中华人民共和国非物质文化遗产法》和《文化部关于加强非物质文化遗产生产性保护的指导意见》的要求，妥善处理各方利益诉求，否则应视不同情况对保护区所在政府管理部门依法予以处罚，直至摘牌、撤销保护区为止。对依托保护区合理利用、适度开发取得的收益，应从收益中提取适当比例作保护基金，用于保护区建设。另外，适时建立文化生态补偿机制，对文化生态保护区因保护而付出或牺牲的经济利益，进行有效补偿，这是调动保护区所在政府、社会和民众积极性和主动性，协调各方利益，保证文化生态保护区可持续发展的重要保障。②

因此，一方面要加强对文化资源开发利用的市场与法制监管；另一方面也要充分考虑文化资源本身的特点，区分清楚哪些文化项目是可资利用

---

① 刘魁立：《文化生态保护区问题刍议》，《浙江师范大学学报》（社会科学版）2007年第3期，第9—12页。
② 卞利：《文化生态保护区建设中存在的问题及其解决对策——以徽州文化生态保护实验区为例》，《文化遗产》2010年第4期，第21—30页。

的，哪些是需要充分保护的。比如在非物质文化遗产的生产性保护实践中，对非物质文化遗产项目进行发展创新的前提是能够抓住项目核心文化要素，不偏离民族文化的本质，并且能够获得遗产持有者的拥护以及地方政府的支持、造福地方的经济发展。

事实上，文化生态保护事业更需要经济社会的发展为前提和支撑。只有在经济社会发展水平达到一定程度的情况下，保护实验区各级政府及相关部门才有足够的资金与实力从容开展保护工作；保护区内民众才能在生活水平提高、各方面物质条件与外界取得平衡的情况下摆脱文化自卑与盲目，唤醒内在的对本地传统文化的需求，保护甚至恢复自身文化才会真正成为他们的主动行为。所以，考虑合理利用文化资源是解决当前文化生态保护区建设资金难题的一个渠道，是帮助改善当地民生、促进经济社会发展的有效手段，但不能把它当作是发展当地经济的主要甚至唯一途径，各级政府部门更应该考虑开发利用区域内其他优势资源促进经济社会发展，改善民生，从根本上实现区域社会经济文化的平衡发展。要从全局角度处理好保护与发展之间的关系问题，既要努力使文化生态保护形成自我良性循环的机制，又要对因文化保护实验区建设而受到影响的地区和人民群众建立相应的补偿机制，确保文化生态保护与经济社会的协调发展。

四、建立健全有力的管理与保障体系

政府是文化生态保护实验区建设的主导者。要发挥好政府的主导作用关键是要建立起一套行之有效的、体系化的管理、保障机制、体制。

武陵山区（渝东南）土家族苗族文化生态保护实验区建设工作要由政府主要领导牵头负责，分管领导直接负责，文化主管部门统一协调，制订规划和建设标准，明确市级相关部门与 6 个区县的责任。各区县（自治县）政府主要领导亲自抓，相关分管领导具体抓落实，有效整合相关领域的政策、资金、人才资源，做到统筹安排、同步协调；定期召开协调会议，总结工作经验，通报工作措施和工作进度，研究解决建设中的具体问题。要建立专家咨询机制，成立专家顾问团，参与生态保护区建设重大问题决策研究。

按照建设武陵山区（渝东南）土家族苗族文化生态保护实验区的总体目标，以保护非物质文化遗产项目和文物保护单位为核心，以促进非物质文化遗产传承和营造良好氛围、维护文化生态平衡的整体性保护为重点，深入调研、综合评估、科学编制渝东南文化生态保护区建设总体规划。各区县要在总体规划基础上制订出本地域文化生态保护区详细规划以及具体的实施细则。要发掘文化遗产资源的独特价值、文化内涵和民族特色、地方特色，要规划建设一批文化生态建设的具体项目。文化生态保护和文化资源开发利用要与本地域自然生态保护、环境治理、土地利用、旅游发展、文化产业等各类专门性规划相衔接。

制定、修订符合武陵山区（渝东南）土家族苗族文化生态保护实验区实际的文化生态保护办法和实施细则，规范保护区保护工作，将文化生态保护区建设纳入法制化建设轨道。建立完善部门沟通协调机制，重庆市文化委要对文化生态保护区总体规划的实施情况进行指导和检查，重庆市发展改革、财政、教育、建设、农业、交通、国土、规划、水利、民宗、林业、旅游、扶贫等部门要积极支持文化生态区建设，相关政策和项目优先向保护实验区倾斜。加大配套资金保障力度，对国家文化生态保护区年度专项经费重庆市财政按1∶1进行配套，从2015年起，每年由财政统筹资金5000万元，采取补助、奖励等方式支持渝东南文化生态保护区建设，区县（自治县）政府应将文化生态保护区专项资金列入本级年度财政预算，并随财政收入同步增长。

强化监督问责。重庆市政府每年与渝东南各区县（自治县）主要领导签订责任书，把文化生态保护区的各项任务纳入到对渝东南各区县（自治县）经济社会发展实绩考核内容。渝东南各区县（自治县）要层层签订目标责任书，明确任务，加强日常督查和重点监督，确保落实到位。对文化生态保护区建设成绩突出的地区和单位，给予表彰奖励，对因失职、渎职造成重大事故、产生负面影响的责任主体，要严格追究责任。

五、处理好保护与研究的关系

如前所述，我国非物质文化遗产保护包括文化生态保护实验区建设实践已远远走在了研究的前面，重庆亦然。因此，在武陵山区（渝东南）土家族苗族文化生态保护实验区建设中乃至以后的整个保护规划实施过程，都需要加强相关学术研究。一是要依靠学术力量完成对保护区文化的普查、记录、动态观察与描述，建立相关数据库；二是要通过对保护区文化本体的研究与推介，加强文化主体、保护主体对保护区文化的认识，唤起他们对自身文化的热爱，文化自信与文化自觉；三是要关注与研究保护实践本身，结合相关理论与实践经验，对保护实践活动提出前瞻性和指导性意见，对现有的保护实践活动作出评测与科学规范，指导解决实践中出现的问题。同时还应注意，应该建立学术研究者与保护实践者之间的关联机制，增加他们之间的交流与沟通，使学术愿景与保护目的能够有效统一起来。

我国文化生态保护区建设业已取得了不菲的成就，积累了丰富的保护与建设经验。但保护区建设毕竟是一个长期实践的过程，我们应当充分吸收和借鉴欧洲和亚洲一些国家文化遗产整体保护的有益经验，把文化生态保护区建设与保护工作视为一个系统工程，在政府主导、社会参与、民众主体的管理模式下，充分协调各方利益，调动保护区内民众的积极性和创造性，真正体现文化生态保护区"非物质文化遗产保护与物质文化遗产相结合、文化生态保护与自然生态保护相结合、整体保护与重点保护相结合的原则，努力保持、维护自然和文化生态系统的完整性，正确处理好继承与发展的关系"的原则和宗旨，使广大人民群众充分享有文化生态保护区建设成果，造福一方，惠及百姓。只有这样，文化生态保护区才能得到科学的永续发展。

第四节 武陵山区（渝东南）土家族苗族文化生态保护实验区建设的意义

一、战略意义

武陵山区（渝东南）土家族苗族文化是中国传统文化的一个重要组成部分和典型代表，在中华民族多元一体文化格局中占据着突出的位置。国家建设文化生态保护区，把历史悠久、积淀深厚的武陵山区（渝东南）土家族苗族文化纳入整体性保护的对象，对于保护文化多样性、促进文化繁荣，对于建设中华民族共同的精神家园、提高文化自觉、增强民族自信心和凝聚力具有非常重要的意义，也是坚持民族文化的丰富性与提高国家软实力的一项战略性举措。

二、现实意义

建设武陵山区（渝东南）土家族苗族文化生态保护实验区，对于促进武陵山区渝东南地区文化系统与自然生态系统的良性循环，推动传统文化与现代体制的有机衔接，促进经济发展与传统文化的有机协调具有重要的现实意义。有利于优化外部发展环境，加快经济发展方式转型步伐，通过产城融合、文旅融合和现代文化市场体系的建立，促进文化与经济社会全面协调可持续发展。

建设武陵山区（渝东南）土家族苗族文化生态保护实验区，能够有效整合渝东南地区区域资源，突出区域文化特色，对区域内分布集中、特色鲜明、内涵和形态保持完整的土家族、苗族及其他民族文化遗产存续的文化生态、文化载体实行区域性整体保护、传承、展示和合理利用，有利于保护濒危文化遗产，弘扬优秀民族文化，改良文化生态；也是推动非物质文化遗产的整体性保护和传承发展，实现区域社会可持续发展的重要举措。

建设武陵山区（渝东南）土家族苗族文化生态保护实验区，对于配合国家加强民族地区的经济和社会发展也具有特殊的意义。渝、鄂、湘、黔交界地带的武陵山区是国家连片扶持的贫困地区和民族地区。《中华人民共和国非物质文化遗产法》第六条规定："国家扶持民族地区、边远地区、贫困地区的非物质文化遗产保护、保存工作。"武陵山区是民族地区和贫困地区，建立国家级文化生态保护区对于传承土家族、苗族等多民族的优秀传统文化，对于整体性保护土家族、苗族等民族的非物质文化遗产具有重要的现实意义。有利于沟通民族感情、理顺民族情绪、化解民族矛盾、推进民族团结，促进各民族共同繁荣发展。

建设武陵山区（渝东南）土家族苗族文化生态保护实验区，符合重庆市委四届三次全会关于"五大功能区"建设的总体要求，有利于更好把握人与自然、发展与保护辩证关系，树立尊重自然、顺应自然、保护自然的理念，培育和繁荣生态文化，建成碧水青山、绿色低碳、人文厚重、和谐宜居的生态文明环境。

武陵山区（渝东南）土家族苗族文化生态保护实验区，对国家来讲是实验，对渝东南、对重庆市、对整个武陵山区来讲是探索：是文化遗产保护新路径的探索，是生态平衡维系于扶贫开发的探索，也是生态文明建设路径的探索，具有综合创新的重大意义。

中篇　生态农业

"大田栽秧歌接歌，栽了几丘歌成河。今年人勤春来早，山歌唱绿满山坡。"

在"八山一水半分田"的渝东南，世代居住于此的土家族、苗族人民在传统的农耕社会中形成了自成体系的农业知识、耕作技能，也诞育了热情旷达、独具特色的田间仪式和山歌艺术。

今天的渝东南，农业依然是基础性、主导性产业。渝东南有因地制宜发展山地农业、畜牧业等的生态条件和自然资源，渝东南人民有在这片土地耕作千年的传统农业经验，发展生态农业既是发挥区域资源优势的客观要求，是实现可持续发展的必然趋势，同时也是渝东南人民与山水相伴、在劳动中歌唱的传统精神生活的延续。

第五章　从传统农业到生态农业

第一节　全球生态危机与生态农业的兴起

随着生态问题的日益突显，环境、资源与经济、人口相互协调的可持续发展观已在全世界范围内达成共识。生态农业作为继传统农业、石油农业之后的农业发展新模式引起全世界的重视并迅猛发展，得到广大消费者、政府和经营企业的一致认可。伴随世界生态农业产品需求的逐年增多和市场全球化的发展，生态农业将会成为21世纪世界农业的主流和发展方向。简单地说，生态农业就是按照生态学的原理和系统工程的方法，建立起来的农业生产模式或农业生产技术体系。生态农业亦可理解为按照生态学原理和系统工程方法来组织、发展农业生产过程的总称。生态农业的核心就是从单纯追求经济效益，向着经济效益、社会效益、生态效益同步、协调、并进的方向发展。因此，生态农业具有综合性、协调性、多样性、持续性的特点。

在国外，生态农业最早于1924年在欧洲兴起，鲁道夫·斯蒂纳主讲的"生物动力农业"课程是生态农业兴起的标志；20世纪三四十年代，生态农业在瑞士、英国、日本等国得到发展；[①] 60年代欧洲的许多农场开始转向生态耕作，并逐渐扩展至世界各地。而关于生态农业的理论最早是由美国土

---

① 邓玉林：《论生态农业的内涵和产业尺度》，《农业现代化研究》2002年第1期。

壤学家 W. 阿尔伯卫奇于 1970 年提出。[①] 随后北大西洋公约组织进行了关于生态农业的研究，并得到许多国家的响应，东南亚许多国家把生态农业看作是发展农业的良方妙药，十分重视。日本有不少专家提出，要建立以更新资源为基础的新的农业生产概念，恢复农业生产过程中的正常的自然循环系统，发展有机农业。菲律宾、泰国等也纷纷开始了生态农业的试验研究，世界各国开始走上了生态农业发展的道路。生态农业的概念也随之完善。人们一致认为生态农业是把农业生产、农村经济发展和生态环境治理与保护、资源培育和高效利用融为一体的新型综合农业体系，它以协调人与自然关系，促进农业和农村经济社会可持续发展为目标，以"整体、协调、循环、再生"为基本原则，以继承和发扬传统农业技术精华并吸收现代农业科技为技术特点，强调农林牧副渔大系统的结构优化，把农业可持续发展的战略目标与农户微观经营、农民脱贫致富结合起来，从而建立一个不同层次、不同专业和不同产业部门之间全面协作的综合管理体系。

从历史的进程来看，我国的农业靠政策、科技和投入取得了令人瞩目的成绩，用仅占世界 7% 的土地养活了占世界 22% 的人口，为人类进步发展作出了巨大的贡献。但是，我国的农业发展长期以来承受着巨大的压力：全国人均耕地面积是世界平均水平的 1/3；水资源更加紧缺，人均占有量为世界平均水平的 1/4。资源基础的先天不足，以及人口的巨大压力，客观上要求我国农业必须走一条资源节约及合理利用的道路。因此，在我国经济发展中，农业所肩负的历史使命是十分艰巨的。我国国情的上述特点决定了我国必须走生态农业发展道路。20 世纪 70 年代末期，学术界对我国未来农业的发展道路进行了广泛讨论。1980 年在宁夏银川召开了全国农业生态经济学术讨论会，在这次会议上，我国第一次使用了"生态农业"这一名词。[②]

---

① 王淑敏、付彦堂：《有关"农业"概念介绍》，《河北理科教学研究》2004 年第 1 期。
② 谭乐和、王辉：《世界生态农业与研究实践综述》，《热带农业科学》2008 年第 6 期。

党的十八大报告指出，"建设生态文明，是关系人民福祉、关乎民族未来的长远大计"。生态文明是人类遵循人、自然、社会和谐发展客观规律而取得的物质与精神成果的总和。生态农业是既创造生态产品同时又生产生态商品，既充分利用各种农业生产要素又保护农业生态的全新产业模式。农业生态文明是社会主义生态文明建设的重要内容，搞好生态农业建设是建设社会主义生态文明的必然要求。

第二节　生态农业的内涵与特征

尽管学术界对生态农业概念的界定不一，生态农业模式多种多样，但人们对生态农业存在以下三点共识：一是强调综合利用农业资源，提高利用效率；二是强调保护农业资源和环境，注重经济、社会和生态效益的统一；三是强调将传统农业的优势与现代科技和管理相结合，突出现代科技在生态农业发展中的作用。因此，生态农业的概念应该是：以生态经济学原理为指导，采用系统科学方法，继承传统农业的精华并与现代科学技术相结合，通过自然或人工设计的生态工程，实现效益最大化和可持续发展的现代农业形式。随着经济社会的发展，生态农业的内涵将更加丰富，生态农业模式也将不断创新。生态农业是集农业科技化、信息化、标准化、机械化、产业化、水利化、合作化为一体的农业，囊括了我国农业现代化的全部内涵，发展前景广阔。所以中国发展生态农业是建设现代农业的最佳选择，它代表中国农业的未来。①

一、生态农业的内涵

生态农业是替代传统农业的全新农业模式，它寓资源技术优化配置、种养加有机结合于一个完整的系统内，体现出环境维护、地力提高、效益

---

① 赫修贵：《生态农业是中国发展现代农业的主导》，《理论探讨》2014年第6期。

显著等诸多优势。生态农业的发展在国际国内已初见成效，其理论建设也日臻完善。关于生态农业的内涵，国外的权威学者 M. Kiley-Worthington 认为，建立生态农业必须具备七个主要条件：（1）生态农业必须是包括能量自我维持的系统。（2）增强农业生态系统的稳定性与获得最大的生物量，必须实行多种经营，要求动物与植物的构成比例必须恰当。首先是种植业用地和畜牧业用地比例恰当，为了使生态农业能够自我维持，畜牧业除生产畜产品外，还应为种植业提供足够的有机肥料，以保持土地肥力。（3）生态农场的规模通常应小一点，使其容易经营，可获得高产，利于投资和增加雇佣人员。（4）生态农业单位面积净生产量必须是高的。（5）生态农业在经济上必须是可行的。（6）生态农业应大量加工农畜产品，要使加工产品直接卖到消费者手中，增加农村就业机会，避免中间商人获取利润，使消费者能得到价格较低的产品。（7）保持优美环境并关心畜禽健康生长。①

从上述七个条件来看，第一条首先确定了生态农业是一个自我维持的系统；从第二条和第七条可以知道，该系统将是环境优美的，无污染的和利于畜禽健康生长的，并且实行多种经营，保持土地肥力的系统，也就是有良好生态效益的系统；第二条的"获得最大的生物量"和第四条的"生产量必须是高的"，以及第五条"经济上必须是可行的"显示，该系统力求高的经济效益，即可理解为经济可持续发展。高的经济效益和良好的生态效益是构成社会可持续发展的条件和基础，加上第六条中指出该系统要大量加工农畜产品，既增加农村就业机会，又避免中间商人获取利润，而使生产者和消费者均获利，这就更突出了其社会效益，也就是说其追求社会可持续发展。因此，生态农业从其内涵分析是具有良好的可持续发展特征。另外，第三条中指出生态农场的规模通常应该小一点，即为小型农业生态系统，其与可持续发展在规模上有些距离。这是因为在生态农业发展初期，由各个研究机构或政府部门资助的生态农业试点均为小型农业生态系统，

---

① M. Kiley-Worthington：《生态农业及其有关技术》，张壬午译，农业出版社 1984 年版。

其操作性好，发展成长迅速，具有良好的示范效应而得以推崇。

根据 M. Kiley-Worthington 提出的生态农业应具备的条件，我国学者认为，中国的生态农业应该具备以下必要条件：（1）按照生态学和生态经济学原理，遵循自然规律与经济规律来组织农业生产的新型农业。（2）应用现代科学成就，实行高度知识与技术密集的现代农业。（3）实行农、林、牧、副、渔相结合，进行多种经营、全面规划、总体协调的整体农业。（4）因地制宜，发挥优势，合理利用、保护与增殖自然资源，使农业持续稳定发展的持久农业。（5）充分利用自然调控，并与人工调控相结合，使生态环境保持良好，使生产适应性强的稳定性农业。（6）能充分利用有机和无机物质，加速物质循环和能量转化，从而获得高产的无废料农业。（7）建立生物与工程措施相结合的净化体系，能保持与改善生态环境，并提高产品质量的无污染农业。（8）能取得经济、生态、社会三大效益的高效农业。①

因此，我国生态农业建设是利用现代科学方法，遵循客观规律来组织多种经营的农业生产，其总体的评述指标是能获得经济、生态和社会三大效益的高效、持续发展农业。我国生态农业发展的观点，强调农林牧副渔多种经营，或称其为综合农业（或大农业），这与 Kiley-Worthington 的种植业、畜牧业和农产品加工等相应发展的观点相近。在我国生态农业发展初期的试点，如获得"全球500佳"的生态村，均是些小型的生命力很强的农业实体，具有规模小、易操作和易达到高产出的特点。总的来说，我国生态农业的理论和建设具有很好的可持续发展的前景。目前我国的生态农业建设已不局限于村一级水平，而推广到乡、镇或县市一级，因此，在时空布局上更能体现其可持续发展的深度和广度。②

根据国内外学者对生态农业应具备条件的描述，我们总结生态农业的内涵应包括以下七点：

① 胡寿田等：《生态农业》，湖北科技出版社1988年版。

② 刘健：《生态农业的内涵及其可持续发展探讨》，《上海环境科学》1998年第7期。

第一，生态农业强调农业的生态本质。它要求人们在发展农业生产过程中，尊重生态经济规律，协调生产、发展与生态环境之间的关系，保持生态，培植资源，防治污染，提供清洁产品和优美环境，把农业发展建立在健全的"绿色生产"的生态基础之上，寻求发展经济与保护环境、资源开发与可持续利用相协调的切入点。

第二，生态农业是可持续经营系统。生态农业系统强调生产系统的良性循环，强调系统功能的稳定性、持续性。因此，要求在结构设计上，体现多层次、多产业复合；在效益设计上，体现生态、经济和社会效益并重，同时，有利于充分地发挥自然生产潜力，有利于培植资源。①

第三，生态农业是技术集成型产业。生态农业是生态化和科学化的有机统一。依靠科技进步，有机结合传统农业技术的精华和现代科学技术，吸取一切能够发展农业生产的新技术和新方法，提高太阳能的利用率、生物能的转化率和废弃物的再循环率，以提高农业生态经济生产力和农业综合生产力，实现高效的生态良性循环和经济良性循环。高新农业综合技术包括现代种植技术（如生物技术、绿色无公害生产、产品的定向培育、土地资源的多层次合理利用、时空演替合理配置、良性循环多级利用技术）、现代养殖技术（如精确补饲饲养、免疫、特色养殖）、现代加工技术（洁净化处理、商品定型、贮藏与保鲜等）。这些技术是维系生态农业产业健康发展的基础。

第四，生态农业是以多资源利用为基础的综合农业。生态农业建设应当充分利用土地、生物、技术、信息、时间等资源，将农、林、牧、副、渔、加、商等诸业有机复合，建立健康有序的、多层次的、系统而持续高效的生态生产系统。

第五，生态农业是产业化经营体系。把农业生态生产系统的运行切实转移到良性的生态循环和经济循环的轨道上，同时以生态建设为基础，以市场为导向，以产业经营技术为支撑，促进形成农、工、商、贸一体化产

---

① 张壬午：《论生态示范区建设与生态农业产业化》，《农村生态环境》2000年第2期。

业经营系统是生态农业体现持续高效的理想模式。

第六，生态农业具有明显的区域特色。即综合地貌不同、市场优势不同，都要求生态农业在内部结构设计上突出重点，建立与其环境相宜的合理化良性生产系统，其设计模式具有多样性、层次性、区域性，即体现共性和个性的统一。

第七，生态农业是大尺度的农业生产系统。生态建设应当贯穿于综合农业生产的全过程和全时期。农业发展必须强调大的农业环境的配套建设。以前全国实践的诸多典型生态农业模式在局部范围体现了局部效益的整合，建立了微生态生产系统，虽然为大尺度生态农业系统的建立和经营提供了宝贵的技术财富，但它不能作为区域经济决策的重要参考，因此，其效益自然也是狭义的。所以，生态农业要求全面规划、相互协调的大尺度整体农业。生态农业要考虑系统之内全部资源的合理利用，对人力资源、土地资源、生物资源和其他自然资源等，进行全面规划，统筹兼顾，合理布局，并不断优化其结构，使其相互协调，协同发展，从而提高系统的整体功能。①

二、生态农业的特征

总体而言，在西方发达国家，由于经济实力雄厚和人均自然资源的充裕，其所倡导的生态农业模式主要是追求生态效益，较少考虑经济效益。他们十分强调传统生态学的作用，着力主张农业生物的自然维持，把土地的轮番耕作、农药化肥的少量施用等看作是生态农业的主要内容。而我国基本国情决定了我国发展现代生态农业不能简单引入西方发达国家的理论，而应该在借鉴国外成功经验的基础上，依照生态系统原理和生态经济规律，把经济、社会和生态效益作为一个有机整体来统筹运作，既要体现中国农业发展的良好形象，又要将生态系统原理应用到农业中去，构成一种低投入、高产出的现代农业生产体系。其模式特征主要体现在以下4个方面。

---

① 邓玉林：《论生态农业的内涵和产业尺度》，《农业现代化研究》2002年第1期。

（一）内容的广泛性

中国式的现代生态农业既要做到生态平衡与经济发展的统一，又要实现生态、经济、社会三方面持续发展的统一。这包括三个层次含义：第一，生态农业是一种战略思想，要在协调人口、资源、环境、政治、经济、社会各方面关系的基础上，解决发展与保护的内在矛盾。第二，生态农业是一种系统工程，要按照生态经济学和现代系统管理的原理，对不同地区、不同水平、不同层次的农业状况进行最优化的管理，使农业经济实现持续、高效、低耗、协调发展。与过分强调系统自我维持的国外有机农业及生态农业不同的是，我国生态农业建设强调合理增加投入。就目前而言，在我国多数地区，农业生产的投入水平是很低的，随着物质与能量投入增长，粮食单产显著增加，同时，能量转换效率也有增长。我国生态农业的实践也证明，在一定限度内输入的辅助能诸如化肥、农药、机械、劳力及灌溉等与产出量是正相关的。只有合理投入，才能实现生态农业稳产高产的特点，才能获得较高的经济效益。第三，生态农业是一种综合技术体系，既包括农业技术体系，也包括生态技术体系、经济技术体系、社会科技体系和知识培训体系。现代生态农业内涵规定性的依据就是中国人多地少、资源紧缺、生产力水平参差不齐的具体国情，其有序地运作与持续实施，需要从根本上解决人民日益增长的物质文化需要与有限的资源环境等方面的矛盾。广泛应用现代农业科学技术是发展生态农业的重要条件。单靠调整农村产业结构、种植业结构、增加食物网链的环节是难以解决农业生态系统中的一切问题的，更不能保证我国农业生产持续稳定发展。生态农业必须充分利用人类千百年来所创造发明的一切先进生产工具和农业科学技术成果，它包括引进和采用"石油农业"中一切最新技术成就和继承传统有机农业中一切科学合理的部分。生态农业是实现我国农业现代化的重要途径。但是，一切现代化农业所需的农业技术措施，都要通过特定的环境和生物起作用。因此，生态农业就必须注意将现代农业技术措施因地制宜地通过特定农业系统的组合配套才能发挥应有的作用，并且只有在发展生态农业的每个环节上，都采用先进的农业科学技术才能提高系统运转能力，才能使农村经济发展沿着农业现代化的轨道前进。生态农业不仅十分重视生物技术的推广及应用，也重视实现生物技术手段，并在人与自然的协调关系中逐步发挥农业机械的作用。[①]

（二）形式的多样性

区域、资源、环境、技术水平等因素的差异，决定了现代生态农业不可能是全国一个式样。在指导思想一致性的基础上，可以呈现多种多样的具体形式。一方面，我国生态农业建设始终把第一性生产，特别是粮食生产放在重要位置上，这是农业生产的基础。只有在这个基础上，才可能有初级消费者及次级消费者，即食草和食肉性动物以及作为分解者微生物的第二、第三层次。因此，可以说初级生产者（即植物）尤其是粮食生产是农林牧副渔全面发展的客观物质基础。没有它也就没有食物链，没有能量的固定，没有能流和物流，也就没有农业生态系统。在我国农业生产中，第一性生产的主要部分是粮食生产。发展粮食生产必然和农业系统的其他方面发生密切联系，只有把粮食生产放在生态系统整体之内，合理安排，才能为粮食增产奠定深厚的基础。单一的粮食生产，主要依赖于高投入（如化肥、农药），往往成本增加，收益降低。把粮食生产的发展建立在农村经济多业相结合的综合产业观点之上，就可以在发展粮食生产的同时，提高总的效益。另一方面，生态农业也同时重视初级产品的多层次深加工，使资源不断升值，从而达到保护农业资源、合理利用自然资源、满足社会对农产品不断增长的需要。当前许多生态农业试点单位，已从初期的"食物链"合理循环利用逐步发展到研究"加工链"的资源及产品的合理利用，进行多层次加工，多层次利用和多层次增值，在研究能流和物流的基础上提高到研究价值流、信息流和劳动流。使农村发展与乡镇企业的发展统一起来，并使乡镇企业发展也能逐步纳入生态农业发展的轨道。但是，生态

---

① 张壬午：《论生态示范区建设与生态农业产业化》，《农村生态环境》2000 年第 2 期。

农业中所指的加工业即使是深度加工，也应首先考虑以加工本系统的初级及次级产品为主，所发展的贸易也应以本系统内的产品为基础。① 具体而言，目前应用较为广泛且初见成效的生产模式主要包括：以套种、间作、轮作为特征的农林牧复合模式；以稻田动植物共生为特征的立体模式；以物质能量分级多层利用为特征的良性循环模式；以改善环境为特征的结构优化模式；以山地综合开发为特征的整体效应模式；以农作物病虫害综合防治为特征的优化再生模式；以院落生态经济为特征的主体经营模式；以农副工一体化为特征的多功能模式；以多样性增加抗灾能力为主的工程模式；以人工林复合经营为主的综合模式等。

（三）方法的兼容性

有中国特色的现代生态农业，它以社会主义生产关系为基础，充分发挥社会主义制度的优越性，同时又能吸收世界上其他国家的科学经验，是一种自身优势蓄发和吸引先进技术兼容型的综合体系。在生态效益方面，中国的生态农业重视以提高劳动生产率为核心的商品生产，以经济效益、生态环境效益以及社会效益的高度统一为根本目的。我国生态农业建设是在农业从自给半自给经济向商品生产转变过程中发展起来的。它的根本目的是实现我国农业现代化。但是，由于我国农村经济基础较薄弱，技术水平不高，绝大多数地区没有以高度集约化、配套机械化等现代"石油农业"生产方式进行农业生产。因此不可能像西方发展生态农业那样，把农业生产的着眼点从劳动生产率转向资源生产力，而是在保护生态环境的前提下，提高劳动生产率，发展商品生产，以达到生态效益、经济效益及社会效益的统一。提高经济效益是农民经营活动的根本利益，因此经济效益是发展农业生产的中心。没有经济效益，生态环境效益就失去了经济目的和动力，也就谈不上建立现代化的农业和富裕的农村。但是，没有生态效益，社会效益也就无从谈起，农业生产就会失去后劲。也只有在经济效益和生态环

---

① 张壬午：《论生态示范区建设与生态农业产业化》，《农村生态环境》2000年第2期。

境效益的前提下，才会有最大的社会效益。所以在发展生态农业中只有以经济效益为中心，以生态效益为基础，以社会效益为着眼点，使当前与长远的利益结合起来，才能实现最优化的生态农业模式，获得三者的相互协调及最佳组合。① 此外，在方法论方面，生态农业的研究要体现宏观与微观、典型与一般、定性与定量、静态与动态 4 个方面的结合；在技术操作方面，则要充分展现生物共生互利，时空效应互补以及工程措施与生物措施相结合的整体治理优势，以求实现资源保护与自身增殖技术以及物质与能量的再生循环技术的有效性与前瞻性。

（四）整体的协调性

生态农业是全面规划、相互协调的整体农业。它应用系统工程学观点，现代科学管理方法，从整体出发，来发展生态农业的各个组成部分，并着重从整体与部分之间的相互联系、相互作用、相互制约中，发展农村各产业。促使生态农业经济的发展、生态环境的改善。在我国这样一个地域广阔、自然条件和社会经济条件复杂的国家里，当前发展农业生产所需要的不仅仅是单项的农业科学技术。从系统论观点看，系统的结构组成决定着系统的功能大小。农业生产是由各业组成的有机整体，当代"石油农业"的单一化的结构生产由于它缺少多样性，因而缺乏系统的稳定性和调控能力，这样的系统势必是投资大、收益小、不稳定，环境易恶化。目前我国农村的改革已进入了调整产业结构、发展商品生产的新阶段。农村经济的内容，从单一的农业范畴发展到由农、林、牧、副、渔和工贸业、运输业、服务业等组成的综合性经济实体，农村各个产业之间互相依存性越来越大。如果不实行现代化系统管理，不仅会使农村经济发展比例失调，也会导致生态环境的破坏。通常在生态农业建设的初期阶段，要对复杂的农业系统采取多目标、多层次、多变量、多方案、多途径的综合分析，对可发展的生产项目和生态农业工程，依据农业区划成果、自然资源状况，进行筛选

---

① 张壬午、李鸿：《当前我国生态农业建设的特征》，《农业环境保护》1988 年第 3 期。

优化，确立与当地资源条件相适应的生产结构，建立最优化的生产模式。极尽可能地提高系统生产力这一特点，正是生态农业具有强大生命力的原因之一。① 现代生态农业是以发展大农业为出发点，遵照"整体、协调、循环、再生"的原则进行运作的。一方面，要提高农业效益，降低成本，通过物质循环和能量多层次综合利用，实现绿色优质产品的增值，全面提高农业生产的产量和质量，增加农民的收入，繁荣农村经济；另一方面，要下决心改变农业生产和农村经济片面而单一的常规发展为整体协调的可持续发展，把经济建设与环境建设紧密结合起来，在最大限度向市场提供安全农产品的同时，又提高生态系统的稳定性与持续性，增强农业发展后劲。②

---

① 张壬午、李鸿：《当前我国生态农业建设的特征》，《农业环境保护》1988 年第 3 期。
② 翁伯奇：《现代生态农业的内涵、模式特征及其发展对策》，《福建农业学报》（增刊）2000 年第 15 期。

第六章 渝东南民族地区生态农业发展的外部条件

第一节 渝东南民族地区生态农业发展的自然条件

渝东南主要是指重庆市西南部以酉阳土家族苗族自治县、秀山土家族苗族自治县、黔江区、彭水苗族土家族自治县、石柱土家族自治县和武隆县所辖区域为主的、以武陵山区为核心的区域，幅员面积1.98万平方公里，占重庆市总面积的20.4%。人口364万人，占重庆市总人口的10.5%。境内居住的主体民族是土家族和苗族。境内森林资源、水能资源和物产丰富。渝东南为十分典型的喀斯特溶岩地貌区，喀斯特峰丛山地集中连片发育。受喀斯特环境的影响，这一地区的农业生态环境条件较差，水土流失严重，石漠化面积增大，这些都严重影响了该地区人们的生存条件以及这一地区农村的可持续发展，因此这里也是农村贫困人口相对集中的地区。尽快改善生态条件，发展生态农业，实现渝东南民族地区农村的可持续发展，尽快使农民脱贫致富已经迫在眉睫。

资源是生态农业的基础，没有资源，生态农业就是"无本之木、无源之水"，而地域特征显著的自然环境，更是提升生态农业产品附加值、彰显区域民族文化特色的基础。从自然环境的特征看，渝东南地处武陵山区腹地，自然资源富集。海拔高差较大，垂直带谱明显，立体气候显著，具有多层次的生物圈，动植物和菌类资源种类繁多，生物多样性明显，有利于形成和开发各具特色的生态农业特色产品。从气候条件看，该区域山区气温相对较低，冬季寒冷，夏季作物生育期短，病虫害相对较少，有利于发展无公害、生态型绿色农业产品，耕地的海拔较高、温差较大，有利于农产品有机质的积累和品质的保证。从土地资源看，渝东南民族地区人均土地面积相对较多，后备土地资源较为丰富，为农业特色产业的规模发展奠定了物质基础。而且，渝东南因过去交通不便、工业布局不多，污染较轻，单位耕地的化肥农药等化学要素投入较少，且因风蚀、水蚀的原因，其土壤中有毒有害物质富集和存储较少。从农村人力资本看，农业人口占总人数的 78.5%，农业人口比重较大，农业产业开发层次较低且结构单一，二、三产业发展薄弱。农民收入水平较低，劳动力成本优势比较明显，适宜发展劳动密集型特色农产品生产，有利于农产品储运业和加工业发展，为发展特色产业提供了有力保障。

一、地理位置特殊，地质地貌奇特

渝东南地处四川盆地东南部大娄山和武陵山两大山系交汇的盆缘山地，渝鄂湘黔四省市结合部。地势中部高，多为船形山、柱状山；东西两侧低，多为中山、低丘、溶槽、平谷、洼地。故形成东面沅江、西面乌江两大水系。全域海拔 263—2033 米，地形起伏较大，山势陡峭。地貌分为中山区，海拔 800—1895 米；低山区，海拔 600—800 米；槽谷和平坝区，海拔 119—600 米。气候属亚热带湿润季风气候区。由于境内地形复杂，海拔高低差异大，形成了特点突出的地形性气候。气温冷暖不均，季差大；雨量充沛但分配不匀；云雾多，霜雪少，日照少，无霜期长，垂直气候明显。年平均气温由海拔 280 米的 17℃ 递减到中山区的 11.8℃。月平均气温 1 月最冷为 3.8℃，7 月最高为 24.5℃。年降雨量一般在 1000—1500 毫米。自然灾害频繁，素有十年九灾之说。

酉阳土家族苗族自治县位于渝鄂湘黔四省市结合部，东邻湖南省龙山县，南与秀山县和贵州省松桃、印江县接壤，西与贵州沿河县隔江（乌江）相望，西北与彭水县，正北与黔江县和湖北省咸丰、来凤县相连。地理坐标为东经108°18′25″—109°19′18″。东西宽98.3公里,南北长119.7公里。
酉阳幅员面积5173平方公里,是重庆市幅员面积最大的区县,发展空间十
分广阔。下辖桃花源、钟多2个街道,龙潭、麻旺、酉酬、大溪、兴隆、黑
水、丁市、龚滩、李溪、泔溪、酉水河、苍岭、小河、板溪14个建制镇和
涂市、铜鼓、可大、五福、偏柏、木叶、毛坝、花田、后坪、天馆、宜居、
万木、两罾、板桥、官清、南腰界、车田、腴地、清泉、庙溪、浪坪、双
泉、楠木23个乡,278个行政村(含8个社区)。酉阳自治县属武陵山区,
地势中部高、东西两侧低。全县以毛坝盖山脉为分水岭,形成两大水系:
东部的酉水河、龙潭河为沅江水系;西部的小河、阿蓬江等为乌江水系。
北部老灰阡梁子为全县的最高点,海拔1895米;西部董家寨为最低点,海
拔263米。全县地形起伏较大,地貌分为中山区,海拔800—1895米;低山
区,海拔600—800米;槽谷和平坝区,海拔263—600米。

秀山土家族苗族自治县位于武陵山脉中段,四川盆地东南缘的外侧,
为川东南重要门户。地处北纬28°9′43″—28°53′5″、东经108°43′6″—109°18′
58″之间。东与湖南省花垣、龙山、保靖县毗邻,南与贵州省松桃苗族自治
县相连,北与酉阳土家族苗族自治县接壤。距长沙604公里、武汉656公
里、贵阳556公里、重庆650公里,是重庆市最边远的县之一。全县幅员面
积2462平方公里。秀山地质构造属新华夏系及华夏系,是扬子台地内的川
湘凹陷南部边缘。主要构造线呈北北东至北东向展布,裙皱呈北北东至北
东向,向斜倾角平缓,背斜倾角较大,局部受断裂影响,有倒转现象。断
裂在县境内十分发育,尤以南部元古生界、下古生界地区和北部秀山背斜
伏端为最。主要断裂走向与褶皱轴线基本一致,呈北北东向倾向北西。秀
山地处川东南褶皱带,系武陵山二级隆起带南段。西邻大娄山。北眺七曜
山,属巫山、大娄山中山区。境内平坝、丘陵、低山、中山互相交错。西
南高,东北低。中部是一个类似三角形的盆地。县内多数地方海拔在500—
800米之间。西南部轿子顶海拔1631.4米,为县内最高峰。海拔最低点是
石堤乡高桥村水坝的滥泥湾,海拔245.7米。境内河溪纵横,河流切割强
烈,地表起伏大,山脉、河流多顺构造线东北向布展。秀山地貌大体可分

为平坝区、低山丘陵区、低中山区3个类型。西部和南部为低中山区，占幅员总面积的30.24%；东部和北部为低山丘陵区，占幅员总面积的38.81%，中部为盆地平坝区，占幅员总面积的30.94%。

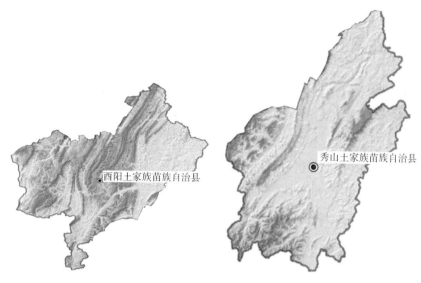

图6-1　酉阳县地形图　　　　　　图6-2　秀山县地形图

　　彭水苗族土家族自治县位于长江上游地区、重庆东南部，处乌江下游。地处北纬28°57′—29°51′、东经107°48′—108°36′之间。北连石柱土家族自治县，东北接湖北省鄂西土家族苗族自治州利川市，东连黔江区，东南接酉阳土家族苗族自治县，南邻贵州省沿河土家族自治县、务川仡佬族苗族自治县，西南连贵州省道真仡佬族苗族自治县，西连武隆县，西北与丰都县接壤。彭水县东西宽78公里，南北长96公里，幅员面积3905.22平方公里。彭水县地质构造属新华构造体系，位于渝鄂黔隆起带向渝东中台坳下降的斜坡上。晚侏罗系至晚白垩世间燕山旋回的宁镇运动，以水平挤压为主，形成老厂坪背斜、普子向斜、郁山背斜、桑柘坪向斜、筲箕滩背斜等规模巨大的北北东向褶皱及筲箕滩、七梁子冲断层等伴生断裂。第三纪开始的喜马拉雅运动中，使县境普遍间歇性而又不均衡抬升，造成郁山—马武（石柱县境）及太原、棣棠、三岔溪、诸佛、桐楼、大园、龙塘、弹子岈正断层和火石垭、龙洋、大垭、石盘逆掩断层以及筲箕滩冲断层等，形成北北东向岭谷相间的原始地貌。出露地层主要有元古界震旦纪、古生界寒武纪、古生界奥陶纪、古生界志留纪、古生界泥盆纪、古生界二叠纪、中生界三叠纪、中生界侏罗纪及新生界第四纪。彭水县地势西北高而东南低，为构造剥蚀的中、低山地形。地貌类型复杂，"两山夹一槽"是主要特征。地形地貌受北北东向构造控制，主要山脉呈北北东向延伸，成层现象明显，谷地、坡麓、岩溶洼地及小型山间盆地相间，逆顺地貌并存。各类地貌中丘陵河谷区占13.39%，低山区占52.88%，中山区占34.03%。

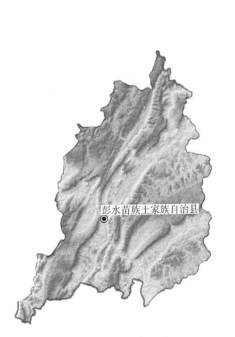

图6-3　彭水县地形图

图6-4　黔江区地形图

黔江区位于重庆市东南部，是渝鄂湘黔四省市的结合部。地处东108°28′—108°56′、北纬29°04′—29°52′之间。东临湖北省咸丰县，西接彭水县，南连酉阳土家族苗族自治县，北接湖北省利川市。东西宽45公里，南北长

90 公里，幅员面积 2402 平方公里。黔江区西北距重庆主城 250 公里，东至湖北恩施 162 公里，南离湖南吉首 367 公里。黔江区属新华夏第三隆起带南西段鄂西渝东褶皱带，底基构造为轻微变质的板溪群，有震旦纪至白垩纪的沉积，也有奥陶纪到第四纪的化石遗存。地处断裂带，北起中坝以西（小南海），向西南经城区西北大垭口、白家湾、青岗坪、筲箕滩至石家河，全长 56 公里，总体走向为北东 30°—40°。黔江区地形地貌受地质拼迭控制，山脉河流走向近似平行，由东北向西南倾斜，呈"六岭五槽"地貌，平坝星落其间。山地占幅员面积的 90%，东南部山脉条状明显，切割深；西北部以低山和浅切割中山为主，无明显条状带。山顶标高一般在 700—1000 米，切割深度一般在 400—600 米，属浅、中切割，中、低山地形。海拔 1400 米以上的地区占幅员面积的 4.04%，1001—1400 米的地区占 17.18%，700—1000 米的地区占 59.9%，700 米以下的地区占 19.49%。灰阡梁子主峰为黔江区最高点，海拔 1938.5 米，中井河与文江河交汇的马斯口是黔江区最低的地方，海拔 319 米。山岭多为北东—南西走向，海拔 1000 米以上的山体有 17 条，是黔江森林的主要分布区。丘陵面积小，主要分布在阿蓬江两岸以及国道 319 公路沿线，是粮食作物和经济作物主产区，主要有正阳丘陵、石会丘陵等 6 处。平坝海拔低，农业发达，是水稻、小麦、油菜、柑桔等农作物的主要产区，主要有马喇湖平坝、官庄坝等 21 处。

石柱土家族自治县位于长江上游地区、重庆东部，三峡库区腹心，是集少数民族自治县、三峡库区淹没县、国家扶贫工作重点县于一体的特殊县份。石柱县位于渝东南部长江南岸，地处东经 107°59′—108°34′、北纬 29°39′—30°33′之间。东接湖北省利川市，南临彭水苗族土家族自治县，西南靠丰都，西北连忠县，北与万州区接壤。幅员面积 3012.51 平方公里，南北长 98.3 公里，东西宽 56.2 公里。石柱县地处渝东褶皱地带，属巫山大娄山中山区。境内地势东高西低，呈起伏下降。县境为多级夷平面与侵蚀沟谷组合的山区地貌，群山连绵，重峦叠嶂，峰坝交错，沟壑纵横。地表形态以中、低山为主，兼有山原、丘陵。西北方斗山背斜、东南老厂坪背斜，顺北东、南西近似平行纵贯全境，形成"两山夹一槽"的主要地貌特征。

按海拔高度分为中山、低山、丘陵 3 个地貌大区：海拔 1000 米以上为中山区，面积为 1940.4 平方公里，约占石柱县幅员的 64.4%；海拔在 500—1000 米的为低山区，面积有 885.1 平方公里，约占石柱县幅员的 29.4%；海拔在 500 米以下的为丘陵区，面积为 187 平方公里，约占石柱县幅员的 6.2%。海拔相对高差 1815.1 米，最高点为黄水镇大风堡（1934.1 米），最低点为西沱镇陶家坝（119 米）。按类型分为黄水山原区、方斗山背斜中山区、老厂坪背斜中山区、石柱向斜低山区、西沱向斜丘陵区 5 个地貌单元；单个地貌主要有山、岭、洞、坪、槽、沟散布石柱县境内。

武隆县位于长江上游地区、重庆东南部，在武陵山与大娄山结合部，属于中国南方喀斯特高原丘陵地区。地处东经 107°13′—108°05′、北纬 29°02′—29°40′之间。东西长 82.7 公里，南北宽 75 公里，幅员面积 2901.3 平方公里。武隆县地处渝黔两省交界处，东连彭水，西接南川、涪陵，北抵丰都，南邻贵州道真，距重庆市区 139 公里。武隆县地质构造雏形由燕山期第二幕形成，属新华夏构造体系和南北径向构造体系，川黔南北构造带。江口等地区属川鄂湘黔隆起褶皱带，褶皱构造形成一系列背斜和向斜。构造成南北向的主要有接龙场背斜、甘田湾向斜、大耳山背斜、羊角背斜、三汇背斜、车盘向斜等。背斜核部出露地层多为二叠纪、三叠纪，其中接龙场背斜多为寒武纪。向斜轴部为三叠纪中上统地层。构造形态多为短轴构造，两翼岩层倾角差异较大。断裂构造发育，多与背斜伴生。其性质为冲断层、正断层、逆断层。主要断层有芙蓉江冲断层、土坎正断层、三汇冲断层、煤炭厂逆断层、四眼坪逆断层。武隆县属渝东南边缘大娄山脉褶皱带，多深丘、河谷，以山地为主。地势东北高，西南低。境内东山菁、白马山、弹子山由北向南近似平行排列，分割组成桐梓、木根、双河、铁矿、白云高地。因娄山褶皱背斜宽广而开阔，为寒武纪石灰岩构成，在地质作用过程中，背斜被深刻溶蚀。乌江由东向西从中部横断全境。乌江北面的桐梓山、仙女山属武陵山系，乌江南面的白马山、弹子山属大娄山系。木棕河、芙蓉江、长途河、清水溪、石梁河、大溪河等大小支流由南北两翼汇入乌江。由于深度溶蚀形成的深切槽谷交错出现，构成武隆县崇山峻岭，岗峦陡险，沟谷纵横。仙女山主峰磨槽湾海拔最高，达 2033 米；大溪河口海拔最低，海拔为 160 米。除高山和河谷有少而小的平坝外，绝大多数为坡地梯土。土壤多属黄壤、黄棕壤，其次为紫色土。

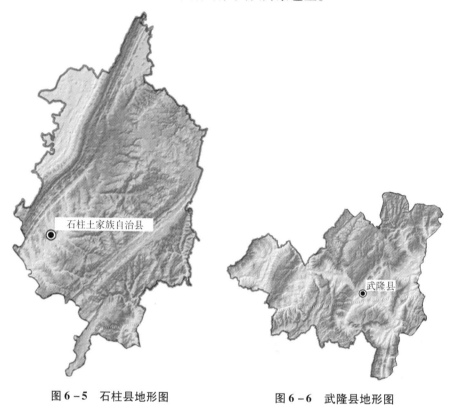

图 6-5 石柱县地形图   图 6-6 武隆县地形图

二、石漠化严重，初步得到控制

喀斯特石漠化（Karst Rocky Desertification）是指在亚热带脆弱的喀斯特环境背景下，受人类不合理社会经济活动的干扰破坏，造成土壤严重侵蚀，基岩大面积出露，土地生产力严重下降，地表出现类似荒漠景观的土地退化过程。目前西南地区喀斯特石漠化面积已达 10.51×104 平方公里，石漠化已占喀斯特山区总面积的 20%，而且石漠化每年还以近 2000 平方公里的速率快速递增。西南喀斯特山区的石漠化已成为我国实施西部大开发战略中所面临的一大根本性的地域生态环境问题。我国西南喀斯特地区土地石漠化因其发育具有明显的地域性，一直未能引起国际社会的广泛关注，所以，在国际上喀斯特石漠化的科学内涵一直不是很明确，其成因理论及防治研究也几乎是一片空白。1995 年，苏维词等在《贵州喀斯特山地的"石漠化"及防治对策》一文中首次提到石漠化的概念之后，近几年来西南地区石漠化已经引起了政府和学术界的大力关注。近几年的研究表明，石漠化不仅是一种典型喀斯特地区特有的现象，更是生态环境恶劣化发展的不可逆的动态发展过程。重庆市幅员面积 8.24 万平方公里，碳酸盐岩出露面积达 32038.14 平方公里，占幅员面积的 38.9%，主要集中在渝东北和渝东南各个区县，渝中和渝西低山丘陵区呈零星分布。石漠化分布总的趋势为东南部、东北部重于中西部地区，与辖区内碳酸岩盐的分布范围基本一致①。

岩溶石山地区石漠化调查评价是一项生态环境治理的基础性研究工作，相关研究人员以美国陆地资源卫星 Landsat-5TM 遥感数据为依据，在建立解译标志基础上，采用计算机信息提取技术圈定石漠化图斑，并对渝东南地区典型石漠化遥感图斑进行了野外验证。

石漠化遥感影像图斑共计 142 个，总面积 480.89 平方公里，占渝东南地区碳酸盐岩出露面积 14146 平方公里的 3.40%。区内石漠化图斑最大面积 68.05 平方公里，最小面积 0.07 平方公里。其中，Ⅰ类石漠化（裸岩面积 >80%，植被极其稀少）图斑 74 个，面积 269.64 平方公里，占图斑总面积的 56.07%；Ⅱ类石漠化（裸岩面积在 50%—80% 之间，沿冲沟发育有少量植被或其间夹杂星点状的植被）图斑 50 个，面积 160.27 平方公里，占33.33%；Ⅲ类石漠化（裸岩面积在 50%—30% 之间，植被比较稀疏，与周边植被发育地区有明显差异）图斑 18 个，面积 50.98 平方公里，占10.60%。本区地处川东、鄂黔两个岩溶亚区，两者石漠化图斑的分布、地

---

① 李为科、杨华、刘金萍：《基于遥感的渝东南喀斯特石漠化特征分区及其治理模式实证研究——以重庆市酉阳为例》，《沈阳师范大学学报》（自然科学版）2006 年第 4 期。

貌和地质特征差异显著。

渝东南地区石漠化图斑主要位于海拔 400—600 米、600—800 米两级高程上，少数散布在海拔 1000—1200 米、1400—1700 米等不同高程上。黄印坝—界石镇、箐口—梓里石漠化带海拔 400—600 米，相当于长江两岸最高阶地的高程；新场—焦石坝石漠化区海拔 600—800 米，与海拔 800 米左右的"盆地期"剥蚀面相当。白马场—木根铺石漠化区分布在乌江两侧，从乌江河谷的海拔 750—1000 米，逐级抬升至海拔 1400—1600 米、1500—1700 米。石漠化图斑出露的地层主要为下三叠统嘉陵江组，部分为下三叠统大冶组和二叠纪，个别为中三叠统巴东组。石漠化图斑所处的构造部位严格制约其形状、展布和石漠化程度。如沿狭窄背斜核部分布的黄印坝—界石镇、箐口—梓里石漠化带，图斑呈长条状展布，面积较大、类别较高，但分布不太连续。位于褶皱转折端的新场—焦石坝、白马场—木根铺石漠化区，图斑呈面形或长条状，分布较连续。面形图斑面积较大、类别较高，长条状图斑面积小、类别多样。

经野外验证，渝东南岩溶石山地区石漠化严重或较严重地段，多数是人口相对集中，经济活动频繁的地区。20 世纪 60—80 年代，区内石漠化范围变化不大；20 世纪 90 年代以来，不少石漠化地段经"封山育林""退耕还林"，石漠化程度已经逐渐缓解。如涪陵区焦石坝地区，1990 年 TM 遥感影像反映的石漠化面积为 91.1 平方公里，其中 I 类石漠化面积 79.15 平方公里，II 类石漠化面积 11.95 平方公里，属石漠化严重地区。90 年代初区内开始"封山育林""植树造林"，现已林木茂盛、一片葱绿，石漠化范围仅局限于焦石坝周边地区，约 15 平方公里。又如彭水县郁山地区，1989 年 TM 遥感影像反映的石漠化面积为 38.89 平方公里，都为 II 类石漠化图斑，属石漠化较严重地区。区内石漠化主要沿居民点集中的山坡分布，由于森林被砍伐成耕地，石漠化范围不断扩大，有的已直逼山脊，至今生态环境的恶化趋势仍未得到抑制。

目前，渝东南岩溶石山地区石漠化范围不广、石漠化严重地段不多。其中区内石漠化严重或较严重地段主要分布在涪陵蒿枝坝和焦石坝、彭水郁山、秀山宋农和平阳盖等地区。石漠化的范围及程度与区域地貌、地质环境关系密切。在地貌上，石漠化都位于不同海拔高程的剥蚀面上。其中，川东亚区相当于长江两岸最高阶地和海拔800米左右的"盆地期"剥蚀面；鄂黔亚区分别相当于"山原期"海拔800米左右、1000米左右的两级剥蚀面。在地质上，石漠化地段出露的地层主要为下三叠统嘉陵江组、寒武—奥陶纪碳酸盐岩。石漠化的范围、展布及程度则受地段所处的构造部位严格制约。调查结果表明：区内背斜核部、向斜两翼和褶皱转折端等部位，碳酸盐岩产状平缓、岩层出露较宽、岩溶作用微弱，以丘峰、溶洼等地表岩溶形态为主。在地壳间歇性升降运动作用下，在不同海拔高程的剥蚀面上形成了大面积的丘峰—溶洼山地。山地上丘峰顶圆坡缓，相对高差100—200米；溶洼多呈圆形或椭圆形，面积一般数平方公里至数十平方公里，且底部地形平坦，又有溶蚀残余黏土覆盖，所以适宜人类生息和经济活动。可见，区内丘峰—溶洼山地存在发生石漠化的地貌、地质环境，若因自然因素或人类活动造成植被破坏，也就容易酿成大面积的石漠化。区内石漠化严重或较严重地段，多数是人类生息和经济活动频繁的地区。20世纪60—80年代，区内石漠化范围变化不大；90年代开始，经"封山育林""退耕还林"，石漠化范围逐步缩小。区内石漠化大都是人类经济活动的结果。因此，石漠化始于人类对周围环境的"破坏"活动，也必将随着人类对周围环境的"治理"活动而逐渐消失。[①]

三、气象特征显著，水资源丰富

西阳属亚热带湿润季风气候区，海拔高差大，地形性气候独特，全年雨量充沛，冬暖夏凉，空气清新，四季宜人，年平均气温由海拔280米的沿河地区17℃递减到中山区（后坪乡）的11.8℃。月平均气温1月最冷为3.8℃，7月最高为24.5℃。年降雨量一般在1000—1500毫米。秀山属亚热

---

① 王连庆、乔子江、郑达兴：《渝东南岩溶石山地区石漠化遥感调查及发展趋势分析》，《地质力学学报》2003年9卷第1期。

带湿润季风气候，四季分明，气温正常，降水充沛，日照偏少。全年平均气温为16℃，属基本正常。其中：1月最冷，月平均气温5℃。7月最热，月平均气温为27.5℃。地温和气温一样，7月最高、1月最低。热量条件以溶溪、洪安、石堤河谷一带最优，年平均气温均大于17℃。平坝、浅丘地带平均气温在16℃至17℃之间。"三大盖"及西部的轿子顶、南部的椅子山、东北角的八面山，年平均气温在10℃至14℃之间。其余地区年平均气温在14℃至16℃之间。常年降水量为1341.1毫米。80%以上年份降水量在1100—1700毫米之间。以5、7两月最多，均接近200毫米。1月最少，不足30毫米。从旬季分布看，全年有3个月明显的降水高峰，即5月上旬、6月下旬或7月上旬、9月中旬，旬平均雨量分别为71.2毫米、76.4毫米、60毫米。从四季降水分布看，以夏季降水最多，春季为次，秋季再次，冬季最少，分别占全年降水总量的37%、31%、24%和8%。境内年日照时数为1213.7小时，占可照时数的28%，属全国日照低值区之一。80%的年份日照时数少于1300小时。日照以7月最多，为201.8小时，8月稍次，为199.4小时。7、8两月日照时数占全年日照总时数的三分之一。1月较少，为48.8小时，2月最少，仅44.7小时。1、2月日照总时数仅占全年的8%。彭水县属中亚热带湿润季风气候区。气候温和，雨量充沛，光照偏少。多年平均气温17.5℃，常年平均降雨量1104.2毫米，年均蒸发量950.4毫米，无霜期312天。早春季节，冷空气活动频繁，常有局部大风、冰雹；初夏常有连阴雨；盛夏多伏旱，常有酷暑；秋季多绵雨；冬季少雪无严寒。黔江区属中亚热带湿润性季风性气候。气候温和，四季分明，热量丰富，雨量充沛，但辐射、光照不足，灾害气候频繁。气候具有随海拔高度变化的立体规律，是典型的山地气候。黔江区多年年均气温15.4℃，极端最高气温38.6℃，极端最低气温5.8℃。月平均气温7月最高，为25.9℃。多年平均降雨量为1200.1—1389毫米。多年平均日照时数1166.6小时。干旱夏季突出。绵雨集中在5—6月（双抢）和9—10月（三秋），绵雨对农作物影响较大。彭水县气候立体差异大：海拔每升高100米，平均气温便递减0.46—0.55℃。年无霜期由沿江河谷的312天递减到中山区的235天。年日照时数，低中山区受山脊和云雾阻挡，要比平坝约少四分之一。石柱县属中亚热带湿润季风区，气候温和，雨水充沛，四季分明，具有春早、夏长、秋短、冬迟特点。日照少，气候垂直差异大，灾害性天气频繁。年平均温度16.5℃，极端高温40.2℃，极端低温－4.7℃。武隆县属亚热带湿润季风气候，气候温湿，四季分明。年平均气温15℃—18℃，年极端最低气温零下3.5℃，最高41.7℃，无霜期240—285天。年降水量1000—1200毫米，4月到6月降水量占39%，主要灾害有冰雹、山洪、大风。海拔800米以上的山区，每年约有5个月的多雨季节，雨雾蒙蒙，日照少，气温低，霜期长，秋风冷露对农作物生长影响较大；在海拔600米以下的地区，易遭旱灾。山上山下温差10度左右，立体气候较显著。

渝东南民族地区境内地形奇异，水系发达，水源常年不竭。其中，酉阳县以毛坝盖山脉为分水岭，形成两大水系，东部的酉水河、龙潭河为沅江水系，西部的小河、阿蓬江等为乌江水系；县境内水资源较为丰富，除酉水河、花垣河、龙潭河外，集雨面积大于50平方公里的河流有梅江、平江、溶溪、洪安河等13条（未含酉水河），集雨面积大于15平方公里的河流48条。黔江区流域面积大于50平方公里的有15条，以八面山为分水岭，东南为阿蓬江、诸佛江支流，西北为郁江支流，均属长江水系乌江支系；县境内有大小河流52条，其中流域面积在50平方公里以上的23条，流域面积在15平方公里以上50平方公里以下的有29条，均属长江、乌江两大水系。彭水县境内河流均属长江水系，流域面积大于1000平方公里的河流有4条，即乌江、郁江、普子河、芙蓉江；流域面积在500—1000平方公里的河流有2条，即长溪河、诸佛江；流域面积在100—500平方公里的河流有7条，即中井河、后灶河、木棕河、棣棠河、跳蹬河、里头河、太原河；流域面积在50—100平方公里的河流有12条。武隆县有木棕河、芙蓉江、长途河、清水溪、石梁河、大溪河等大小支流由南北两翼汇入乌江。

图 6-7　渝东南水系分布图

四、生物多样性明显，动植物资源丰富

渝东南境内的动物主要由亚热带森林农田区动物群组成。其中，酉阳县有兽类 33 种，隶属 5 目 12 科，属于二类保护动物的有毛冠鹿、云豹、胡猴、猴 4 种，三类保护动物有大灵猫；鸟类 149 种，隶属 10 目 29 科，属一类保护动物的有白鹤，二类保护动物有红腹角雉；爬行类 14 种，隶属 4 目 7 科；两栖类 10 种，其中有大鲵等珍稀野生动物。秀山县野生动物有兽类 40 余种，鸟类 200 多种，鱼类 72 种，分属 6 个目 13 个科，此外，无脊椎动

物中，部分为有经济价值的昆虫，如白腊虫、五信子等。黔江区野生动物有 4 类 23 目 69 科 147 种，哺乳类有刺猬、四川短尾鼩等 100 余种，鸟类有水葫芦、小杜鹃等 100 余种，爬行类有乌龟、鳖、黑眉锦蛇等，两栖类有大鲵、大蟾蜍、林蛙等，其中，黑金丝猴、毛冠鹿、红腹角雉、鸳鸯、大鲵、猕猴、黔江灰金丝猴、穿山甲、大灵猫、林麝、云豹、红腹锦鸡等属国家保护动物。彭水县国家一级保护动物有黑叶猴、豹、胡兀鹫等 3 种，二级保护动物有藏酋猴、猕猴、白冠长尾雉、红腹锦鸡、红腹角雉等 17 种，以及以五步蛇为代表的"三有"动物及市级保护动物有 83 种。石柱县有野生动物 470 种，其中鱼类 124 种，属国家保护动物的有小鸧、白鹮、水獭、中华鲟、岩原鲤等 52 种。武隆县动物有哺乳类 4 目 12 科 34 种，爬行类 2 目 2 科 14 种，两栖类 2 目 3 科 12 种，鸟类 18 科 26 种，鱼类 7 目 8 科 34 种，包括国家一、二、三级珍稀动物金钱豹、小熊猫、大鲵、白腹锦鸡、中华鲟等。

　　渝东南民族地区境内植物资源丰富，种类繁多。植被多由亚热带偏湿性常绿阔叶林、暖性针叶林和亚热带竹林等类型组成。据调查，酉阳县植物有裸子植物 8 科 17 属 19 种，被子植物 63 科 132 属 194 种，竹亚科 12 种。秀山县有木本植物 96 科 234 属 657 种，其中有 14 种国家重点保护的木本植物，竹类资源主要有慈竹、水竹、白夹竹、毛竹、苦竹等，经济林品种以油桐、油茶和乌桕为代表，是全国的主产区之一。黔江区乔木主要有苏铁、银杏、中华杜鹃、鄂西红豆树等 42 科 81 属 146 种；草本植物有巴茅、野苕藤等 200 余种，其中，中华纹母、珙桐、岩柏、银杏、红豆杉、铁坚杉、黄杉、三尖杉、水杉、柳杉、薄皮马尾松、厚朴、白花泡桐等是国家珍稀植物；食用植物包括粮食作物、经济作物等，其中粮食作物品种 226 个，经济作物有烟叶、棉花、油菜、花生、蚕桑、麻等；水果品种共 12 科 21 属 89 种；药用植物包括中草药、兽医药、农用药等，有野生、家种中药材 672 个品种。彭水县有高等维管植物 1969 种，其中国家重点保护植物 20 种，一级保护植物 5 种，包括珙桐、红豆杉、南方红豆杉、水杉、银杏，二级保护植物有领春木、盾叶薯蓣、穿龙薯蓣、白辛树、红豆树、黄杉、穗花杉、榉树等68种。石柱县已查明的野生植物2216种，其中国家保护植物有荷叶铁线蕨、水杉、红豆杉、珙桐等40种，有马尾松、水杉、柏木、红豆杉、珙桐、白桦等树种715种，红色薄皮马尾松属国内知名优良品种，树龄在500年以上的一级保护古树128株，毛竹、冷竹、班竹等竹类24种，家种、野生中药材1700余种，其中常用中药材206种。武隆县有速生优质树种马尾松、杉木、铁尖杉、白花泡桐、香椿等，有属国家一级保护树种的银杉、

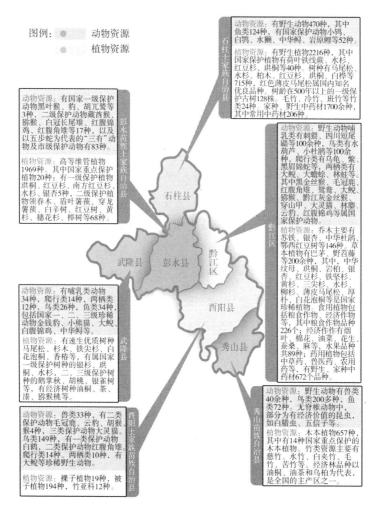

图6-11　渝东南动植物资源分布图

珙桐、水杉，二、三级保护树种的鹅掌楸、胡桃、银雀树等，还有经济树种油桐、茶、漆、猕猴桃等。

第二节　渝东南民族地区生态农业发展的社会条件

渝东南地处集中连片特困的武陵山区核心地带，是少数民族聚居的老少边穷地区，但是其自然风景优美，国家历史文化名镇分布较多，土家族苗族文化风情异彩纷呈，应该充分利用资源优势，开发少数民族地区特色生态农业产品，发展少数民族生态农业，加快实现民族地区的和谐发展。

一、人口条件

据第六次全国人口普查统计，渝东南六区县，总人口364万人。渝东南地区除武隆县以汉族人口为主，其余五区县均以少数民族为主，各少数民族人口占比平均在67%。土家族、苗族是渝东南实行民族区域自治地方的主体民族，也在人口中占据较大比例。

酉阳县是以土家族、苗族为主的少数民族自治县。2010年第六次全国人口普查数据，酉阳县常住人口为57.8万人（户籍人口84万人）。酉阳县常住人口中，男性29.6万人，占总人口的51.3%；女性28.2万人，占总人口的48.7%。0—14岁的人口15.8万人，占总人口的27.4%；15—64岁的人口34.6万人，占总人口的59.9%；65岁及以上的人口7.3万人，占总人口的12.7%。酉阳县共有18个民族，户籍人口84万人，除汉族外的17个少数民族，户籍人口70.56万人，占总人口的84%。其中：土家族50.4万人，占总人口的60%；苗族20.16万人，占总人口的24%。除此之外，尚有蒙古族17人，回族50人，壮族8人，彝族14人，藏族13人，布依族6人，满族20人，侗族28人，瑶族2人，白族1人，哈尼族2人，黎族4人，仡佬族1人，羌族1人，水族3人。

秀山县是以土家族、苗族为主的少数民族自治县。2010 年第六次全国人口普查数据，秀山县常住人口为 50.16 万人（户籍人口 65 万人）。秀山县常住人口中，男性 25.6 万人，占总人口的 51.02%；女性 24.5 万人，占总人口的 48.98%。0—14 岁的人口 11.9 万人，占总人口的 23.69%；15—64 岁的人口 32.9 万人，占总人口的 65.55%；65 岁及以上的人口 53.9 万人，占总人口的 10.76%。秀山县共有 18 个民族，户籍人口 65 万人，除汉族外的 17 个少数民族，户籍人口 33.8 万人，占全县总人口的 52% 以上。少数民族主要有土家族、苗族外、瑶族、侗族、壮族、白族、回族、满族、布依族等。

黔江区是一个少数民族聚居区，土家族、苗族是两大主体少数民族。此外，还散居着回族、蒙古族、藏族、满族、维吾尔族、彝族、壮族、布依族、朝鲜族、侗族、瑶族、白族、哈尼族、哈萨克族、东乡族、黎族、佤族、撒拉族、高山族、塔吉克族、鄂温克族、普米族、水族、畲族等 24 个少数民族。2010 年第六次全国人口普查数据，黔江区常住人口 44.5 万。其中，汉族 11.9 万人，土家族 25.6 万人，苗族 69.5 万人，其他少数民族 373 人，少数民族人口占总人口的 73.3%。2010 年，黔江区常住人口中，0—14 岁的人口 10.34 万人，占总人口的 23.3%；15—64 岁的人口 29.89 万人，占总人口的 67.1%；65 岁及以上的人口 4.27 万人，占总人口的 9.6%。

彭水县是以苗族、土家族为主的少数民族自治县。2010 年第六次全国人口普查数据，彭水县常住人口 54.5 万人（户籍人口 69 万人）。彭水县常住人口中，男性 28.2 万人，占总人口的 51.8%；女性 26.3 万人，占总人口的 48.2%。0—14 岁的人口 14.7 万人，占总人口的 26.9%；15—64 岁的人口 33.9 万人，占总人口的 62.2%；65 岁及以上的人口 5.9 万人，占总人口的 10.9%。彭水县共有 12 个民族。汉族人口 25.2 万人，占总人口的 46.15%；各少数民族人口 29.4 万人，占总人口的 53.85%。其中：苗族人口 23.7 万人，占总人口的 43.41%；土家族人口 5.4 万人，占总人口的 9.97%；蒙古族人口 1291 人，占总人口的 0.24%；侗族人口 804 人，占总人口的 0.15%。

石柱县是以土家族为主体的民族自治县。2010 年第六次全国人口普查数据，石柱县常住人口 41.5 万人，以土家族为主的少数民族人口约占总人口数的 72%。石柱县常住人口中，男性 21.1 万人，占总人口的 50.73%；女性 20.4 万人，占总人口的 49.27%。0—14 岁的人口 10.1 万人，占总人口的 24.35%；15—64 岁的人口 26.1 万人，占总人口的 62.81%；65 岁及以上的人口 5.3 万人，占总人口的 12.84%。石柱县共有民族 29 个，包括汉族、土家族、苗族、维吾尔族、蒙古族、独龙族、侗族、哈尼族、瑶族、朝鲜族、满族、回族、布依族、藏族、壮族、彝族、黎族、傣族、鄂温克族、畲族、珞巴族、佤族、白族、水族、土族、塔吉克族、门巴族、基诺族、撒拉族。

2010 年第六次全国人口普查数据，武隆县常住人口 35.1 万人（户籍人口 41 万人）。武隆县常住人口中，男性 18.0 万人，占总人口的 51.28%；女性 17.1 万人，占总人口的 48.72%。2010 年，武隆县常住人口中，0—14 岁的人口 7.0 万人，占总人口的 20.03%；15—64 岁的人口 23.4 万人，占总人口的 66.7%；65 岁及以上的人口 4.7 万人，占总人口的 13.24%。武隆县有 13 个民族，人口以汉族为主（占 79%），其次为土家族（占 11%）、苗族（占 6%）及其他民族（占 4%）。少数民族主要集中在浩口、铁矿两乡。

依据 2014 年重庆市 1% 人口抽样调查主要数据公报：渝东南常住人口 276.58 万人，比上年下降 0.6%，占全市常住人口的 9.2%。城镇化率 35.99%，上升 1.35 个百分点。与全市城镇化情况相比，渝东南仍是全市城镇化率最低的区域，酉阳、彭水是全市城镇化率最低的县。尽管渝东南外出人口所占比重低于渝东北和城市发展新区，但另有数据显示，重庆直辖以来，渝东南户籍人口年均增长率为 9.44%，常住人口呈逐年减少态势，年均增长 -6.05%，户籍人口增长速度和常住人口减少速度，均高于全市平均水平。这说明渝东南人口外流情况比较突出，而外出人口则以务工人员为主。

表 6 - 1 2014 年重庆市五大功能区及渝东南各区县常住人口与城镇化率

区域	常住人口（万人）	比上年增长（%）	全市占比（%）	城镇人口（万人）	城镇化率（%）
全市	2991.4	0.7	100	1783.01	59.6
都市功能核心区	367.76	0.2	12.3	367.19	99.85
都市功能拓展区	451.22	2.2	15.1	355.11	78.7
城市发展新区	1079.19	1.6	36.1	608.15	56.35
渝东北生态涵养发展区	816.65	-0.6	27.3	353.01	43.23
渝东南生态保护发展区	276.58	-0.6	9.2	99.55	35.99
西阳县	56.24			16.68	29.66
秀山县	49.07			17.67	36.01
黔江区	45.66			20.6	45.12
彭水县	51.59			16.09	31.19
石柱县	39.21			15.04	38.36
武隆县	34.81			13.47	38.7

资料来源：2014 年重庆市 1% 人口抽样调查主要数据公报，http：//www.cqtj.gov.cn/html/tjsj/tjgb/15/02/7335.html。

表 6 - 2 2014 年重庆市五大功能区外出人口

区域	外出人口		外出市外人口	
	人数（万人）	比重（%）	人数（万人）	比重（%）
全市	1069.69	100.00	530.08	100.00
都市功能核心区	77.28	7.20	3.66	0.70
都市功能拓展区	89.27	8.40	7.80	1.50
城市发展新区	370.56	34.60	157.68	29.70
渝东北生态涵养发展区	408.40	38.20	280.15	52.90
渝东南生态保护发展区	124.18	11.60	80.79	15.20

资料来源：2014 年重庆市 1% 人口抽样调查主要数据公报，http：//www.cqtj.gov.cn/html/tjsj/tjgb/15/02/7335.html。

　　渝东南地区城镇化率低，农村、农业人口占总人数的 64%。这为渝东南发展生态农业提供了有利的人力资源条件，有利于发展劳动密集型特色农产品生产；而生态农业的效益化发展一方面有助于帮助农业人口脱贫致富，同时也可吸引外出务工人员返乡就业，建设家乡。

二、经济条件

渝东南是西部典型的山区，是重庆市集中连片的贫困区，六个区县都是扶贫重点县。该地区是重庆目前经济发展最落后的地区，也是农业生产方式最落后、农业效益最低、农村人口比重最大、农民收入水平最低的地区。

2011 年，酉阳县地区生产总值 76.96 亿元，比 2010 年增长 16.1%。其中，第一产业增加值 17.38 亿元，增长 5.5%；第二产业增加值 33.44 亿元，增长 22.0%；第三产业增加值 26.14 亿元，增长 16.4%。第一、二、三产业增加值占全县地区生产总值的比重分别为 22.6%、43.4%、34.0%，非农产业的比重较 2010 年提高 1.4 个百分点。三次产业对经济增长的贡献率分别为 8.1%、54.4%、37.5%，分别拉动经济增长 1.3、8.8、6.0 个百分点，工业成为经济增长的第一动力，贡献率达到 38.4%。2011 年，酉阳县实现农林牧渔业总产值 28.14 亿元，按可比价格计算增长 5.5%，其中：农业产值 13.86 亿元，增长 3.3%；林业产值 1.90 亿元，增长 6.0%；牧业产值 12.05 亿元，增长 7.9%；渔业产值 0.17 亿元，增长 15.1%；农林牧渔服务业产值 0.16 亿元，增长 15.6%。农产品商品化率 54.1%，较 2010 年提高 0.7 个百分点。2011 年末，酉阳县公路通车里程 2691 公里，较 2010 年增长 1.9%，其中等级公路 2253 公里，增长 3.0%；新建和改造乡村公路 815.6 公里；全县乡村通畅率 43.3%，较 2010 年提高 13.3 个百分点。

2011 年，秀山县地区生产总值达到 93.5 亿元，是 2006 年的 2.9 倍，年均增长 16.6%；规模以上工业总产值达到 53.9 亿元，年均增长 23.3%；三次产业结构比重调整为 14.7：53.3：32。城镇居民人均可支配收入、农民人均纯收入分别实现 16823 元、5110 元，年均增长 14.1%、18.6%。2012 年，秀山县地区生产总值完成 106.1 亿元，增长 11.4%；规模以上工业总产值达到 49.8 亿元，增长 3.5%；三次产业结构比重调整为 14.4∶48.8∶36.8；城镇居民人均可支配收入、农民人均纯收入分别实现 19177 元、5861 元，分别增长 14%、14.7%。2011 年，秀山县"三农"工作取得实效。新增金银花种植 5 万亩，累计达到 30.1 万亩，组建了市级金银花工程技术研究中心。出栏土鸡 1060 万只。猕猴桃、茶叶、油茶基地分别达 2.7 万亩、6.5 万亩、10 万亩。新培育农业龙头企业 20 家。开工建设农村公路 314 公里，完工 239 公里。新建农村客运站 4 个，开通客运线路 9 条，投放农村客运车辆 46 辆。建成供水工程 46 处，解决 8.4 万人饮水安全问题。改造中低产田土 1.4 万亩。农业机械化综合水平提高到 37%。新建沼气池 5000 口。完成植树造林 20.2 万亩。2012 年，秀山县"三农"工作成效明显。生产粮食 31.1 万吨、蔬菜 24.7 万吨，出栏生猪 56.1 万头。投入 1000 万元应对金银花价格走低，实现花农收入 2.6 亿元。出栏土鸡 1180 万只。猕猴桃、茶叶、油茶发展态势良好。新增农业龙头企业 14 家、专业合作社 59 个，分别达 71 家、306 个。新增"三品一标"农产品 4 个、重庆市名牌农产品 1 个、重庆市著名商标 2 件。土地规模经营集中度达 32.8%。完成龙池至石堤张家坝公路改造，实施农村通畅工程 232.5 公里。新解决 4.24 万人饮水安全问题。启动 26 个贫困村整村扶贫，实施易地扶贫和生态扶贫搬迁 1.1 万人，减少贫困人口 1.6 万人。

2011 年黔江全区实现地区生产总值 129.19 亿元，比上年增长 19.5%，其中第一产业达到 13.78 亿元，同比增长 5.5%；第二产业 71.55 亿元，增幅 24.6%；第三产业 43.87 亿元，增幅 16.3%。三次产业比例由上年的 10.6∶53.5∶35.9 调整为 10.6∶55.4∶34，三次产业对经济增长的贡献率分别为 3.1%、66.5% 和 30.4%。2012 年全区实现地区生产总值 147.95 亿，比 2011 年增长 18.76%。第一产业达到 15.52 亿元，增幅 12.6%；第二产业达到 83.09 亿元，增长 16.1%；第三产业达到 49.34 亿元，增幅 12.5%。2013 年地区生产总值达到 167.81 亿元，增长 13.42%，其中第一产业为 16.89 亿元，第二产业为 95.29 亿元，第三产业为 55.64 亿元，增幅分别为 8.8%、14.7%、12.8%。2011 年实现农林牧渔业总产值 21.6 亿元，比上年增长 4.4%，其中种植业 9.05 亿元，增长 2.8%；林业 1.23 亿元，增长 4.6%；牧业 10.98 亿元，增长 5.9%；渔业 0.18 亿元，增长 4.9%。2011 年粮食种植面积 85.6 万亩，比上年增长 0.4%；油料种植面积 14.4 万亩，增长 4.1%；蔬菜种植面积 13.93 万亩，增长 1.4%。粮食总产量 24.3 万吨，下降 2.7%。其中：玉米产量 7.3 万吨，增长 5.9%；水稻产量 6.6 万吨，下降 7.6%；薯类产量 8.4 万吨，下降 2.9%。烤烟产量 0.84 万吨，增长 11%；蔬菜产量 15.49 万吨，增长 3.1%。2011 年肉类总产量达到 6.34 万吨，比上年增长 3.3%，其中猪肉 5.72 万吨，增长 3.4%；牛羊肉 0.48 万吨，下降 1.5%。2011 年年末生猪存栏 59.64 万头，增长 1.3%；牛存栏 9.39 万头，下降 1.4%；羊存栏 2.16 万只，增长 6.3%；全年生猪出栏 77.91 万头，增长 3.4%；全年水产品产量 0.14 万吨，增长 7.7%。

2011 年，彭水县地区生产总值实现 76.49 亿元，增长 9.3%。人均生产总值、地方财政收入、社会消费品零售总额年均分别增长 17%、47%、20%。三次产业结构比例为 19∶39∶42。规模以上工业企业总产值达到 32.7 亿元。财政收入达到 12 亿元，财政支出突破 30 亿元。2012 年，实现地区生产总值 85.78 亿元，同比增长 12.1%；2013 年达到 97.46 亿元，较 2012 年增长 13.6%。2009 年，彭水县"三农"工作显亮点，农村建设形成了以点带面、纵深拓展的势头。共造林 12 万亩，建苗圃基地 900 亩，实现产值 3 亿元；出栏生猪 52.6 万头、肉牛 4.7 万头、山羊 4.3 万只、家禽 126 万只；粮油产量达 31.1 万吨；收购烟叶 37 万担，实现产值 2.9 亿元；魔芋、油茶、蜂蜜等特色产业全面发展。新增耕地 7600 亩，改造中低产田土 1 万余亩，建成沼气池 4100 口。累计输出农村富余劳动力 20.4 万人，实现劳务收入 22.6 亿元。农民人均纯收入达到 3517 元，同比增长 10.8%。2010 年，彭水县"农户万元增收工程"全面启动，实现农户户均增收 3000 元。共造林 42 万亩，森林覆盖率提高到 40.4%。新增耕地 2.1 万亩，改造中低产田土 5.3 万亩。烟、芋、薯、畜、林等特色农业初具规模，农业产业结构不断优化，农民人均纯收入增长 25.1%。2011 年，彭水县全力打造"共富新村""特色新镇"，农村生产生活条件不断改善。发展 5 大农业主导产业，建成 6 大繁育种场，75% 的农户提前实现万元增收。改造农村危旧房 6700 家，建成巴渝新居 3200 户、沼气池 2 万口。农网改造达 100%，供电可靠率提高到 96% 以上。完成集体林权制度主体改革，实现农转城 5.2 万人。建立农村土地自愿、有偿、弹性退出机制，推行城乡要素市场一体化改革，实现"地票"交易 2 亿元。

2011 年，石柱县地区生产总值 80.15 亿元，比 2010 年增长 18.1%。其中，第一产业增加值 16.43 亿元，增长 5.2%；第二产业增加值 34.55 亿元，增长 27.3%；第三产业增加值 29.17 亿元，增长 16.0%。按常住人口计算，人均生产总值达到 19396 元。三次产业对地区经济增长贡献率依次为 6.2%、58.9% 和 34.9%。三次产业结构为 20.5∶43.1∶36.4。2012 年，石柱县地区生产总值 93.10 亿元，比 2011 年增长 13.3%。其中，第一产业增加值 18.19 亿元，增长 5.0%；第二产业增加值 42.4 亿元，增长 20.6%；第三产业增加值 32.51 亿元，增长 9.1%。按常住人口计算，人均生产总值达到 22614 元。三次产业对地区经济增长贡献率依次为 7.0%、67.2% 和 25.8%。三次产业结构为 19.5∶45.5∶35.0。2011 年，石柱县农村经济总量 32.74 亿元，现价增长 25.1%（可比价增长 13.2%）。实现农林牧渔业总产值 25.28 亿元，增长 23.5%（可比增长 5.2%），其中农业产值 13.22 亿元，林业产值 7967 万元，牧业产值 10.75 亿元，渔业产值 3334 万元，农林牧渔服务业 1782 万元。全年粮食种植面积 5.5 万公顷，粮食产量 25.96 万吨，下降 0.1%，其中夏收粮食产量 7.13 万吨，增长 2.3%，秋收粮食产量 18.84 万吨，下降 1.0%。2012 年，石柱县农村经济总量 37.96 亿元，现价增长 16.0%（可比价增长 12.5%）。实现农林牧渔业总产值 27.84 亿元，增长 10.1%（可比增长 5.0%），其中农业产值 14.46 亿元，林业产值 9260 万元，牧业产值 11.83 亿元，渔业产值 4225 万元，农林牧渔服务业 1983 万元。全年粮食种植面积 5.58 万公顷；粮食产量 25.5 万吨，下降 1.6%，其中夏收粮食产量 7.19 万吨，增长 0.9%，秋收粮食产量 18.31 万吨，下降 2.8%。

2011 年，武隆县实现地区生产总值 86.58 亿元，同比增长 18.5%。其中：第一产业实现增加值 13.46 亿元，增长 6%；第二产业实现增加值 31.77 亿元，增长 21.5%；第三产业实现增加值 41.35 亿元，增长 20.7%。三次产业结构为 15.5∶36.7∶47.8，对经济增长的贡献率分别为 5.5%、40.3%、54.2%。2009 年，武隆县完成农业总产值 15.28 亿元，同比增长 7%，实现农业增加值 9.44 亿元，同比增长 6.1%；农林牧渔服务业总产值结构为 53.2∶3.5∶41∶2∶0.3。粮食播种面积 4.67 万公顷，增长 2%；油料作物播种面积 3534 公顷，增长 18.6%；蔬菜播种面积 1.56 万公顷，增长 25%；中药材种植面积 1964 公顷。2009 年年末，生猪存栏 36.14 万头，增长 1.4%；牛存栏 4.1 万头，增长 15%；羊存栏 9.04 万只，增长 8.8%；家禽出栏 63.64 万只、存栏 77.36 万只，分别增长 10.6% 和 27%。2010 年，武隆县完成农林牧渔业总产值 17.05 亿元，同比增长 11.6%。农林牧渔服务业总产值结构为 56.7∶3.8∶37.3∶1.9∶0.4。实现农林牧渔业增加值 10.73 亿元，增长 6.7%，其中，种植业 6.82 亿元，增长 8.5%，畜牧业 3.15 亿元，增长 5.1%，林业 4799 万元，增长 1.9%。粮食播种面积 4.81 万公顷，增长 1%；油料作物播种面积 4056 公顷，增长 14.8%；中药材种植面积 2630 公顷，增长 33.9%；蔬菜播种面积 1.87 万公顷，增长 19.6%。2010 年年末，生猪存栏 35.17 万头，下降 2.7%；牛存栏 4.46 万头，增长 8.8%；羊存栏 12.15 万只，增长 34.5%；家禽出栏 70.2 万只、存栏 79.15 万只，分别增长 10.3% 和 2.3%。2011 年，武隆县完成农林牧渔业总产值 21.18 亿元，同比增长 24.8%。农林牧渔服务业总产值结构为 55.4∶3.1∶39.5∶1.7∶0.3。实现农林牧渔业增加值 13.46 亿元，增长 6%。其中，种植业 9.49 亿元、林业 5167 万元、畜牧业 3.13 亿元、渔业 2750 万元、农林牧渔服务业 541 万元。粮食播种面积 4.82 万公顷，增长 0.32%；油料作物播种面积 4399 公顷，增长 8.5%；中药材种植面积 4014 公顷，增长 52.6%；蔬菜播种面积 2.06 万公顷，增长 10.1%。2011 年年末，生猪存栏 35.57 万头，增长 1.1%；牛存栏 4.46 万头，下降 9.7%；羊存栏 12.74 万只，增长 4.8%；家禽存栏 93.94 万只，增长 18.7%。

依据 2014 年重庆市国民经济和社会发展统计公报，重庆市全年实现地区生产总值 14265.40 亿元，比上年增长 10.9%。渝东南生态保护发展区实现地区生产总值 791.52 亿元，增长 9.7%，占全市的 5.5%。

表 6-3　2014 年五大功能区地区生产总值

指标	绝对值（亿元）	比上年增长（%）	比重（%）
全市生产总值	14265.4	10.9	100
都市功能核心区	2944.22	9	20.6
都市功能拓展区	3344.83	12.2	23.4
城市发展新区	4718.08	11.5	33.1
渝东北生态涵养发展区	2466.75	10.6	17.4
渝东南生态保护发展区	791.52	9.7	5.5

资料来源：2014 年重庆市国民经济和社会发展统计公报，http://cq.cqnews.net/sz/2015-03/16/content_33695868.htm。

总体来看，近几年来，渝东南地区经济社会发展加快，经济总量获得较大提升，规模以上工业企业产值较快增长，投资规模不断扩大，消费支出明显增加。但是，由于起点低，底子薄，与重庆市其他地区相比，发展依然落后。产业结构不合理，特色产业滞后，产能低下。农业仍然是渝东南地区的基础性、主导性产业，但现代农业发展缓慢，特色优质高效农产品不多，农民增收后劲乏力。从渝东南实际情况出发，突出农业产业优势，改变目前农业产业结构，发展生态农业，使渝东南农业走上现代、高效、生态的发展道路，推动农业人口充分就业和脱贫致富，迫在眉睫，势在必行。

三、旅游资源

渝东南自然风光旖旎、民族风情绚丽、生态环境优美、生态资源丰富、民俗文化厚重，非常适合发展民俗生态旅游。民俗生态旅游在渝东南社会、经济和旅游产业发展中具有重要的地位。经过近几年的大力建设，现已初步形成了以石柱黄水，武隆仙女山、芙蓉江，彭水摩围山、阿依河，黔江武陵仙山、小南海、阿蓬江等为代表的生态旅游产品和以武隆国际山地户外运动公开赛、武陵山民俗文化艺术节、清凉黔江旅游文化节、秀山花灯文化艺术节、石柱土家民俗文化节、黄水林海旅游节、彭水娇阿依民族文化艺术节、彭水水上运动大赛、酉阳桃花源土家摆手舞节等节庆活动为主体的民俗文化旅游产品。2011年渝东南共接待旅游者近2450万人次，旅游收入超过104亿元。到2015年，渝东南旅游业年接待旅游者将超过5000万人次以上，年均增长30%以上；旅游总收入300亿元，年均增长35%以上；旅游从业人员占非农就业人数的比例达到10%；旅游收入占农民人均纯收入的比重达到20%。其中民俗生态旅游将占据很大的比例。

丰富的自然和人文旅游资源，奠定了渝东南民族地区生态农业发展的重要基础。渝东南地区地处川、鄂、湘、黔、渝五省（市）环围的武陵山区腹地，位于中国西部和中部结合点，民族历史悠久，文化蕴积丰厚。具体来说，一是资源保存相对完整，品种齐全丰富。二是资源品质高，破坏少。三是资源分布相对集中。四是资源古朴自然，个性特色突出。渝东南地区既有优美的自然风光、多样的自然生态、原汁原味的民族风情，又有巴渝古老的"黔中文化"、盐丹文化、民族宗教文化、土司文化，众多的历史人文遗产，还有可歌可泣的革命历史遗址等，具有相得益彰、易于组合的显著特点。具体而言，渝东南民族地区境内文物古迹众多，具有显著的地方和民族特色。其中，酉阳县有龙潭古镇、龚滩古镇、赵世炎故居、石泉古苗寨、河湾生态古寨、南腰界革命根据地等；秀山县有苗王坟、客寨风雨桥、洪安边城等；彭书县有郁山古镇、罗家坨苗寨等；黔江区有万涛烈士故居、桥梁村古枫寨、濯水古镇、张氏庭院、草圭堂、板夹溪十三寨、土家族吊脚楼群等；石柱县有龙河岩棺群、西沱古镇、毕兹卡绿宫、古刹银杏堂、秦良玉陵园、秦良玉大都府遗址、狮子堡烈士陵园、西沱云梯街等；武隆县有唐代齐国公长孙无忌墓、李进士故里摩崖石刻等。

渝东南地区生态旅游资源独特，文化旅游市场前景广阔。渝东南六区县具有丰富的生态旅游资源，这是发展生态旅游的重要基础和条件。渝东南是喀斯特地貌富集区和重庆的低山、中山分布区，集山、水、林、泉、洞、峡、江等旅游资源于一体，自然生态环境优越，生态旅游资源丰富独特。该区不仅拥有石柱黄水国家森林公园、仙女山、白马山、摩围山、桃花源等山岳型旅游资源，而且拥有乌江画廊、芙蓉江、阿依河、小南海、阿蓬江、酉水河、太阳湖、南天湖、郁江等峡谷水域旅游资源和武隆羊角温泉、江口温泉、彭水县坝温泉、黔江官渡温泉、石柱西沱温泉、秀山肖塘温泉、峨溶温泉、石耶温泉等众多的温泉旅游资源，并初步形成了大仙女山旅游区、大武陵山旅游区、大乌江画廊旅游区和黄水森林旅游区四大生态旅游区。渝东南是土家族、苗族等少数民族聚居区，各少数民族纯厚古朴的民风民俗、独具魅力的民族歌舞、独具特色的民族建筑以及多姿多彩的民间文化构成了独特的民族民俗旅游资源。秀山花灯、土家族摆手舞、土家族啰儿调、南溪号子、秀山民歌、酉阳民歌、彭水鞍子苗歌、傩戏等非物质文化遗产和民族服饰、民族手工艺品、婚丧嫁娶、民族饮食、边乡风情等生产生活习俗具有突出的土家族苗族民族风情。龚滩古镇、龙潭古镇、洪安古镇、濯水古镇、黄水古镇、西沱古镇等古镇能再现当地少数民族建筑特色和文化。生态旅游是一种全新的旅游活动，随着经济的发展，受教育程度的大幅提升，文化品味的上升，环保意识的增强，人们的旅游意识和旅游行为也在发生着深刻变化，对文化类旅游产品的需求日益增强，文化旅游消费正逐渐成为一种新兴的受大众喜爱、推崇的消费方式和消费热点。渝东南充分利用当地富集奇特的民俗旅游资源积极发展民俗生态旅游，为实现城乡统筹和社会经济的可持续发展提供了新的思路和途径，在不久的将来必将体现出前所未有的优势和巨大的发展潜力。

渝东南被定位为国家重点生态功能区与重要生物多样性保护区，武陵山绿色经济发展高地、重要生态屏障、生态民俗文化旅游带和扶贫开发示范区，重庆市少数民族集聚区。这意味着渝东南的首要任务是生态保护，其发展也应该是保护基础上的发展，必须要走一条绿色、环保、可持续的发展道路。渝东南生态环境优越，民族民俗风情浓郁，民俗生态旅游资源丰富。渝东南发展民俗生态旅游拥有比发展其他产业更为有利的资源条件和政策优势。渝东南通过大力发展民俗生态旅游，既可以很好地顺应区域发展定位，保护生态环境，弘扬和传承民族文化，又可以很好地发展经济，促进当地农民增收致富和社会稳定。自然生态环境的脆弱性和人文旅游资源的不可逆性决定了渝东南通过积极发展民俗生态旅游，坚持走可持续发展道路的必要性和可行性。

第七章 渝东南民族地区生态农业的类型

在吸取了西方"石油农业"造成的能源紧张、环境污染、农业生态恶性循环、农业生产越来越得不偿失的教训之后，很多国家都在寻求一条符合自身国情的发展农业的理想途径。菲律宾的马雅农场、广东顺德的桑基鱼塘等相继出现，给我们以启示。然而，我国幅员辽阔，各地区自然环境、经济地理等条件各不相同，不可能套用一种模式。重庆地区的特点是人多地少，垦殖指数高，各种资源丰富，但人平占有量少，生态环境不断遭到破坏，森林覆盖率低。水土流失严重，自然灾害频繁，城乡环境污染在加剧等。如何结合这些具体情况，探索一条适合本地区农业发展的新途径？近年来，重庆市农业系统和有关科研、教学部门结合，在运用生态观点指导农业生产方面，做了大量的试验，创建了诸如生态农业试验区、稻—鱼—萍半旱式栽培、植保上病虫害的综合防治、水库消落区的渔业利用等符合生态学原理的典型。对这些模式，目前尚无定论。但是，从生态经济效果来看，前景是美好的，在全国范围内也是先进的，也是最适合重庆特点的生态农业类型。①

---

① 邱永树：《对当前重庆地区几种生态农业的生态经济述评》，《重庆环境保护》1985 年第5 期。

第一节　渝东南民族地区的生态种植

在当前我国的农业生产中，因对农地的过度干预（机械翻动、水肥填补等）而造成土壤团粒结构的破坏，土壤板结；土壤中化肥、农药的有害成分增多，有机物质流失，土壤保水、保肥、固根能力降低；水质污染，水资源非正常流失。数据显示，当前我国平均每公顷农地化肥施用量达400千克以上，农药年使用量已达120万吨以上，其中约50%的农药将进入土壤与水体，污染农田面积已达900万公顷。在食品生产中，为促使畜产品、水产品、瓜果、蔬菜、粮食快速生长，大量使用化肥、农药，甚至违法使用激素、膨大素；为保质、保鲜、增加食品的嗅觉、观感，又添加了工业使用的色素、添加剂。凡此种种，不仅会造成不同程度的农药残留超标，而且使农产品质量受损。在这种形势下，我国农民要更新现有的种植观念，适应新的种植方式，生态种植便应运而生。

生态种植模式是指依据生态学和生态经济学原理管理、利用当地现有资源，综合运用现代农业科学技术，在保护和改善生态环境的前提下，进行粮食、蔬菜等农作物高效生产的一种模式技术。主要包括以下几种模式：

一是"间套轮"种植模式。"间套轮"种植模式是指利用生物共存、互惠原理，在耕作制度上采用间作套种和轮作倒茬的模式。该模式是用秸秆残茬覆盖地表，通过减少耕作防止土壤结构破坏，并配合一定量的除草剂、高效低毒农药控制杂草和病虫害的一种耕作栽培技术。保护性耕作因有根茬固土、秸秆覆盖和减少耕作等作用，故可以有效地保持土壤结构、减少水分流失和提高土壤肥力，从而达到增产目的。该技术是一项把大田生产和生态环境保护相结合的技术，俗称"免耕法"或"免耕覆盖技术"。配套技术有中国农业大学"残茬覆盖减耕法"，陕西省农科院旱农所"旱地小麦高留茬少耕全程覆盖技术"，山西省农科院"旱地玉米免耕整秆半覆盖技术"，河北省农科院"一年两熟地区少免耕栽培技术"，山东淄博农机所"深松覆盖沟播技术"，重庆开县农业生态环境保护站"农作物秸秆返田返地覆盖栽培技术"，四川苍溪县的水旱免耕连作，重庆农业环境保护监测站的"稻田垄作免耕综合利用技术"等。

二是旱作节水农业生产模式。旱作节水农业是指利用有限的降水资源，通过工程、生物、农艺、化学和管理等，把生产和生态环境保护相结合的一种农业生产技术。该技术模式可以消除或缓解水资源严重匮乏地区的生态环境压力，提高经济效益。配套技术有抗旱节水作物品种的引种和培育；关键期有限灌溉、抑制蒸腾、调节播栽期避旱、适度干旱处理后的反冲机制利用等农艺节水技术；微集水沟垄种植、保护性耕作、耕作保墒、薄膜和秸秆覆盖、经济林果集水种植等；抗旱剂、保水剂、抑制蒸发剂、作物生长调节剂的研制和应用；节水灌溉技术、集雨补灌技术、节水灌溉农机具的生产和利用等。

三是无公害农产品生产模式。该模式是在玉米、水稻、小麦等粮食作物主产区推广优质农作物清洁生产和无公害生产的专用技术，集成无公害优质农作物的技术模式与体系，以及在蔬菜主产区进行无公害蔬菜的清洁生产及规模化、产业化经营的技术模式。配套技术有平衡施肥技术，新型肥料的施用，控制病虫草害的生物防治技术，农药污染控制技术，新型农药的应用等。[①]

一、渝东南民族地区生态种植的类型

（一）渝东南民族地区山地生态蔬菜种植

渝东南具有山地生态蔬菜种植的先天优势。首先，众所周知，温度的垂直分布随海拔升高而降低，海拔每升高 100 米，气温降低 $0.4—0.6℃$，在海拔 500—1200 米的山区，平均气温较平原低了 $3—6℃$，7、8 月份的月平均温度 $22—25℃$，适合大多数果菜类、叶菜类、根菜类蔬菜的生长发育。

① 河南省农村能源环境保护总站：《中国生态农业十大模式和技术之五——生态种植模式》，《河南农业》2004 年第 4 期。

山地一般降雨较平原多，并随海拔升高而增多，尤以夏季最为明显；山区多雾，空气湿度大，山区多高山峡谷，日照短，光照相对较弱，这在炎热的夏季，反而有利于蔬菜的生长；高山太阳光中的紫外线成分高，有利于改善蔬菜的品质。其次，山区远离城镇和工矿企业，山清水秀，空气清新，水质和土质好，没有工业"三废"和垃圾污染，具有种植蔬菜的良好环境条件，能生产出高质量的无公害蔬菜。再次，山区除了有良好环境条件和土地资源外，还具有充裕的劳动力资源，农村有大量的剩余劳动力，发展劳动密集型的蔬菜产业，发展高效益的蔬菜产业，提高农民收入，就地消化剩余劳力是解决农村大量剩余劳动力难题的一条可行的出路。最后，发展山地蔬菜，还能带动相关产业，如加工、包装、运输、营销等，通过山地蔬菜产业的发展，形成一条良好的产业链，可以促进当地经济的迅速发展。[①]

渝东南山地生态蔬菜种植主要使用"猪—沼—菜生态种植技术"。"猪—沼—菜生态种植技术"即在温室内建猪舍和沼气池，猪舍用来养猪，产生的猪粪与人粪尿混合产生沼气，沼气燃烧为冬季棚内蔬菜增温和增施CO_2气肥，夜间为大棚蔬菜增加光照；沼渣、沼液还可为蔬菜提供优质有机肥，棚内不需再施其他各种化学肥料，每棚可节本增收1800—2500元，沼液还可用作叶面肥，能防治多种蔬菜病虫害，真正达到了净化家园、保护生态环境的目的，提高了蔬菜的产量和品质。组织实施以沼气建设为纽带的生态家园富民工程，是生态农业建设的重要内容，是建设生态乡镇的重要组成部分，也是促进农业可持续发展，构建社会主义和谐社会的客观需要。近年来，渝东南民族地区各级政府积极组织实施"一池三改"（建设沼气池、改厕、改圈、改厨）工程，与发展设施蔬菜和温室大棚改造相结合，着力加快无公害农产品生产基地建设，改善农民生活环境，控制了农业面源污染，增加了农民收入，促进了循环经济应用和农业可持续发展。

"猪—沼—菜生态种植技术"适合重庆渝东南地区农村家庭散养猪较多

---

① 郑明福：《发展山地蔬菜大有可为》，《中国农村科技》2002年第9期。

的实际情况，此外，还有一系列优点。第一，促进生态农业的快速发展。发展农村沼气，引导农户将生产、生活、种植、养殖有机结合起来，实现农业资源的再生增值和多级利用。第二，增收效果明显。农户用沼气投资少、见效快、回报高。将运用沼气与发展庭院经济、发展无公害蔬菜和绿色有机食品基地紧密结合，取得了较好的经济效益和社会效益。第三，改善了农村环境和农民生活质量。沼气可对人畜粪便进行无害化处理，使农村环境卫生问题解决在大棚温室和家居之内，能够有效改善农村卫生状况，消灭了污染和传染源，切断了疫病传染渠道。使用沼气之后，农用水体污染现象得到了有效控制，土壤中有机质成分提高，农作物的病虫害明显下降，就连苍蝇、蚊子也比过去大大减少了。第四，打造生态农业建设品牌工程。"猪—沼—菜生态种植技术"的推广，不但实现了农业资源的再生增值和循环农业的成功应用，而且为渝东南蔬菜生产打造了一个品牌工程，使渝东南蔬菜真正成为无公害的绿色食品。通过典型示范、组织推动，广泛推广"猪—沼—菜生态种植技术"，使其成为渝东南设施农业发展的一条亮丽风景线。①

（二）渝东南民族地区山地生态经济植物种植

渝东南民族地区山地经济植物的种植，以石柱土家族自治县的黄连种植系统最具代表性。

黄连是我国传统中药黄连的原植物之一，药材商品名为味连，具有清热燥湿、泻火解毒的功能。黄连始载于《神农本草经》，被列为上品。《本草纲目》中记载："其根连珠而色黄，故名。"自古以来即认为四川为黄连主产地，《名医别录》记载："黄连生巫阳及蜀郡大山，二月八月采。"而巫阳及蜀郡均指四川。四川方志所见黄连产区与历代本草书中的记载大致相符，历史上黄连产区有石柱、巫溪、城口、利川等地，其中尤以石柱黄连最为著名。石柱县具有悠久的黄连种植与商贸历史。据可考文献记载，石

---

① 孟宪清等：《"猪—沼—菜"生态种植机械化技术的研究》，《农产品加工》2010 年第 4 期。

柱县的黄连种植最早可追溯到距今一千二百多年唐天宝元年（742年），《元丰九域志》就有"施州上贡黄连十斤，木药子百粒"的记载。据《石柱县志》记载，石柱大规模人工栽培黄连始于元末明初，迄今约700年。现今黄水镇黄连市场大门对联有云，"生长两千多天沐雨雪栉风霜经历春夏秋冬，世居六百余年属正品系地道普救东西南北"，这是石柱黄连生长周期与悠久历史的最好见证。同时，石柱黄连产量大，占有国内约60%的市场份额，且品质优良，内在质量稳定可靠。因此，石柱很早就有"黄连之乡"的美誉。

由于特殊的地理位置和生态环境，石柱县拥有了其他地方所不具有的最适合黄连生长的自然条件，如适宜的阳光和降水、特殊的气候与土壤等。石柱县位于四川盆地东部边缘山地河谷带，属于亚热带湿润季风气候，气候适宜，四季分明：春早，升温快，但气温不稳定，时常伴随寒潮；夏长，无酷热，多伏旱；秋短，多绵雨；冬迟，无严寒，少雨，有霜雪。日照时间平均数为1333.3小时，属低日照区。白天阳光不充足，早晚温差明显。在一般情况下，平均降水量在100毫米以上，并在五、六、七等三个月集中降水。土壤主要有紫色土、黄壤、黄棕壤以及石灰岩土等几个类型。这种特殊的气候、温度、阳光和水分、土壤等条件，使得玉米、稻谷、小麦等主要农作物产量非常低，不适合进行精细的农业生产。换句话说当地的自然条件并不适合农业耕作。但是，这种腐质性黄棕壤红棕泥土、充沛的雨量、冷凉交叉的气候、日照稀少、雪霜期短暂等自然特征却成为黄连生长的最佳自然条件。同时，当地有很多野生动物，如野猪、老鼠、野兔、刺猬、貂、松鼠、黄鼠狼、乌鸦、大山雀、画眉、黄鹂、杜鹃鸟等，它们会对土豆、玉米等主要农作物构成极大危害。可见，当地特殊的地理生态条件并不适合进行农业生产，但却是良好的黄连种植基地。再加上当地野生动物对农业生产造成的巨大破坏，就使得当地原本不太景气的农业生产变得更加不可能。因此，当地土家族为了维持生计，就不得不靠山吃山，逐步适应当地的自然环境而选择种植黄连。

石柱土家族在黄连种植的漫长历史过程中，不断总结并创造出了适应当地文化体系的生态智慧、技能和技术。随着社会的不断变迁，外来文化的巨大冲击和先进技术的逐步引进，地方性知识也随之发生变化，并在新的社会背景下传承与发展，以此来适应生态环境的变异。石柱黄连是当地的支柱产业之一，是黄连产区群众的生计来源，对世居当地的连农影响深远。随着黄连产区规模的不断扩大，黄连种植的一些生态问题也逐渐显现出来。毁林辟地、砍树搭棚、刮腐殖土等造成森林资源破坏、水土流失和土壤贫瘠。石柱土家族人民为谋求更长远的发展，不仅依靠种植黄连来发展壮大，而且在生产实践中，采取了一些有效措施来维持生态平衡。如种植黄连和植树造林相结合的连、树套种办法，尽力修复黄连种植造成的植被破坏。当地连农总结多年种植黄连的经验，概括为"栽连必栽树，起连还山，永续轮作"，维护生态平衡的意识深入人心。具体操作是，移栽连苗时，就在连棚每个木桩旁栽种一棵小树苗，连农简称为"一桩一树"，5年后黄连收获时，树苗已长成小乔木。收获黄连后，掀掉连棚，树木也就成林了，还林效果非常明显。黄连地里套种的树木常用生长迅速的柳杉，也有套种梨树或"三木"药材，以提高种植效益。黄连移栽后的生长周期一般为5—7年，若3年后就起连采收，不计连地轮休时间，则15年应种5轮；若5年后采收，则15年只种3轮。两相比较，15年内黄连产量基本持平，而后者少砍伐树木2次。现在当地连农经济条件好转，他们也尽量不提前采收，以减少对森林资源的消耗。此外，还有利用过去种植黄连的土地熟土种连。为了尽量避免新开辟山林种植黄连，当地连农采收黄连后，或将连地撂荒，或轮作土豆、玉米等，待3—5年后，又在原垦地种植黄连。因有上轮黄连5—7年的生长期，加上3—5年的轮休期，连地里种植的柳杉已长大，可以用来搭建连棚。当地连农为了更好地保护森林植被，已采用"免砍搭棚""林下栽连"等技术。免砍搭棚是用水泥桩代替传统木制棚桩，用遮光率为70%—75%的遮阳网代替传统树叶连棚，这样可持续利用10—20年。林下栽连是根据黄连的生物学特性，选择郁闭度较大的自然林或人工林地种植黄连，这种模式能够保留林中一些有价值的乔灌木，在黄连收获后，森林植被能更快地恢复。石柱土家族连农的这些生态举措，反映了他们对自身和自然、现实与未来的深刻认识，是对民族繁衍生息智慧的总结与发扬。在千百年的历史传承中，当地土家族连农不断总结经验，形成了一系列适应当地社会生态变迁的黄连种植技术。

第二节　渝东南民族地区的生态养殖

生态养殖又称综合性立体化养殖。以渔业为主体，把养畜、养禽、养水生植物（水葫芦、绿萍等）及稻田渔业等多项生产合为一体，形成多元化复合生产结构，充分利用水体、空间，变生产者的单项收入为多项收入，把渔业融于大农业的生产之中。具体做法是在鱼塘边建畜、禽圈舍，水中养鱼、放鸭鹅，养好水生植物，解决饲料问题，空闲地及池埂种果树、瓜、菜等作物，形成各业共同发展的生态养殖场。这种生产方式适合在农村水田区、鱼塘边上及水流充足或低洼的地方发展。

一、渝东南民族地区的家禽生态养殖

渝东南家禽的生态养殖，主要采用种养结合的技术。众所周知，集约化养殖的发展为我国畜产品数量的增长发挥了积极作用。特别是经过近20多年的发展，我国养鸡业以其高效率、低成本的优势，迅速发展成为我国农牧业领域中产业化程度最高的行业。但它同时也给动物性食品安全带来了难以消除的隐患，出现了动物疫病增加、药物残留、动物福利差、畜禽食品缺乏风味、养殖污染等一系列问题。集约化养殖生产的弊端不断显现。由于大型规模化、集约化养殖方式存在严重弊端，这种工厂化养殖在其完成短缺时代的特定阶段任务后，在当今世界文明由工业文明向生态文明进化之时，应向生态化方向发展。疫病问题与药残问题，实质是饲养方式的问题。下一步将会遇到的动物福利问题，也是饲养方式的问题。因此，饲养方式由工业化向生态化转型势在必行，也是根本出路和发展方向，也更符合我国的基本国情。

要想改变种养业的现实困境，根本的途径就是要转变饲养方式，推行生态化的健康饲养方式。生态化养殖是把畜禽从圈舍笼栏中释放出来，充分利用草地、林地、果园等放牧饲养，协调好种养比例，给饲养畜禽蓝天绿地、新鲜的空气、自由运动的空间，让它们健康地生长。生态养禽放弃了生长高速度的数量指标，让家禽自然生长，放弃高产量换取高品质，其免疫能力形成与生长速度和谐同步，自身抵抗力、免疫力增强，健康无病，从源头上保证了禽肉的安全性和独特风味。种养结合的家禽养殖模式就是一种复合型的生态养殖模式。种养结合就是把种植业和养殖业活动结合在每块农田里，结合在每片果园林地中，把养殖活动从农民的庭院里迁移出来，农户将养殖活动分散在各自承包的田间地头或林地里，种、养业有机组合在一起，解决了养殖垃圾对村庄庭院的污染问题。

渝东南的生态鸡养殖是一种与现代化笼养不同的，完全回归自然，实行野外放牧的饲养方式。选择优良的土鸡或仿土鸡地方品种，在育雏后采取圈舍栖息与山地放养相结合，以自由采食昆虫、嫩草和各种籽实为主，人工补饲配合饲料为辅，让鸡在空气新鲜、水质优良、草料充足的环境中生长发育，以生产出绿色天然优质的商品鸡及其蛋品。生态养鸡极大地节约了饲养成本。由于野外有大量的天然饲料，完全可供鸡群觅食，可减少一半左右的饲料投入，提高几成的效益。同时能源投入可节约50%左右，鸡舍设备的投入可节约80%左右。只需在林地上、果园里、草地中，建设一个造价低廉的半地下塑料鸡棚，用于遮风挡雨和保温增温。饲养设备也很简单，在支架上铺塑料网，上面放塑料桶和饮水器即可。生态鸡养殖一般实行牧养，渝东南民族地区常见的有果园养鸡、茶园养鸡、林下养鸡、草山草坡养鸡、经济作物林养鸡等饲养模式。

渝东南的稻鸭共作技术是指将雏鸭放入稻田，稻田不施农药、化肥，利用雏鸭旺盛的杂食性，吃掉稻田内的杂草和害虫；利用鸭不间断的活动刺激水稻生长，产生中耕浑水效果；同时鸭的粪便作为肥料，最后连鸭本身也可以食用。因此，稻鸭共作技术是一种种养复合、生态型的综合农业技术。稻鸭共作技术与中国传统稻田养鸭的最大区别在于：稻鸭共作技术在将雏鸭放入稻田后，直到水稻抽穗为止，无论白天和夜晚，鸭一直生活在稻田里，稻和鸭构成一个相互依赖、共同生长的复合生态农业体系，传统的稻田养鸭却做不到这一点。

此外，渝东南还零星有一些种草养鹅生态模式。目前各地结合当地实际，因地制宜，推出了一些适合当地生产实际的种草养鹅模式，如林间隙地种草养鹅、冬闲田套种牧草养鹅、果树下种草养鹅等生态养殖模式等①。

二、渝东南民族地区的水产生态养殖

重庆是长江上游经济建设中心，渔业资源十分丰富，全市有各类可养殖水面700多万亩，池塘55万多亩（其中渔业专用塘19.5万亩），水库30多万亩，江河水面220多万亩，宜渔稻田400多万亩。全市有水生野生动物及鱼类7目19科180余种，具备发展渔业的良好条件。改革开放以来，重庆市水产养殖发展十分迅速，水产品总产量每年以9%以上的速度递增，2008年全市水产品总产量达到22.2万吨，同比增加20%。目前，重庆市水产品产消比为1∶2.25，缺口还很大，生产潜力巨大。随着人民生活水平的提高和健康意识的增强，品质低的水产品已经逐渐失去市场空间，代之以健康、优质、生态的产品，传统养殖模式也将被产品优质、资源节约、环境友好的生态养殖模式所取代。

2006年3月农业部制定了《水产养殖业增长方式转变行动实施方案》，提出创建水产健康养殖示范区，引领我国水产养殖业发展转变观念、创新模式、挖掘潜力、提高质量，推进水产养殖业从追求数量向数量与质量、效益与生态并重、可持续的健康养殖增长方式转变，这将是我国水产养殖业今后的发展方向。近年来，水产养殖业以其巨大的发展潜力基本满足了人们对水产品不断增长的需求，但粗放型的养殖模式造成产品品质低下，与人民生活水平的提高不相适应，水产业发展与人民生活的矛盾已经由数量与人们需求之间的矛盾转化为品质与人们要求之间的矛盾。由于渝东南

---

① 张昌莲等：《种养结合的家禽生态养殖技术》，《中国家禽》2010年32卷第4期。

民族地区水产养殖业自身的生态结构和传统养殖方式的缺陷，传统养殖模式存在着许多问题：一是养殖效益明显下降，水产品质量低。二是养殖营养代谢物的外排、化学药品滥用以及残饵等造成水体自身污染，环境恶化。20世纪90年代初，渝东南民族地区采用肥水养鱼，施用大量化肥和人畜粪肥，虽然产量有了极大的提高，但是水质却遭到严重污染，局部水质已经恶化到劣 V 类。三是主要养殖品种病害严重且呈暴发性流行，据不完全统计，每年重庆市水产品因病害造成的损失达 1.7 万余吨，经济损失超过 2 亿元。因此，新的、生态的、资源节约的、环境友好的生态养殖模式将是渝东南民族地区今后主要发展方向，以实现"以渔养水，以水养鱼"，减轻养殖环境的压力，确保水产养殖业的可持续发展。

为了促进生态养殖的发展，重庆市加快了制定生态养殖地方标准的步伐，组织制定了《重庆市池塘 80 : 20 养殖技术规范》和《重庆市稻田养殖技术规范》等地方标准，近年又推出《池塘"一改五化技术"规范》。根据重庆渔业规划，武陵山区特色生态渔业产业带建设已初具规模，第二次渔业增长方式转变正在完成。渝东南生态渔业的发展是一个悲喜交加的过程，既付出了因高密度养殖而破坏环境的惨痛代价，又享受了生态养殖带来效益、改善环境的巨大收获。20 世纪 80 年代末开始，渝东南鱼塘被逐层分片承包，为了追求产量和利益最大化，养殖户大量向水中投放化肥、鸡粪等，开始对资源进行掠夺式利用，每年倒进水中的鸡粪及化肥达上万吨，相当于一个小型化肥厂一年的产量，随着肥水养鱼越演越烈，渝东南民族地区水质总磷含量超标十几倍，总氮含量超标近 6 倍，水质从原来的 I 类、II 类迅速恶化到了 V 类甚至劣 V 类，鱼价一落再落，一度跌破青菜价格。2002 年，重庆市政府出台 78 号文件，提出分步骤、分阶段全部拆除鱼塘的网箱、网栏，并于 2005 年 5 月拆除完毕，自此渝东南开始探索生态养殖控制措施：

第一，以生态平衡为基础，通过生物措施促进渔业增长。以鳙、鲢鱼为主要放养对象，适当搭配其他高经济价值鱼类，提高能量转换率，进一步提高水库外源性有机碎屑和初级产品的利用率。在不影响饵料生物再生产的前提下，尽量增大鱼种放养量和增加投放鱼种品种，以达到充分利用水库天然饵料生物资源。控制凶猛性鱼类种群发展，降低能量转化级数，提高成活率，对凶猛性鱼类采取趋利避害方针，实行控制种群发展的办法，实现资源合理利用。引进新品种，充分利用生态系统中各种类型的生态灶，提高水体空间和天然饵料的利用率。轮捕轮放，适当调节生态系统鱼类的负载量，并保持优质鱼类的种群结构。在水库排水口溢洪道加强和改善捕鱼设备，防止经济鱼类的逃逸，提高放养鱼类回捕率。

第二，以生态管理为手段，促进产业发展。严禁破坏水环境的人工投肥、投饵料的养殖技术和模式。实行以养为主、养护捕相结合的方针，建立配套渔业生产体系。以"生态渔业"为主，实施产业化发展，发展鱼产品的深加工，形成集休闲、度假、生态鱼餐饮业为一体的产业化发展模式。①

第三节　渝东南民族地区的生态农业产品

生态农业代表了社会经济发展的方向，是农业发展的必然趋势。渝东南地区农村生产现状要求必须大力发展农业循环经济。目前农业生产在很大程度上还停留在传统生产运行层次，对农业资源的综合利用率不高，生产不节约不经济，大量生产、大量消耗、大量废弃的粗放型经济增长方式，既压缩了农业利润空间，又影响了农业发展环境。渝东南民族地区产业发展的潜力和优势在于区域内的特色资源，其中以旅游资源和特色农产品最为突出。渝东南区域内相对特殊的自然环境孕育的特色农林产品及农副产品、中药材等应该挖掘成为区域的关键产业。

一、酉阳土家族苗族自治县

酉阳县按照渝东南生态保护发展区的要求，充分发挥自然生态优势，

---

① 翟旭亮等：《长寿湖——重庆生态养殖发展的见证》，《中国水产》2009年第11期。

推进产业结构调整，大力发展生态特色效益农业，确保发展农业不以破坏生态环境为代价，努力在生态保护中实现农业提质增效、农民增收致富。酉阳依托富集的农产品资源优势，坚持因地制宜、突出特色、适度规模的原则，大力实施农产品变商品工程，着力强基地、兴加工、活市场、创品牌，全力构建山地特色效益产业链条，坚持宜农则农、宜林则林、宜牧则牧，科学规划产业布局，突出打造以酉东片区为重点的青花椒产业基地、以酉西片区为重点的优质烟叶基地、以酉中北片区为重点的优质中药材基地和以酉中南片区为重点的青蒿产业基地和优质山羊基地。近年来，酉阳县特色资源产业化发展，基地规模更大，坚持规模化种植、标准化生产、产业化经营的理念，做大做强青花椒、油茶、青蒿、烤烟、山羊和肉牛"六大"支柱产业，强化农业产业支撑作用，围绕做特做优，大力发展苦荞、油菜、高山蔬菜、水果、茶叶、麻旺鸭等山地生态特色效益农牧业，促进农业增效、农民增收。例如，腴地乡经过3年的发展，全乡近1万亩土地已经实现了集中规模经营，近2000户农户通过土地入股、基地务工、直接参与特色产业经营等方式实现了多渠道持续稳定增收。每年中药材收获的季节，满载中药材的大货车源源不断将5000多吨中药材运往板溪轻工业园、亳州中药材批发交易市场，扩展到全国各地。这也意味着，1500多万元药材收入将揣进当地农民的腰包。不仅是腴地的中药材有了名气，两罾的蜂蜜、龚滩的烤烟、宜居的茶叶、泔溪的青花椒、可大的油茶、毛坝的高山蔬菜、庙溪的核桃……这两年，酉阳县能够开发的特色资源都得到了开发，能够利用的土地资源都得到了有效利用，38个乡镇都发展起了自己的主导产业。截至目前，全县已建成特色产业基地200万亩，其中，中药材、青花椒、烤烟、优质大米、生态油菜5个10万亩以上大规模产业，青蒿、苦荞、油茶、茶叶、高山蔬菜5个5万亩以上中度规模产业，"一乡一品、一村一业"特色效益农业发展格局已形成。酉阳将加快农业龙头企业的培育，壮大龙头企业作为发展生态农业的重要抓手，扶持壮大重点农业龙头企业，有序规范发展农民专业合作社，打造"产加销"一条龙、"农工商"一体化产业链条。例如，近两年，酉阳已建成以后坪乡为中心的苦荞生产基地近 10 万亩，将生态品质优良的酉阳苦荞年生产成 10000 吨苦荞系列西水河酒，年产值上亿元。近年来，酉阳县大力实施农产品变商品工程，着力引进和培育集"基地＋加工＋品牌＋销售"于一体的全产业链农业龙头企业，极大地提高了农业组织化程度。据统计，截至 2014 年 6 月，酉阳县已经培育出国家级农业龙头企业 3 家，市级 15 家，县级 81 家，农民专业合作社 645 家，种养大户 1452 户，开发出 11 个系列、200 多个特色农产品，全县农产品加工转化率高达 60%，形成了凡是特色产业都有龙头加工企业，都有系列产品的生动局面。此外，酉阳县以提高农牧产品质量、增加科技含量为着力点，积极开展无公害农产品、绿色食品、有机食品和地理标志保护产品创建，争创国家和市级名牌产品，着力完善农产品流通体系，加强农产品推介和品牌推广，积极开展"农超对接""农商对接"，促进农产品变商品，不断提高农产品的附加值，使"酉阳造"的生态品牌效应日益凸显，农业效益更好。2012 年，为促进"农旅""农商"对接，酉阳县选址桃花源广场，建成了武陵山区规格最好、面积最大、品种最多的名特产品展销中心。据统计，仅 2014 年"十一"国庆 7 天，展销中心接待游客 4 万多人，30 元/斤的花田贡米、150 元/斤的琥珀油茶一度卖断货。游客之所以青睐酉阳农特产品，主要得益于优越的生态品质。两年多来，酉阳县特色效益农业始终坚持绿色、生态、有机方向，与西南大学、重庆农科院等科研机构建立合作关系，汲取传统农业精华、融入现代农业元素，精心编制每一项特色产业的远景发展规划和有机生产流程，加快建设农产品质量可追溯体系。今年又投资 250 万元，建成了武陵山区农产品质量检测中心，极大地提升了酉阳绿色生态有机农产品在武陵山区的话语权。截至 2014 年 6 月，酉阳县通过绿色、无公害农产品认证企业达 10 家，获无公害农产品认证 37 个，注册农产品商标 300 余件。武陵山、康友源、酉水河、双池获重庆市著名商标；酉阳青蒿、酉州乌羊活体、酉阳乌羊非活、麻旺鸭、酉阳贡米、酉阳苦荞、酉阳油茶等成功申报国家地理标志证明商标。绿色、生态、有机已经成为酉阳农特产品的品质品牌标签，成为促进全县特色效益农业加快发展的动力源泉。①

二、秀山土家族苗族自治县

秀山县的生态农业产品都是利用本地的资源和品种优势发展并壮大起来的，形成了自己独有的特色。秀山的生态农业产品也是主要来自依托山地发展的独具特色的产业。经过多年的发展，秀山的现代农业以"五个一"闻名："一枝花"——秀山金银花；"一只鸡"——秀山土鸡；"一桶油"——秀山油茶；"一杯茶"——秀山茶叶；"一盘果"——秀山高端猕猴桃。如今，秀山"五个一"现代农业产业的规模，在重庆市甚至全国创下了"五个第一"："一枝花"的种植规模已达30万亩，建成了全国最大的金银花种植基地；"一只鸡"的年出栏量在1000万只以上，规模西部第一；"一桶油"的种植面积达10万亩，"一杯茶"的种植面积达7万亩，"一盘果"的种植面积达2.7万亩，规模都分别稳居重庆市第一。如今，秀山的现代农业已形成高山栽金银花、猕猴桃，低山种茶叶、油茶、水果，平坝发展粮油、蔬菜的立体格局。尤其是"金鸡独立"——金银花和秀山土鸡这两个举旗产业，已经在全国和中国西部占据了规模"第一"的位置。秀山县的生态农业产品特色来源于以下几方面的共同努力：

第一，秀山县坚持以品牌开拓市场，用市场提升效益。例如，秀山土鸡从生产环节到市场终端，都坚持品牌打造，并用品牌拓展市场。在秀山土鸡的发展之初，秀山县就与西南大学合作，编制了《秀山土鸡产业链战略策划书》《秀山土鸡产品精深加工及产业的示范可行性研究报告》《秀山土鸡品种培育方案》，推进土鸡规模化、标准化、品牌化发展。在品牌培育中，目前已成功申报"秀山土鸡"地理标识，注册"武陵山秀山土鸡""渝东南秀山土鸡"商标，制定"秀山土鸡"防伪标识，成功创建"重庆市无公害土鸡产地县"。有了品牌后，秀山县又用品牌去开拓市场。目前，秀山

---

① 张伟：《农产品变商品生态农业谱新篇——酉阳县特色效益农业发展综述》，2014年10月20日，见 http://www.mofcom.gov.cn/article/difang/chongqing/201410/20141000763939.shtml。

土鸡通过培育出来的两家营销企业开发土鸡产品占据市场。其中一家公司现有屠宰、熟食品、调味品生产线各 1 条，屠宰线年可屠宰 500 万只鸡；熟食品生产线年生产能力 2000 吨；鸡汁调味品生产线年可生产调味鸡汁 1080 万瓶。目前，这家公司已开发 4 个系列 17 个产品，并成功销往川、湘、渝、鲁、沪、京、陕等 21 个省市，在重庆主城的各大超市都有秀山土鸡的销售专柜。此外，秀山县已展开在全国建 1000 家秀山土鸡直销店的工作。在金银花、茶叶、油茶等产业发展中，秀山也是通过品牌的打造去开拓市场，提高效益。目前，秀山金银花已通过国家 GAP 认证，新注册农产品商标 17 个，申报有机食品认证 5 个、QS 认证 7 个。品牌促进了秀山特色农产品市场的开拓，目前秀山金银花通过远期交易达 78.6 万手，成交 5.2 亿元；秀山还建成武陵山区域中药材贸易平台，武陵山中药材仓储物流交割中心、商务信息中心、电子交易中心和检验检测中心，金银花等中药材实现网上交易；高端猕猴桃、茶叶等已走进国际市场。

第二，秀山县用机制集聚资源，组织化增强市场竞争力。秀山生态农业产品的效益提升，在很大程度上依靠机制创新集聚各方面资源，通过提高组织化程度，增强了市场竞争力。为把农产品变为工业品，加大金银花自产自销的比例，有效解决金银花销售难题，县里引进了金银花的精深加工企业，年加工能力近 1000 吨；金银花凉茶生产线也正在建设之中。在提升现代农业的效益中，秀山通过机制的创新，提升了现代农业产业发展的组织化程度，从而提高在市场上的竞争力。引进龙头企业，通过流转土地规模化发展，靠龙头延长产业链条，促进农产品的销售，这是秀山县"五个一"特色产业发展中的一种机制。2002 年，秀山引进福建客商在钟灵乡投资 30 万元建立钟灵茶厂，通过这家龙头企业开发的钟灵绿茶王、钟灵毛尖、钟灵秀芽、钟灵银杏茶、钟灵银花茶等品牌，带动农民种茶增收。截至目前，秀山已发展茶叶加工企业 5 家，其中市级龙头企业 3 家，县级龙头企业 1 家，带动全县茶叶种植面积达到 7 万亩。"钟灵"商标被评为重庆市著名商标。这些茶叶龙头企业，一头连着农户，一头连着市场，使秀山的茶叶产业产生了较好的效益，农民收入实现了大幅度增收。通过专业合作社的组织方式，把农民组织起来，抱团到市场上参与竞争，也有效地增强了产业的市场竞争力。在创新"五个一"特色产业的机制，提升组织化程度中，秀山县已组建农民专业合作社 245 个、新型股份合作社 100 个，引进城市资本发展起龙头企业 53 家。

第三，秀山县坚持用科技提升品质，通过品质提升效益。通过科技来提升特色农业产品的品质和产量，从而提升效益，这是秀山特色农业效益提升的又一重要方式。例如，秀山在金银花产业的科技创新中，经重庆市科委批准成立了重庆市金银花工程技术研究中心，从种植、产品深加工等多方面进行科技创新。今年，秀山又请市科委牵头，联合市农科院和西南大学等科研院校的专家，组成了一支科研队伍，进行农产品新品种研发和推广，以提高农业特色产业的效益。①

三、黔江区

黔江区委区政府将农业产业发展抓在手上，全区形成了生猪、蚕桑、烤烟三大骨干产业，其中，以生猪为主的畜牧业，是国家级畜牧业示范区先行区；蚕桑是重庆市优质茧丝绸出口基地，产茧量全市第一；烤烟是全国整区推进现代烟草农业示范区，系全国"四大名烟"优质原料供应基地；猕猴桃特色产业是"全国绿色生态猕猴桃之乡"，红心猕猴桃是"全国农业标准化示范县"示范品种和国家地理标志农产品，猕猴桃产能达到 1 万吨以上，成为区内重要出口外销农产品；蔬菜特色产业种植规模保持在 25 万亩以上，高山蔬菜基地进入重庆市重要保供蔬菜基地盘子，也是鲜菜供港基地。黔江区以家庭农场和新型职业农民为主，推行适度规模经营，合理规划布局农业产业，大力发展猕猴桃、脆红李等生态特色效益产业，着力打造现代农业示范园区和休闲观光农业、生态特色效益农业示范基地。加强森林资源保护，加强荒山、水系以及村庄绿化，加强石漠化、水土流失

---

① 李安楠、张亚飞：《秀山现代农业既上规模更重效益》，2014 年 9 月 4 日，见 http://cqrbe-paper. cqnews. net/cqrb/html/2012 −09/04/content_ 1569457. htm。

治理，不断提高水土涵养水平，着力构建可靠的生态屏障。加强农村粪污垃圾集中处理，加大规模养殖场、聚居院落沼气工程配套力度，加强农村面源污染防治。保护清洁水源，建设清洁田园，大力发展低碳农业、循环农业、有机农业，推进农产品无害化生产，着力打造重庆市重要绿色生态农产品生产基地，创建全国健康农产品之乡。强化科研创新对传统农业的改进，确保生态农业的科学发展。

2012年黔江成为重庆市20个市级现代农业综合示范工程之一以来，万亩高效生态农业示范园区和万亩山地特色农业示范园区建设稳步推进，在产业发展和带动农民增收上取得了明显成效。2013年9月，重庆市发改委批复同意《黔江区市级现代农业综合示范工程建设规划》，标志着黔江现代农业综合示范工程取得了又一重大成果。按照规划，工程实施期为2012年至2017年，面积为19.8平方公里，到2017年，将建成优质猕猴桃1.5万亩，蚕桑0.4万亩，蔬菜0.1万亩，年出栏生猪3万头。规划确定了"一区两片"空间布局，布局的产业以猕猴桃、蚕桑产业为主，以生猪、蔬菜、乡村旅游业为辅。"一区两片"指黔江现代农业示范工程区，中塘片区和沙坝、石会片区，其中中塘片片区的目标定位为万亩高效生态农业示范园区，沙坝、石会片区的目标定位为万亩山地特色农业示范园区。黔江通过土地集中连片整治，实现了土地坡改梯、零星变成片、渠相通、路相连，生产条件得到了极大改善，同时，通过整合国土、水利、农业等方面的资金强化基础设施建设，为实现规模化发展产业打下了坚实的基础。逐渐形成了以猕猴桃、蚕桑产业为主，生猪、蔬菜、乡村旅游业为辅的中塘万亩高效生态农业示范园区和沙坝、石会万亩山地特色农业示范园区。规模化生产让产业发展模式实现了提档升级。规模化生产后，如何让其发挥出最大的效益，科技支撑是关键。中塘乡万亩高效生态农业示范区的猕猴桃之所以能在干旱天气中躲过这一劫，与实施现代农业综合开发后修建蓄水池改善灌溉条件密不可分。此外，为了减少猕猴桃产业发展因品种单一带来的疫病和市场风险，黔江还投入30余万元支持该园区实施猕猴桃优质新品种及先进技术示范推广项目，建立了占地100亩左右的品种园，目前引进试验的品种有 10 个。通过试验，园区已建成高品质的实生苗、嫁接苗基地 200 亩。而这些，都是黔江现代农业综合示范工程中科技投入的一个缩影。沙坝、石会万亩山地特色农业示范园区，蚕桑培训学校成功研发出了彩色蚕茧，大棚蔬菜安装了杀虫灯，实行了水肥一体化灌溉。同时，集中运用农业科技成果，减少了投入成本，提高了产出效益，真正实现了从传统农业到现代农业增长方式的转变。①

四、彭水苗族土家族自治县

彭水县在 2012 年提出，要着力打造全国烤烟标准化种植示范县、全国魔芋之都、重庆薯业第一县、全国油茶基地建设重点县、中华蜜蜂第一县，加快建设特色农业示范区。近年来，农业龙头企业实力不断增强、农村专业合作社不断崛起、农业生产模式不断进步、农业加工业不断壮大。彭水人民利用大自然的馈赠，因地制宜发展特色农业，努力推动彭水农业的发展与腾飞，取得了巨大的成就。

例如，晶丝苕粉是郁山镇的土特产，而如今，这小小的土特产却蜚声南北，远销国际市场，通过加工业的发展，带动了全县红薯种植规模化发展。在彭水县，像红薯产业这样，通过龙头企业带动而迅速发展的农业产业非常多。例如，彭水县烟叶生产已基本实现标准化、现代化种植。同样，作为彭水县特色主导产业之一的魔芋产业，县政府采取"公司＋合作经济组织＋基地＋农户"的方式，2013 年实现魔芋种植面积 2.65 万亩。诸如此类，通过龙头企业的带动，加速了农业产业的规模化、标准化和现代化的发展进程，也为农民增收提供了坚实的保障。同时，通过农业龙头企业的带动，更提高了彭水县农产品的产量和质量，提高了土地的使用效能，增加了农民的收入。

彭水的特色畜牧农产品也蓄势待发。彭水县畜牧产业发展紧紧围绕

---

① 王长贵等：《黔江区生态农业发展系列报道》，2013 年 12 月 19 日，见 http://www. qianjiang. gov. cn/zt2012/2013－12/19/content_3135566. htm。

"保供给、保安全、保生态"主题，强化良种良繁、疫病防控和技术支撑"三大体系"建设，始终坚持稳定发展生猪传统产业，大力发展羊、牛草食牲畜优势产业，加快发展中蜂特色产业，推进畜禽规模化、标准化养殖和畜牧产业化经营，畜牧产业持续稳定发展。2011 年以来，彭水县连续 3 年获得"全国生猪调出大县"称号；2013 年荣获"中华蜜蜂之乡"荣誉称号，成为西南地区获此殊荣的第二个区县；2014 年成功进入中央现代农业山羊和肉牛产业补贴重点县。在全县畜禽养殖规模不断扩大的情况下，彭水不断加快各类养殖场标准化建设步伐。目前，全县已有生猪标准化养殖场 72 个、肉牛标准化养殖场 26 个、山羊标准化养殖场 102 个、中蜂标准化养殖场 10 个、家禽标准化养殖场 14 个。

此外，彭水还在岩东乡建立了香椿芽示范基地，规划从 2013 年开始到 2016 年，建成总面积 500 亩的香椿芽示范基地。岩东乡香椿芽示范基地实行标准化栽植，截杆后按离地高度设置 6 个实验样地，为全县大面积发展香椿芽提供实验数据。基地建成后，将在林下种植红薯作物，以耕促抚，促进香椿生长。基地建成投产后，可实现年产香椿芽 200 吨，产值 200 万元，可带动户林农户均增收 1000 元。香椿产业作为彭水县林业产业发展的"五朵金花"之一的骨干产业，目前已初具规模。彭水县采取"先建后补"和"公司 + 专业合作社 + 农户"的建设模式，大力发展林业产业基地，初步形成"油茶、茯苓、青脆李、肾枣、香椿"这"五朵金花"林业产业网格化发展格局，四大骨干产业得到长足发展。2013 年，全县林业产值 6 亿元，农民人均林业收入 800 元。除"五朵金花"外，彭水县还着重发展木竹加工产业、森林旅游产业、森林食品产业、木本药材产业四大产业。目前，全县有木材加工经营单位 34 家，打造了阿依河、摩围山、乌江画廊等著名旅游景点，全县有森林食品基地 5 万亩，主要开发菌类、果、叶，形成立体的名优林特产品。①

---

① 黄智宇：《特色农业产业享誉渝州内外》，2014 年 9 月 6 日，见 http://www.cqps.gov.cn/ps_ topic04/2014 - 09/06/content_ 3462583. htm。

五、石柱土家族自治县

石柱县针对自身特点，为本县的生态农产品发展摸索出一条精细化的道路。近年来，为提升农业效益，石柱县在精细农业上大做文章，有力提升了农业经济效益，推动了石柱县农业向现代化农业转型发展。与传统农业相比，精细化种植从种子催芽、播种、移栽、管理到收获，每一步都是精细化操作，实现了农业工厂化运作，通过精确灌溉、精确施肥施药和精准管理，增加了效益。目前石柱县已经累计建成了700多亩蔬菜水果基地，精细播种比传统播种增产在18%—50%以上，蔬菜生产实现了一年三熟乃至四熟，有效提高了土地利用率，增加了复种指数，增加了单位面积作物产出效益。作为石柱县第三大粮食作物，石柱县按照渝东南生态保护发展区定位，大力发展马铃薯产业，建立起专业的马铃薯繁育基地，年产马铃薯原种2000万粒以上，推广种植脱毒良种马铃薯30万亩以上。这些年来，石柱的辣椒、土豆等农产品能在激烈的市场竞争中成为"常青树"，与石柱县精心打造的农业种子工程密不可分。这其中，通过良好的制种技术，有力保证了特色农产品极具市场竞争力。目前，石柱县已经建立了辣椒、兔子、脱毒马铃薯三级良种繁供体系。辣椒自主研发了石椒3号、石椒5号、石椒7号等长椒杂交优良品种和石辣1号、石辣2号等特辣杂交品种，建立南繁基地和北繁基地；选育出了"渝马铃薯5号"和"渝马铃薯7号"，结束了石柱县无自主知识产权马铃薯品种的历史。培育起绿特产品专业购销龙头企业，健全了销售链条，形成了订单经济、循环经济。为保证石柱辣椒、马铃薯、黄连、莼菜等优势农产业的市场竞争力，石柱县通过建立一批良种繁殖推广基地，保证了特色产业发展的源头供给。石柱县在推进现代农业发展进程中，围绕"3+7"特色产业，深化县校合作，开展科技研究集成推广，加快建设辣椒、兔子、黄连、马铃薯、中蜂、莼菜等特色产业良繁体系，全力打造西南地区优质辣椒繁育基地县、西南地区脱毒马铃薯繁供基地县以及全国黄连、莼菜优质种苗繁育场。目前，石柱县几大产业育种繁育体系已经全面展开并有效推进，已经建成辣椒、马铃薯、黄连和畜牧科学院武陵分院等 4 个研发中心、7 个特色产业专家大院和 7 个市县级种子种苗场及一批县乡良种繁殖推广基地。通过 3—5 年的建设，石柱县将对整个西南地区乃至全国供应种子种苗产生积极影响。为确保精准化农业得以快速推进，近年来，石柱县围绕"3 + 7"产业发展，先后在龙沙镇长坪村、三河镇红明村、王场镇双龙村以及下路镇高坪村等种植专业村中精心打造，集中建设了一批科技含量高、精细化耕作程度高的高效益农业综合开发项目，取得了初步成果。石柱现代农业示范工程区涉及冷水、黄水等 3 个乡镇 5 个村，具有丰富的自然资源，独特的气候条件，独特莼田湿地，原生林木，实行了"一区二带三片"总体打造，突出湿地莼菜、山间黄连、乡村旅游悠闲观光为主导特色，建成"生态、绿色、有机"为主体的现代精细化农业示范工程区。[1]

六、武隆县

武隆县立足生态，造特色、强品牌，生态农业产品向大山要效益。武隆地处武陵山脉与大娄山脉的交会地带，属喀斯特地貌发育区，土地瘠薄，土壤水源涵养能力低下。长久以来，种植业零星分散，无法形成一定规模的产业。在这样的自然条件下，武隆县立足生态优势，着力探索以发展山地特色效益农业为核心的现代农业道路。武隆县提出，将农业产业化经营和特色效益农业深度结合，打造特色产业，强化核心品牌，向大山要效益。数据显示，2013 年，武隆实现农业增加值增速 5.4%，农村居民人均纯收入增速 14%，居重庆市前列。近年来，拥有"世界自然遗产"金字招牌的武隆县凭借得天独厚的自然生态优势，在发展旅游观光的同时，高标准推进高山蔬菜基地建设。蔬菜产品除畅销重庆主城外，在香港以及海外市场也颇受青睐。近两年来，来自韩国、新加坡等国家的蔬菜产品订单络绎不绝，武隆高山蔬菜市场销售半径不断拉长。围绕"打好农业生态牌，走好产业

---

① 张亚飞等:《石柱精细农业推动转型发展》,2014 年 6 月 18 日,http://cqrbepaper. cqnews. net/cqrb/html/2014 –06/18/content_1752855. htm。

特色路"的基本理念，武隆县因地制宜调整农业产业结构，重点培育商品率高、比较效益好、品牌打造有基础、易升级为旅游产品的区域优势特色产业，逐步构建现代农业产业体系。发展高山蔬菜产业仅仅是武隆县立足生态优势，推进特色效益农业产业发展的一个侧影。武隆县作为重庆市四大蔬菜重点基地县之一，其核心蔬菜基地已被列为市级现代农业综合示范工程区，现建成高山蔬菜基地30万亩，是全市最大的秋淡季蔬菜供应基地。武隆县将高山蔬菜作为特色效益农业第一产业来培育，也是基于当地的有利生态条件。武隆县山区面积广阔，大量的耕地、林地、草地集中在海拔800米以上的中高山地区，这些地区没有任何工业污染，较高的海拔不仅可以使蔬菜错季供应，而且能减少病虫害发生，保持了原生态的农业生产条件，被蔬菜专家喻为"难得的一片处女地"。

近年来，武隆县多渠道深入推进特色效益农业产业发展，在做重庆的"菜篮子"的同时，加快建设全市"山羊之乡"，草食牲畜养殖业发展迅猛，牛、羊肉制品通过绿色食品认证，特别是武隆羊肉享誉全市，养殖基地、肉制品加工、饮食连锁形成链条，成为重庆市主要的草食牲畜基地县之一。不仅如此，武隆县还积极实施"特渔"工程，打造全市"大鲵之乡"，充分挖掘以大鲵、鲟鱼为重点的特色冷水性鱼养殖和以乌江土著生态渔业为补充的水产养殖业，建成市级三峡库区生态渔场，大鲵养殖获得全市首家经营许可。武隆县还通过实施"特果"工程，打造全市"枣柿之乡"，推动以猪腰枣、甜柿为重点，乡村旅游带林果采摘园为补充的特色林果业发展。

近年来，武隆县依托旅游产业，强力实施农业品牌战略，农产品"三品一标"认证总量达68个，武隆高山蔬菜基地成功创建国家级出口食品农产品质量安全示范区，高山蔬菜主产地的双河乡获评全国第三批"一村一品"示范村镇，以乡村旅游业为主的仙女山镇获评全国美丽乡村示范镇。武隆县还通过举办中国西部高山蔬菜研讨会、沧沟西瓜节、庙垭油菜花节等各类节会活动促销农产品，创新"微博卖瓜""农超对接"等营销形式，使本地特色农产品声名鹊起，"仙女红"红茶因其优良的生长环境、先进的制茶工艺、精美的包装设计获得"重庆市名牌农产品"称号，并逐渐成为标志性旅游产品。此外，"芙蓉江"野生鱼、"鸭江"老咸茶、羊角"三宝"（豆干、醋、猪腰枣）、文复甜柿、火炉脆桃等深受游客喜爱的旅游产品也具备进一步开发壮大的潜力。①

---

① 李安楠等：《立足生态　造特色　强品牌　武隆农业向大山要效益》，2014 年 2 月 14 日，见 http://cqrbepaper. cqnews. net/cqrb/html/2014－02/14/content＿ 1718152. htm。

第八章　发展渝东南民族地区生态农业

第一节　渝东南民族地区发展生态
农业的可行性分析

　　渝东南地处武陵山区腹地，属典型的喀斯特地貌特征，紧邻黔北、湘西和鄂西，为国家连片的贫困区和少数民族集聚区，是重庆建设统筹城乡综合配套改革试验区的重要区域。渝东南地区经济总量小，农业基础薄弱，工业相对落后，第三产业欠发达。农业在这一区域的经济发展中仍占有十分重要的位置。生态农业是渝东南地区发展的内在要求。

　　第一，发展生态农业是发挥渝东南地区资源优势的客观要求。资源是产业的基础，没有资源，产业就是"无本之木，无源之水"。从自然资源看，渝东南地区地处武陵山区，自然资源富集。海拔高差较大，垂直带谱明显，立体气候显著，具有多层次的生物圈，动植物和菌类资源种类繁多，有利于形成和开发各具特色的土特产品。从气候条件看，山区气温相对较低，冬季寒冷，夏季作物生育期短，病虫害相对较少，有利于发展无公害、生态型绿色产品，耕地的海拔较高、温差较大，有利于农产品有机质的积累和品质的保证。从土地资源看，渝东南地区人均土地面积相对较多，后备土地资源较为丰富，为农业特色产业的规模发展奠定了物质基础。而且，渝东南地区因过去交通不便、工业布局不多，污染较轻，单位耕地的化肥农药等化学要素投入较少，且因风蚀、水蚀的原因，其土壤中有毒有害物质富集和存储较少。从农村人力资本看，农业人口占总人数的 78.5%，农业人口比重较大，农业产业开发层次较低且结构单一，二、三产业发展薄弱。农民收入水平较低，劳动力成本优势比较明显，适宜发展劳动密集型特色生态农产品生产，有利于农产品储运业和加工业发展，为发展生态产业提供了有力保障。

第二，发展生态农业是渝东南地区农业结构调整的重要方向。发展农业生态产业要遵循自然规律和经济规律，兼顾生态效益和经济效益。依托自然资源优势，合理利用自然资源，承袭传统种养习惯，发展农业生态产业，既能开发具有生态效益和经济效益的特色农产品，又能调动农民的生产积极性，实现农业资源的可持续利用。渝东南地区拥有得天独厚的农业资源，能够因地制宜地发展生态产业，打造农业特色产品，培植农业特色产业带和产业群，实现农业资源的多渠道、多层次开发利用，满足多样化、优质化、商品化的市场需求。有利于开辟新的市场空间，促进渝东南地区农业结构的优化和升级。同时，渝东南地区旅游资源丰富，森林覆盖率高，旅游景点众多。有浓郁文化的黔江小南海国家级地震文化遗址、建筑风格各异的酉阳龚滩古镇、民俗风情浓厚的土家寨和苗寨，也有魅力四射的乌江画廊以及神秘的原始森林公园。这些独具特色的旅游资源，为发展观光旅游农业提供了重要条件。

第三，发展生态农业带是提升渝东南农业效益的重要依托。发展生态农业产业是增加农民收入的主要途径。2007年，渝东南地区农民人均纯收入为2734元，为重庆市平均水平的62.4%，仅有全国平均水平的2/3，城乡居民的收入差距较大。通过发展生态农业特色产业，建设一批规模化的农产品生产基地，带动加工、储藏、运输等相关产业的发展，形成区域性支柱产业，有利于把独特的资源优势转化为经济优势，有助于拓宽就业渠道、增加就业机会，转移农村富余劳动力，促进农民收入增收。加快建立生态农业产业带，是促进渝东南地区传统农业向现代农业转型的有效途径，是带动农民增收、拉动农村发展的关键，是建设社会主义新农村的现实选择。①

---

① 袁昌定等：《渝东南民族地区特色农业发展研究》，《中国农业资源与区划》2010年31卷第3期。

西部地区是我国经济欠发达的地区，西部贫困地区大多数地处山区，农业比重大，农业生态环境脆弱，农业和农村经济发展整体水平低。在西部山区发展建设生态农业，改造传统农业和转变农业增长方式，促进农业又好又快发展，是一项长期而艰巨的任务。重庆作为统筹城乡改革试验区，大城市与大农村并存，大工业与大农业并存，较小范围的都市较发达地区与较大范围的农村欠发达地区并存，如何在贫困山区发展生态农业是统筹城乡的重点和难点。渝东南地区是西部山区中极具代表性的区域，也是重庆统筹城乡发展的重点区域，将该区域的自然特征和社会资源一一列出，是摸清该区域实际情况，进而为该区域量身打造生态农业发展道路的重要步骤，也是实现该区域生态保护发展目标的基本保障。

一、渝东南民族地区发展生态农业的必要性

发展生态农业，具有多方面的积极效应，对于渝东南民族地区的发展有着重要的战略意义，可以说是渝东南农业升级增效的有效途径。这主要体现在以下几个方面：

（一）可推动农业发展由粗放型向集约型转变

发展生态农业是我国农业可持续发展的必然选择。无论什么国家农业的发展对自然资源条件的依赖性都非常严重，一个地区农业资源的多少决定着当地农业发展的空间，即便科技水平很高也不可能完全改变这一事实。近年来，工业用地和城市用地也在不断挤压农业用地，致使我国人均土地越来越少，我国虽地大物博，但人均耕地面积不到0.1公顷，不到世界平均水平的40%。耕地资源严重不足，造成对土地的过度耕垦、放牧、毁林开荒，导致水土流失与土地沙漠化等问题。也就是说，我国农业发展中人和自然、生态和经济存在不协调的情况。矛盾的主要方面是农业自然资源存在着相对稀缺。与此同时，随着人们生活水平的快速提高，对农业生产的需求发生了很大的变化，需要安全、绿色、无公害的农产品。在这种情况下，我们必须更加自觉地推动绿色发展、无公害发展、循环发展，努力走

出一条代价小、公害少、效益好、可持续的发展之路。当前，渝东南民族地区农业还存在着粗放型耕作的情况，基本还是"靠天吃饭"，现代农业技术利用度不高，机械化程度不高，农业作物的经济附加值不高。粗放型的生产方式一方面直接约束了渝东南民族地区农业生产效率的提升，抑制了农业的发展速度；另一方面也局限了该地区农业的生产效益，抑制了当地农业的发展精度。而生态农业发展模式由于更强调科学管理方法以及相关手段的引入，故能够更好地实现社会效益、经济效益、生态效益的有机统一。通过生态农业的发力、推广和发展，可以显著提升农业生产的效率、效益。在生态农业发展模式下，农作物的经济附加值会大大提升，并可以带动一系列相关农业产业的提升，从而能够大大提升农业生产者的生产积极性，从源头上推动农业经济的发展，推动农业发展由粗放型向集约型转变。

（二）有利于山区资源环境的保护

发展生态农业是促进农村生产方式转变的重要举措。众所周知，现代农业在促进农业大发展的同时也显露出了它的弊端，如大量消耗了能源和资源，并且造成了严重的环境污染，这些问题使农业的可持续发展受到影响，对人类社会的发展造成了不可弥补的损失。要保持农业的可持续发展，从粗放型增长模式向可持续发展模式转变，把资源消耗、环境损害、生态效益纳入经济社会发展评价体系，由环境污染型向环境友好型转变，只有这样才能加速农业现代化进程。传统的农业生产方式由于缺乏科学的管理方法，过度开垦及随意破坏植被的现象时有发生，这些均严重恶化了渝东南民族地区的自然环境，加剧了当地人与自然的矛盾。而生态农业的发展，充分遵循了自然规律，提升了土地资源的利用率。生态农业对自然资源的合理利用和开发，不仅提升了农业生产的综合效率，且更加有利于山区自然资源以及环境的保护。

（三）有利于提高人民群众的生活质量，并充分利用农村剩余劳动力，扩大就业

传统化学农业由于大量施用化肥、农药，不仅引起水体污染，造成生态环境的破坏，而且使粮食、蔬菜、水果和其他农副产品中的有毒成分增多，影响食品安全，危害人体健康；况且，食品供给的链条越来越长，环节越来越多，增加了食品被污染的可能性。所有这一切，都使得消费者越来越青睐生态、环保食品，从而推动了生态农业的迅速发展，有利于从根本上改善农村人居环境改善，提高人民群众的生存质量和生活质量。生态农业的发展不仅推动了个体生产效率提升，且推动了农业的产业化水平，生态农业本身也在逐渐成长为一个富有生命力和远大前途的产业，有力地推动了渝东南民族地区农业的发展。在这个过程中，可以吸纳更多的劳动力，使渝东南民族地区农村剩余的劳动力资源得到较充分的利用，从而提高渝东南民族地区农村的就业率，缓解社会的就业压力，推动和谐社会的构建。[①]

二、渝东南民族地区发展生态农业的制约因素

当前，渝东南民族地区虽在大力发展生态农业，但又感到困难重重，存在诸多制约因素。这主要表现在自然环境、居民素质、经济环境三个方面。

（一）自然环境方面的制约

首先，渝东南民族地区高山耸立，地势崎岖，交通网络很不完善，且人地矛盾突出。据重庆市农业局资料，全市全境广泛分布着各个地史时期的石灰岩。这种岩石具有物理性坚硬和化学性软的两面性，遇到酸性水就自然发生溶解。另外由于人们的过度垦殖产生了大量的中低产田和裸露岩

---

① 梁丹丹：《西南山区生态农业发展模式研究》，《农业经济》2014 年第 9 期。

地，耕地面积日益减少。重庆平均人口密度为 369.3 人/平方公里，为全国平均人口密度的 3—5 倍，全市人均耕地仅相当于全国的 4/5 和世界的 2/5，人地矛盾十分尖锐。地势上的劣势限制了山区内农产品的对外输送，特别是对于那些易于变质的农产品更是如此。交通的不便也限制了山区引进粮食作物，引不来高产优质抗灾品种，农民迫于生计就不得不广种而薄收，从而限制了生态农业的推广与展开。

其次，渝东南民族地区山地和丘陵地形较多，耕地面积较小且分布较为零散，其中，坡地耕种面积的比例超过了所有耕种面积的七成，且土地较为贫瘠、土壤侵蚀较为严重。渝东南地区地质、地貌十分复杂，山高坡陡、土壤层薄、石灰岩层广布，水土流失促使岩体裸露，石山荒漠化趋势加剧。另外，这一地区堤灌设备亟待更新改造，加上水土流失和过度垦殖造成的土地生产能力下降，中低产田面积大，冷、烂、串、毒低产田和坡瘠地占耕地面积的比重大。这些客观的自然原因造成渝东南民族地区的农业作物的产量一直较低。这自然会减弱农民发展生态农业的积极性，导致渝东南民族地区发展生态农业的动力不足。

再次，渝东南民族地区整个生态较为脆弱，该地区面临着一系列的自然环境问题，比如农业面源污染、水污染大，旱涝灾害频繁。渝东南地区农民为了增加粮食产量而大量使用化肥、农药及地膜等，另外城市乡村的搬迁产生大量固体垃圾以及生活垃圾直接占用了大量耕地，遇到雨水冲洗，大量有毒物（如铅、汞等）被排放到土地中，农业污染加大，造成各种土地环境危害。随着社会的不断进步和发展，长江流域人口不断增加，随之而来的毁林开荒、刀耕火种，使森林遭到不断破坏。森林质量下降，主要表现在树种结构、林分立木株数和林内植物种类的立体结构上。在现有的森林植被中，原始森林基本不复存在，地带性天然常绿阔叶林所剩无几。渝东南地区针叶林占森林面积超过 60%，阔叶林占森林面积不足 30%。其中，在占森林面积 27.1% 的防护林中，大多为近几年新造的针叶人工林，防护能力相对较弱。另外，加上岩溶生境严酷，对生长其上的植被有强烈的选择性，喜钙性、耐旱性及石生性的种群，使重庆石灰岩植被次生性显著，林分成为单一层次结构，形不成防护体系，大大降低森林防护效能。此外，还有季节性干旱、水土流失等，渝东南地区水土流失的面积甚至比黄土高原还高出近 20 多个百分点。这些均造成了渝东南民族地区的生态环境比较脆弱，加大了发展生态农业的难度。

（二）居民素质方面的制约

生态农业在渝东南民族地区的发展还存在居民素质方面的障碍，主要体现在该地区从事农业生产的人口比重虽然很大，但文化素质和层次相对较低，以小学、初中文化程度的为主，高中毕业的就已不多，受过专业技术教育的更是寥寥无几。农民的文化素质不高直接影响了生态农业相关生产技术的推广和发展。由于农民受教育的程度及水平有限，农民的思想观念较为落后，生态意识淡薄。大多数农民只注重开发当前现有的农业资源、看重眼前的经济利益，不考虑今后的长远利益。大部分农民青睐传统的耕作方式和生产经验，对生态农业的重要性、紧迫性、必要性认识不足，品牌意识、市场意识、环保意识、质量意识较弱，农业经营方式仍习惯传统的劳动密集型的生产方式，对于现代先进技术的应用积极性不高，对于环境污染问题不重视，生态保护意识较差。另外，在渝东南民族地区，农业技术人员的缺乏也是生态农业发展的技术制约因素，根本无法满足生态农业发展的需要。

（三）经济环境方面的制约

生态农业是一项系统工程，生态农业的建设和发展需要一定的资金支撑。应保证一定的事业经费，这是发展生态农业的基础。但是，资金短缺问题是我国生态农业建设面临的一大困难。目前，从生态农业建设的资金来源看，政府的投入是有限的，企业和农户尚未成为生态农业建设的投入主体；另外缺乏信贷等国家政策性银行和商业性银行的贷款支持，尤其是农户投入普遍偏低。这种情况严重影响了生态农业建设工作的正常开展，许多工作无力开展，工作处于应付状态。现在，很多生态农业建设仍然处于刚刚起步阶段，需要大量的财政支持。由于历史积累，加之在交通网络、技术、通讯、人才培养方面发展的滞后性等客观原因，当前重庆市的经济发展程度相对于东部沿海地区，还有较大的差距，特别是在渝东南民族地区，经济的发展滞后性更加明显。任何事业的发展都离不开资金的支持，而充裕的资金有赖于经济状况的良好。经济发展的滞后决定了渝东南民族地区在发展生态农业的过程中缺少充裕的资金支持，面临资金缺少的困境，发展的推力明显不足。[1]

三、渝东南民族地区发展生态农业的对策建议

根据对渝东南民族地区发展生态农业的制约因素分析，渝东南民族地区在自然环境、居民素质、经济环境方面均存在一定的制约，因而发展生态农业必须因地制宜，充分利用当地可利用的一切资源，同时最大限度地摆脱制约因素的影响。通过大量的实地调查，并结合前人的研究成果，我们提出了发展渝东南民族地区生态农业的对策和建议。

（一）制定符合生态农业基本原则的发展规范

生态农业的运转系统实际上是一个农业生态经济复合系统。这一系统是由农业生态系统与农业经济系统通过农业技术系统和管理系统耦合而成的。农业生态系统是农业经济系统的基础，农业经济系统是农业生态系统在经济领域内的实现。两大系统通过中介系统（技术和管理系统）不断地进行物流、能流、信息流和价值流的交换，从而使农业生态经济系统的新陈代谢得以进行，整个复合系统充满生机，形成一种具有普遍意义的规范模式（见图8-1）。

为了在生态农业建设中充分利用各种资源，特别是生物资源，占满生态农业中的空白生态位，在生态系统生物产量最大的基础上，争取最大的经济效益，在构造生态农业模式进行生态农业建设时，必须坚持以下原则。

---

① 梁丹丹：《西南山区生态农业发展模式研究》，《农业经济》2014年第9期。

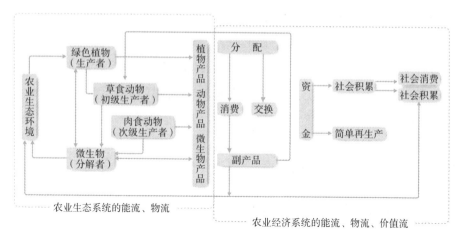

图8-1 农业生态经济系统的规范模式示意图

第一，最大绿色覆盖原则。森林是生态农业的核心，绿色覆盖是生态农业的保障。提高绿色覆盖率，调整覆盖面的种群结构是维持农业生态经济系统的良性循环、强化生态农业基础的首要措施和重要原则。

第二，资源合理利用原则。生态农业是在各种自然资源和社会经济资源的基础上，通过一系列技术措施来实现的，合理配置和利用这些资源是生态农业建设的前提。

第三，系统结构优化原则。结构合理、功能健全的农业生态经济系统，是系统最大产出的基本条件。因此，在构造生态农业模式，进行生态农业建设时，必须利用各种手段使农林牧副渔各业保持协调比例，才能使系统有序化，使生态农业建设取得最大效益。

第四，三效益最佳统一原则。保持生态农业建设中生态效益、经济效益和社会效益的最佳统一，既是渝东南民族地区生态农业建设的指导思想，也是构造渝东南民族地区生态农业具体模式的基本原则。同时，这一原则还体现了生态农业建设中局部利益与整体利益、当前利益和长远利益的关系。正确实行这一原则，将有利于协调这些关系，搞好建设。①

---

① 叶谦吉、朱建华：《重庆生态农业发展战略问题研究》，《西南农业大学学报》1989年11卷第6期。

（二）选择适合本区域的生态农业模式

按照渝东南民族地区的资源条件、地势地貌、地理位置以及农业生产的发展方向和特点，建议选择以下生态农业模式。

第一，节水型农业模式。渝东南民族地区虽然平均降水量在1100毫米以上，但降水变率大，季节分配不均，土层浅薄、贮水能力低、入渗系数大，即使在多雨的生长季节，也常出现蒸发量大于降雨量的干燥期，另外加上每年的伏旱，更加剧了岩溶山区的旱情。因此水是制约渝东南民族地区生态农业发展的限制性因子。在这一地区首先应兴修水利，可以一户或几户联合在农田周围打井或修水窖，充分利用地下水和地表径流。改传统的大水漫灌为管道灌溉，在经济条件稍好的地区可以推广滴灌和微灌技术。彻底解决渝东南民族地区生态农业缺水的问题，以此为基础带动其他相关产业的发展。

第二，以经济林为主的林业发展模式。发展以林、茶、桑、药为主的生态经济型林业是改善渝东南民族地区脆弱生态环境和加快农村经济发展的重要途径。具体做法是，在水土流失和石漠化比较严重的地区，如渝东南低中山区，政府可给予一定资金补贴以营造水源涵养林、防护林和用材林、薪炭林为主；在水土流失和石漠化较轻的地区，以在退耕地上集约经营经济林、果树林，如橙类、桔类、猕猴桃、竹（包刚竹、慈竹、楠竹等）、油桐、油茶、桑、漆树、核桃、桃、李等为主；在土壤和水分条件比较好的地区，大力发展中草药种植，如黄连、银杏、杜仲、黄柏、天麻、金银花等。生态效益和经济效益兼顾，推动地区经济发展。

第三，生态观光农业模式。一方面，渝东南民族地区可以大力发展喀斯特景观与少数民族风情融合的体验式休闲观光。渝东南民族地区旅游资源丰富，尤其是民族民俗风情旅游资源独特，土家族、苗族的民族文化具有优势，丰富的农业资源、古朴的民风加上典型的喀斯特峰丛山地景观是城市居民十分向往的。应依托新农村建设，突出农家风情、田园风光、民族风俗和时代风采，打造农家乐、林家乐和渔家乐等特色旅游。此外，还应加大乡土文化的地方手工制品的开发，名、优、特、新的土特产品的开发，以及特色方便食品开发。另一方面，渝东南民族地区可以发展精品农业或特色休闲观光农业。根据渝东南民族地区岩溶山区土壤层浅薄易流失特点，通过大力发展无土栽培、优质无公害瓜果、淡水鱼类养殖等最新农业生产技术，充分利用现代农业的先进性、生产成果的新颖性，吸引都市居民，以这种高科技的精品农业园为依托，形成集休闲、观赏、玩乐于一体的现代农业园。

第四，庭院型模式。渝东南民族地区的农户可以充分利用住宅的房前屋后，以及四周的空隙地和富余的劳动力，将自己所经营的田、土、水面、林地、果园、院落等资源，与其他生产要素协调组配，利用种植花、果、菜、药、树的技术，养猪、鸡、牛、羊、兔、鸽的技术，配置沼气、大棚温室、秸秆饲料、粮食储备等，在庭院形成立体配置、物质循环利用的综合生产体系。

第五，小流域治理型模式。喀斯特小流域是整个渝东南民族地区大的生态—经济系统的基本构成单元。小流域综合治理，就是以小流域为单元，通过进行坡改梯工程建设、增加石质梯田土壤和中低产田的土壤改良以及渠道衬砌，减少了因渗漏而引起灌溉水的浪费，提高水资源的利用率。在土壤肥力分析的基础上，增施有关肥料。对退化生态系统的土地进行整理，提高土地质量，增加有效耕地面积。参照区域性的顶极植物群落，选择优良的乡土树种，从相似的生物地理气候地带引进优质高效性能稳定的适生树种，以此丰富和改善林草植被的生物多样性、生态功能和经济效益。封山育林、退耕还林与适当考虑发展经济树种和人工种草，以开展舍饲养畜。该模式通过山、水、林、田、路综合治理，工程措施、生物措施和农业耕作措施结合，进行集中治理、连续治理和综合治理。使农业生态系统保持良好的物质和能量循环，从而达到人与自然协调发展的模式。①

① 孙秀锋、张凤太：《渝东南少数民族岩溶山区乡村生态农业发展模式与对策》，《安徽农学通报》2008年14卷第3期。

（三）培养生态农业的意识，改善生态环境，加强科技、资金等方面的投入

第一，培养渝东南民族地区农民发展生态农业的意识。农民的生态安全意识一直是农村生态保护的薄弱环节，发展生态农业，首先，必须使农民树立发展生态农业的理念，要通过各种媒介大力宣传发展生态农业的紧迫性和重要性，提高广大农民对生态农业理念的认知程度，确立人与自然和谐的生态伦理观，提高农民对生态文明的认同感。培养农民用发展生态农业的理念自觉开展生态农业环境保护，积极从事无公害农产品产业的开发与经营。其次，应注重提高生态农业劳动者的文化知识水平，增强其文化素质。加强生态学教学，在教学中对各门学科有意识地结合有关生态农业的相关知识，通过教学形式多样化来加强素质教育、职业教育、成人教育和农民技术培训，培养一批懂科学、会管理、善经营的新型农民，达到提高农民整体素质的目的。

第二，治理污染，改善渝东南民族地区的生态农业环境。农业可持续发展就是要保护好自然资源和生态环境，要把污染防治工作放在第一位，积极治理污染。从目前来看，量大面广的农业污染主要是农药、化肥的污染，并且治理难度较大。要通过科学实验和示范等各种办法，引导和指导农民科学、合理使用化肥和农药，减少化肥、农药的施用量，增加有机肥的用量，使土壤的养分提高，由片面的无机农业向有机农业为主、有机与无机相结合的农业转变；普及生物防治病虫害技术，从总量上减少和控制污染源。把农业开发、农业资源的合理开发、有效利用保护更为有机地结合在一起，最大限度地减少农业开发对农业生态环境、资源的负面影响，使现代农业发展全面置于生态农业良性循环可控范围之内。在生态农业的发展过程中应贯彻执行谁污染谁治理的原则，用经济杠杆有效地处理对生态环境污染严重的企业，必要时淘汰高污染、高消耗的企业，积极推进清洁生产，大力引进高新技术，改造传统产业。建立完善的农业生产环境监测体系，应做好农业生产研究性监测以及农业生产污染性事故监测方面的

工作。

第三，用科技引领渝东南民族地区生态农业建设。生态农业的发展离不开科学技术，生态农业是一种由现代农业技术装备、系统工程研究方法、生态学原理等元素构成的新型农业模式。生态农业的发展必须在不断地总结传统经验的基础上，实现对现有技术进行优化、组合，要积极采用与生态农业配套的高新技术和先进可行的科技成果。大力推广实用农业技术，如清洁生物能源开发、农业废水分散治理及循环利用、生态复合肥料、绿色食品开发、废弃地生态恢复等，应用现代科技推动生态农业建设。与此同时，发展生态农业，应注重提高生态农业人员、劳动者的文化知识水平，加强其文化素质。培养一批创新能力较强的高水平学科带头人，形成优秀创新人才和创新团队，为生态农业发展提供技术支撑。

第四，增加对渝东南民族地区生态农业的资金投入，拓宽资金来源渠道。资金短缺是我国发展生态农业的一大难题。因此，在积极开展生态农业建设的过程中，财政部门应增加财政预算中生态农业推广专项资金的比重，提供配套专项经费，并根据经济发展情况增加投资额，政府在对农村项目扶持上应向生态农业倾斜。在资金来源上还应积极吸引企业等其他团体的资金，并通过政策的引导鼓励农民自身投入。另外，注意合理的分配资金，确保资金及时到位，力求最大限度地利用资金。只有这样，才能使资源效用最大化。通过多渠道筹集资金，不仅能解决生态农业发展中遇到的资金上的难题，还可以利用更多的资金进行相关的规划、技术培训、新技术开发与推广等工作，进而提高农民施行生态农业的积极性。①

第二节　渝东南民族地区生态农业发展规划设计

生态农业建设是一项技术性强、涉及面广、内容复杂、牵动全局的系统工作，对于提高农业的防御污染能力，加强农业生产系统的良性循环，

① 李文：《关于我国生态农业发展的几点思考》，《农业经济》2014 年第 7 期。

实现农业持续、高效发展具有重要的战略意义，也是我国农业发展的方向。县是我国的基层行政单位，它具有行政职能和经济功能的相对独立性，能够充分调动自身拥有的经济实力和运用政策，发挥对生态系统的调控作用。以县为单位发展生态农业，不仅是实现城乡一体化建设的有效方法，也是使地域资源得以合理开发利用，减少对环境的污染和破坏，使农村经济持续、高效、稳定、协调发展的重要手段。渝东南民族地区由六区县（自治县）组成，如何发挥县级政府在生态农业建设规划与设计中的作用，是能否实现渝东南民族地区生态农业发展的关键。

一、县级生态农业建设规划与实施

县级生态农业建设，包括规划与实施两个层面的内容。在县级生态农业建设规划方面，必须以生态学、经济学和系统工程的理论为指导，结合县域农业生产发展和自然资源开发利用的现状做出，必须考虑全局性、长远性、实施性和群众性，既坚持社会、经济和环境优化的同步发展，坚持奋斗目标合理、明确，又要兼顾实践的可能性和能否调动群众的积极性，实现县地域内能流、物流、财流、智流和人流的持续、高效、稳定、协调。县级生态农业规划制定具体涉及以下几个方面工作：

第一，成立组织机构。县级生态农业建设必须要成立以当地政府首脑为负责人的"生态农业县建设领导小组"，参加部门要有农业、林业、水利、计划、财政、环保、乡镇、科教、新闻等部门。各参加单位要选配理论和实践水平较强的专业干部负责所承担的具体工作。同时，由农业部门负责统一调度和协调，制订工作计划，责任落实到人。

第二，收集有关资料。参加工作的各部门工作人员要根据各自的职责范围和工作计划的安排，收集有关资料。包括该县地域的自然环境、社会环境、地形地貌、土壤结构、生物种群、农业结构、经济结构、气候状况、人口素质、能源情况、发展优势和劣势及潜力等。此外，对农业污染现状、土地利用现状和农药、化肥使用也应进行了解。

第三，借鉴外地经验。根据我国生态农业发展水平，选择一些情况类似的"生态农业县"示范样板，进行调查研究，借鉴其在生态农业县建设方面好的做法和经验，分析本地发展和建设的方向，为确定生态县总体发展目标奠定基础。

第四，生态经济系统论证。这项工作要组织有关专家进行。运用系统工程的理论，对本地区的社会经济发展和生态环境进行全面评述，从科学理论角度得出生态农业建设能达到的理想目标和近期实现目标，以及各产业发展的最好程度。同时，找出系统中各制约、促进因素的关系，提出切实可行的对策和措施。

第五，制订生态农业建设规划设计步骤。包括总体设计得出经济发展指标，生态环境指标和社会指标；确定县级生态农业建设的主要措施和各产业发展的重点；制订生态农业建设功能区划；建立适当的生态农业经营模式；生态农业发展的优化结构设计；生态农业建设可行性分析；生态农业建设配套体系设计；生态农业建设的技术保障体系等。

第六，完成县级生态农业建设规划的内容。包括总体规划（建设生态农业县的目的和意义，建设的指导思想、建设重点和发展战略，自然和经济现状介绍，规划的主要经济、社会和生态环境目标以及生态农业建设的主要领导组织）、农业建设综合评价（发展和建设优势、劣势，发展和建设潜力，生态农业分区，存在的主要问题和约束条件，应采取的主要措施以及综合评价结论）、生态农业县建设目标（近、远期建设目标，各生态农业分区的发展目标及各子系统的发展目标，实现目标的主要办法和配套工程）、生态农业建设的实施步骤和具体要求、生态农业建设规划的设计（设计的图、表、模型）、可行性论证等。

第七，明确生态农业县建设规划的具体要求。包括数据准确、资料完整，适应发展、易于实施，措施得力、效益显著，弹性适中、便于调整，步骤紧密、技术配套等。

建设生态农业县有了切实可行的规划以后，便要组织落实，从目前我国生态农业县建设的经验和存在的问题来看，县级生态农业建设的实施必须注意和做好以下工作：

第一，建立县级生态农业的宏观调控和保障系统。能否建立一个配套、健全的生态农业建设宏观调控和保障系统，是关系到县级生态农业建设规划能否落实的关键。为此，县的各级行政组织必须自上而下建立一个强有力的领导机构，宏观上调控各项具体工作，协调好各方面的关系，调动各方面的力量，统筹整个县级生态农业建设的全局，并加强县级生态农业建设的政策性研究，建立完善一整套与之相适应的具体政策和管理方法。同时，要责成农业部门统一检查和监督各责任部门工作的落实，以便能通过行政的、经济的、法规的鼓励措施或限制措施的制定和实施，形成有利于县域生态农业建设的责任分担体系、经营约束体系、利益调节体系和成果保障体系，切实促进县级生态农业建设规划的实施。

第二，加强宣传教育，树立生态农业建设整体观念。建设生态农业县是涉及县域内全体人民群众的大事，也必须有全县人民群众的积极参与，才能形成一种社会力量，促进县域生态农业建设，加强宣传教育要解决两方面的问题，才能树立生态农业建设的整体意识。一是通过新闻媒介的广泛宣传，让全县人民努力转变观念，消除保守农业生产思想，树立生态意识，让群众意识到生态保护和生态建设的思想和益处，使全县人民都关心生态农业建设，为实现生态农业县的建设目标而努力。二是加强法制教育，组织各级领导干部和群众学习生态保护方面的法律和农业生产方面的法规，提高法制观念。同时，还要组织制定宜于生态农业县建设的地方政策或法规。通过普法、执法、守法，为县域生态农业建设创造一个良好的社会环境。

第三，普及生态农业科学技术，培训县级生态农业建设技术骨干。生态农业建设是一门新学科，农业科技人员对此了解有限，有的不具备应有的基础知识。所以，普及生态农业科学技术，提高基层农业干部的生态农业知识，培训县级生态农业建设的技术骨干就十分重要。在普及知识和技术，加强培训工作中，要注意与科研单位和高等院校联合，对领导干部采取培训和调研学习的方法；对农业技术骨干采取分期培训的方法，由专家讲解、指导具体的操作技术和示范技术，使其能指导试点、总结和推广经验；对广大群众，采取现场会和经验交流会及发宣传单等方式，使其了解有关做法和技术，使先进的农业技术得以推广普及。

第四，实行生态农业建设目标管理，完善服务体系。在具体的生态农业县建设实施过程中，必须实行目标管理，层层落实任务，才能收到实效。在规划实施前，要把生态农业建设的各项指标，分解到县政府各部门和各乡镇，确立检查考核奖惩体系，保证各项任务如期、保质、保量地完成。另外，还要完善服务体系。具体地说，要建立人才服务体系，保证生态农业建设的人才资源，可以通过培训、学习、引进完善；要建立物资循环服务体系，保证建设物资及产品的正常流动；要建立财务管理服务体系，保证资金快速运转，创造最佳效益；要建立资源开发服务体系，保证资源在合理开发的同时，积极进行再生的研究和操作，维护县域生态平衡。

第五，依托基地、选项经营，多渠道落实生态农业县建设目标。在实施规划过程中，要注意发现地域优势，选择恰当的生态工程项目，采取适应的生产组织方式和经营管理方式，在有利于产业结构调整的前提下，形成优化复合系统，并以主体工程项目推动其他生态农业建设项目。选择或选项必须以基地生态建设项目为主，重点考虑两个条件。一是必须根据地域的环境条件来确定基地开发和选项经营项目；二是要注意地域内物质、能量和资金的环流，保持生态系统的平衡。这样，既可以发挥选项与主体互相促进的作用，获得整体效益，又能够提高生态系统的稳定性，提高抵御外界环境冲击的能力。

第六，抓好典型，以点带面，推动生态农业建设。在建设规划的实施过程中要注意培养各类典型，如生态农场、生态村、生态户等，这些典型在群众中是看得见的样板，也容易学，对落实全县的生态农业建设规划有积极的促进作用。在抓典型、带全面工作中，要注意以下几点：一是典型要有代表性，要有推广价值；二是典型要有说服力，既要选择经济中上游水平，又要考虑发展程度和速度；三是典型要符合生态农业县建设的基本原则，真正实现能流、物流的合理循环，并持续高效；四是要对典型进行扶持，帮助调整结构，帮助提供技术，使典型稳定发展；五是要对典型加强指导，不断完善，同时及时总结经验，及时推广。[①]

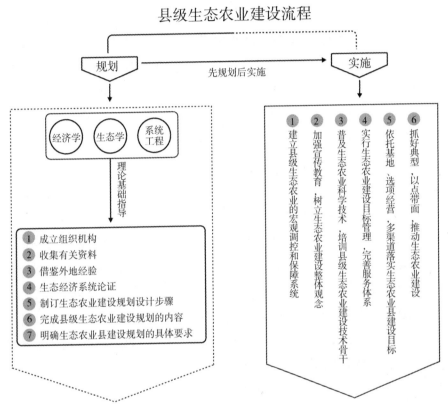

图 8－2　县级生态农业建设规划与实施

二、渝东南民族地区县级生态农业发展规划设计实践

渝东南地区多属岩溶环境，石漠化现象严重，属于典型的生态脆弱地带。受喀斯特环境特殊性的影响，这一地区的农业生态环境条件较差，山高坡陡，土层浅薄且分散不连续，自然灾害频繁，水土流失严重。由于长期以来人们对其生态脆弱性的认识不足，在农业资源开发中造成了一系列

---

① 于华芳、杨晶明：《县级生态农业建设规划与实施》，《环境保护科学》2002 年 28 卷第 4 期。

负面影响。本部分以渝东南民族地区秀山县为例，针对其人口、资源、环境特征，提出秀山县生态农业建设的规划设计与实施路径，同时构建出适合其发展的生态农业可持续发展模式。

秀山土家族苗族自治县位于武陵山腹地，地处渝黔湘鄂交界，为重庆东南大门，属云贵高原东北角武陵山脉二级隆起地带，境内多石灰岩，属岩溶地区。全县从东北到西南长89公里，西北到东南宽49公里，辖32个乡镇，人口63万，总面积2462平方公里。根据实际情况，秀山县生态农业模式的选择遵循以下原则：第一，高效率利用和保护资源的原则。秀山县人均耕地资源稀缺，人均耕地0.053公顷/人（根据《2007年重庆市统计年鉴》计算），仅及全国平均水平（0.091公顷/人）的58.4%，达到联合国粮农组织确定的人均耕地警戒线。因此农业生态模式选择，应是在充分挖掘土地资源的基础上，走以生物技术为主的内涵式资源利用之路。第二，市场导向原则。发展生态农业要遵循市场规律，以市场为导向，根据市场需求及时确定调整农业产业结构和生态农业的产业化发展方向。第三，发挥区域比较优势的原则。秀山县生物资源丰富，因此，应针对市场需求前景，结合区域比较优势，合理配置生产要素，不断提高资源利用水平和配置效率；逐步形成自己的特色产业群，并遵循专业化、规模化、集约化的要求，建成优质、低耗、高效的新型农业结构；因地制宜，按生态类型区加快果、茶、菜、药、烟、花卉、优质牧草等基地建设，促进绿色和特色产业的发展，充分发挥其比较优势。然而，秀山县过去由于对生态环境尤其是农业环境等问题的认识不足，没有正确处理好发展生产与保护环境、开发利用资源与保护增值资源之间的关系，违背生态规律，片面追求农业效益，加之特定的地理位置、复杂的地貌特点和脆弱的自然环境，导致全县环境质量日趋恶化，自然灾害频繁发生。并且由于人口剧增、资源衰减和环境污染等原因，严重制约了农业的可持续发展，全面开展生态农业建设已势在必行。鉴于秀山县山地气候、地形、土壤立体分异明显，同时具有生态脆弱性，故其生态农业模式设计在着眼于充分发挥比较优势的基础上，应具有较强的抗逆力和避灾减灾功能。因此，秀山县生态农业产业模式应由山地立体开发保护带、低山丘陵林果粮畜复合生态农业带、平坝综合生态农业带及增值型绿色产品加工业等构成，其中每个产业带又由若干关联性强的生态模式复合而成（见图 8－3）。

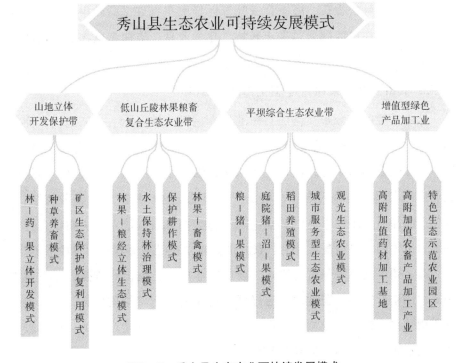

图 8－3　秀山县生态农业可持续发展模式

1. 山地立体开发保护带

中低山区，主要分布于秀山县西北和西南部，平均坡度 20°，面积 1039.4 平方公里，占全县面积的 42.4%，系主要矿区及主要林牧地区。传统的利用模式较单一，经济效益不高，且矿区生态环境破坏、土壤污染较严重。这一片区发展的重点是高效生态林和山地名优特产。改变传统的用材林、经济林等单一的开发模式，在海拔 1000 米以上建立"林—药—果"立体开发模式，主要以森林保护为重点，发展白术、银花等中药材及干果等林下套种，提高效益。在海拔1000米以下的山腰地带，发展旱地作物以及油茶、柑橘、猕猴桃、板栗、核桃、花椒等适宜经济林和野生蔬菜等后续产业。这一片区草场资源比较丰富，但是牧草质量不高，草场退化严重，草地畜牧业发展水平不高。可引进种植优质牧草，如多年生卓越黑麦草、苇状羊茅、串叶松香草、海法百三叶等已经取得良好试验效果的草种，改善畜牧条件。在矿区则通过表土转换、化学改良、施加有机物等方法改良废弃地，重新开发利用；恢复植被覆盖，修复被破坏生态环境。

2. 低山丘陵林果粮畜复合生态农业带

低山丘陵区，分布在秀山县东北及东南部，坡度15°—20°之间，面积709平方公里，占全县总面积的29%，为经济林木和旱地及部分水稻产地。这一片区农业用水缺乏，经常发生伏旱，农田水利工程成本较高，传统的农业生产大部分是靠天吃饭，粮食产量很低。这一片区以调整种植结构、优化产品品质为出发点，以实施生态工程为切入点，建立以优质粮食作物基地为主体的林果粮畜复合生态农业带。建立在经济林和果树林中放养牛、羊、鸡、鸭等的林果—畜禽模式，增加农业产值；粮食种植推广保护耕作模式，用秸秆残茬覆盖地表，通过减少耕作防止土壤结构破坏，有效地保持土壤结构、减少水分流失和提高土壤肥力从而达到增产目的；坡度较大的旱地实施退耕还林，防治水土流失。

3. 平坝综合生态农业带

平坝地区，平均坡度7°，面积701平方公里，占全县的28.6%，为水稻、小麦、油菜主产区。这一片区农业生产条件在全县最好，也是主要的居住区。在传统的农业种植过程中由于大量使用化肥和农药，农业污染比较严重，城镇周边生活垃圾污染也较严重，因此这一片区应以提高资源利用率和效益、减少和治理污染为重点。这一片区主要选择粮—猪—果、庭院猪—沼—果以及稻田养殖等模式，以优质粮油为重点，实现农林牧渔全面发展，建立高效的平坝综合生态农业带。在城镇近郊以"菜篮子"和"米袋子"放心工程建设为中心，强化集约经营与治理污染，建立城市服务型的生态农业模式。在生态条件较好、交通便利的地区建立观光生态农业模式：以生态农业为基础，强化农业的观光、休闲、教育和自然等多功能特征，形成具有第三产业特征的一种农业生产经营形式。如高科技生态农业观光园、生态观光村、生态农庄等形式。充分利用秀山的民俗民风、民族文化等人文旅游资源，把秀山花灯和观光生态农业有机结合起来，通过旅游产品的开发推销本地特产，增加产业链环节，达到增收的目的。

4. 增值型绿色产品加工业

在选择合适的生态农业模式的基础上，发展具有地域资源优势、无污染的绿色产品加工业，实现农副产品的加工增值和农业产业化经营。根据秀山县绿色产品资源的现状优势，可选择以下三个方面作为农林牧产品加工业发展的突破口：中药材加工，如白术、黄连、银杏、杜仲、黄柏、天麻等系列产品开发；精瘦猪肉及牛羊肉系列产品开发；某些有资源优势的果蔬系列产品开发，如脐橙、柑橘、板栗、猕猴桃等；加强特色生态示范农业园区建设。通过以上措施达到增加农产品附加值、提高经济效益的目的。①

第三节　渝东南民族地区生态农业发展保障体系

党的十八届三中全会强调，建设生态文明，必须建立系统完整的生态文明制度体系。发展生态农业是建设生态文明、转变农业发展方式的必然选择，是修复和保护生态环境、满足人们优质农产品需求的重要手段。促进生态农业持续健康发展，也须从制度建设入手，构建制度保障体系。②

---

① 郜智方等：《渝东南山区生态农业可持续发展模式研究——以重庆市秀山县为例》，《江西农业大学学报》（社会科学版）2008 年 7 卷第 2 期。
② 《构建生态农业制度保障体系》，《人民日报》2014 年 4 月 1 日。

一、生态农业发展的法制保障体系

传统石化农业发展模式给农业生态环境带来严重后果，加剧了能源危机和生态破坏，制约了农业可持续发展，各国和地区普遍认识到发展现代生态农业是解决问题的有效途径。西方国家较早起步的生态农业发展实践及农业环境保护法治成效表明，只有建立合理的法律调控机制与制度保障体系，农业生态环境才可以改善，农业资源方能可持续利用。

目前，我国尚无专门的农业环境保护立法，相关法律规范散见于《中华人民共和国农业法》《中华人民共和国土地管理法》《中华人民共和国草原法》《中华人民共和国森林法》《中华人民共和国渔业法》等法律法规之中。其有限的规制条款不足以有效地遏制我国农业生态环境恶化的趋势和对潜在的农业环境问题做出防范性的法律回应，甚而可能促进对农业资源的掠夺式利用，加大农业生态退化程度。因此，首先，应通过加强农业生态环境立法，为农业资源合理利用和生态环境保护提供依据。加强法治管理，严禁有害化学物品的滥用，改变传统的高消耗、高投入、高污染的农业发展模式，切实保护农业生态环境。其次，加紧生态农业立法工作，为现代生态农业建设创造良好的法制环境。我国生态农业立法还在酝酿之中，尽快借鉴发达国家的经验，加紧出台与国际接轨的生态农业法规已势在必行。如加紧修改《中华人民共和国农业法》。早于1993年颁布实施的《中华人民共和国农业法》条文中涉及生态农业的某些内容，注意到了农业发展与环境保护的关系，但由于当初我国环境保护更多关注的是污染防治，尤其是对工业企业的污染防治，对农业发展带来的环境问题重视不够，片面认为发展经济就是要发展工业。这种观点一直到现在还占据着主导地位。如提倡发展循环经济，人们更多关注的是发展循环经济工业。2002年颁布的《中华人民共和国清洁生产促进法》也基本上只关注工业企业的清洁生产。事实上，工业和农业乃国民经济的两翼，二者不可偏废。虽然《中华人民共和国农业法》经过了2002年的修订，但其对发展生态农业，促进农业可持续发展的重视仍不够。故此，要加快发展生态农业，为其提供法治保障，必须加紧修改《中华人民共和国农业法》，甚至可将《中华人民共和国农业法》修改为《农业清洁生产法》，对发展生态农业作出明确、具体、操作性强的规定，以促进其加快发展。同时，要建立健全与农村生态环保有关的法规，切实执行《中华人民共和国水法》《中华人民共和国水土保持法》《中华人民共和国森林法》《中华人民共和国清洁生产法》《中华人民共和国环境保护法》，加快制定《自然资源法》《防治沙漠化法》《有机废弃物排放法》等与农村生态环境相关的法律并严格执行，在宏观政策层面做到有的放矢。另外，尚需要进行填补立法空白的领域至少包括：（1）土壤污染防治法律。土壤污染的原因是多方面的，当前突出的是来自农药、化肥、农膜、污水灌溉等方面的污染问题。应针对这些突出问题，制订相应措施予以专门的防范与治理，加强对农田土壤有机质的监控，改善土壤有机质结构，保障土地肥力。（2）农用植物遗传资源的法律保护。农用植物遗传资源是满足未来粮食需求的基本资源。这些资源的安全正受到日益增加的威胁。由于许多现有的基因库不够安全，在有些情况下，植物遗传多样性在基因库中所受到的损失不亚于在野外的损失。我国应在现行《中华人民共和国种子法》的基础上，制定专门法律，规制农用植物遗传资源（种子和培植物质）的增殖/繁殖、交流和传播，以及监测、控制和评估植物的引进。

　　纵观各国对农业生态环境问题的防治，都注重运用法制手段，发挥政府主导作用，将生态环保政策作为一种经济发展政策，强调生态环境措施的多样性、创新性和系统性。为从源头上防止农业环境污染和生态破坏，或者采取有效治理措施将问题减少到最低程度，需要创设一系列的法律保障制度；同时，修改完善现行生态环境保护制度，使其具有可操作性。例如为全面落实生态恢复补偿制度，应开征生态环境税，完善生态补偿机制，加大政府投资力度，实施绿色国内生产总值制度，完善相应的程序机制等。第一，要建立公共政策农业生态环境影响评价制度，从政策源头上把关或控制生态环境问题的产生。第二，建立综合决策和协调机制，将农业生态环境保护内容纳入国民经济整体战略规划和各级政府发展规划中，加强集成。第三，制订国家农业生态环境保护专项规划，持续实施"农村小康环保行动计划"。第四，建立农业经济的绿色统计及审计制度，改变过去忽视生态环境效益的评价方法，开展绿色经济核算，扣除农业资源和环境损耗。第五，强化政府社会管理和公共服务功能，以解决农业自身难以消除的外部不经济问题，利用各种手段激发农业生态环境保护的内在动力。第六，健全农业生态环境治理制度，如积极运用环境资源税、公共财政、财政补贴、低息贷款等经济手段建立国家农业生态补偿机制；综合运用排污许可证、排污权交易、抵押返还、环境损害责任保护、垃圾处理转移支付等制度，控制农村城市化、农业工业化过程中污染产业的发展对农业生态环境的破坏。第七，科学地构建农业生态环境的安全体系，提高农业生态环境的灾害应急能力，减轻灾难损失。为此，尽快建立健全国家和区域两个层次的农业生态环境安全监测和评估系统以及预警和应急系统。

鉴于制度对经济增长及发展所做出的安排并非总是有效的，制度对经济增长的推进或阻碍，关键取决于制度使回报和付出联系的程度，允许专业化分工和交易的范围，准许并抓住经济机会的自由。在自然资源资源权属制度设置上，在正确处理国家、集体和个人三者之间利益关系的基础上，在保障国家和集体利益的同时，应给予相关市场主体积极从事农业生产并保护农业生态环境的制度激励，即将相关市场主体的农业生产过程与其利益获得相挂钩。当前，个人资源所有权的取得主要限于开发利用取得，而在可享有所有权的资源客体方面受到严格限制，如个人林木所有权。然而，在国家和集体资源所有权基础上，个人可以享有资源使用权，如个人对集体耕地、森林、草原的承包经营权，个人对集体林地、国有林地、草场的使用权等。在保障资源的合理与持续利用的基础上，应允许个人享有的资源权益进入资源市场流转。当前我国大量富余农村劳动力的非农产业转移趋势日益明显，正是国家政策导向的结果。农地的闲置、浪费、撂荒现象较突出，在一些发达地区，私下交易是普遍的。对此如若不规制，不仅仅是交易主体之间的纠纷日益增加，更重要的是对农业资源环境的破坏。我国在西部地区曾进行大规模的"退耕还林还草"工程，后续关键问题就在于建设起来的林业资源和草场资源的权益设置是否能够促进该项工程的长期持续进行和农业生态环境的改善和保护。

我国已制定和颁布了一些环境标准，包括农业环境质量和污染排放标准，譬如《渔业水质标准》《农田灌溉水质标准》《农药安全使用标准》《农用污泥中污染物控制标准》等。首先，对于现有的已经不适应当前技术经济发展水平和农业环境保护需要的标准，应当及时进行修订；同时还要根据实际需要，制定一些新的标准如《农田大气质量标准》《土壤环境质量标准》等；此外，还应根据各地农业环境特点制定地方环境标准。农业标准化管理既要强调统一性，又要允许差异性，如种子质量标准须全国统一，但农业操作技术标准就要因地制宜，一般是制定地方推荐性标准与指导性规范等，不能强求统一"一刀切"。其次，要健全生态农业与绿色产品评价指标体系，加强生态农业标准化管理，推行绿色资格认证及环境标志制度，生态农产品要逐步达到国际标准，按照绿色环境技术标准生产、包装、运输和销售，争取国际认证。目前，国际标准化委员会（ISO）已制定了环境国际标准ISO14000，与既往的侧重于企业产品质量与管理体系的ISO9000一起作为世界贸易标准，我国农产品要想在国际市场上获得"绿色通行证"和冲破国外"绿色壁垒"，就必须加强农业标准化管理。为此，农业主管部门应成立专门的生态农业管理机构，搞好生态农业发展的规划、管理和服务工作，指导生态农业建设，协调不同地区、不同部门的关系；农业技术管理部门要设立生态环境检测组织，监督和指导生态农业生产经营，维护生产经营者和消费者的利益；尽快完善农业生态环境预警预报机制，建立健全生态农业信息网络系统，搞好有关信息的收集、筛选、整理和传播服务工作；借鉴国外现代生态农业建设经验，加快引进国外有关先进技术、人才和资金，积极参与国际间生态农业技术交流与合作，加快生态农业建设国际化进程。

生态农业建设的法制保障体系还要重视推动传统与现代农业技术融合创新，形成生态农业技术推广服务体系。首先，要继承和利用传统生态农业的技术和经验。在我国传统农耕社会，人们早就基于"天人合一"的理念，创造了人与自然和谐相处的朴素的生态农业模式，积累了林农结合、稻田养鱼、桑基鱼塘、间作套种、精耕细作等丰富的技术和生产经验，特别是桑基鱼塘生产模式被奉为是世界上最早的生态农业模式，是传统循环农业的典范。这些技术和经验仍是发展现代生态农业所必需的，应予以继承并发扬光大。其次，要将传统生态农业技术与现代生态农业技术有机结合。现代生态农业不是传统生态农业的简单复归，现代生态农业技术也不是对传统生态农业技术的简单模仿，因而应将传统生态农业技术的精华与现代科学技术结合起来，尤其是与现代生态工程技术、生物技术、信息技术、遥感技术等结合起来，实现生态农业技术质的飞跃。再次，推动现代生态农业技术创新。现代生态农业发展需要依靠高新农业技术，目前我国的农业技术储备与开发的重点仍集中于增产增值方面，而忽视生态环境保护技术的发展，因而今后应围绕可持续农业体系的建设，搞好生态农业的理论创新，积极开发利用良种优选技术、农业信息技术、农业资源重复与循环利用技术、立体种养技术、农作物病虫害综合防治技术和节水灌溉技术等。最后，加强生态农业技术推广服务体系建设。一方面，政府有关部门和社会中介机构积极向农民提供生态农业技术的转让、咨询和服务，尽快完善生态农业技术推广服务体系；另一方面，迅速提高有关技术推广人员的业务素质，通过技术人员的言传身教提高农业劳动者的生态农业技术水准，推动我国生态农业建设。当然，要注重完善现代生态农业技术推广的支持政策体系。现代生态农业作为国家鼓励发展的新型农业模式，具有人、财、物力投入量大和技术含量高的特点，在其发展的初期须在投资、信贷、补贴、税收等方面给予政策倾斜和必要的扶持，并保证有关政策落实到位。

生态农业建设的法制保障体系还应贯彻绿色农业政策理念与推动建设生态产品市场体系，引导清洁生产和绿色消费。第一，贯彻绿色国内生产总值经济分析的政策理念，对自然资源实行资产化管理，建立农业资源和生态环境的成本核算制度与经济评价体系，把农业资源价格和环境经济成本纳入农业生产及国民经济核算体系，由对农业资源与生态环境的常规统计评估转变为资源、生态、环境的价值评估，客观反映生态农业建设的真实绩效，以促进我国农业资源的可持续利用，有效解决生态系统破坏和环境污染问题，提高农业综合效益和农产品的市场竞争力。第二，加快生态农产品市场体系建设，开拓生态农产品销售渠道。生态农产品具有技术含量高、营养丰富、无公害等鲜明特点，其价格也往往高出普通同类产品许多。因此，有机农产品能否及时顺利地销售出去，事关生产经营者的切身利益和生态农业的健康稳定发展，须加快有机农产品市场体系建设，建立专门的营销网络，疏通市场信息渠道，促进产品销售。第三，对消费者进行生态消费观念教育，提高消费者对有机食品和绿色食品的认知度。生态与绿色消费渐成国际消费潮流，有机食品和绿色食品越来越引起国际市场的重视和广大消费者的青睐，我国还有待于对公众加强生态环保和健康营养消费观念教育，引导居民健康科学消费，达到以消费促生产的目的，逐渐形成"生产—销售—消费"的良性互动与循环。

生态农业建设的法制保障体系还应通过生态农业区域规划，加快生态农业示范区与基地的建设。首先，生态农业建设是一项系统工程，需要在政府有关部门统一规划和协调下，科学安排与统筹实施，制订具有中国特色的现代生态农业发展战略；在形式上要因地制宜，积极探索丰富多彩的生态农业新模式，避免盲目照抄照搬。其次，加快我国的生态农业示范区与基地建设。充分发挥龙头企业、农民专业合作组织在资金、技术、人才、信息和市场等方面的优势，依托当地的资源优势和市场优势，引导和鼓励其建立生态农业示范区或基地，与农民建立起利益共享和风险共担的关系，逐步实现生态农业的产业化经营模式，创立生态和绿色农业品牌，提高生态农业示范区和生产基地对周边农村地区的辐射能力。同时，组织相关专家进行深入调查、科学论证、评估和规划，防止某些地方为了向上级要钱要物或赶时髦等而出现急功近利的短期行为，保证生态农业示范区和基地建设的统一、协调、规范和有序，促进我国现代生态农业持续稳健发展。

生态农业建设的法制保障体系还应改革现有农业环境保护领域的统管与分管相结合的多部门分层次的执法体制合并，逐步健全法制化的农业生态环境综合执法体制。农业生态环境综合执法并非仅指将现有农业部门以植物保护、种子、化肥、农药等监管为主的狭隘的农业生态环态监管体制合并，而是指在机构改革中，要逐步建立和健全宏观上的大农业生态环境综合执法体系：将所有涉及农业生态环境监管的行政职能集中于某一综合执法机构。在执法方面，首先，明确我国农村环境保护管理的职能与分工。可以借鉴《中华人民共和国环境保护法》的规定，将农村环境保护的职权划分界定为：国务院环保行政主管部门对全国的农村环境保护工作实施统一监督管理；各级人民政府环保行政主管部门对各自辖区内的农村环境保护工作实施统一监督管理。农业、林业、渔业等其他有关部门在各自的职权范围内依法分工负责管理农村环境保护工作。防止各部门之间的互相扯皮或互相推诿。其次，除一些确实有农村特色的事项之外，执法时应当对城乡一视同仁，防止城市污染向农村转嫁，同时防治农村中特有的一些污染和生态破坏问题。再次，可以考虑建立农村环境保护执法的联合执行机制。在1999年修订的《中华人民共和国海洋环境保护法》中，针对海洋辽阔广泛的特点专门规定了海上联合执法机制。我们认为，农村环境保护立法可借鉴这一成功经验，在农村地区、特别是政府部门建制尚不完善的地区，对环境保护执法采用联合执法的模式，使农村环境保护的法律规范能够在农村地区全面、公平的实施。在对目前已颁布的环境保护法规进行适当修改完善中，应当赋予生态环境保护执法部门以相应的强制性手段和措施，使其能够预防和制止生态环境污染和破坏事件的发生。

生态农业建设的法制保障体系还应理顺农业环境保护监管体制，明确农业生态环境保护法律责任。农业生态环境保护监督管理体制应采用统一监督管理与分工负责相结合的原则。各级环境保护行政主管部门依法对环境保护工作实施统一监督管理，各级农业行政管理部门对本辖区的农业环境实行监督管理，即具有对污染和破坏农业环境的单位或个人的现场检查权，农业领域内建设的项目、技术推广项目对农业环境影响评价报告的预审权，以及组织开展农业环境建设农业环境监测和农业环境规划等的义务。鉴于现行法律法规对农业生态环境违法行为缺少有力的法律责任规定，从而造就了农业环境执法中"无法可依"的局面。因此，农业环境保护法必须对污染和破坏农业生态环境的行为作出相应的处罚规定，并要求从重从严处理，这是进行农业生态环境保护管理工作的重要保证，而且也是最重要的最有效的措施。将农村环境状况纳入政府和官员政绩考核体系，明确地方各级人民政府首长的环境责任。没有责任，各级政府、政府部门及其工作人员，就没有严格执法的动力。①

二、生态农业发展的创新技术保障体系

我国生态农业是因地制宜利用现代科学技术并与传统农业技术相结合，充分发挥地区资源优势，依据经济发展水平及"整体、协调、循环、再生"的原则，运用系统工程方法，全面规划、合理组织农业生产，对生态脆弱和中低产地区进行综合治理，对集约化高产区进行生态功能强化环境控制，实现农业高产、优质、高效、安全和可持续发展，达到生态与经济两个系统的良性循环和经济、生态、社会三大效益的统一。生态农业在技术措施上强调因地制宜地建立多种产业部门的大农业结构，强调通过人工设计的生态工程实现生产过程中资源开发、环境保护、生态调节和生态循环；强调采用节能、节水、节省资源投入、用养结合的保护性技术措施，提高生态效益，增强生产后劲。在方法上，注重把我国传统农业精华和现代科技相结合，要求采用系统工程手段，合理组织农业生产，发挥系统整体功能；要求把工程技术、人力资源开发、立法和体制保障紧密配合，推动农业生产发展。由此可见，生态农业的大力发展必将有力地促进我国农业科学技术体系的变革，同时导致农业科学研究方法由单一的分析方法为主向着分析与综合相结合方向发展，带来一场农业综合科学研究方法上的创新。

然而，我国生态农业技术研究与应用方面主要存在以下问题：第一，生态农业核心技术不过硬，产业化水平低，在短期内与常规技术竞争中优势不突出。如农业废弃物（秸秆、畜禽粪便）资源化高效利用技术、氮肥

---

① 王权典：《生态农业发展法律调控保障体系之探讨——基于农业生态环境保护视角》，《生态经济》2011 年第 6 期。

和农药高效利用与污染防治技术、秸秆直接还田技术、保护性耕作技术等都是生态环保型核心技术，在试验研究和小规模生产中比较成功，但在大规模生产应用中效果欠佳，根本原因在于技术不过硬、不简便，产业化水平低，制约了技术的扩散与应用，迫切需要从技术物化和技术产业化的角度进一步加大研究与开发力度。第二，区域生态农业产业技术不配套。几十年来生态农业的发展证明，针对特定区域的生态农业集成技术和一系列生态农业典型工程模式（如"四位一体""猪—沼—果""林—鱼—鸭"），不仅充分体现了生态农业结构优化、技术集成的综合特点，显示了生态农业独特的优势与巨大潜力，而且代表了生态农业的发展方向，在某些地区获得了成功，但难以大规模推广。主要问题在于典型工程模式及其配套技术的组装是经验性的，对于组分间的比例、接口强化的关键点和内在作用机制及其适应的社会经济条件，缺乏科学、深入的研究。因此，不仅这些模式本身难以大规模扩大，而且更难提出创新的模式和技术。同时与区域生态农业产业化发展、无公害农产品开发相配套的集成技术十分薄弱，严重制约生态农业的产业化发展。第三，生态农业保障体系不健全。由于生态农业缺乏具体可行的标准，往往引起争论，影响生产实践。此外，我国生态农业正在向着区域化规模化方向发展，而生态农业成功的条件之一就是制订一个科学合理、可操作的规划，对区域生态农业发展尤其如此。但是长期以来在生态农业建设规划中存在两个致命的弱点：一是受传统的常规农业生产发展规划的习惯性影响，往往把生态农业规划做成了一个农林牧副渔生产综合规划，未能充分体现生态环境保护和资源高效利用的特点，更未体现市场经济条件下生态农业作为主导产业发展的新要求；二是没有充分体现区域水平的特点，具体内容往往是生态户、生态村和生态工程数量的放大，因此很难达到区域生态农业发展的预期目标。同时，以往生态农业对其产品缺乏严格的质量要求和环境监控保障，以生态农业为基础的无公害产品和环境质量控制标准不完善，缺乏全程监控体系。从全国来看，生态农业也缺乏必要的规范化管理保障体系。

因此，我国生态农业技术创新体系的主攻目标和重点内容应该包含以下几方面：第一，针对高度集约化农区和生态脆弱区农业发展面临的突出矛盾，围绕生态农业核心技术薄弱、区域生态农业产业技术体系不配套、生态农业保障体系不健全三大难题，通过生态农业关键技术创新、生态模式和技术集成创新、生态农业产业化经营管理机制创新，以强化和改善农业生态环境为基础，以生态农业关键技术的研究与开发为突破口，以支撑生态农业产业化发展的集成技术为重点，以技术经济和生态经济一体化为纽带，发挥"国家引导、地方推动、企业拉动、农民参与"的整体组合优势，以提高农业综合效益和农产品市场竞争力为主攻目标，建立不同类型区生态农业技术体系和生态农业产业化发展样板，形成区域生态农业主导产业，扶持和培育生态农业龙头企业，开发名牌无公害农产品，促进生产要素的优化组合和更高层次的生态、经济良性循环，带动我国农业生产持续发展。第二，重点建设通用型技术体系。包括农业废弃物无害化与资源化高效利用技术体系、农业面源污染防治与无公害农产品生产技术体系、有机肥和缓释肥开发技术研究体系、节水型生态农业技术体系、产业复合型生态农业优化模式与技术体系、生态型主导产业技术体系、设施生态农业技术体系等。第三，建立区域生态农业产业化技术体系。包括不同类型生态脆弱区治理开发型生态农业产业技术体系、粮食主产区开发保护型生态农业产业技术体系和集约化农区环境控制型生态农业产业技术体系。第四，建立区域生态农业发展保障体系。包括区域生态农业标准与设计、评估方法；无公害农畜产品标准和全程环境质量控制体系；区域生态农业产业发展管理体系与政策调控途径；区域生态农业发展动态监控评估与管理信息系统；区域生态农业发展战略、重大工程和对策等。①

---

① 吴文良：《论我国生态农业的技术创新与保障体系建设》，《中国农业科技导报》2001年3卷第5期。

下篇 生态旅游

这里是北纬 30 度最大的动植物基因库，这里是世界自然遗产中国南方喀斯特所在地，这里山环水绕、溪鸣谷应，雄山秀水、神奇地貌造就了这里无与伦比的自然风光。

这里文化遗迹众多，古镇、古村落星罗棋布，承载了族群互动的历史和文化记忆；这里山水之间回荡着或雄浑或悠远的号子，田间地头总有或欢快或诙谐的锣鼓奏鸣、山歌唱响，浓郁的民族风情和地方民俗形塑了这里多元而独特的文化特质。

这里是各民族聚居交融的美丽家园，是民族文化之旅最永恒的"桃花源"。

丰饶且富有特色的自然资源和人文资源互为依托、遍布渝东南各个区县，构成了渝东南地区禀赋优异、特色突出的旅游资源，使渝东南成为人们亲近自然、放松心情的最佳生态目的地。

第九章　从传统旅游到生态旅游

第一节　生态旅游的兴起

一、生态旅游概念的提出

生态旅游（eco-tourism）是一个出现于 20 世纪 80 年代中期的新概念。1985 年，罗玛丽（Michael Romeril）受到巴道斯金（Gerardo Budowski）发表于 1976 年的一篇文章的启发，首先在其学术著作中使用了 eco-tourism 这一词汇。事实上，世界自然保护联盟（IUCN）生态旅游特别顾问，墨西哥生态学家谢贝洛斯·拉斯喀瑞（Ceballos Lascurain）在 20 世纪 80 年代初期就使用了西班牙语词"ecotourismo"。而在实践方面，1973 年，加拿大森林管理处就在沿横贯加拿大的高速公路推广"ecotour（生态旅游）"这种旅游方式。追根溯源，这一概念的产生顺序应是：明确打上"生态旅游"名称的旅游形式最先出现在加拿大，首先出现于学术界则是南美学者以西班牙语使用的，然后是英文。生态旅游的定义，按照最早提出这一概念的学者谢贝洛斯·拉斯喀瑞的说法，是指"到相对未被侵扰或破坏的自然区域旅行的一种旅游方式"。该旅游方式具有特定的目标，如学习、赞美自然、欣赏自然景色及野生动植物，同时也欣赏在特定区域所发现的任何存在的文化现象（包括过去的和现在的）。

"生态旅游"为组合词，其意义核心侧重于"生态"。"生态"一词于

1869 年由德国生物学家黑克尔（Ernst Haeckel）首创，最初只在动物学领域用于为农业昆虫学学科体系的形成提供生态学依据。[①] 虽然"生态"一词最早只被限定于一个相对窄小的学科范围，强调动物的谋生方式与环境的关系，但这个概念很快就突破了学科界限，成为一个跨学科的国际性议题，诸如自然环境、大气污染、水的循环、土壤保持、生物多样性、城市问题、乡村问题等都可囊括在内。毫无疑问，"生态旅游"是随着"生态""旅游"的存在和范畴的变化发展，而衍生出来的一种带有新兴社会价值观念的旅游方式和旅游行为，它在国际社会中被广泛倡导。在 1986 年召开的国际环境会议上，生态旅游被定义为"一种常规的旅游形式"。1993 年国际生态旅游协会把生态旅游确定为"具有保护自然环境和维系当代人们生活双重责任的旅游活动"。我国在 1995 年为生态旅游做了这样的界定，生态旅游是在生态学的观点、理论指导下，享受、认识和保护自然和文化遗产，带有生态科教和科普的一种专项旅游活动。[②]

二、对生态旅游概念与内涵的讨论

旅游学本是一门新兴的学科，生态旅游作为其分支学科，则更是如此。目前，生态旅游仅仅处于一个刚刚起步的初始阶段。关于生态旅游的概念与内涵，有诸多不同的提法，反映了不同的地理、自然、文化、社会、经济以及参与者的角度而对生态旅游功能与效益的不同理解。各概念间尽管并不一致，但在一定程度上说明了生态旅游作为一种全新概念的不成熟性和不完善性，也说明了其内涵的丰富性和复杂性。生态旅游作为新生事物正处于"前科学时期"。学术界对于生态旅游的有关基本概念呈现出众说纷纭、莫衷一是的局面，对于其基本理论的探讨更未达到一个统一的认识。但近年来，国际上对生态旅游的研究已从概念探讨走向案例研究的阶段。因为理论来源于实践，只有从大量的实践中去总结、探索，才能丰富其理

---

① 尚义昌：《生态学概论》，北京大学出版社 2003 年版，第 1 页。
② 冯庆旭：《生态旅游的伦理意蕴》，《思想战线》2003 年第 4 期。

论。目前生态旅游开发的具体案例在世界上大多数国家已广泛展开，如巴西、加拿大、美国和西欧一些国家等，但其范围仅限于自然保护区或受人类影响较小的自然地带。在我国，各自然保护区和生物圈保护区也正在结合各自的实际情况，积极探讨如何开展生态旅游业，但理论和实践还没有很好地结合起来。因而生态旅游要拥有一套科学的"范式"理论，任务是艰巨的，历程更是艰难的。①

生态旅游是全球新兴的具有强大生命力而内涵丰富的旅游活动体系。但由于这一旅游活动系统尚在建设与完善过程之中，故国内外不同学者对生态旅游的概念与内涵有不同的理解和解释。其中，具有代表性的包括："生态旅游是回归大自然之旅或倡导爱护环境的旅游"；"生态旅游是在利用自然资源供人们观赏的同时，又对自然环境进行保护的一种活动"；"生态旅游是按生态学要求实现环境优化，使物质、能量良性循环，经济和社会优化、高效、和谐地发展，并有丰富的值得观赏的生态项目，以不破坏环境为特征的风景旅游活动"；"生态旅游是一种既能满足旅客游览观光自然风景又能通过旅游探索大自然奥秘，以了解和认识自然，进行环境教育的特殊旅游形式"；"生态旅游是对保护环境及维护当地居民正常安逸生活承担义务的旅游"；"生态旅游是以生态环境和生态资源为主要对象和活动形式，以欣赏大自然风光，接受生态知识的科普教育或探索和研究生态科学为主要内容及目的的一种新型综合旅游项目"；"以生态环境和自然资源为取向，所展开的一种既能获得社会经济效益，又能促进生态环境保护的边缘性生态工程和旅行活动"；"以欣赏和研究自然景观、野生动物和相应的文化特色为目标，通过为保护区筹集资金、为地方居民创造就业机会、为社会公众提供环境教育等方式而有助于自然保护和可持续发展的自然旅游"；等等。②

---

① 程占红、张金屯：《生态旅游的兴起和研究进展》，《经济地理》2001 年第 1 期。
② 骆高远：《"生态旅游"是实现旅游可持续发展的核心》，《人文地理》1999 年，增刊。

（一）生态旅游的概念

目前对生态旅游的概念众说纷纭，学术界对生态旅游的定义和对生态旅游现象的分析也很多。如加拿大环境咨询委员会（CEAC）（1992）[①] 以及史盖思（Scace，1992）等学者认为，生态旅游是一种在尊重旅游目的地社区完整性的同时，强调对生态系统保护作出有益贡献的带有自然色彩的旅行；法雷尔和鲁尼恩（Farrell B. H. &D. Runyan，1991）和卡特（Cater，1993）等人则认为，生态旅游是在促进旅游发展的同时，又使旅游者的行为不与环境保护者对环境保护的要求相悖，生态旅游目标在于通过旅游提供给旅游目的地社区必要的经济收益，并保护和提高自然生态系统的质量，生态旅游是维持健康生态系统的权宜策略；而西萨摩亚生态旅游项目组（WSNEP）（1993）[②] 则笼统地概括为，生态旅游是一种跨文化经历的文化旅游，是一种有助于自然保护事业发展的自然旅游，是一种具有一定冒险性的并对旅游目的地社区居民福利事业有利的旅游；国内学者唐锡阳（1994）也认为，生态旅游就是通过旅游为保护区积累资金，为当地人提供就业机会，给旅游者以环境教育从而有利于自然保护的自然旅游。

上述对生态旅游概念的表述各有不同，但都是在表现形式、开发动机和各自角度上的大同小异，其实质还是一致的，即把生态旅游作为一种繁荣旅游市场，辅助旅游社区脱贫和环境保护的暂时策略。落实到实际操作中就往往表现出很强的"实用性"，如生态旅游中的低技术含量的设计以及材料的就地选取等，大多出于迎合游客祈求超脱人为的、城市的纷繁杂乱生活的需求心理，而生态的完整性或持续性方面的考虑往往居于次席；[③] 对

---

① Pamela Wight, Sustainability, "Profitability and Ecotourism Markets: What Are They and How Do They Relate", from the International Conference on Central and Eastern Europe and Baltic Sea Region, "Ecotourism-Balancing Sustainability and Profitability", Estonia, (Sep. 1997).

② John Gertsakis, "Sustainable Design for Ecotourism Deserves Diversity", The Ecotourism Association of Australia National Conference-Taking the Next Steps, Nov. 1995, pp. 18 – 23.

③ Western Samoa, "National Ecotourism Programme: Tourism for the Future".

于那些所谓的生态旅游者，他们的活动只不过是体验自然环境的手段，而并非为其最终的目的。[①]

澳大利亚国家生态旅游战略（ANES，CDOT，1994）中提出"生态旅游是一种基于大自然之上的旅游，包括对自然环境的教育和解释等内容"。国内学者王尔康（1998）认为"狭义地说，生态旅游是指到很少受到人类干扰的生态环境，如深山峡谷、冰川雪峰、大漠荒野、原始森林等处去进行带有冒险性色彩和考察内容的旅游活动；广义地说，它还可以涵盖从古代文人雅士的游山玩水到现代寻常百姓在大自然中进行的游览、度假等所有活动"。[②] 王献溥等（1993）则认为"生态旅游就是一种欣赏、研究、洞悉自然和不允许破坏自然的旅游，主要以保护区为其观光对象"。

以上这些对生态旅游概念的界定，一定意义上说，是把生态旅游与传统的大众旅游混为一谈，认为生态旅游无非就是到生态环境较好的地方去观光、度假，再加上点教育成分。他们没能突出生态旅游的真正含义，而是绕开了生态旅游的真实本质，其目的是为传统旅游披上时髦的外衣，对于旅游供方来说，主要强调的是利用生态的招牌来吸引游客，而对于需求方，"则往往出现这样情况，他们的活动是以一定的金钱为代价的，理所当然地就享有行为上的自由"[③]。最终还是逃脱不了追求经济利益最大化的怪圈，使旅游业的现实困境进一步恶化。

自20世纪90年代以来，生态旅游从对传统大众旅游的反思到促成"旅游业绿化"发展，从这个角度说，生态旅游可被视为一个过程，"对于生态和社会的进步和产业的可持续发展都有重要意义"[④]。现实中对生态旅游的认可又往往走向另一个极端，认为生态旅游在旅游业中导致变革的作用也远超过在市场分类作为小规模操作运行的作用，而且"生态旅游战略的成功与否取决于生态旅游作为旅游业发展的一种途径而不是旅游业的一种组

---

① "Executive Summary on Australia Nature-Based and Ecotourism".
② 王尔康：《生态旅游和环境保护》，《旅游学刊》1998年第2期。
③ "Executive Summary on Australia Nature-Based and Ecotourism".
④ "Executive Summary on Australia Nature-Based and Ecotourism".

成形式的被认可程度"①。如美国学者苏利文（Mary Pat Sullivan，1989）曾对生态旅游作出定义："生态旅游是一种综合平衡发展经济收益的策略，也是一种对成熟和新开发的旅游目的地都有利的新生力量。"国内学者有类似的认识："生态旅游是按生态学的要求实现环境优化，使物质、能量良性循环，经济和社会优良、高效、和谐地发展，并有丰富的值得观赏的生态项目，以不破坏环境为特征的风景旅游活动。"②

总之，这种意义上的生态旅游已经不仅是一种作为特殊的专项旅游形式或产品，而是上升到了"指导思想""方法""模式"的抽象理论的高度，认为任何旅游形式只要套上生态旅游的思想模式或按照生态旅游的基本原则来管理经营，必然可以得到持续发展。生态旅游也不再局限于旅游这个框框中就事论事了，甚至于还可以把它的这种思想扩展到其他产业领域。生态旅游既是一种用于指导现实操作的思想方法，又是产业运行追求的某种目标所在，其实质上与可持续发展理论画上了等号。如此给生态旅游定位必然对生态旅游的概念造成新的混乱。

正如旅游业是整个社会经济系统可持续发展战略的一个组成部分一样，生态旅游仅是可持续旅游系统整体中的一小部分。它与整个大旅游业以及宏观的社会经济产业关系只是反映了部分与整体的关系。通过对整合社会、经济和环境目标原则的支持，生态旅游对其他旅游形式是会产生更深远的影响。但都只是映证着"部分的完善利于系统整体的优化"的基本原理，而且生态旅游的发展完善状况也或多或少地受制于大旅游产业社会经济的大环境、大背景。

生态旅游协会（TES，1991）提出，"生态旅游是一种有目的的自然区域旅游，通过旅游，游客可以增进对环境的自然、文化背景理解，同时还给保护区创造一定的经济收益，使自然资源不再是纯粹的保护，也使旅游目的地社区居民多方位受益，促进福利事业的发展"。东亚第一届国家公园

---

① Lizelle Schindler,"Background,Objectives and Activities of the Center of Ecotourism of the University of Pretoria",15,Jan. 1997.

② 卢云亭：《生态旅游与可持续旅游发展》，《经济地理》1996 年第 1 期。

与保护区会议提出,"生态旅游通过环境上敏感的旅游和设施提供的宣传以及环境教育使游人能够参观、理解、珍视和享受自然和文化区域,同时不对其生态系统或当地社会产生无法接受的影响或损害"。瓦伦丁(Valentine,1993),盖恩(Gunn,1991),阿罗克等(Allcock, Jines, Lane&Grant,1994),巴克利(Buckley,1994)[①] 等人认为"生态旅游的定义应从四个方面界定:(1)以相对没有受干扰的自然区域为基础;(2)不会导致环境破坏和环境质量的下降,在生态上是可持续的;(3)对自然旅游区的持续发展和管理有直接的贡献;(4)有一个充分适宜的管理制度"。Figgis, Richardson(1993)认为"生态旅游是一种减轻大众旅游不利的生态和社会经济影响,并通过整合自然保护、环境教育和旅游目的地社区的福利事业,促进可持续发展的旅游"[②]。

生态旅游实质上是通过减轻环境压力来平衡经济利益,通过保持旅游区景观资源和文化的完整性实现代间的利益共享和公平性,是实现旅游景观资源可持续利用的良好途径,[③] 也是发展经济可行、生态负责的、社区妥切、个人心理上能接受的可持续的旅游业的催化剂。[④] 综合前述观点,可给生态旅游下一个定义:"生态旅游通常为一种指向自然区、野生生物和传统文化的小尺度旅游,它在保持文化完整性、基本的生态过程的前提下,既利于旅游目的地的持续发展,又有利于旅游者实现旅游的审美需求,同时还是一个生态伦理道德的陶冶过程。"[⑤]

针对"生态旅游"概念的复杂性,相关学者展开了一系列定性研究和定量分析。其中,王家骏、卞显红、卢小丽、吴楚材等学者及其团队关于

---

① Peter S. Valentine, "Ecotourism and Nature Conservation", *Tourism Management*, 1993; Ercan Sirakaya, "Attitudinal Compliance with Ecotourism Guidelines", *Annals of Tourism Research*, Vol. 24, 1997; R. C. Buckley&E. Clough, "Who is Selling Ecotourim to Whom?", *Annals of Tourism Research*, Vol. 24, 1997.

② Gamini Herath, "Ecotourism Development in Australia", *Annals of Tourism Research*, Vol. 24, 1997, pp. 442 – 445.

③ 吕永龙:《生态旅游发展与规划》,《自然资源学报》1998 年第 1 期。

④ Lizelle Schindler, "Background, Objectives and Activities of the Center of Ecotourism of the University of Pretoria", 15, Jan. 1997.

⑤ 陈忠晓、王仰麟:《生态旅游刍议》,《地理学与国土研究》1999 年第 4 期。

生态旅游概念的研究，令人印象深刻。

王家骏关于"生态旅游"概念的探讨选取了国内外44个生态旅游的定义作为研究对象，通过确认关键词、对关键词进行聚类分析，将定义内容归纳为6大类11组分，进而构建生态旅游概念模型。在检验模型理论上的可靠性和实践上的适应性后，再依据模型提出生态旅游定义。见表9-1、表9-2、表9-3、图9-1。

表9-1　生态旅游定义中的关键词（典型表述）及其分类

关键词（典型表述）	分类	
审美　欣赏　教育　启蒙　学习　研究　经历	目的	
自然地区　原始自然地区　相对未受干扰、未遭污染的自然地区　非同寻常的、奇特的边远地区　具有高度生态价值和强烈生物多样性特征的地区　很少被旅游的地区　自然保护区　荒野　森林草原　文化遗产地　考古遗迹　传统地区	地点	
环境可接受性　非消费性　专项性　冒险性　体能挑战性　教育性　登山　漂流　潜水　露营　徒步旅行　独木舟　自行车旅行　观察（野生动物、鸟、蝶、鲸等）　摄影旅行　文化解读旅行	活动	
环境责任性　发展可持续性　尊重（生态系统完整性、种族与文化多样性、传统文化价值等）　最小影响　理性　和谐	指导方针	
环境敏感性　小规模　低密度　分散　协调　生态学设计	规划设计	产品提供
控制　监测　评价　调整　承载力　安全措施　出入管理　交通管理　导游服务　人力资源培训	管理实施	
保护生态系统和社会文化系统的完整性　尊重地方传统社会文化结构与风俗习惯　为知识化与社会改良提供机会	自然生态保护　社会文化生态保护	
经历　参与　关注　理解　教育　启蒙　解读　审美　情感（兴奋、真切、亲密、害怕、恐惧等）　锻炼　探究　发现	体验	预期结果

表 9 - 2 范式模型与生态旅游定义分类系统的比较

范式模型		生态旅游定义分类系统	
要素	描述	类别	描述
现象	事物所表现的外部形态与联系	活动	生态旅游活动的内容与属性
原因	导致现象发生发展的因素或变量	目的	参与生态旅游活动的原因
结构属性	产生现象的特殊背景变量及其属性	地点	生态旅游地的地域特征及其属性
介入因素	干预现象发展，对之施加影响的因素或变量	指导方针	通过立法或制定政策，对生态旅游实施导向
行动战略	对应于现象与介入因素所采取的目标行为	产品提供	在生态旅游指导方针规范下，规划、管理生态旅游产品
结果	预期或未预期的行动后果	预期结果	期望生态旅游产生的结果

表 9 - 3 44 个生态旅游定义内容与分类系统的相关程度

类别	目的	地点	活动	指导方针	产品提供		预期结果				
					规划设计	管理实施	自然生态保护	社会文化生态保护	体验	社区利益	经济利益
相关率 (%)	70.5	88.6	29.5	93.2	20.5	43.2	84.1	45.5	61.4	63.6	52.3

　　通过上述一系列的图表分析，得出"生态旅游"的概念为：生态旅游是一种非大众化的特殊旅游。通常发生在生态系统保持相对完好的自然地区及与之相伴的文化遗产地和传统社区。生态旅游者选择环境可接受性强的活动，使用资源消耗性低的设施，在欣赏、享受、学习、探究自然与文化生态的同时，承担环境保护责任，直接或间接地维护社区利益。生态旅游开发者和管理者密切联系社区居民，将自然生态和社会文化生态的保护放在首位，小规模、低密度、分散开发生态旅游资源，实施控制性管理，加强环境监测与评估。在确保生态旅游者获得非凡体验的同时，使环境变

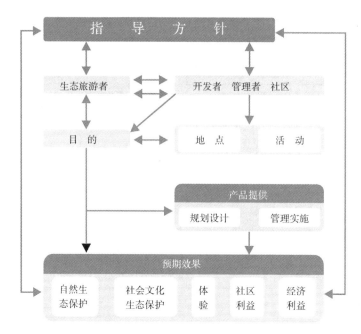

图 9-1　生态旅游概念模型

化维持在可接受范围内，使社区经济、社会可持续发展。①

卞显红及其研究团队遴选了国内外较为成功的 25 个生态旅游发展案例，定量分析这些案例的 5 个成功要素及 24 个发展战略，帮助认清目前生态旅游发展中存在的问题。见表 9-4。

表 9-4　生态旅游发展案例

序号	所在区域	研究者
1	云南碧塔海自然保护区	杨桂华等
2	长白山自然保护区	张茵等
3	吉林向海自然保护区	王国霞等
4	哈纳斯自然保护区	杨兆萍等

① 王家骏：《关于"生态旅游"概念的探讨》，《地理学与国土研究》2002 年第 1 期。

序号	所在区域	研究者
5	海南保护区	郭力华等
6	广西兴安猫儿山自然保护区	杨帆等
7	山东东营黄河三角洲自然保护区	李其等
8	江苏省扬州市	张光生等
9	河北省雾灵山自然保护区	李东义等
10	香格里拉生态旅游接待示范村；云南中甸县	邓永进等
11	香格里拉松赞林寺宗教生态旅游示范景区	潘发生等
12	广东省肇庆市鼎湖山生态旅游区	吕健
13	北京喇叭沟门自然保护区	崔国发等
14	大连蛇岛自然保护区	仲桂清等
15	湖北神农架自然保护区	张金霞
16	中华（成都）大熊猫野生动物园	鄢和琳
17	四川蜀南竹海	鄢和琳
18	伯利兹（Belize）	Kangas 等
19	肯尼亚	David；张建萍
20	斯里兰卡梅迪里吉里亚社区生态旅游	Chandra 等
21	厄瓜多尔共和国加拉帕哥斯群岛	Dvid
22	The last indigenous community in Caribbean	Vanessa
23	哥斯达黎加	Lisa；陈久和
24	库克群岛塔基图穆保护区	Anna 等
25	Windward islands in Caribbean	Christian 等

　　通过分析，卞显红等得出生态旅游发展的 5 个成功要素包括：一体化发展；规划与循序渐进地发展；教育与培训；当地利益最大化；评价与反馈等。当前生态旅游面临的问题是生态旅游发展未与当地的社会、经济、文化及环境发展一体化；缺乏较为完善的生态旅游规划与管理方案；缺乏有效的与生态旅游成功发展相关的教育与培训机制、方案、纲要；没有充分

重视当地居民的利益；缺乏有效的生态旅游效应评价与信息反馈机制等。①

卢小丽及其研究团队则更偏重中外"生态旅游"概念的比较研究，运用内容分析的方法，通过对中外当代近10—15年内40个有影响力的生态旅游概念的分析，提炼出生态旅游概念架构所遵循的8个标准规则，并以这些标准规则为基础，对中外生态旅游的概念进行比较，得出中国未来的生态旅游研究应更加关注旅游目的地管理的结论。见表9-5、表9-6、表9-7。

表9-5 生态旅游研究的不同视角

研究领域	作者	时间	研究视角
理论研究	Ceballos-Lascurain	1987	本质探索
	Allcock	1993	环境教育
	Hvenegaard	1994	自然基础
	Fennel	2001	可持续性
实证研究	Buckley	1994	组成内容
	Wallace	1996	满足要求
	Edwards	1998	语言表达
	Eagles	2001	规划管理
	王家骏	2002	概念架构

表9-6 15个标准在生态旅游概念中出现的频次

分析标准	标准出现的频次（%）			排序			一致性比较		
	综合	国外	国内	综合	国外	国内	综合	国外	国内
当地社区长期利益/利益分配	57.5	50	65	3	5	2	A = 0.88	A = 0.83	A = 0.92
民主化	12.5	10	15	10	9	6	B = 0.88	B = 0.83	B = 0.92

① 卞显红、张光生：《生态旅游发展的成功要素分析——对国内外25个生态旅游发展案例的定量研究》，《生态学杂志》2005年第6期。

续表

分析标准	标准出现的频次（%）			排序			一致性比较		
	综合	国外	国内	综合	国外	国内	综合	国外	国内
可持续性	50	50	50	6	5	3	C = 0.80	C = 0.916	C = 0.7
对保护的贡献	72.5	70	75	2	2	1	D = 0.96	D = 1	D = 0.92
监测和评估环境影响	2.5	0	5	14	11	7	E = 1	E = 1	E = 1
环境教育	55	60	50	4	3	3	F = 0.76	F = 0.75	F = 0.77
最小影响	20	35	5	9	7	7	G = 0.96	G = 1	G = 0.92
小规模	5	5	5	13	10	7	H = 1	H = 1	H = 1
道德规范/责任	52.5	55	50	5	4	3	I = 0.84	I = 0.916	I = 0.77
对公园和保护区的依赖	10	0	20	11	11	5	J = 0.92	J = 1	J = 0.85
规划管理	20	25	15	9	8	6	K = 0.96	K = 0.916	K = 1
旅游享受/体验	47.5	45	50	7	6	3	L = 0.88	L = 0.916	L = 0.85
文化熏陶	42.5	45	40	8	6	4	M = 0.96	M = 1	M = 0.92
冒险	7.5	0	15	12	11	6	N = 0.92	N = 1	N = 0.85
以自然为基础的活动	85	95	75	1	1	1	O = 0.88	O = 0.916	O = 0.85
综合一致性							R = 90.7%	R = 93.7%	R = 88%

表9-7 共用的生态旅游概念标准比较

标准规则样本1（国外）	标准规则样本2（国内）
以自然为基础的活动 为保护作贡献 环境教育 道德规范/责任 社区受益 可持续性 旅游享受/体验 文化熏陶	以自然为基础的活动 为保护作贡献 社区受益 环境教育 道德规范/责任 可持续性 旅游享受/体验 文化熏陶

通过上述一系列的图表分析，卢小丽等总结出生态旅游概念架构所遵循的 8 个标准规则为：以自然为基础、对保护的贡献、当地社区受益、环境教育、道德规范与责任、可持续性、旅游享受与体验、文化熏陶。并认为：从国内外生态旅游概念的比较来看，国内生态旅游概念所遵循的主要标准同国外的相同，这说明中国的生态旅游研究一直紧紧地跟随着国际生态旅游研究潮流。但通过比较分析，国内的生态旅游研究者和管理者也应该注意到，国外的生态旅游研究重点已逐渐从如何吸引旅游者转向如何教育旅游者，如何对生态旅游进行规划管理和最小影响等方面。国内的生态旅游研究要在关注旅游扶贫这一目标的基础上将社区受益同旅游影响研究结合起来，不但要吸引旅游者，还要在旅游者给旅游目的地带来最小影响的前提下使社区从生态旅游发展中获得更大收益，促进旅游目的地的可持续发展。①

在此之后，吴楚材及其研究团队对"生态旅游"的概念进行了总结性的研究，将前人生态旅游定义系统地归纳为"保护中心论""居民利益论""回归自然论""负责任论""原始荒野论"五种类型，并分别对这些类型进行了深入剖析。

在总结前人关于"生态旅游"概念的基础上，吴楚材研究团队提出了以"环境资源论"为核心理念的"生态旅游"概念，即认为生态旅游是以自然旅游资源为主要依托，人们为了某种目的而到良好的生态环境中去保健疗养、度假休憩、娱乐，达到认识自然、了解自然、享受自然、保护自然的目的旅游。其核心内容是"以人类最佳的生存环境因子作为主要旅游资源"。"环境资源论"的"生态旅游"定义明确地指出了生态旅游者是城市中的居民或集中居住区的居民，旅游的目的是为了解除城市恶劣环境的困扰，到生态环境很好的地方保健疗养、度假休憩、娱乐，良好的生态环境条件就是旅游资源。②

---

① 卢小丽、武春友、Holly Donohoe：《生态旅游概念识别及其比较研究——对中外 40 个生态旅游概念的定量分析》，《旅游学刊》2006 年第 2 期。

② 吴楚材等：《生态旅游定义辨析》，《中南林业科技大学学报》2009 年第 5 期。

（二）生态旅游的内涵

众多学者对"生态旅游"概念的探讨反映了其丰富内涵，也为可持续旅游产品和项目的规划设计、管理提供了科学的方向。"生态旅游"既不是旅游业发展的暂时市场策略，也不是纯粹意义上的风景观赏旅游或自然旅游，而是在兼顾旅游业和旅游社区经济发展的基础上，强调了旅游者通过环境资源的持续利用获得自然、文化、社会三方面的参与性经历。生态旅游发展引起了我们对用以支持传统旅游设计规划的理念、原则和指导思想的重新审视。[①] 生态旅游发展模式从资源管理的生态整体性和社会经济背景的异质性以及旅游者的教育、心理和生理需求的透视角度重新审视了旅游业的发展。发展生态旅游在保护和增强未来机会的同时满足现时旅游者的审美和旅游目的地社区经济社会方面的需要，是一种可持续的旅游产品而且与某种能使我们的后代赖以生存的资源基础得以维持的标准紧密相关，如生物多样性、文化完整性的保持和人类历史文化遗产的保护，基本生态过程、生命支持系统整体规划发展的保护。[②] 在对"生态旅游"进行概念辨析的同时，学界也对"生态旅游"这一概念的内涵进行了一系列深入的挖掘，这其中以王跃华、杨开忠、王敬武、卢小丽等学者及其研究团队的工作更具代表性。

王跃华及其研究团队较早关注到"生态旅游"的内涵发展，1999年，这个研究团队就公开发表了关于"生态旅游"的概念内涵从两大要点发展为三个检验标准和四个功能的论文。将国内外相关研究的成果归纳为：生态旅游的两大要点是，生态旅游的对象是自然景象和生态旅游对象不应该受到损害；生态旅游的三大标准是，旅游对象是原生、和谐的生态系统，旅游对象应该受到保护，以及社区的参与；而生态旅游的四大功能为旅游、保护、扶贫和环境教育。进而认为生态旅游活动与传统大众旅游活动相比

---

① John Gertsakis, "Sustainable Design for Ecotourism, The Ecotourism Association of Australia National Conference-Takethe Next Steps", Nov. 1995.

② 吕永龙：《生态旅游发展与规划》，《自然资源学报》1998年第1期。

有普及性、保护性、多样性、专业性和精品性的内涵特点。①

　　稍后，杨开忠及其研究团队分析了"生态旅游"的概念由来、体系构成和要素内涵，并对其发展演进进行了深入的研究，探讨了在可持续思想下生态旅游的提升，以及对旅游业健康发展的作用。该团队认为，从生态保护的角度，"生态旅游"的内涵强调环境生态持续性和环境生态与社会生态的协调持续；从旅游地发展的角度，"生态旅游"的内涵强调经济和社会综合的旅游地持续性；从生态保护和旅游地发展综合的角度，认为"生态旅游是既有利于自然保护又有利于满足旅游地当地人需要的自然旅游"。

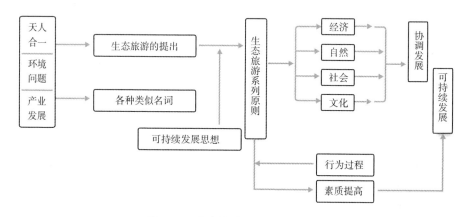

图 9-2　生态旅游概念的发展演进

　　通过分析，杨开忠等得出结论：实现生态旅游的意义主要体现在两方面：一是客观上它实现了自然、经济、社会、文化的协调发展，找到了各要素间的平衡点，达到社会总成本最小（以环境为前提）、效益最大，具有可持续的发展意义；二是主观上它实现了对人本身旅游行为的约束，修正了大众旅游的消极影响并成为大众旅游的借鉴方式，作为选择性旅游的核心构成，维护了旅游业的社会形象，并达到了最基础意义上的可持续。②

---

①　王跃华：《论生态旅游内涵的发展》，《思想战线》1999 年第 6 期。
②　杨开忠、许峰、权晓红：《生态旅游概念内涵、原则与演进》，《人文地理》2001 年第 4 期。

王敬武及其研究团队在随后的研究中关注到生态旅游理论研究的是一种类似于生态学中的生态链的平衡关系及变化规律，并认为旅游生态链是由旅游主体、旅游客体、旅游媒体（广义）和环境四要素组成。见图9－3。

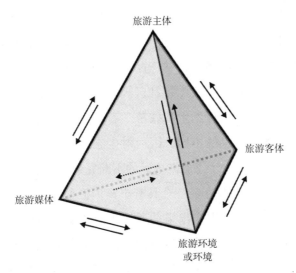

图9－3　生态旅游四要素的相互制约关系图

通过图9－3的关系分析，王敬武等得出结论：生态旅游理论在不同的地点、不同时间有着不同的应用结果，只能参照而不能随意完全照搬其他地方的经验。旅游资源的内容不同，生态旅游的平衡点就不一样。确定生态旅游之生态链的平衡点及变化幅值，以及在变化幅值内的旅游四要素的各种组合是生态旅游理论的核心和基础。所以，生态旅游理论是一个相当复杂的理论体系，建立它的独立性是重中之重。[1]

综上所述，综观国内外有关生态旅游概念和内涵的各种表述，这些不同的提法反映了不同的地理、自然、文化、经济、社会等学科知识在生态旅游概念中的渗透和交叉。各定义之间尽管并不一致，但在一定程度上说明了它作为一种全新概念的不成熟性和不完善性，也说明了其内涵的丰富

---

① 王敬武：《论生态旅游的内涵及规律》，《北京工商大学学报》（社会科学版）2005年第2期。

性和复杂性。

从生态旅游发展的历程来看，生态旅游的概念和内涵是在不断充实和完善的。它不是适应旅游市场的权宜之计，而是时代造就和需求的一种旅游产品。在20世纪80年代，学术界和实业界都是把生态旅游作为一种普通的以大自然为基础的旅游产品推向市场，但并未强调它的高品位性。在20世纪90年代，随着生态旅游研究的不断深入，其内涵得到进一步的扩充。生态旅游经历了从普通产品到特殊产品再到其类型的多样化，从走向自然到认识自然再到环境教育，从无视社区到造福社区，从生态体验到生态设计再到生态保护的发展历程。生态旅游学者和实践者由于各自所处的社会背景、出发动机和立足点的不同，因而对生态旅游的认识存在不同程度的差异，但是这些认识都为生态旅游内涵的不断完善作出了一定的贡献。

由于"生态旅游"本身是一个具有丰富内涵而又复杂的概念，不能简化它的科学涵义。否则，生产出来的所谓生态旅游产品就偏离了它应有的意义。因此，针对我国的国情，生态旅游的基本内涵应当包括以下四个基本方面：首先，生态旅游是一种以大自然为基础的高品位的旅游活动。生态旅游注重在旅游活动中人与自然的感情交流，使人们在山林、旷野、海滨领略大自然的野趣，认识大自然的规律，接纳阳光、空气、风雨的沐浴和洗礼，感受大自然的恩赐，这是生态旅游产生和发展的根本动力。其次，生态旅游是一种在感受自然过程中接受教育的旅游活动，人们在欣赏生态资源、感受大自然的恩赐，乃至体验自然环境的变化过程中，进一步认识到大自然是生命的源泉和人类发展的基础，从而学会热爱自然、尊重自然，增强保护自然的意识和责任感，接受环境和自然知识教育，提高公众保护自然的意识是生态旅游的主要目的。再次，生态旅游是一种有助于实现资源环境的可持续利用的旅游活动，生态旅游强调把旅游带给资源和环境的负面影响控制在可承受的限度内的前提下，争取尽可能大的经济收益，这是生态旅游区取得生态环境保护资金的途径之一，也是促进当地社会经济发展，提高当地人民的生活水平和改善当地环境的需要，只有得到他们的支持，生态旅游区才可能持续地发展，这是开展生态旅游的重要目标。最后，生态旅游是一种因其目的多样性而特殊设计的一种旅游活动，一方面生态旅游的多样性促成旅游参与者的多样化，成为旅游者热衷的旅游活动，这样一来势必会造成旅游者人数众多，给生态环境造成破坏，因而必须限制目前一些以"生态旅游"为幌子的旅游活动，但另一方面如果只强调生态旅游的特殊性和高品位性，把生态旅游变成一种很神秘的东西，限制了大众游客的参与，这不仅弱化了生态旅游的环境教育功能，而且会使生态旅游失去发展的基础，因此在科学地计算生态旅游区最大承载力、将负面影响控制在最小限度内和不断提高游客生态环境保护意识的前提下，积极发展生态旅游才符合生态旅游发展的实际。

基于以上认识，"生态旅游"的科学概念和内涵应该包括生态旅游是以大自然为基础，以生态学思想为指导，在保持基本的生态过程和社区整体完整性及其稳步发展的前提下，通过生态工程的实施和环境教育，最终实现人地和谐美的一种旅游活动。在这一定义中，"以大自然为基础"体现了生态旅游是走向自然；"实现人地和谐美"体现了它的高品位性；"保持基本的生态过程和社区整体完整性"体现了它的前提条件；"以生态学为指导"和"实施环境教育和生态工程"体现了它凭借的媒介和手段；"基本的生态过程和社区的稳步发展"以及"环境教育"又体现了它的两个辅助目的。[①]

三、国际上对生态旅游的一些共识

2002 年是"国际生态旅游年"，5 月 19—22 日在加拿大魁北克举行了世界生态旅游高峰会。会议发表了《魁北克生态旅游宣言》。同年 10 月 21—25 日，澳大利亚凯恩斯也举行了由联合国环境署授权的国际生态旅游年大会。这次大会还发布了《关于生态旅游伙伴关系的凯恩斯宪章》。该宪章强调："生态旅游尊重作为一个整体的土著人民以及其他地方社区、政

---

① 程占红、孔德安：《生态旅游概念的再认识》，《山西大学学报》（哲学社会科学版）2005 年第 1 期。

府、企业和社会的意愿，有利于实现可持续的经济、社会发展。通过伙伴关系，世界人民的自然、人力和金融资本可以为保护自然和文化遗产作出贡献。"①

亚洲地区的"生态旅游"更多与"可持续发展"联系在一起，2002年2月11—13日，世界旅游组织在马尔代夫召开了"亚太地区生态旅游可持续发展部长级会议"，来自亚太地区20多个国家和世界组织的近百名代表聚集在一起，共同对亚太地区生态旅游可持续发展进行了交流和研讨，并一致认为：亚太地区是全球生态旅游发展的重要地区，在生态旅游规划与开发、生态旅游规则和制度、生态旅游产品开发与促销、生态旅游监控和公平分配等方面的实践都有很多有借鉴价值的经验。并认为，生态旅游是国际旅游可持续发展的主流，科学规划是生态旅游可持续发展的重要前提，加强管理是生态旅游可持续发展的重要保障，合理的经济利益是生态旅游可持续发展的动力，加大宣传教育是生态旅游可持续发展的客观要求。②

四、国内外生态旅游的基本形式

国外开展生态旅游的形式包括：文化型生态旅游、科普型生态旅游、生活型生态旅游、自然保护型生态旅游。第一，文化型生态旅游。如德国的心脏模型游、瑞典北部土著萨米人居住区游、墨西哥玛雅文化遗址游、斐济古代文化中心游、新西兰毛利人的营地游等，是国外文化型生态旅游的优秀代表。第二，科普型生态旅游。例如美国的地震火山游、汤加的观鲸游、巴西的热带雨林游等。第三，生活型生态旅游，如日本的务农游、匈牙利的温泉游、马达加斯加的猴面包树游、印度尼西亚的岛屿游等。第四，自然保护型生态旅游。如哥斯达黎加的生态保护区游等。

---

① 张广瑞等：《生态旅游：可持续性发展的关键——2002国际生态旅游年的扫描与反思》，《中国旅游年鉴·2003》，中国旅游出版社2003年版，第77页。

② 罗明义：《生态旅游可持续发展——亚太地区部长级会议述评》，《旅游学刊》2002年第3期。

具体到中国的实际情况，我国幅员辽阔，生态环境复杂多样，既创造了多种多样的生态旅游环境，也为旅游者提供了广阔的生态旅游空间，并具有多种旅游价值。针对我国生态环境的巨大差异，可将其划分为"东部名山、江河湖泊、田园风光生态旅游区""西北草原、沙漠戈壁、雪山绿洲生态旅游区""青藏高原高寒景观、江河源头、高原湖泊生态旅游区""西南高山峡谷、岩溶风光、天然动植物园生态旅游区"等四大基本生态旅游区。[①]其中，在西南生态旅游区中，以渝东南地区为代表的武陵山少数民族生态旅游区，具有独特的气候和自然景观以及浓郁的民族风情，构成了这些地区生态旅游的一大优势。

生态旅游的发展丰富了旅游的内涵，更拓展了旅游的外延，不仅有利于解决当前的旅游环境破坏问题，而且有利于提高公众的生态意识，并产生了良好的社会、经济、生态效益。近年来，国内外生态旅游发展的形势也充分表明，它以自己独特的优势适应了时代的发展。因而可以预见，生态旅游定能展示自己广阔的发展前景，未来的旅游业将是一个生态旅游的时代。

第二节　生态旅游的功能与效益

生态旅游是对传统旅游模式的一种扬弃，它摒弃了传统旅游盲目扩大游客人数、增加旅游设施，追求短期经济利益和利润最大化，置旅游资源破坏、环境污染不顾的开发利用方式，而是倡导一种以对自然和文化旅游资源有着特殊保护责任的可持续旅游发展模式。通过生态旅游可以促进旅游资源完整性的保护，实现代际利益共享和公平性，还有利于游客提高旅游行为的层次，形成旅游的消费文化。具体而言，生态旅游的功能与效益体现在以下几个主要方面：首先，生态旅游是保护自然生态环境的一种手段，生态旅游把生态环境的承载能力作为首要考虑因素，要求人们采取符

---

① 王良健：《试论中国的生态旅游》，《人文地理》1996年第2期。

合自然生态规律和社会发展的旅游消费行为和方式。旅游者在旅游活动过程中，对生态环境的影响应该是积极的作用，在欣赏旅游景观、追求精神愉悦的同时承担相应责任和义务，生态旅游还要求经营者和当地居民也以保护环境为己任，通过人力、知识及资金方面的资助，促进当地的环境保护工作。其次，生态旅游有利于实现人类代际间的利益公平，生态旅游所赖以的自然资源，不仅是当代人可以享用的资源，而且也应该是后代人可享用的资源，为保证子孙后代能够享用到它们，使之不破坏、不浪费、不退化，生态旅游发挥着不可替代的作用，也是最佳途径，更积极的意义还在于把代内不应当开发的属代际间的资源留给后代去开发和享用。最后，生态旅游能够促进科学的旅游消费文化形成，生态旅游是一种合理、文明、健康的旅游消费，它要求人们以坚持与自然协调的方式追求健康而富有成效的生活，而不是凭借手中的权力、技术和资金，采取耗竭资源、破坏生态和污染环境满足个人爱好，求得自我发展，反映了高层次的旅游消费文化，体现了新的旅游消费文明，引导从崇尚自然、保护生态环境的意识出发，尽可能地选择符合环境标准的旅游消费品和劳务，以求达到对自然资源索取和回馈的平衡，提倡文明消费、理性消费，限制过度、盲目消费，反对畸形消费、愚昧消费、炫耀消费，其结果有利于社会精神文明的建设，推动人与自然、社会、经济等方面全面发展的共赢、互利。①

一、生态旅游的功能

对于生态旅游功能的探讨，学界在短期关注其生态功能后，大量的研究主要集中在区域可持续发展与生态扶贫功能方面。

生态旅游的生态功能主要是从四个方面实现的，包括生物多样性的展现是实现生态旅游功能的前提；人类身心和生态系统的健康是生态旅游的主题；传统文化的融入是提升生态旅游品位的有效手段；科普功能是实现

---

① 许秀杰：《生态旅游基本特征及发展对策研究》，《乡镇经济》2007年第1期。

生态旅游功能的时代要求。① 在研究生态功能的基础之上，生态旅游的区域可持续发展功能和生态扶贫功能的研究无疑更加深入和有实践意义。

有研究认为，应该站在更高的层次上将生态旅游定位于区域可持续发展的重要战略。并进一步指出，旅游形式的背后实际上是要促进环境保护和发展经济，这是生态旅游与传统旅游之间的最大区别。传统旅游只关心消费者的利益。要衡量一种旅游是生态旅游还是传统旅游，关键就是这种旅游是否促进了环境保护和当地经济社会的发展。因此，生态旅游的发展不能就生态旅游而生态旅游，不仅仅是开发出几种生态旅游的产品，或是有了某种生态旅游的形式，就能称为生态旅游了，而是要注重生态旅游的内涵，注重生态旅游发展的根本目标是促进区域开发。区域的开发可以有各种发展战略，但是我国有很多地方处于生态环境比较脆弱的状况，不适宜大规模的经济开发，一些资源比较丰富的地区则面临着资源开发枯竭以后的威胁。这些地区经济发展的压力很大，实施生态旅游具有重大的战略意义和现实作用，因为生态旅游可以平衡经济发展与环境保护之间的矛盾，解决由于旅游业开发所带来的环境问题，可以更好地促进当地自然和文化遗产的保护，提高当地群众的生活水平。因此从更高的层次和更广阔的视野来看，生态旅游不仅仅是一种旅游产品，一种旅游形式，更是一项基于可持续发展的区域开发战略。这种认识，对于进一步落实科学发展观，协调人地关系，建立和谐社会，提升我国旅游业的产业地位，使旅游业成为我国经济增长和社会发展的推进器是不无裨益的。②

另外一些研究者从扶贫的角度研究生态旅游，认为由于我国的贫困地区拥有大量独特的自然文化资源，所以生态旅游正使这些贫困地区面临大好发展机遇：一是旅游扶贫（贫困地区旅游扶贫战略）应以贫困地区特有的旅游资源为基础，以市场为导向，在政府和社会力量的扶持下，通过发展旅游业，使贫困地区的经济走上可持续发展的良性发展道路，实现贫困

---

① 章建斌、吴彩云：《试论城郊森林公园生态旅游功能的实现》，《世界林业研究》2005 年第 2 期。

② 高峻：《生态旅游：区域可持续发展战略与实践》，《旅游科学》2005 年第 6 期。

人口的脱贫致富。旅游扶贫的宗旨是通过发展旅游，实现贫困地区社会、生态和经济的可持续发展，实现综合经济利益的最大化。旅游扶贫致力于贫困人口发展机会的开发和实现贫困人口经济利益最大化，扶贫的目标定位于贫困人口的脱贫和发展，所以贫困人口如何在旅游发展中获益和增加发展机会，是旅游扶贫的核心问题。贫困人口利益的保障和发展机会的创造，是扶贫的主导目标。二是生态旅游应根据自身的特点，通过独特的形式，在满足旅游者回归自然需求的同时，致力于旅游环境的保护、当地居民生活条件的改善，实现旅游、社区各利益相关者互利互惠，共同发展。因而，生态旅游成为可持续发展的手段，在实现贫困地区资源合理、有效、多级利用上发挥着独特的作用。生态旅游致力于保护自然资源，促进当地居民的福利事业，由此可见，生态旅游的目标和旅游扶贫的目标能够达到高度的一致。①

二、生态旅游的效益

相对于宏观的功能探讨，更多的学界声音来自对生态旅游产生效益方式的研究，其中，杨桂华等研究者集中从受益者的角度分析了生态旅游的可持续发展目标模式，基于"生态旅游四体系统"理论，构建了"生态旅游可持续发展四维目标模式"。见图 9-4、图 9-5、图 9-6、图 9-7。

通过分析，杨桂华论述了生态旅游可持续发展的"静态模式"和"动态模式"，实现生态旅游可持续发展的动力源于生态旅游的多主体受益者。根据生态旅游可持续发展目标内涵的多维性、状态的差异性、受益者的多主体性的特点，应用生态学的"共生理论"，得出了生态旅游可持续发展目标实现的最佳途径是其多目标、多受益主体和谐共生的最终结论。②

---

① 郭清霞、姚立新：《生态旅游开发是旅游扶贫的最佳发展模式》，《湖北大学学报》（哲学社会科学版）2005 年第 4 期。

② 杨桂华：《生态旅游可持续发展四维目标模式探析》，《人文地理》2005 年第 5 期。

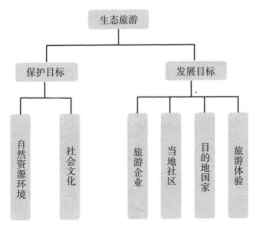

图 9 - 4　生态旅游的保护和发展二维目标模式

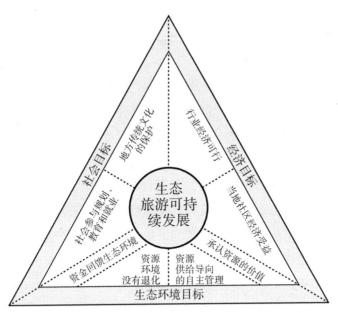

图 9 - 5　生态旅游的经济、社会和生态环境三维目标模式

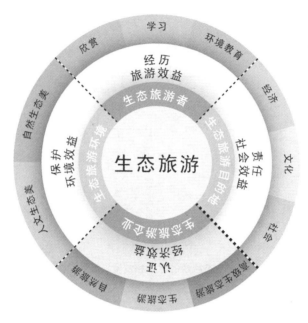

图 9-6　生态旅游四维目标系统

　　而另一部分研究团队从实际案例切入，指出生态旅游的效益由经济效益、生态效益和社会效益三大部分构成，具体表现为产生了显著的经济效益、保护了生物资源、改善了生态环境，为当地村民增加了就业岗位，拓宽了农副产品销售渠道，提高了当地居民的文化素质和增强了社会大众的环境保护意识等。生态旅游效益具有综合性、传递性、交互性和时间性等特征。进而总结，生态旅游效益有其特殊性，一般的旅游开发经营活动如主题公园等所追求的主要是经营利润的最大化，其所产生的效益主要体现在获得最佳的经济收益，而生态旅游与它们之间并不完全相同。生态旅游是在保护自然资源的前提下，以欣赏和享受优美的自然景观和生态环境为主要活动，通过生态旅游活动的开展来起到保护自然资源及生态环境，发展区域经济，推动当地社会全面健康发展的作用。生态旅游所产生的效益，就其本质来看，有着以下几个方面的基本特征。

　　第一，生态旅游效益具有综合性。生态旅游是一个复杂的自然社会经济系统，是建立在自然生态系统基础上的，其中自然资源生态系统是第一

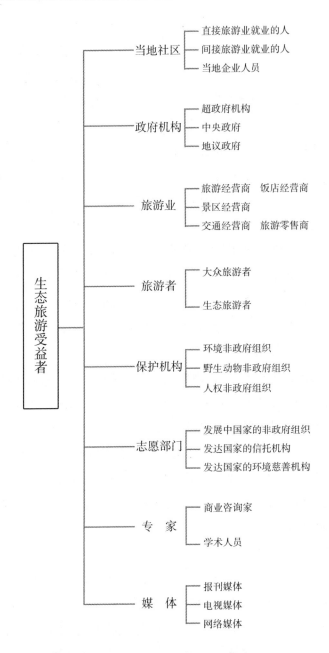

图9-7 生态旅游多主体受益者体系

位的。生态旅游是应自然保护事业发展的要求而产生和发展的，生态旅游的效益首先体现在自然资源保护、生物多样性保护和生态环境维护等方面。其次，生态旅游需要一定的资金和劳力投入才能正常运行和发展。在市场经济时代，投资需要得到相应的回报，效益也必须体现在经济效益方面。此外，跟其他人类社会进步事业一样，生态旅游的发展必须符合人类社会发展的要求，否则就没有发展的空间和余地，生态旅游的效益应体现出有助于人类社会的进步。生态旅游的效益不是单个方面的效益，而是集自然生态、经济和社会等多个方面的效益，具有很强的综合性。

第二，生态旅游效益具有传递性。生态旅游在产生效益的过程中，某种效益的产生会进一步带来其他效益的产生。经过开发经营生态旅游使生态旅游经营者和当地的广大居民从生态旅游经营和服务中获得了较大的经济收益，进而认识到了保护生态资源和自然环境的重要性。生态旅游效益系统中，有的效益生态旅游活动本身并不能够直接产生，而是需要通过其他效益产生后才能间接地得到。

第三，生态旅游效益具有交互性。生态旅游不同于一般的主题公园旅游或风景名胜古迹旅游那样清晰单纯，在生态旅游区内除了生态旅游活动以外还经常开展一些其他的经营建设活动。生态旅游区内开展的自然保护、农林特产生产示范和水资源利用等活动在效益表现方面往往存在相互交错、共同作用的情况，有时很难把它们截然分开。在生态旅游活动内部，各效益之间往往也有相互交织在一起的情况，如森林资源与生态环境效益，丰富的森林资源能带来良好的生态效益，而优良的生态环境又有利于森林植被的生长发育。

第四，生态旅游效益具有时间性。一般的旅游活动所产生的经济效益和对社会发展的效益能在较短的时间内得到体现，而生态旅游的发展情况表明生态旅游效益有所不同。对于生态旅游效益而言，不同的效益其所显现的时间存在着差异。经济效益在1—2年内就能够加以判断，对自然资源和森林生态系统的保护、增强人们的环境保护意识和提高区域内居民文化素质等基本需要3年以上的时间才能够显现出来，对当地产业结构、社会文化和意识形态的影响可能需要更长的时间才能够表现出来。

综合看来，生态旅游所产生的效益不仅是多样的，而且是相当显著的，因此对于生态旅游应该加以大力提倡和发展。生态旅游开发要取得显著的成效，首要的条件在于生态旅游地必须拥有优越的自然生态环境和优美的景观资源，以吸引众多的游客前来开展生态旅游活动，从而产生良好的经济效益，为自然资源和生态环境的保护与发展提供资金保障。其次，生态旅游开发经营者、当地政府和村民要共同参与，密切配合，利益共享，充分发挥各自在生态旅游发展和资源与环境保护中的重要作用，采取切实有效的措施来保护自然资源和生态环境，避免"假生态旅游"和"杀鸡取卵"式开发经营现象的产生。此外，在生态旅游发展中不能只强调其经济效益，还应更多地重视生态旅游对当地社会发展和生态环境改善的作用，特别是对生态旅游开发经营者来说，只有在当地社会取得进步和生态环境得到进一步改善的前提下，其预期的经济收益才能得到保障。[①]

综上所述，学者们普遍认为，生态旅游具有多种重要的功能和显著的效益，能够实现各方面的目标：保护环境，使旅游对环境、社会的负面冲击减少到最小的程度；促进资源的合理、适度开发，是资源的有效利用方式；有较好的经济收益，有助于改善旅游区、风景区、森林公园、自然保护区、植物园等经费短缺问题，促进这些产业的发展；可增加就业机会，改善社区居民生活质量；有助于培育人们热爱环境，热爱自然的环保意识，加大社会环保的力度；有助于人们回归自然，增强体验和欣赏自然的能力和水平，有助于提高和丰富生态知识；改变城市居民旅游市场需求结构和客源流向，促进旅游业层次的不断提高；提高相关学科的研究水平，有助于发现新物种，加深人们对自然生态规律的认识；协调发展与环境保护之间的矛盾，是自然保护区发展环境产业的重要渠道和有效形式，是保护环境和发展经济的最佳结合点；等等。[②]

---

① 顾蕾、姜春前：《生态旅游效益构成及特性分析》，《浙江林学院学报》2002 年第 3 期。
② 钟国平、周涛：《生态旅游若干问题探讨》，《地理学与国土研究》2002 年第 4 期。

第三节　国内外生态旅游研究

一、国外生态旅游研究热点

在生态旅游研究领域，西方学者早期大多采用实证研究的方法，侧重于旅游对区域的影响和环境保护问题，并将后者与经济发展相结合作为区域可持续发展的途径。随后，生态旅游与正确的环境伦理观念和对游客的教育联系在一起，迅速获得对区域当地文化和居民的关注，从而为生态旅游的迅速普及提供了群众基础。生态旅游涉及到各种各样的利益相关者，从旅游企业经营者、自然区管理者、当地居民到各种官方和非官方组织，即利益主体，只有在各利益主体相互合作的基础上，将旅游开发和资源保护相互衔接在一起，才可以使一个国家或地区获得自然、文化、道德和经济等多方面利益的共同实现。国外学者研究的视角主要集中于在生态旅游开发过程中如何实现自然区保护的目的，以及各相关因素和利益主体在实现这一共同目标中所起的作用等问题，主要涉及的内容包括自然区保护、经济发展、政府和非政府组织的作用、主办社区、旅游业和游客等6个方面。国外学者对生态旅游问题研究的结论及生态旅游的前景大多持乐观态度，当然，质疑这种乐观态度的也不乏其人，他们列举了许多生态系统被破坏，社区受到威胁的例子。应该承认，生态旅游开发不可避免会失去甚至破坏一些原始地域，但更应看到，生态旅游的理论基础是可持续发展思想，在这种思想的指导下，西方学者在该领域的研究确实在一定程度上取得了很大的成功，通过各种理念的传输和引导，更多受到人类或自然威胁的生态旅游地域将得到进一步的有效控制，在不同目标和各自利益导向下，利益主体的积极行动都从主观或客观层面使生态旅游持续向前发展成为可能。

二、国内生态旅游研究

（一）国内生态旅游研究的特点

1994 年，中国生态旅游协会（CETA）成立，随后（1995 年 1 月）在西双版纳召开第一次学术研讨会，并发表《发展我国生态旅游的倡议》，标志着中国的生态旅游开始进入组织化阶段。之后，有关生态旅游的研究成果在数量上迅速增多，呈现繁荣景象，生态旅游逐渐成为中国最受关注的旅游研究领域之一。

近年来，国内生态旅游研究呈现如下一些特点：

第一，生态旅游研究的学科交叉相融性。经过归类整理有关生态旅游研究文献，大致有 23 个学科背景的学者发文表达自己对生态旅游的看法或对某一区域、某一资源类型发展生态旅游的建议，虽然主要集中在地理学、旅游学、林业科学等几个学科中，但还是有众多的学科参与进来，这符合生态旅游发展的主旨。这一现象反映了进行生态旅游研究是多学科共同努力的课题，是一项系统工程，需要多学科介入或需要研究者具备多学科的知识和理论。如何拓宽研究领域，引入包括自然科学、社会科学、人文科学在内的相关学科理论、方法就显得非常必要。

第二，生态旅游研究空间分布的不均衡性。虽然绝大多数省、直辖市和自治区都有这方面的研究者，但文献多集中在北京、云南、湖南、四川、广东、江苏、福建、浙江、广西、湖北和山东。以上这些省区基本上都是旅游发展形势比较好的，从客观上也要求旅游研究深入，以便更好地指导旅游实践，有关生态旅游的研究即是此情形的反映。此外，山西、甘肃、贵州、内蒙古、新疆、海南、天津、青海、宁夏、西藏等省区的生态旅游文献明显偏少，这些省区中，有的旅游发展也比较好，如海南，但生态旅游研究文献较少，折射出这些地区旅游研究力量的薄弱，对旅游业的健康发展很不利。因此，有的学者提出需要加快西部地区旅游的基础研究，特别是有关西部地区的生态旅游、少数民族文化旅游、旅游规划的研究。

第三，旅游研究的"趋热性"。迄今为止，在国内报刊资料文献中检索到的最早有关生态旅游研究的文章，是1990年于《自然资源译丛》上发表的一篇译文——《不同旅游类型对美国弗兰特岭的生态影响》。此后在1990—1998年缓慢增长，共发表论文130篇，1999年猛增到144篇，超过了此前历年总和，占当年旅游文献量的13.3%，之后一直占当年旅游文献量的11%以上。众所周知，我国1999年定为"99生态环境游"主题旅游年，同年，在昆明举办"生态旅游与景观生态学学术研讨会"。旅游研究面临政策诱导和学术诱惑的双层吸引，促成了我国生态旅游研究的急剧升温。在旅游研究功利性的驱使下缺乏对所研究的领域进行深入发掘的热情和动力，忽视对旅游基础理论的研究而盲目趋热而显示出"趋热症"。这恐怕也是造成生态旅游研究核心作者群难以形成的主要原因，大家都把生态旅游研究当作打"擦边球"，凑热闹，不把主要精力投放与此所致。当然，这对我国整体旅游研究的水平有严重负面影响，不利于学术水平的提高，延缓学科建设。

（二）国内生态旅游研究存在的问题

由于传入时间较晚，我国学者对生态旅游的研究主要集中于生态旅游的属性、实质、生态旅游的开发条件、生态旅游规划等方面的概念引入、辩争和操作方法的尝试阶段。在研究方法、研究深度和广度、研究层次等方面都有待进一步提升。

第一，从研究方法上分析，目前我国生态旅游研究主要借鉴和利用生态学、地理学、国土开发等几个学科的相关理论，但生态旅游具有很强的学科边缘性、交叉性特征，涉及的因素较多，在今后的研究中应积极引入更多相关学科的新理论和新方法，构建独特的适合中国国情的生态旅游研究理论体系。

第二，从研究深度上分析，国内生态旅游无论是资源价值的评价还是区域开发对环境影响方面的研究，大多局限于属性探索和开发研究的初期概念辩争阶段，缺乏具有普遍适用意义的成功模式和案例，在积极完善理论体系和研究方法革新的前提下，应努力使研究向更深层次发展，任何停留在表面意义上的论证都无益于整个学科体系的构建和研究的实用性。

第三，从研究广度上分析，我国生态旅游的研究领域较为狭窄，即过度侧重于对个别领域或单项要素——如旅游规划和自然区保护的研究，而相对忽视了对其他领域如对社区居民、旅游主体行为的研究。生态旅游开发涉及的内容较广，而且各个利益主体之间的关系相互联系在一起，任何相关利益主体的行为都对整个目标的实现起着决定性作用，因此应从对单要素研究转移到全方位思考上来，积极拓展研究领域，完备研究体系。

第四，从研究层次上分析，由于国内生态旅游研究起步较晚，现有研究主要停留在描述性和阐释性的层次，也是限制我国生态旅游研究方法单一、研究深度、广度不足的根本原因。因此，这一时期应主要加强实证研究，吸收国外成熟经验，在此基础上，通过具体的总结和提炼，促进生态旅游理论的规范化和系统化，指导生态旅游良性可持续发展。

（三）国内生态旅游研究与实践趋势

生态旅游是一种新的旅游发展形式，其产生不仅在于适应了人们回归自然的需求，更在于迫切需要改变全球生态危机日益严重的形势，无疑，它的实施对于旅游区的保护和持续发展将有重大的实践意义。我国拥有十分丰富和独特的生态旅游资源，大力倡导和促进生态旅游产品的开发既符合国际旅游发展的潮流，也符合我国环境保护的国策，有利于旅游业的可持续发展。但在我国，生态旅游正处在一个刚刚起步的发展阶段，并未引起人们的重视。因此，今后一段时间我们在生态旅游的研究和实践方面，应该从如下几个角度切入：

第一，在研究内容上，生态旅游应包括旅游环境敏感度和承载力的合理确定、开展区域生态旅游的潜力分析和限制因子的探讨、如何进行环境监测和对游客进行生态意识教育、生态旅游分区的合理规划、生态旅游区产业的适宜布局、各区管理措施和各项配套的生态治理工程的确定、旅游产品的生态化设计和生态旅游的经济学研究等，这就要求理论工作者应把大量的精力和时间投入生态旅游相关理论的研究中，充实生态旅游的理论体系。

第二，在研究方法上，应坚持理论联系实际的原则，在我国生态旅游和自然保护区的开发利用还未很好地结合起来，开发后的效果还未显现出来，因此应注意国际学术和实践的动态，积极学习国外的先进经验。

第三，在研究方式上，应积极提倡跨学科的合作研究，生态旅游是一门集生态学、旅游学、地理学、社会学、管理学、环保学等各种知识的综合性学科，涉及的因素多，因而它要求决策者和管理者必须拥有广博的知识。

我们坚信，在新时期坚持生态旅游拥有灿烂的前景，因为与传统旅游相比，生态旅游具有自己独特的优越性。在追求目标上，传统旅游开发商追求利润最大化，因而以牺牲环境资源的价值来获取短期经济效益，受益者只是开发商和游客；而生态旅游则追求适宜的利润与持续维护环境资源的价值，实现开发商、游客和当地居民的共同利益。同时，生态旅游倡导采用生态管理模式，实现经济效益、生态效益和社会效益的相统一。但我们不可否认，生态旅游的实施也有其短期的限制效应。生态旅游也要求拥有良好的生态环境，要求游客和管理者拥有较强的环境意识，严格遵守景区的生态管理。但因我国人口压力大，文化素养不高，资源又十分短缺，生态环境不免又面临着或多或少的问题。如自然保护区中的核心区本应是绝对保护，以供科学监测的地段，但由于旅游活动的日益发展和保护区的经营管理不善，核心区的生物物种和自然环境已受到强烈影响。尽管如此，我们仍坚信伴随科技的进步，人类文明水平的不断提高，环境治理的技术必将获得新的突破，加上人类环境意识的不断增强，人类一定会创建一个山清水秀的家园，实现其回归自然的梦想。

第十章　渝东南民族地区生态旅游资源

　　"生态旅游资源"一词是随生态旅游活动而出现的概念，它是吸引生态旅游者"回归大自然"的客体，又是生态旅游活动得以实施和生态旅游得以形成和发展的物质基础。在生态旅游发展不够成熟的今天，由于生态旅游概念本身存在争议，致使作为生态旅游对象的生态旅游资源概念也没有公认一致的定义。现在比较为学界所接受的是1999年杨桂华提出的概念：生态旅游资源是指以生态美吸引游客前来进行生态旅游活动，为旅游业利用，在保护的前提下，能够产生可持续的生态旅游综合效益的客体。

　　生态旅游作为一种活动可视为一个系统，构成生态旅游系统的基本要素可分为四体，即主体（生态旅游者）、客体（生态旅游资源）、媒体（生态旅游业）和载体（生态旅游环境）。生态旅游资源作为生态旅游系统中的一大要素，从其定义出发，与生态旅游的四体要素密切联系。其关系如图10-1所示：

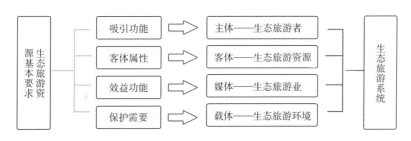

图10-1　生态旅游资源的四个基本要点与"四体生态旅游系统"

　　从图10-1中可知，生态旅游资源具有吸引生态旅游者的"吸引功能"，作为生态旅游活动对象的"客体属性"，为生态旅游业实现效益的"效益功能"和保护生态旅游环境的"保护需要"四个基本要点。

生态旅游资源概念的争议主要集中在其客体属性的具体范畴，总结起来有下述几种：

第一，自然和文化的争议。在生态旅游的最初概念的界定中，明确了生态旅游的对象，即生态旅游资源是"自然景物"，西方不少国家也严格按此来规定生态旅游的对象，尤其是美国、加拿大、澳大利亚几个生态旅游发展走在前面的国家，更是把生态旅游的对象限制在"国家公园""野生动物园""热带丛林"等纯"自然"的区域。生态旅游传至全球后，一些历史悠久的国家如东方的中国，千年悠久的历史文化已经将自然的山山水水熏染了浓浓的文化味，自然和文化是无法分离开的，在传统的"天人合一"的哲学思想指一导下，这些区域处处闪烁着人与自然和谐的"生态美"光芒。因此，中国的生态旅游资源不仅仅只是具有"自然美"的大自然，还应该包括与自然和谐、充满生态美的文化景观。

第二，"自然"的进一步争论。生态旅游传至中国后，一部分学者严格按生态旅游概念的最初要点来思考，认为只有自然才是生态旅游资源，在实际操作中，结合中国的国情，出现诸如"是否只有自然保护区才算生态旅游资源地""是否森林即为生态旅游资源"等争论。

第三，物质和精神的争论。物质性的自然保护区、森林公园等是生态旅游资源，对此争论不大，但"精神"是否是生态旅游资源却存在争议，我们认为，附着于物质景观上的精神，不仅是生态旅游资源，而且还是其灵魂，是旅游资源开发时需要发掘出的、深层次地吸引游客的精髓。只是和物质相比，"精神"是无形的，据此，我们可将生态旅游资源的物质部分视为"有形生态旅游资源"，精神部分视为"无形生态旅游资源"。其中无形生态旅游资源的内涵是蕴藏于有形旅游资源中的美学内涵、科学内涵、文化内涵、哲学内涵及环境教育内涵。①

---

① 杨桂华：《论生态旅游资源》，《思想战线》1999 年第 6 期。

第一节　渝东南民族地区生态旅游资源现状

渝东南主要是指以黔江区、彭水苗族土家族自治县、酉阳土家族苗族自治县、秀山土家族苗族自治县、武隆县和石柱土家族自治县所辖区域为主的，以武陵山区为核心的区域，幅员面积 1.98 万平方公里，境内森林资源、水能资源和物产丰富，为十分典型的喀斯特溶岩地貌区。喀斯特地貌数亿年来孕育出了鬼斧神工般具有独特美学价值的自然景观，如天下第一洞——芙蓉洞、亚洲最大的天生桥群、世界罕见的后坪天坑等，具有极大的旅游开发潜力。渝东南地区 2014 年常住人口 276.58 万，汉族、土家族、苗族等多民族同胞世世代代在这里和睦相处，节日庆典丰富而且有着色彩绚丽、风格独特的舞蹈戏剧等。渝东南是渝怀铁路的必经之地，是重庆东南出海的最短路径，同时区内有武隆喀斯特世界自然遗产，紧邻湖南凤凰、贵州梵净山等著名景区，具有重要的区域经济和旅游区位优势。丰富的自然和人文资源，便利的交通和区位优势，奠定了渝东南地区民族文化旅游发展的重要基础。深入挖掘、整理和研究区域内民族民俗文化，发展具有区域特色的文化旅游产业，对于促进区域内经济社会发展具有重大意义。①2012 年 4 月，重庆市印发了《关于加快渝东南地区旅游业发展的意见》，明确了渝东南地区旅游业发展的总体要求、主要任务和保障措施。要求发挥民俗生态优势，突出鲜明的生态和民俗特色，将生态旅游产品和民俗旅游产品作为重要旅游产品进行系统打造。2012 年 6 月，重庆市第四次党代会明确提出要积极发展渝东南地区民族特色手工业和民俗生态旅游。2013 年 9 月重庆市委四届三次全会提出了五大功能分区，渝东南被定位为生态保护发展区。这一科学定位为渝东南民俗生态旅游的发展注入了新的活力。

渝东南自然风光旖旎、民族风情绚丽、生态环境优美、生态资源丰富、

---

① 杨江民、唐世刚：《渝东南少数民族贫困地区文化旅游发展探析》，《黑龙江民族丛刊》2012 年第 4 期。

民俗文化厚重，非常适合发展民俗生态旅游。民俗生态旅游在渝东南社会、经济和旅游产业发展中具有重要的地位。经过近几年的大力建设，现已初步形成了以石柱黄水，武隆仙女山、芙蓉江，彭水摩围山、阿依河，黔江武陵仙山、小南海，阿蓬江、乌江画廊等为代表的生态旅游产品和以武隆国际山地户外运动公开赛、武陵山民俗文化艺术节、清凉黔江旅游文化节、秀山花灯文化艺术节、石柱土家民俗文化节、黄水林海旅游节、彭水娇阿依民族文化艺术节、彭水水上运动大赛、酉阳桃花源土家摆手舞节等节庆活动为主体的民俗文化旅游产品。2011 年渝东南共接待旅游者近 2450 万人次，旅游收入超过 104 亿元。到 2015 年，渝东南旅游业年接待旅游者将超过 5000 万人次以上，年均增长 30% 以上；旅游总收入 300 亿元，年均增长 35% 以上；旅游从业人员占非农就业人数的比例达到 10%；旅游收入占农民人均纯收入的比重达到 20%。其中民俗生态旅游将占据很大的比例。

　　渝东南六区县具有丰富的生态旅游资源，这是发展生态旅游的重要基础和条件。渝东南是喀斯特地貌富集区和重庆的低山、中山分布区，集山、水、林、泉、洞、峡、江等旅游资源于一体，自然生态环境优越，生态旅游资源丰富独特。该区不仅拥有石柱黄水国家森林公园、大仙女山、白马山、摩围山、大武陵山、桃花源等山岳型旅游资源，而且拥有乌江画廊、芙蓉江、阿依河、小南海、阿蓬江、酉水河、太阳湖、南天湖、郁江等峡谷水域旅游资源和武隆羊角温泉、江口温泉、彭水县坝温泉、黔江官渡温泉、石柱西沱温泉、秀山肖塘温泉、峨溶温泉、石耶温泉等众多的温泉旅游资源，并初步形成了大仙女山旅游区、大武陵山旅游区、大乌江画廊旅游区和黄水森林旅游区等四大生态旅游区。渝东南是土家族、苗族等少数民族聚居区，各少数民族纯厚古朴的民风民俗、独具魅力的民族歌舞、独具特色的民族建筑以及多姿多彩的民间文化构成了独特的民族民俗旅游资源。秀山花灯、土家族摆手舞、土家族啰儿调、南溪号子、秀山民歌、酉阳民歌、彭水鞍子苗歌、傩戏等非物质文化遗产和民族服饰、民族手工艺品、婚丧嫁娶、民族饮食、边乡风情等生产生活习俗具有突出的土家族、苗族民族风情。龚滩古镇、龙潭古镇、洪安古镇、濯水古镇、西沱古镇等古镇能再现当地少数民族建筑特色和文化。渝东南充分利用当地富集奇特的民俗旅游资源积极发展民俗生态旅游为实现城乡统筹和社会经济的可持续发展提供了新的思路和途径，在不久的将来必将体现出前所未有的优势和巨大的发展潜力。

渝东南地处集中连片特困的武陵山区核心地带，是少数民族聚居的老少边穷地区，但是其自然风景优美，国家历史文化名镇分布较多，土家族、苗族文化风情异彩纷呈，应该充分利用资源优势，开发少数民族地区特色文化生态旅游产品，发展少数民族文化生态旅游产业，加快实现民族地区的和谐发展。该区域现有世界自然遗产地1处（武隆喀斯特）、国家森林公园6处（黔江国家森林公园、仙女山国家森林公园、巴尔盖国家森林公园、黄水国家森林公园、金银山国家森林公园、茂云山国家森林公园）、国家地质公园3处（黔江小南海国家地质公园、重庆武隆岩溶国家地质公园、重庆酉阳国家地质公园）、国家级风景名胜区2处（天坑地缝风景名胜区、芙蓉江国家重点风景名胜区）、国家级历史文化名镇3处（西沱镇、龙潭镇、濯水镇）、国家级重点文物保护单位3处（赵世炎故居、南腰界红三军司令部旧址、重庆冶锌遗址群）、省级自然保护区6处（黔江武陵山、黔江小南海、武隆白马山、石柱大风堡、酉阳大板营、乌江彭水长溪河）；此外，境内还拥有南溪号子、酉阳民歌、秀山民歌等国家级非物质文化遗产。

渝东南被定位为国家重点生态功能区与重要生物多样性保护区、武陵山绿色经济发展高地、重要生态屏障、生态民俗文化旅游带和扶贫开发示范区，在重庆市五大功能区中，被定为为生态保护发展区，是全市少数民族集聚区。这意味着渝东南的首要任务是生态保护，其发展也应该是保护基础上的发展，必须要走一条绿色、环保、可持续的发展道路。渝东南生态环境优越，民族民俗风情浓郁，民俗生态旅游资源丰富。渝东南发展民俗生态旅游拥有比发展其他产业更为有利的资源条件和政策优势。渝东南通过大力发展民俗生态旅游，既可以很好地顺应区域发展定位，保护生态环境，弘扬和传承民族文化，又可以很好地发展经济，促进当地农民增收致富和社会稳定。自然生态环境的脆弱性和人文旅游资源不可逆性决定了渝东南通过积极发展民俗生态旅游，坚持走可持续发展道路的必要性和可行性。

渝东南的区域比较优势主要体现在区位优势、资源优势和市场优势三个方面。渝东南位于我国中西部结合带，与湘、黔、鄂三省联系密切，具有承西启东的作用。与重庆长江三峡、湖南张家界、凤凰古城、贵州梵净山等著名景区有较强关联性和互补性。随着交通条件的快速发展和不断完善，渝东南旅游区位优势日趋明显。渝东南由于历史等原因，经济发展较为滞后，但生态资源和民俗资源丰富独特，后发优势明显，发展潜力大。包括渝东南六区县在内的整个武陵山区涵盖了重庆、湖南、湖北、贵州四省市 49 个区市县，区域总面积达 12 万平方公里，区域总人口超过 2500 万，渝东南发展民俗生态旅游具有很强的市场优势。近五年重庆交通建设速度加快，已于 2010 年提前建成了两环八射，建成高速公路达到 2000 公里，实现西部省份高速路网密度第一，同时已经启动了第三个 1000 公里的高速公路建设规划，渝怀铁路和渝湘高速相继开通，渝东南旅游外部交通条件已得到大幅改善。随着黔恩高速、黔梁高速、黔遵高速、黔张高速、渝怀铁路二线、黔张常铁路、黔毕昭铁路、黔恩铁路等重要干线高速和铁路的建设，渝东南与重庆主城及滇、黔、湘、鄂等周边省市的旅游互动和联系更加紧密。黔江武陵山机场逐步密切与京、沪、广、深等国内一线城市的航空网线布局，仙女山机场正在论证建设，远距离的航空旅游市场将会逐渐成形。武隆仙女山、黔江小南海、酉阳桃花源等旅游公路的建设也必将提高游客通达便捷程度，实现与渝东南地区骨干线路、旅游专线的无缝衔接。总体看，渝东南的对内、对外旅游交通条件十分优越。

除此之外，渝东南生态旅游资源的重要推进开发力量，来自各级政府高度重视，使政策条件大为优化。2007 年的《渝东南地区经济社会发展规划》对渝东南地区旅游业发展作出了明确定位，确定了努力把渝东南地区建成"武陵山区经济高地，民俗生态旅游带和扶贫开发示范区"的目标任务。2008 年《重庆市渝东南地区旅游发展规划（修编）文本》对渝东南未来十年建成民俗生态旅游目的地的发展背景、发展思路、发展战略、产品建设和营销宣传等工作进行了分解和细化。2009 年 10 月武陵山经济协作区正式成立，对于推动各地将分散的旅游资源优势转化为经济优势，助推渝东南地区社会经济发展发展提供了前所未有的机遇。2011 年 10 月《重庆市旅游业发展十二五规划》再次明确将渝东南打造成为国内重要的民俗生态旅游目的地。2012 年 4 月重庆市印发了《关于加快渝东南地区旅游业发展的意见》，明确了渝东南旅游业发展的总体要求、发展目标、主要任务和保障措施。2012 年 6 月重庆市第四次党代会明确提出重庆要在西部率先建成全面小康，要大力发展旅游业，突出特色，建成国内外知名旅游目的地。要深入贯彻落实科学发展观，紧紧围绕扶贫开发、民族团结进步两大任务，切实加快渝东南脱贫致富奔小康步伐。2013 年 9 月渝东南被定为生态保护发展区，民俗生态旅游的发展适逢其时，大有可为。同时，渝东南的武隆、酉阳、黔江、石柱等区县相当重视旅游业的发展，已经将旅游业作为重点产业或者支柱产业，纷纷出台优惠政策鼓励社会各方力量参与当地旅游业的开发建设，而民俗生态旅游已经成为各区县旅游业发展的重点和特色。①

第二节　渝东南民族地区生态旅游资源的分类与特征

一、渝东南民族地区生态旅游资源的分类

生态旅游资源的分类依据包括成因依据、主导因素依据、人类利用依据、保护性依据和旅游价值依据等五个方面。具体而言，成因依据是因为生态旅游资源的形成是经几十亿年大自然的造化，人与自然上千年的共同创造和保护才得以展现其风采的。从旅游资源特征的主要因素看，若将生

---

① 汪正彬：《渝东南民俗生态旅游发展模式研究》，《重庆第二师范学院学报》2014 年第 6 期。

态旅游资源最大的审美特征从"自然美"扩展为"生态美"来考虑，则凡是具有生态美的，无论其成因是自然、人与自然营造还是保护均是其高一级分类的依据。所以生态旅游资源据其成因可以分为自然生态旅游资源、人文（或人与自然共同营造）生态旅游资源和保护生态旅游资源。主导因素依据是因为在自然生态旅游资源的进一步分类中，我们发现决定其生态系统的众多影响因素中，其中有一个是主要的，起主导作用的。我们以其为依据进一步划分为陆地生态旅游资源和水体生态旅游资源。且进一步可将陆地生态旅游资源划分为森林、草原、荒漠三类，水体生态旅游资源划分为海滨、湖泊、河流、温泉四类。人类利用依据是因为在人文生态旅游资源的进一步分类中，决定其特征的是人类当初利用自然的目的，如将自然利用于农业的营造形成的是农业生态旅游资源，利用于游赏的营造形成的是园林生态旅游资源，利用于科研和科普的营造形成的是科普生态旅游资源。保护性依据是在保护生态旅游资源进一步划分中，其保护的原动力成为这一类生态旅游资源分异的主要因素，以其为分类依据，可将其分为自然保护、文化保护、法律保护三类生态旅游资源。旅游价值依据是对生态旅游资源的第二级分类，我们以其旅游价值为划分依据。陆地生态旅游资源，若据其生态特征，可以系统地分为森林、灌丛、草原、草甸、荒漠、冻原等，这其中最有旅游价值的是森林、草原和荒漠，故陆地生态旅游资源进一步分为上述三类。同理，水体生态旅游资源中，最有旅游价值的是海滨、湖泊、河流、温泉，则其以此进一步分为四类。

根据上述五种生态旅游资源分类依据，我们采用自上而下据差异逐渐分类的方法，具体采用三级划分，第一级分为 3 个大类，第二级分为 8 类，第三级分为 26 小类，形成了生态旅游资源的分类系统。

表10-1 生态旅游资源分类系统

第一级（大类）	第二级（类）	第三级（小类）
自然生态旅游资源	陆地生态旅游资源	森林生态旅游资源、草原生态旅游资源、荒漠生态旅游资源
	水体生态旅游资源	海滨生态旅游资源、湖泊生态旅游资源、温泉生态旅游资源、河流生态旅游资源
人文（人与自然共同营造）生态旅游资源	农业生态旅游资源	田园风光生态旅游资源、牧场生态旅游资源、渔区生态旅游资源、农家生态旅游资源
	园林生态旅游资源	中国园林、西方园林
	科普生态旅游资源	植物园、天然野生动物园、自然博物馆、世界园艺博览园
保护生态旅游资源	自然保护生态旅游资源	北极生态旅游资源、南极生态旅游资源、山岳冰川生态旅游资源
	文化保护生态旅游资源	宗教名山生态旅游资源、水源林生态旅游资源
	法律保护生态旅游资源	世界遗产、自然保护区（国家公园）、森林公园、风景名胜区

根据表10-1，结合区域生态旅游资源的实际情况，我们将渝东南民族地区生态旅游资源的分类系统列表如表10-2所示。

表10-2 渝东南民族地区生态旅游资源分类系统

第一级（大类）	第二级（类）	第三级（小类）
自然生态旅游资源	陆地生态旅游资源	石柱原始森林大风堡、石柱千野草场
	水体生态旅游资源	黔江阿蓬江、武隆芙蓉江、西阳西水河
人文（人与自然共同营造）生态旅游资源	农业生态旅游资源	黔江桥梁村古枫寨、濯水古镇、板夹溪十三寨、西阳龙潭古镇、龚滩古镇、石泉古苗寨、河湾生态古寨、石柱西沱古镇、彭水郁山古镇
	园林生态旅游资源	黔江张氏庭院、草圭堂、濯水镇古建筑群、土家族吊脚楼群
	科普生态旅游资源	

第一级（大类）	第二级（类）	第三级（小类）
保护生态旅游资源	自然保护生态旅游资源	黔江灰阡梁子、武隆仙女山、天生三桥、龙水峡地缝、后坪天坑、秀山凤凰山、彭水摩围山
	文化保护生态旅游资源	酉阳阿蓬江国家湿地公园、酉水河国家湿地公园、秀山九溪十八洞
	法律保护生态旅游资源	黔江小南海、酉阳地质公园黔江国家森林公园、仰头山森林公园、酉阳巴尔盖国家森林公园、金银山国家森林公园、石柱黄水国家森林公园、茂云山国家森林公园、酉阳乌江百里画廊

二、渝东南民族地区生态旅游资源的特征

结合相关学者归纳，我们认为渝东南民族地区的生态旅游资源共有十大特征：

第一，原生性与和谐性。原生性是指生态旅游资源作为一个生态系统是原本自然生成的，如我们通常所说的"原始森林"。原生自然生态系统既包括让人赏心悦目的山清水秀的山地森林生态系统，也应该包括一望无际荒无人烟的荒漠。原生自然生态旅游资源是大自然经过几十亿年的演化，生命与当地环境磨合而成的，除了其感观上的赏心悦目，更以它丰富的美学、科学、哲学及文化内涵吸引游客。渝东南民族地区位于武陵山腹地，属巫山大娄山中山区，地势中部高，多为船形山，柱状山；东西两侧低，多为中山、低丘、溶槽、平谷、洼地。故形成东面沅江、西面乌江两大水系。全域海拔263—1895米，地形起伏较大，山势陡峭，地貌分为中山区，海拔800—1895米；低山区，海拔600—800米；槽谷和平坝区，海拔263—600米。气候属亚热带湿润季风气候区。由于境内地形复杂，海拔高低差异大，形成了特点突出的地形性气候，气温冷暖不均，季差大，雨量充沛但分配不匀，云雾多，霜雪少，日照少无霜期长，垂直气候明显。年平均气

温由海拔 280 米的 17℃递减到中山区的 11.8℃。月平均气温 1 月最冷为
3.8℃，7 月最高为 24.5℃。年降雨量一般在 1000—1500 毫米。自然灾害频
繁，素有十年九灾之说。但境内森林资源丰富，宜林面积广，全域林业用
地面积超过国土面积半数以上；境内水能资源和物产丰富；域内为十分典
型的喀斯特溶岩地貌区。

和谐性是指人类遵循生态学规律，与自然共同创造的、与自然和谐的
文化生态系统。这些生态系统的形成有的是因生产力限制顺应自然而建，
如农耕文明的田园风光；有的则是在"天人合一"的思想指导下所建，如
中国园林；有的则严格遵循自然生态学规律所建，如野生动植物园等。这
些文化生态系统都有一个共同的特征，即人与自然和谐，或者说具有和谐
之美。

第二，综合性与系统性。综合性是指生态旅游资源是由地形、地貌、
气候、水文、植物、动物及当地民族等生态因子所组成的一个综合体。如
森林，其生长离不开当地的气温、水文及土壤，其内有与之相互依存的动
物，当地人依靠它而生存和发展。渝东南民族地区的生态旅游资源亦是由
山区地形、喀斯特地貌、亚热带湿润季风气候、充沛的水力资源、丰富的
动植物资源和异彩纷呈的民族资源所组成的综合体。

系统性是指生态旅游资源系统各组分之间，系统的内部存在着相互联
系、相互依存、相互限制的关系，正是这种关系使其构成一个有机的系统。
在这个系统中存在着自己特有的生态结构特征和能量流、信息流和物质循
环，游客作为一生物体参与到这一系统的同时，也对这一生态系统的演替
发挥重要作用。渝东南地区是以少数民族旅游为主的旅游主题，少数民族
旅游不同于普通观光旅游，更注重当地本土的少数民族文化的展现以及旅
游者对这类文化的理解，而非简单的参观和模仿。旅游文化生态系统的循
环并不同于自然界物质循环，它不是周而复始的圆周运动，而是呈螺旋上
升的趋势。民族文化的开发和民族旅游发展过程中，随着旅游业发展程度
的加深，原始的、相对落后的少数民族文化必然会受到外来文化的影响，
但并不意味少数民族文化的消亡。其他文化在发展，少数民族文化也在不

断前进，对少数民族文化的保护应该是在保证其健康发展的基础上对发展偏差的纠正和发展趋势的引导。①

第三，脆弱性和保护性。脆弱性是指生态旅游资源系统对作为外界干扰的旅游开发和旅游活动承受能力是有限的，超出这一限度就会影响和破坏这一系统的稳定性。从旅游开发方面看，不了解生态旅游资源的这一特征会造成对生态旅游资源的破坏。从旅游管理方面看，只顾眼前旅游经济效益，不顾生态旅游资源承载力的过度经营必将对生态旅游资源造成破坏。针对生态旅游资源的脆弱性，为了生态旅游资源的永续利用，保护成为必然。欲在旅游开发和管理中有效地保护生态旅游资源，就必须遵循生态学规律，在开发上应坚持保护性开发原则，在管理上应杜绝旅游超载现象。

渝东南民族地区总体上对生态旅游资源的保护意识较差，生态旅游资源正在不断流失。随着经济社会的发展和对外交流的广泛，渝东南生态旅游资源的灵魂——少数民族文化正在流失，尤其是少数民族服装和语言流失最为严重。随着市场经济的发展和电视等新闻媒体的影响，价值观念渗入到原本与世隔绝的少数民族村民中去，民族文化的功利化和淡漠化现象严重，尤其是新生代的农民，从小向往城市生活，很小就外出打工，随着重庆大城市概念的提出和户籍制度的放开，很多农村的新生代农民在城市定居，其生活方式和文化内涵逐渐改变，与本民族语言和文化更加疏远，文化资源正在流失。

第四，广泛性与地域性。广泛性是指生态旅游资源作为客观存在，分布极为广泛，从天文空间规模来看，不仅地球上存在生态旅游资源，在宇宙空间也存在吸引人们前去探讨大自然之秘的东西，当然在目前的经济发展水平下只能作为"潜在"的生态旅游资源；从地理空间规模来看，整个地球，从赤道到两极，从海洋到内陆，从平原到高山都存在生态旅游资源。

---

① 赵瑞、姜辽、罗仕伟：《渝东南少数民族旅游生态系统循环机制》，《西南民族大学学报》（人文社科版）2008年第8期。

随着科技和经济的发展，过去无人问津的南极、北极也逐渐由科考转为生态旅游之地；从区域空间规模来看，不仅人烟稀少的山区，在城市附近甚至城市内也都存在生态旅游资源。渝东南民族地区相比重庆主城的城市风貌，具有丰富的乡村旅游资源，特色鲜明。渝东南水资源纵横，流域面积广，拥有乌江、小南海等峡谷、湖泊资源。渝东南位于武陵山中部，山高、坡陡，境内中低山达 76% 以上，海拔 800 米以上的土地面积占 60% 以上，夏季平均气温较低，适宜避暑度假。渝东南地貌资源类型多种多样，拥有仙女山、武陵山、黄水等国家森林公园和自然保护区，森林覆盖率极高。

地域性是指任何生态旅游资源都是在当地特有的自然及文化生态环境下形成的具有与其他地方不同的地方性特征。即大自然中，无法找到完全一致的两个地方，存在永恒的差异。如海洋和陆地不同，森林和草地不同，即便是森林，北方的森林与南方的森林不同。正是这种不同，这种差异的区域性构成了吸引游客的真正动力。渝东南民族地区地域特征显著，集合了苗族、土家族、侗族、仡佬族等少数民族，各民族形成了相对成熟、特色鲜明的农耕文化、民俗文化，其价值观念、生活习俗和建筑文化等异彩纷呈。

第五，季节性和时代性。季节性是指生态旅游资源的景致在一年中随季节而变化的特征，这一特征决定了生态旅游活动的季节变化。如春季春暖花开，适于温带地区久困严冬的人们外出；夏雨地区的夏季适合观瀑等活动；秋季红叶是九寨沟和北京西山的最佳景致；冬季白雪皑皑、千里冰封则是滑雪和观冰雕的最好季节。实质上，从时间上来看，自然景致在一日内也有变化，出现具有旅游意义的生态景致，如清晨的日出、傍晚的日落，都是人们观赏的自然生态景观。渝东南民族地区春秋两季的赏花踏青采摘等休闲旅游，夏季为躲避酷热的避暑度假旅游，冬季的山地冰雪旅游，对重庆居民具有较强的吸引力。此外，该地区拥有丰富的田园、山体等乡村旅游资源，可以充分满足市民的乡村旅游需求，从而形成四季不断的城郊乡村旅游发展格局。

时代性是指在不同的历史时期，不同的社会经济条件下，由于旅游者的兴趣的变化，旅游资源的对象是不同的。如我国现代旅游发展之初，认为只有文物古迹才是生态旅游，随着旅游业的发展，绿色旅游消费潮的兴起，自然生态也逐渐作为旅游对象而成为生态旅游资源，食农家饭、喝农家水的田园旅游也仅是近几年才兴起的生态旅游活动。相比之下，一些热极一时的人造景观却因对游客失去吸引力而从旅游资源的范畴中隐去。渝东南民族地区既有物质文化遗产，也有非物质文化遗产；既有古代传统人文，又有现代时兴文化；既有地面文化遗存，也有地下文化遗址；既有不可移动的文化遗迹，也有可移动的文化制品；既有大体量公众活动场所，又有微小型居家日常器皿等。

第六，精神价值的无限性。精神价值的无限性是指渗透于有形生态旅游资源内的无形的精神价值留给人们创造和想象的空间，和有形生态旅游资源客体在空间上的有限性相比，这一创造和想象的空间是无限的。生态旅游资源的精神价值包括美学价值、科学价值、文化价值以及环境教育价值。我们认为生态旅游资源的开发不仅仅是修路、筑桥、开饭店，更重要的是从有形的生态旅游资源中发掘出精神价值。事实也证明，一个地方旅游开发成功与否，这一点是关键。所谓生态旅游资源的价值不确定性，正是指由于其内涵精神价值挖掘得是否正确、是否精深，决定了其对游客的吸引力，进一步体现在经济效益上的表现。

渝东南民族地区的生态旅游资源具有多重的精神价值，风光旖旎的自然景观，同时作为生态旅游资源的载体，更好地体现了人文旅游资源的文化内涵，具有较高的美学价值。渝东南土家吊脚楼，无论是单体建筑还是各个单体所组成的街巷空间，体现出丰富绚丽的建筑装饰艺术，展现着优美柔和的轮廓造型和构架的科学成就，表现着"天人合一"的艺术环境；同时生活在吊脚楼中的土家民族构成的行为景观，蕴含着密切的邻里关系，反映着传统文化心态和审美意识。人的情态与自然景物及社会文化和谐地体现了土家族的生活理想、心理特征和审美情趣。渝东南民族地区有着巴渝文明特色的节庆满足了民族群众返璞归真、探求本我、实现自我的审美要求，而这样的精神愉悦是只用感官感觉所无法实现的。此外，渝东南民族地区的历史文化反映了当地的历史价值，标志着穿越时间隧道所留存下来的物质文明和精神文明的轨迹，它展现的是过去，启悟的是现在和将来。

第七，特异的民族性。特异的民族性是指受文化熏染的自然或人文生态旅游资源，在当地的自然和文化的作用下，人与自然融为一体的特征。一些风情较为浓郁的少数民族地区，都有自己的图腾，自己特有的生活方式，这些民族性各地不同，因而特异的民族性成为吸引游客的精髓所在。

从土家族和苗族在全国的分布格局看，渝东南地区不是土家族和苗族分布的中心地区，而是处在以土家族和苗族为代表的少数民族文化和汉文化交汇的边缘地带。所以，相对于重庆及内地的汉文化或其他少数民族文化以及其他国家的异域文化，渝东南土家族、苗族文化与之有较大差异，渝东南对其他地区的人将会有较大吸引力。渝东南的土家族、苗族文化与重庆其他地区的民族文化相结合，形成了既不同于汉族，又不同于其他地区土家族、苗族文化的地域性土家族、苗族文化。这种差异和特殊性就形成了渝东南地区参与全国民族旅游竞争的核心竞争力。因此，只有保持这种独特性的循环与持续，渝东南少数民族旅游才能持续发展。

第八，不可移置性与可更新性。不可移置性是指生态旅游资源由于其地域性的特征决定了它在空间上不可能完全原样地移位的特征。任何生态旅游资源都是在特定的自然地域及社会经济条件下形成的，可以移植一棵树，但不可能移去其周围的环境及相互间的关系，故整个生态系统是不可能移置的。我国曾一度时兴将不同地域上的人文旅游资源移置浓缩于一园，以吸引更多的游客，如"锦绣中华""世界公园"等，在中国旅游业发展初期，游客不甚成熟，中国经济发展与旅游需求关系不对称的状况下，这种移置景观确有市场，但随着时间的推移，游客的成熟，这种只能移其"形"而难以移其"神"的景观生命力每况愈下。认真分析不难发现，这一做法本身就是违背旅游资源"不可移置"性的规律的。人文景观移置尚且如此，生态旅游资源就更不能移置了。渝东南民族地区的生态环境得天独厚，不可移置，独特的喀斯特地貌，孕育了神奇秀美的自然风光，如地下艺术宫殿、洞穴博物馆芙蓉洞、世界最大天生桥群天生三桥、峡谷地质奇观龙水峡地缝、世界唯一地表水冲蚀而成的坪天坑群等，形成了著名的喀斯特"世界自然遗产"景观。另外，该区域山川众多，风光各异，如大仙女山、黄水林海、武陵仙山、摩围山、乌江、小南海、芙蓉江、阿依河、阿蓬江等，都是在世界其他地方难得一见的。

可更新性是指生态旅游资源由于其生态系统内生物组分的可更新性决定了它在生态规律下可以重新形成新的生态系统的特征。正是因为这一特征，我们在生态旅游开发时，可对一些过去曾被工农业及旅游影响甚至破坏的生态景观进行生态建设，如陡坡地上的退耕还林、污染水体的治理。也正是因为这一特征，使旅游业具有保护和治理环境的潜在功能。渝东南民族地区的生态旅游资源以当地的自然环境为基础，主要包括地质、地貌、水文、生物、气候、气象等要素。自然环境既是当地居民赖以生存的基础，也可能成为旅游业的卖点，如渝东南地区的黔江小南海，既是当地居民生产生活空间，也是一种旅游资源。消费者一方面是长期处在这种自然环境中的人，另一方面还包括外来旅游者。在自然界正常的物质循环中，微生物扮演着将消费者制造的残留物质进行分解并返回大自然的角色，但旅游业进入后，仅靠自然降解已不能保证当地生态环境的良性循环，这就需要人类参与到废弃物的分解处理中来，与此类工作相关的自然人和部门都可以看作是旅游业自然生态系统中的分解者。因此，在旅游业自然生态系统中物质循环和能量转换的过程涉及两层意义的循环。①

第九，市场需求的多样性。市场需求的多样性是指生态旅游者对生态旅游资源的类型、品位及空间距离的需求是不尽相同的，各种各样的。从资源类型上看，有的游客喜欢秀美的山水景观；有的喜欢一望无际的旷美的大海、平原、沙漠景观；有的喜欢高耸入云的雪山冰川景观；有的喜欢世外桃源的田园景观。从品位上看，由于高品位的生态旅游目的地意味着

---

① 赵瑞、姜辽、罗仕伟：《渝东南少数民族旅游生态系统循环机制》，《西南民族大学学报》（人文社科版）2008年第8期。

高价值，游客各自经济上的差异就决定了有人出入于世界自然遗产地；有的则寻求便宜的一般目的地。从空间距离看，游客的旅游需求是由其剩余经济和闲暇时间所决定的，一些剩余经济丰足、闲暇时间多的人往往喜欢远距离旅游，反之则寻求近距离旅游；并且，即使是同一游客，闲暇时间长的期间可能出远门旅游，而类似周末的短时间休闲往往选择近郊地。生态旅游资源旅游需求的多样性决定了其旅游开发也应以满足游客的多样需求来规划设计。

第十，旅游经营的垄断性。旅游经营的垄断性是指生态旅游资源由于其地域性和不可移置性决定了经营者具有独家经营的垄断性特征。正因为这一特征，在旅游经营上，不需要打"假"，因为游客对生态旅游资源的真假是有足够的分辨能力的，生态旅游资源的"专利权"也是受到"大自然"的保护，无人能够侵犯的。如湖南的张家界森林公园由湖南经营，美国或中国的其他任何一个地方都不可能再推出第二个张家界森林公园。① 同样，渝东南也拥有全世界独一无二、不可复制的生态旅游资源。

第三节　渝东南民族地区生态旅游资源的保护性开发

生态旅游开发与过去传统大众旅游开发比较，关键的差异在"保护"两个字上。传统的旅游开发，其开发和保护是分离的，而生态旅游的开发和保护是融为一体的，且保护是开发的根本前提，即"保护性开发"。而渝东南地区属于民族地方，关注旅游发展对目的地社会文化的影响，特别是对西部地区民族传统文化的负面影响，是目前学术界关注的一个热点问题。很多人认为必须对民族旅游进行保护性开发。保护性开发民族旅游的含义是：一方面要大力发展民族地区旅游业，使当地群众脱贫致富；另一方面又要保护民族传统文化，使优秀的民族传统文化能够传承并动态地向前发

---

① 杨桂华：《论生态旅游资源》，《思想战线》1999 年第 6 期。

展。如何才能实现这一目标，民族生态旅游无疑是一种保护性开发民族旅游的有效模式。

一个区域的生态旅游开发后要能实现旅游业可持续发展，保护的对象不仅仅是环境，还应包括社会、文化及相应的经济利益，其关系如图 10 - 2 所示：

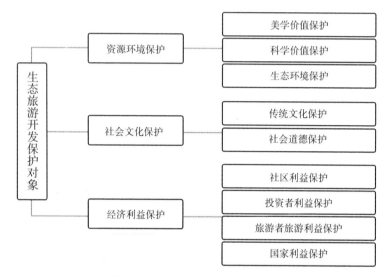

图 10 - 2　生态旅游保护对象体系

从图 10 - 2 可知，生态旅游保护对象应包括资源环境、社会文化及经济利益三大方面，每个方面的保护都对旅游业可持续发展有特殊的功能，资源环境及社会文化是旅游业可持续发展的资源基础，其中资源环境是生态旅游资源的物质载体，社会文化是生态旅游资源的精神内涵，而经济利益则是保护的动力。[①]

具体到民族地区，为了保护民族文化生态的原生性和真实性，实现民族生态旅游的目标，构建民族生态旅游项目至少要遵守以下原则：

第一，小规模开发。民族生态旅游在开发过程中，人为操作因素、人

---

①　杨桂华、王跃华：《生态旅游保护性开发新思路》，《经济地理》2000 年第 1 期。

工设施要越少越好，尽量做到"看不到"，即人工建筑必须注意与周围自然景观相协调，与当地的建筑风格相融洽，突出民族特点。根据民族地区的实际情况，现阶段"最少的规划就是最好的规划"，可以将旅游者直接安排到当地居民家中，同吃同住。给旅游者提供最原生、最淳朴的自然景观和民族风情。这种以家庭为基础的经营方式，属劳动密集型，就业人数多，操作灵活，和大规模的旅游开发相比，更能抵御旅游对民族文化的消极影响。

第二，对游客的人数进行限制。许多研究表明，旅游对当地传统文化的消极影响与旅游者的数量有着密切关系，对当地文化冲击最大的是大众旅游者，冲击最小的是零星的"探险家"。对于规模小、技术落后、生态环境脆弱的社区来说，如果旅游者人数少而且可以控制，旅游开发不仅可以发展当地经济，而且不会造成当地传统文化的商品化。因此，少数民族地区在进行民族生态旅游开发时，要更新观念，改变过去单纯追求旅游者抵达人数的做法，贯彻"低流量、高质量、高附加值"的旅游发展新哲学，对旅游者的人数进行限制，并希望他们有良好的行为规范。

第三，民族文化不能过度开发，只能实行局部对外开放。民族文化是旅游资源的源泉，但旅游资源并不等同于民族文化。一般来说，能开发成旅游对象的民族文化主要是所谓的"显在文化"，即显露在外、与特定物质关系紧密相连、有明确物质形态与之对应、人们可以直接感知，如实物、住房、服饰、交通设施、生产工具、寺院、语言、文字、风俗等；而不表现在外的由知识、态度、价值观等构成的所谓"隐性文化"，主要作用于人们的精神生活，并不以特定的物质形态表现出来，不容易被人们感知，就不适合开发成旅游对象。因为旅游者的观光、游览属于短期行为，他们更重视对民族文化的娱乐和享受，所谓求知也仅停留在民族文化的表面价值上，只是对那些有形、有声、有色、有动感、有场面、有情趣的民族文化抱有浓厚的兴趣，带有浮光掠影的意味，既无较长的时间，也缺乏相应的专业知识去深究各种民族文化现象的内涵和彼此之间的联系。因此，民族文化不能过度开发，不能将那些具有神圣精神意义或象征意义的文化要素，特别是宗教文化开发成旅游产品，向旅游者开放。因为，宗教文化在很多少数民族传统文化中长期处于神圣地位，对其他方面传统文化的生产及各民族的社会生活起过不同程度的组织、统摄作用，并形成了各种与人们日常生活相关的严密的社会规范。①

结合渝东南民族地区的实际情况，该区域内的生态旅游资源的保护性开发需要整合旅游资源，统一规划，整体开发，联合经营。突出民族风情和山水生态特征，坚持政府引导与市场运作相结合，加大民俗文化保护开发力度，有序开发旅游产品，配套完善旅游基础设施，把旅游业作为渝东南地区的优势产业，建成大武陵山区重要休闲旅游基地、国内重要民俗生态旅游带。具体而言，应从以下方面入手：

第一，实施统筹规划和整体开发。利用渝东南地区山同脉、水同源、人同根、风同俗的资源同构性特点，统筹规划旅游发展。围绕原生态自然山水、原创性地方文化、原本性民俗乡韵、原真性民族风情的保护与开发，整合特色旅游资源，突出整体板块建设，塑造整体品牌形象，着力打造旅游精品景区。依托渝东南陆水空立体交通网络，串联各大小旅游景区和城镇结点，形成"一网多点"的渝东南民俗观光旅游体系，建成以神奇山水观光和民族风情体验旅游为重点的国内知名的生态与民族风情体验旅游目的地。

第二，着力打造民俗生态旅游精品景区。依托武隆喀斯特世界自然遗产，整合武隆仙女山国家森林公园等旅游资源，建设以南方喀斯特地质奇观和连片南国高山草场、高山湖泊为特色，以观光游览、生态休闲度假和户外山地康体运动为主题的南方喀斯特世界自然遗产地生态旅游区。依托黔江小南海组团，加快开发以地震遗迹奇观、武陵山乡、湖光山色、民族风情为特色，以生态休闲度假、山乡风情体验、科考观光修学为主题的小南海武陵山乡旅游区。依托乌江画廊主轴及其支流，结合乌江水电梯级开发，加快打造以峡江风貌、古镇山寨、梯级水电、民族民俗风情为特色，

---

① 马晓京：《民族生态旅游：保护性开发民族旅游的有效模式》，《人文地理》2003年第3期。

以峡湖观光休闲、古镇怀旧、水电奇观、风情体验为主题的乌江风情画廊旅游区。依托石柱黄水国家森林公园，加快开发以原始森林、高山湖泊、幽奇峡谷、秀美草场为特色，以避暑休闲、生态观光、民俗体验为主题的黄水森林湖泊旅游区。

第三，协作开发旅游精品线路。打破行政区划制约，坚持资源共享、产品互补、客源互流，统一有序地联合开发跨县域旅游线路。充分利用世界自然遗产品牌效益，以南方喀斯特世界自然遗产地生态旅游区为龙头，依托渝怀铁路、渝湘高速公路等交通干线，联合打造"天坑三桥（芙蓉洞、仙女山）—小南海（武陵仙山）—阿蓬江—乌江画廊（龚滩古镇）"旅游热线，带动渝东南腹地民俗旅游资源整体开发。利用四省（市）通衢的特殊区位，开放旅游通道，主动联合周边景区协作开发跨区域旅游环线。重点打造西与重庆主城接轨的武隆旅游结点、南与中南诸省市衔接的秀山旅游结点以及北与长江三峡联结的石柱旅游结点。依托武隆、石柱两大结点，加强与"一小时经济圈"、渝东北翼的协作联合，合力打造"大足石刻—主城区山水都市—喀斯特自然遗产—长江三峡"旅游精品线路；利用秀山旅游中转集散功能，促进渝东南民俗生态旅游带与张家界、凤凰古镇、梵净山、里耶秦简等大武陵山区景区（点）联动开发，协同构建大武陵山区旅游环线。

第四，协力创建渝东南地区旅游品牌。按照"武陵山水，风情画廊"的主题形象定位和"武陵仙山，乌江画廊；生态山水，地质奇观；古镇边城，桃源故里；花灯啰调，民族风情"的形象定位，统一渝东南地区旅游主题定位，实行主题营销、品牌营销、标识营销，加强优势旅游项目策划。充分利用武陵山民族文化节、武隆国际山地户外运动公开赛、重庆三峡国际旅游节、重庆森林旅游节等重大活动进行宣传和招商，提升渝东南旅游整体形象，协力创建渝东南地区旅游品牌。

在修炼好上述四条"内功"之外，还应继续向外延伸和拓展，突破行政区边界，形成国内统一大市场，构建地缘经济协作区。充分利用日益改善的交通及区位条件，在加强板块内部协作的同时，积极主动联结周边及东部地区，以共同构建连接成渝经济区、泛珠三角经济区、华中地区的大通道，成为承接三大区域要素流动、产业转移和配套的战略平台。充分发挥渝东南各区县位优势，利用快速交通干线和联线，形成外延内聚的开放格局、集聚辐射湘（西）黔（北）武陵山区的"桥头堡"和通向东南沿海的重要口岸。①

---

① 冯佺光、赖景生：《山地化民俗生态旅游经济协同开发研究——以三峡库区生态经济区重庆市东南翼的少数民族聚居地为例》，《农业现代化研究》2009年第5期。

第十一章　渝东南民族地区生态旅游环境

20世纪90年代以来，随着国际范围内对生态旅游研究的深入，中国于1995年召开了第一次全国生态旅游研讨会，对生态旅游的产生原因、科学含义、规划管理以及区域生态旅游的发展等问题展开了全面讨论。对生态旅游含义的主要说法有：

第一，生态旅游是在生态学的观点、理论指导下，享受、认识、保护自然和文化遗产，带有生态科教和科普色彩的一种特殊形式的专项旅游活动。

第二，生态旅游是以享受和了解大自然为目的而进行的一种旅游活动；通过这种旅游活动，可使人们更加热爱和自觉保护大自然。

第三，生态旅游是在自然环境中，对生态和文化有着特别感受并负有责任的一种旅游活动；其中，森林旅游最为广大旅游者所钟情。

第四，生态旅游应把生态保护作为既定前提，把环境教育和自然知识普及作为核心，是一种求知型的高层次旅游活动；而不应把生态消费放在首位，不惜以生态消耗为代价来满足旅游者的需求和获得经济收益。

第五，生态旅游应正名为"生态保护旅游"。通过生态旅游，唤起人们的环保意识，让人们参与环保活动，使生态环境得到保护和进一步完善。而缓解和消除旅游与环保的矛盾，则是开发生态旅游的宗旨。

第六，生态旅游是以丰富的人文景观和自然景观为基础，以适度开发为原则，以最终可持续发展为目标的返璞归真、回归自然的旅游行为。

对生态旅游的种种解释虽然不尽相同，但有几点却比较一致，即：保护较好的自然环境是生态旅游的基本前提；生态旅游的对象是生态环境，通过生态旅游，可使人接受生态教育，获得生态知识，优化生态环境，增强环保意识；生态旅游具有持续性，可持续发展是生态旅游的趋势。据此，可将生态旅游的含义概括为：生态旅游是指为缓解社会生活与生态环境的矛盾，人们到特定的生态环境中，欣赏生态景观，感受生态氛围，增强环保意识，促进环保行为，与生态环境和谐相处，融为一体，良性互动，共同受益的活动。

在这一定义中，"缓解社会生活与生态环境的矛盾"是生态旅游的目的；"欣赏生态景观，感受生态氛围，增强环保意识，促进环保行为"是生态旅游的核心和实质；"与生态环境和谐相处，融为一体，良性互动，共同受益"是生态旅游的归宿。①

第一节　渝东南民族地区的生态环境构成

生态旅游是生态文明的重要组成部分，而生态文明的最终实践目的是建立人与自然、社会、经济和谐发展的生态文明社会。生态文明社会在本质上就是一种生态社会，它是以可持续发展为目标，是实现人类、自然、经济、社会全面持续发展的新型社会。而构建生态文明社会，最重要的就是社会环境构成的生态化。所谓环境构成的生态化，就是要求我们构建生态化的人类生存环境系统。按照环境自身的性质，人类赖以生存的环境可以分为自然环境、社会环境和经济环境；按照产业结构、人口结构和空间结构的不同，可以分为城市环境和乡村环境。城市是人口高度密集的地方，它不但是社会经济、文化和交通聚散的枢纽，同时也是人类文明发展到一定阶段的产物。城市的出现是人口快速增长和国民经济蓬勃发展的结果。在城市里，每天都有大量的废气、废水和废渣排放，自然生态环境系统遭受到了严重的破坏，人类活动日益强烈，所以城市生态系统是典型的人工生态环境系统。但在乡下农村，人口比较稀疏和分散，人类的活动比较简

---

① 郑本法：《生态旅游与环境保护》，《甘肃社会科学》2004 年第 4 期。

单，自然生态系统相对比较完整，因此，乡村生态环境系统是典型的自然生态环境系统。环境构成的生态化，主要就是要建设城乡一体生态化环境，就是要改变城乡二元结构，将城市和乡村统筹规划，城带乡、乡促城、乡城互动、优势互补、和谐发展、协同进步，创造城乡环境联网的城乡一体生态化格局，使城乡生态环境系统成为一个健康发展、和谐统一的有机整体。

具体到渝东南民族地区的实际情况看来，渝东南民族地区自然生态状况良好，具体表现为植被覆盖率高，生物多样性明显，生物链较完整，当地居民长期与生态环境友好、和谐地相处，生态系统实现了可持续发展。这是因为渝东南民族地区地形多为山地、丘陵，自古交通不便，与外界的人流、物流、信息流、资金流等交流不畅，从而形成了相对封闭、发展缓慢且保存较好的自然生态环境。同时，当地苗族、土家族居民淳朴的民风、平和的心态也促成了人地关系的良性互动。然而，新世纪以来汹涌而来的新型城市（镇）化浪潮，呼唤城乡生态环境系统一体化建设。应该看到，城市化的恶性膨胀，严重破坏了其生态环境系统。

满足发展生态旅游的诉求，必须以维护、建设和完善渝东南民族地区生态化的自然环境系统为前提。自然环境系统以自然环境为主线，包括人类赖以生存的基本物质环境，如太阳、空气、水、气候、土壤、植物、动物、微生物、矿藏以及其他自然景观。它们共同构成了有一定组成结构和功能的整体系统，其分布极为广泛，类型也极为丰富，在生态环境系统中扮演着不可或缺的重要角色。例如植物具有强大的生态服务功能，如提供新鲜空气、水土保持、降解污染、营养物质再生循环等。其实，自然环境本来就是一个完整的生态循环系统，具有完整性。这种完整性，是自然生态环境系统的一种综合能力，是自然生态环境系统支撑和维持同本区域自然生态环境相一致的、平衡而完整的、有适应能力的、有一定物种组成的、生物多样性的、有一定功能特性的生物群落的能力。自然生态环境系统的完整性是自然环境系统功能的重要体现，它是指在没有大的人类干扰下自然进化的环境和生态系统的状况。这种完整性主要参考原始系统，包括物种的组成、生物的多样性以及功能组织等。现代城市的过度膨胀，破坏了城乡自然生态系统的良性循环，打破了它的完整性。要恢复和保护自然生态系统的完整性，就要统筹城乡自然环境规划和建设、加强环境整治、推进环保基础设施建设、推进生态保护、大力搞好绿化美化工作、大量种植花草树木，形成"院在林中，房在树中，人在绿中"的自然生态绿化格局，建设城乡一体的大环境绿化系统，还原和维护城乡自然生态系统的循环网络，构建和恢复城乡一体化自然生态环境，保护自然环境系统的自组织功能和自净化功能。这样，城市发展和人类活动代谢出的废物，才能在有机统一的城乡一体化自然环境系统中得到及时的净化，以保证人类生产和生活的自然生态环境的有序、健康、持续发展，为创造城乡一体化的生态化环境系统提供必要的生态化的自然环境。

在此基础之上，建设城乡一体化复合生态环境系统，使城乡自然环境、经济环境和社会环境三大系统达到有机统一。城乡一体化的复合生态环境系统，是一个以人为中心，由自然、经济和社会三个子系统共同组成的开放性的复合生态系统。三个子系统相互交织在一起，结构复杂，功能多样，相辅相成，相克相生，构成了城乡一体化复合生态系统的矛盾运动。要建设城乡一体化的生态环境系统，必须使城乡自然环境、经济环境、社会环境等系统达到有机统一的完整性，即城乡一体化的复合生态环境系统的完整性。这种完整性就是城乡一体化的复合生态环境系统的健康性、自组织性，是指整个复合生态环境系统支撑和维持与城乡一体化区域自然环境相一致的、平衡而完整的、有适应能力的、有一定物种组成的、生物多样的、有一定功能特性的生物群落的综合能力，是整个复合生态环境系统满足人类物质需求和精神愿望的能力。城乡一体化的复合生态环境系统的完整性、健康性的恢复和建设，可通过模仿自然系统受干扰后恢复的过程来促进。完整、健康的复合生态环境系统，能够使能量和营养物质良性循环，具有良好的群落结构、多样性、稳定性、抵抗力、恢复力、生产力、自组织调节功能、生态系统服务功能（包括物质的和精神的）等，它能够有效地为生命系统提供支持。健康而完整的复合生态环境体系，符合人类健康水平、技术发展水平、经济的可持续性、公众环境意识等，有着优良的生态价值、社会价值、经济价值、美学价值。[①]

第二节　渝东南民族地区生态旅游环境容量

旅游环境容量又称为旅游容量或旅游承载能力。承载力概念最早出现于生态学的研究，即"某一特定环境条件下（主要指生存空间、营养物质、阳光等生态因子的组合），某种个体存在数量的最高极限"。后来这一术语被应用于环境科学中，便形成了"环境承载力"的概念，它被定义为在某一时期、某种状态或条件下，某地区的环境所能承受的人类活动的阈值。旅游环境承载力则是上述概念派生出来的一个具体概念，崔凤军将其定义表述为：在某一旅游地环境（指旅游环境系统）的现存状态和结构组合不发生对当代人（包括旅游者和当地居民）及未来人有害变化（如环境美学价值的损减、生态系统的破坏、环境污染、舒适度减弱等过程）的前提下，在一定时期内旅游地（或景点、景区）所能承受的旅游者人数。[②]

国外对于旅游环境容量的系统研究始于 20 世纪 60 年代。1964 年，美国学者韦格（J. Alan Wagar）出版了他的学术专著《具有游憩功能的荒野地的环境容量》。韦格认为，游憩环境容量是指一个游憩地区能够长期维持旅游品质的游憩使用量。1971 年，里蒙（Lim）和史迪科（George H. Stankey）对游憩环境容量问题做了进一步的讨论，提出：游憩环境容量是指某一地区，在一定时间内，维持一定水准给旅游者使用，而不破坏环境和影响游客体验的利用强度。此后关心旅游环境容量问题的人逐渐增多，从 20 世纪 60 年代到 80 年代，是游憩环境容量研究的高峰年代。到 20 世纪 70 年代末，美国的主要大学几乎都有学者研究环境容量问题。[③]

---

① 岳友熙、岳翔宇：《论生态文明社会环境构成的生态化建设》，《山东理工大学学报》2013年4月。

② 崔凤军：《论旅游环境承载力》，《经济地理》1995 年第 1 期。

③ 杨锐：《从游客环境容量到 LAC 理论》，《旅游学刊》2003 年第 5 期。

国内对于旅游环境容量的研究相对较晚，赵红红（1983）、刘振礼和金健（1985）曾先后就旅游容量问题做了概念上的初步探讨和计算上的尝试；保继刚（1987）对于北京颐和园的旅游环境容量做了一个较为翔实的个案研究；楚义芳（1989）吸收国际上的研究成果，对旅游容量的概念体系、旅游容量的量测及其研究方向做了较为系统的研究；刘晓冰等（1996）对国内外旅游环境研究，包括旅游环境容量问题做了系统综述；崔凤军等（1997）就泰山的旅游环境承载力做了研究。

总的来说，我国学者对于旅游环境容量的研究已经取得了一批很有价值的研究成果，并且在旅游规划和管理的具体实践中得到了广泛的应用。国家旅游局（2003）制定的《旅游规划通则》的附录 A 中，就是依据已有的研究成果，将旅游容量分为空间容量、设施容量、生态容量和社会心理容量四类，并提出，对一个旅游区来说，日空间容量与日设施容量的测算是最基本的要求。附录中还列出了日空间容量与日设施容量的量测公式。

对比国内外旅游环境容量的研究，可以发现，国外与国内旅游环境容量的研究与应用走的是两条不同的技术路线。国外对于旅游环境容量研究是以游憩体验管理概念为出发点，其着眼点主要是放在控制环境影响方面，只有在非直接（管理游客）的方法行不通时，再来控制游客人数。我国的旅游环境容量研究，特别是在旅游规划和管理实践当中，基本上是以控制游客人数为着眼点，在应用旅游环境容量量化模型时，也是以游客人数为最终的指标。应该说，这两种不同的技术路线一方面反映了我国旅游环境容量研究和管理水平与国外还存在差距，另一方面也反映出我国的国情特点。在人口数量大、旅游业发展迅速、人口整体素质较低、旅游区管理水平不高等国情因素制约下，现阶段以旅游者数量作为旅游环境容量研究的最终指标仍然具有较强的实践意义。[1]

然而，由于旅游环境承载力是从保护旅游资源的角度出发的一个非常复杂的概念体系，它以旅游环境系统为基础，综合了社会、经济、自然环

① 刘益：《大型风景旅游区旅游环境容量测算方法的再探讨》，《旅游学刊》2004 年第 6 期。

境等方面因素在内的一项评价指标。目前大多数文献资料都采取如下的方法对某一特定旅游地的旅游环境容量进行计算：首先确定出旅游地的五项基本容量。旅游资源容量是在保持旅游资源质量的前提下，一定时间内旅游资源所能容纳的旅游活动量；旅游生态容量是一定时间内旅游地域的自然生态环境不致退化的前提下，旅游场所能容纳的旅游活动量；旅游经济容量指一定时间一定区域范围内经济发展程度所决定的能够接纳的旅游活动量；旅游心理容量是指旅游者于某一地域从事旅游活动时，在不降低活动质量的条件下，地域所能容纳的旅游活动最大量，也称旅游感知容量，旅游心理容量可反映出游客的满意程度；旅游社会容量是旅游接待地区的人口构成、宗教信仰、民情风俗、生活方式和社会开化程度所决定的当地居民可以承受的旅游者数量。遵循"利比希最低因子定律"（即木桶效应），该旅游地的旅游环境容量在理论上就应当等于各个分项的最小值。[1]这是目前被广泛用来计算旅游环境容量的方法，其理论核心为：旅游环境容量往往受到某种或某几种限制因子的作用，容量的大小取决于那些表现不佳的限制因子。[2]

　　渝东南民族地区属我国西南喀斯特山区，土层薄瘠，水土流失严重，石漠化严重，生态环境非常脆弱，其旅游业发展也相对滞后。但从旅游发展的角度看，贫困山区的"穷山恶水"就成了"青山绿水"，"穷乡僻壤"就成了"自然生态"和"特色民俗"。更为重要的是，要真正和持续地实现这些资源的价值，必须保护其原生态、原文化，资源利用模式从物质型的掠夺转换为审美型的利用，从而引入了生态环境保护和民族文化保护的经济机制，实现保护与开发双赢的可能性可由此展现，"贫困陷阱"的恶性循环链条可由此打破。本小节选取渝东南民族地区最具代表性的景点——黄水国家森林公园，运用动态改进层次分析法（ADIHP），从承载力指标构架、旅游地空间区划和旅游地季节性波动等三个方面，对森林公园旅游环

---

　　①　张钦凯、唐铭：《石窟类景观旅游环境容量测算与调控的探讨——以敦煌莫高窟为例》，《兰州大学学报》2010年专辑。

　　②　范虹、张春云：《旅游环境容量的评价方式及应用》，《科技情报开发与经济》2006年第5期。

境容量进行探索。

森林公园旅游环境承载力是指在一定时间和空间范围内，自然生态环境不致退化和环境质量不下降的前提下，森林公园所能容纳游客的数量。合理控制环境承载力是景观资源永续利用和保持旅游业可持续发展的根本保证，是公园取得最佳经济效益的重要前提，也是规划设计和组织管理机构决策的重要依据之一。森林公园旅游环境承载力主要由自然环境承载力、经济环境承载力和社会环境承载力构成，各分量指标都是在时间和空间上对旅游活动强度的衡量。

森林公园的自然环境承载力包括景区大气净化能力和污染物处理能力。大气净化能力是森林公园生态环境系统对旅游活动起限制性作用的主要因素，主要体现为植被的氧气供应量或对二氧化碳的净化量。污染物处理能力主要取决于三个变量：一是森林公园生态环境系统净化与吸收污染物的能力，二是森林公园人工系统处理污染物的能力，三是单位时间内人均产生污染物的数量。考虑到生态环境系统对污染物的自然净化能力很慢，而人工方式处理污染物的作用很大，景区污染物处理能力优先考虑人工方式。

森林公园能承受的旅游活动强度大小主要受游览面积或游览线路容量的制约，这里采用面积法、游道线路法结合园区内交通设施状况测算园区旅游资源空间承载力；森林公园基础设施水平，主要体现在交通的通达程度以及污水处理、水电气的供应能力、通讯设施的发展程度等方面，污水处理能力以及供水、供电设施对旅游活动强度和规模的承受能力，由景区经济发展的整体水平所决定；旅游服务设施是景区为旅游者提供服务的凭借物，一般包括住宿、餐饮、购物、娱乐等，旅游者和旅游活动类型的不同，对旅游服务设施的需求差异很大，如商务型旅游者对住宿、餐饮、购物、娱乐等旅游设施的要求远比普通观光型旅游者对设施的要求高，所以旅游者和旅游活动形式的改变，会给旅游服务设施承载力带来较大影响，住宿设施承载力主要受住宿场所床位数或房间数的影响，考虑到旅游者对住宿设施的选择取决于个人偏好和经济条件，在测量时对旅游者选择的住宿方式进行了实地问卷调查。

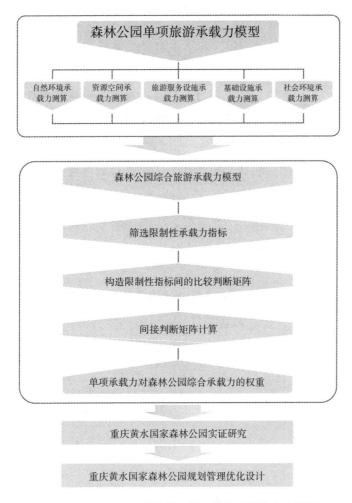

图 11 - 1 森林公园的旅游环境承载力测算技术路线图

森林公园社会环境承载力包括管理者管理水平承载力、森林公园景区当地居民心理承载力和森林公园旅游者心理承载力。景区当地居民心理承载力与旅游地和居民生活区的距离有关，同时也与当地的文化背景和居民素质、当地经济发展水平及旅游业对当地经济的贡献程度等因素有关。测算主要以问卷调查为主，充分考虑居民生活区的地理位置、交通条件、当地居民从旅游业的获益程度以及居民受教育程度等因素安排不同地区不同群体参与问卷调查。森林公园旅游者心理承载力还受游客心理预期的影响，游客心理容量旺季要高于平、淡季。

重庆黄水国家森林公园位于重庆市石柱土家族自治县东北部七曜山山原上，以黄水镇为中心，北部与石柱县临溪镇黎家村接壤，东北与湖北省利川市毗邻，东、东南、南分别与石柱县冷水乡、石柱县悦崃镇、石柱县官田乡相连，北抵长江。公园总面积为32441.0公顷，由东、西两大独立的区域组成。东区面积21863.4公顷，西区面积10577.6公顷。公园位居三峡库区腹地，处于长江三峡黄金旅游线上，与忠县石宝寨隔江相望，是重庆市国家级森林公园中面积最大、唯一的少数民族旅游风景区，是集避暑、游览观光、民俗风情体验、科普考察、动植物观赏、森林生态保护于一体的多功能综合性山岳型旅游胜地。

表 11 - 1　黄水国家森林公园旅游环境承载力指标

	一级指标	二级指标（平、淡季）	三级指标（旺季）
旅游环境承载力指标 C	自然环境类 C_1	景区大气净化能力：$C_{11} = 7 \times 10^7$ 人/天	7×10^7 人/天
		污染物处理能力：$C_{12} = 11917$ 人/天	23833 人/天
		旅游资源空间承载力：$C_{13} = 352962$ 人/天	546250 人/天
	经济环境类 C_2	交通基础设施承载力：$C_{21} = 2036$ 人/天	4071 人/天
		污水处理设施承载力：C_{22} *	*
		供水设施承载力：C_{23} *	*
		供电设施承载力：C_{24} *	*
		住宿基础设施承载力：$C_{25} = 1760$ 人/天	4489 人/天

	一级指标	二级指标（平、淡季）	三级指标（旺季）
旅游环境承载力指标 C	经济环境类 C_2	餐饮基础设施承载力：C_{26} = 6586 人/天	13172 人/天
		购物基础设施承载力：C_{27} = 10000 人/天	40000 人/天
		娱乐基础设施承载力：C_{28} = 13333 人/天	17778 人/天
	社会环境类 C_3	园区管理水平能力：C_{31} = 14500 人/天	14500 人/天
		当地居民心理承载力：C_{32} *	*
		旅游者心理承载力：C_{33} = 235308 人/天	364167 人/天

注：餐饮、购物、娱乐设施承载力通过分时间段问卷形式分析平淡季和旺季的旅游者消费行为，旅游者心理承载力通过多时段问卷形式了解旅游者观景感受。＊表示：目前黄水镇日处理污水能力 1100m³，而景区日排放污水大约每天 200m³，不构成限制性指标；景区周围旺季供水能力10000m³，而景区日用水量约 282.19m³，排水量为 253.97m³，不构成限制性指标；景区周边供电为三五千伏线路，10000 千伏安容量，10 千伏供电，而高峰期日用电量为 20000—30000 千瓦，不构成限制性指标；景区当地居民心理承载力分析选取石柱县城中心居民和距离公园景区最近的石柱县黄水镇居民为调查对象，从"当地居民的受教育程度""当地居民对到访旅游者数量的要求""当地居民的环保意识"等多个方面对景区的当地居民心理承载力进行分析，结果显示不构成限制性指标。

对黄水国家森林公园环境容量的测算，采用实地调研结合问卷调查分析的方式，为确保抽样的可靠性，依据黄水国家森林公园历月、年的游客访问量设计发放问卷，问卷调查从 2009 年 5 月 1 日开始，截止到 2009 年 10 月底，历时 5 个月，期间经历端午节 1 次，"五一"节 1 次，学生暑假 1 次，国庆节 1 次，总计发放问卷 400 份，收回有效问卷 350 份，问卷总回收率为 87.5%。使用测算公式，测算各单项旅游环境承载力指标结果见表 11−1；通过上述分析筛除掉非限制性因素，得到影响森林公园旅游环境承载力的限制性因素，见表 11−2；测算黄水国家森林公园综合旅游环境承载力，见

表 11 - 3。[①]

表 11 - 2　黄水国家森林公园旅游环境承载力限制性指标

	一级指标	二级指标
限制性因子 指标体系 C	自然环境类 C_1	污染物处理能力 C_{12}；旅游资源空间承载力 C_{13}
	经济环境类 C_2	交通基础设施承载力 C_{21}；住宿基础设施承载力 C_{25}；餐饮基础设施承载力 C_{26}；购物基础设施承载力 C_{27}；娱乐基础设施承载力 C_{28}；
	社会环境类 C_3	园区管理水平能力 C_{31}；旅游者心理承载力 C_{33}

表 11 - 3　黄水国家森林公园旅游环境承载力的综合测算值

	旅游旺季综合旅游环境承载力			旅游平、淡季综合旅游环境承载力		
	单项承载力 测算值	权重	修正后的单项 承载力测算值	单项承载力 测算值	权重	修正后的单项 承载力测算值
C_{12}	23833	0.106	2526.30	11917	0.074	881.86
C_{13}	546250	0.213	116351.30	352962	0.147	51885.41
C_{21}	4071	0.092	374.53	2036	0.133	270.79
C_{25}	4489	0.058	260.36	1760	0.084	147.84
C_{26}	13172	0.021	276.62	6586	0.031	204.17
C_{27}	40000	0.014	560	10000	0.020	200
C_{28}	17778	0.036	640.01	13333	0.051	679.98
C_{31}	14500	0.153	2218.50	14500	0.153	2218.50
C_{33}	364167	0.307	111799.30	235308	0.307	72239.56
合计	旅游旺季综合旅游环境承载力 为 235007 人/天			旅游平、淡季综合旅游环境承载力 128728 人/天		

---

　① 尹新哲、李菁华、雷莹：《森林公园旅游环境承载力评估——以重庆黄水国家森林公园为例》，《人文地理》2013 年第 2 期。

第三节 渝东南民族地区生态旅游中的环境问题

生态旅游可以极大地促进环境保护，然而也可能产生相应的环境问题。我国生态旅游引发的一系列环境问题，已经引起了专家学者和政府管理部门的忧虑，也采取了相关措施进行调整，但从目前相关研究和调整政策来看，大多在讲生态旅游问题产生的原因而非问题本身，特别是对由于生态旅游本身所具有的旅游属性引起的各类问题探讨不够。从生态旅游环境的角度来看，当前我国生态旅游存在的问题主要有以下几个方面：

一是对生态旅游的环境保护这一基础目标重视不够，生态旅游资源破坏严重。无论是从概念内涵还是从具体生态旅游实践发展上看，环境保护一直是生态旅游的基础目标。然而，或是由于规划开发不当造成生态系统破坏，或是因游客过度进入，超过环境承载力造成破坏，或是消费者进入以后产生的垃圾污染没有得到很好的回收和管理而造成破坏，当前对于我国生态旅游资源的破坏都已经非常严重，而且有覆盖面越来越广、破坏程度越来越深的趋势。

二是赋予生态旅游太多的经济收益的目的，忽视了其作为公共产品所产生的效益的补偿。生态旅游资源大多是开展生态旅游地区的重要优势资源，因此促进当地经济发展成为生态旅游的重要目的，而这一目的在具体实践中被逐步扩大。本来开展生态旅游的初衷是通过对生态旅游资源的利用，促进资源和地区经济的协调发展，但现实中为了获得可观的经济收益，各级地方部门源源不断将从开展生态旅游中获取的收益用于社会发展建设的积累资金，对生态旅游资源的保护和维护，资金投入严重不足。

三是忽视了生态旅游的环境教育功能，造成不仅生态旅游的目标难以实现，而且旅游者对此牢骚满腹。生态旅游正是具有环境教育属性才不同于一般旅游活动。从旅游者角度来看，是想通过生态旅游走进自然、认识自然，从而达到自觉保护自然的目的。因此对生态知识的普及教育应该是生态旅游活动组织的关键环节。但是，目前我国的生态旅游开发由于缺乏必要的环境教育设施和专业的人员，远未达到环境教育的标准。

四是生态旅游开展过程中，忽视了生态旅游对当地居民社区发展的带动效益。生态旅游开展的初衷是想通过开展各类生态旅游实践活动，达到扶贫的效果，促进该地区社会经济发展和居民生活水平的提高。我国现行生态旅游的开发是依赖于自然保护区、国家森林公园、风景名胜区等资源基础的。但由于目前管理体制的原因，社区还未真正参与到生态旅游发展中去，当地人参与的主要形式只是停留在卖旅游纪念品的阶段，这种散兵游勇式的参与既不能根本解决当地居民的贫困问题，又导致市场管理混乱，有时候还给游客留下了极其恶劣的印象。①

生态旅游的最终目的是要改进旅游方式，促进旅游地生态环境良性循环，对生态环境既加以利用而又加以保护，但我们也应清楚地认识到任何形式的旅游活动，即使如生态旅游，也会对生态旅游环境产生一定的影响。发展生态旅游，如有不慎，就可能导致严重的生态旅游环境问题。

生态旅游环境问题有三种成因类型：原生生态旅游环境问题是指由自然作用而引起的生态旅游环境问题，包括因自然灾害引起的生态旅游资源和环境破坏以及自然因素（如风化等）而引起的生态旅游资源和环境质量的劣变；次生生态旅游环境问题是指由于不合理的生态旅游活动、生产、生活等引起的生态旅游资源和环境的破坏、污染和价值降低等问题，包括因旅游经营者、管理者和旅游者不合理的活动造成生态旅游资源和环境的破坏、生态旅游活动及其他人类活动所产生的"三废"（废物、废水、废气）等而造成的生态旅游资源和环境质量下降（退化），以及建筑或其他景观与生态旅游环境不和谐等；社会生态旅游环境问题是指因人类社会经济畸形发展或政治动乱（如战争、交通事故等）所造成的生态旅游环境质量降低或破坏。

相对应的，生态环境问题按其影响程度也可划分三类：第一类是生态

---

① 谭红杨、顾凯平、陈文汇：《从生态旅游公益属性看我国生态旅游存在的问题》，《林业资源管理》2007 年第 5 期。

旅游环境破坏，生态旅游也有着旅游开发和旅游者的活动，如果在这一过程中，缺乏合理的、科学的规划和引导，就会导致生态旅游资源和环境的破坏；第二类是生态旅游环境退化，生态旅游虽然是以不牺牲生态环境为代价，以有利于资源的可持续利用，但生态旅游资源的开发和旅游经营者、活动者的行为都多少对生态旅游环境有一定的影响，会导致生态旅游环境退化；第三类是生态旅游环境不协调，生态旅游在很多人眼中在很大程度上都属于自然旅游，特别强调旅游活动场所与自然的和谐一致，但是有些旅游设施、旅游经营者和管理者行为，旅游者行为仍与生态旅游环境不协调。

表 11 - 4 生态旅游环境可能破坏的类型与内容

破坏类型	破坏内容
破坏动植物种群结构	破坏繁殖习性
	猎杀动物
	影响动物迁徙
	植物因采集而遭破坏
	因砍伐植物建旅游设施和基础设施而改变植被覆盖率或性质
	游人践踏而导致植物死亡
破坏地表	导致地表水土进一步流失和侵蚀
	增加地面滑坡、泥石流、崩塌等的危险性
	改变雪崩的危险性
	破坏地质特性（如突岩、洞穴等）
	损害江河、湖、海岸线
	破坏景观地貌
破坏自然资源	导致地下水枯竭
	导致为旅游活动提供能量的化石资源枯竭
	增加发生火灾的危险性
	降低大气环境质量
破坏社会经济环境	导致社会经济结构单一，易崩溃
	导致社会政治信仰等崩溃
	导致传统文化艺术的消失

表 11-5 生态旅游环境可能退化的类型与内容

退化类型	退化内容
动植物生长环境恶化	旅游者践踏使土壤板结，影响动植物生长
	土壤被废水、废物污染，影响动植物生长
	大气环境污染而导致动植物生长受阻
	噪声污染影响动物迁移与生长
	水体污染导致水生生物环境恶化甚至死亡
人类生活环境质量下降	助长某些害虫繁衍
	大气污染导致呼吸系统疾病和心脏病发生
	水体污染导致某些疾病传染
	噪声污染干扰休息，损伤听力，引发心血管系统、消化系统、神经系统、内分泌系统疾病等
	受旅游者影响，当地居民生活方式、价值观等发生变化
	犯罪率提高
	当地传统文化同化、庸俗化与伪民俗出现
	旅游者与当地居民的隔离与冲突
旅游气氛环境恶化	生态旅游环境容量超载，影响对景观的感知
	生态旅游环境容量超载，导致交通拥挤、食宿紧张等，影响旅游体验质量
	大气污染导致旅游体验质量下降
	水体污染导致旅游体验质量下降
	噪声污染导致旅游体验质量下降
	旅游经营者、管理者素质偏低，导致旅游体验质量下降

表 11-6 生态旅游环境可能不协调类型与内容

不协调类型	不协调内容
建筑设施与生态旅游环境不协调	建筑设施体量与生态旅游环境不协调
	建筑设施形式与生态旅游环境不协调
	建筑设施颜色与生态旅游环境不协调
	建筑密度与生态旅游环境不协调

续表

不协调类型	不协调内容
"三废"与生态旅游环境不协调	固体垃圾堆放与生态旅游环境美不协调
	废水排放导致水体污染与生态旅游环境不协调
	废气排放与生态旅游环境不协调
旅游地域城市化、商业化与生态旅游环境不协调	旅游地域商业化内容与生态旅游环境不协调
	旅游地域商业点分布与生态旅游环境不协调
	旅游地域商业形式与生态旅游环境不协调
旅游者行为与生态旅游环境不协调	旅游者行为与生态旅游环境不协调
	旅游者行为结果与生态旅游环境不协调
人造景观与生态旅游环境不协调	人造景观与自然环境不协调
	人造景观与文化环境不协调
	人造景观与社会经济环境不协调
旅游灯光等配置与生态旅游环境不协调	游路设置与生态旅游环境不协调
	灯光设置与生态旅游环境不协调
	停车场等与生态旅游环境不协调

　　生态旅游开发中存在着各种各样的矛盾，生态旅游在一定程度上也加剧了环境损耗和地方特色的消失，伴随经济效益增长的是生态环境、自然景观、文化特色和传统习惯等付出的代价。生态旅游业赖以发展的生态旅游资源也是有限的，那种对生态旅游资源"杀鸡取卵、竭泽而渔"的方法，片面追求高速度、高效益，造成旅游越发展、环境污染越重的状况，并不符合人类会发展总目标，因此尊重和保护生态旅游资源和环境，不断改进环境质量，促进人类和环境和谐共处是生态旅游发展的根本目的。这就要求必须从生态旅游开发与环境保护的相互关系中探寻内在规律，以针对不断恶化的生态环境，加强生态旅游开发与环境保护的一体化研究，采取合适的方针政策及有关措施，促进生态旅游与自然、文化、环境融为一体。①

　　具体到渝东南民族地区的实际情况，渝东南位于武陵山连片特困区域

———————

①　明庆忠、李宏、徐天任：《生态旅游环境问题类型及保育对策》，《经济地理》2000年第4期。

板块，与渝鄂湘黔 4 省市结合相连，是重庆唯一集中连片，也是全国为数不多的以土家族和苗族为主的少数民族聚居区和民族特困区。长期以来，渝东南乡村旅游处于低水平的农户自主开发阶段，大型项目较少。2009 年，国务院下发 3 号文件，提出重庆旅游发展"一心两带"的布局规划，确定了渝东南民俗生态旅游带的战略地位。尤其是 2010 年以来山区旅游扶贫和乡村旅游示范项目建设的政策倾斜更是极大地促进了渝东南生态旅游的发展。渝东南地区在生态旅游开发上具有明显的特征：其一，远离客源市场，区位劣势明显；其二，资金极度缺乏，融资困难；其三，区域形象统一，生态旅游资源丰富；其四，政策支持力度大，村民开发意愿强。总体而言，渝东南民族地区的生态旅游环境面临自然条件约束、经济基础薄弱、旅游专业人才匮乏、基础设施落后等困境。需要找寻合适的发展路径。

第一，自然条件约束。渝东南位于我国第二级阶梯与第三级阶梯的过渡地带，地势起伏大，山地多，用地条件差，土壤保水保肥能力低，人地矛盾突出、生态环境脆弱，石灰岩分布广泛，石漠化现象突出，降水时空分布不均，水土流失严重，泥石流、滑坡等自然灾害频繁，旅游发展面临严重的环境制约。

第二，经济基础薄弱。由于受自然条件约束和历史原因，渝东南民族地区长期处于相对闭塞的环境，人流、物流、信息流不畅，交通不发达，经济发展水平长期处于落后状。渝东南民族地区的"一区五县"均为国家级贫困县，是典型的集"老、少、边、山、穷"为一体的区域。渝东南民族地区经济发展水平低下，导致用于旅游发展的资金缺口大，旅游业发展动力不足。同时，当地居民收入水平低，本地客源市场未形成规模，难以刺激旅游需求的产生。

第三，基础设施落后。渝东南民族地区属典型的喀斯特地貌，沟壑纵横，土壤贫瘠，自然灾害频繁，再加上经济基础薄弱，自我发展能力严重不足，造成基础设施建设落后，主要表现在：交通公路等级及密度低、质量差、路网结构不合理，道路建设里程短，抗灾能力弱，通畅率低。黔江区村组公路每百平方公里仅 146.2 公里，30% 的村民小组不通公路；酉阳乡村公路通达率94.4%，通畅率仅为19.6%；秀山等级公路只占通车里程的39.6%，晴通雨阻里程高达72.5%。乌江航道虽几经整治，但一到洪水和枯水季节行船仍十分困难。交通设施建设不足严重制约了游客的进入。电力建设滞后，用电安全性差，黔江有5%的农户、秀山有23个村尚未进行电网改造。骨干水利工程建设滞后，工程性缺水问题突出，局部地区存在水质性缺水问题，全区尚有155万农村人口饮水问题没有解决。城市功能设施以及公共安全应急等基础设施严重不足。基础设施不配套严重制约了旅游业的进一步发展。

表 11 - 7　渝东南民族地区劳动力受教育程度

单位：人

地区	常住劳动力人数	未上学	小学	初中	高中	大专及以上
黔江区	207476	13859	97970	81455	12718	1493
武隆县	184987	20607	94047	60102	9563	1331
石柱县	188594	29892	89299	54918	12277	2206
秀山县	243862	19752	115566	94642	12802	1097
酉阳县	294324	23075	148268	108693	12714	1442
彭水县	256566	24245	128077	92774	10570	897

第四，人口素质低，旅游专业人才匮乏。旅游业是典型的劳动密集型产业，完整的旅游人才体系应包括人力资源、市场营销、娱乐管理、景区管理、旅游规划等方面人才。旅游从业人员素质的高低直接影响游客对旅游目的地的感知印象，热情友好的态度、周到的服务能提高游客的回头率。同时，当地居民素质的高低也影响着游客的感知体验。文明礼貌的用语、稳定有序的社会治安、和谐的人际环境都会给游客留下良好的印象。目前，渝东南民族地区的教育相对落后，人均受教育程度较低，如表11 - 7所示。截至2011年，黔江区青壮年文盲半文盲达5%以上，困难人口劳动力具有初中以上文化程度的仅占21%；酉阳自治县成人文盲率达9.02%；秀山自治县12岁及以上人口中，文盲半文盲占36.25%，每万人口中大专以上文

化程度人数仅 112 人。旅游人力资源不成规模，结构单一，旅游管理、经营人才数量少，学历低，阻碍了渝东南民族地区旅游业的进一步发展。①

---

① 曾瑜皙、杨晓霞：《渝东南民族地区旅游扶贫的战略路径选择》，《重庆文理学院学报》（社会科学版）2014 年第 3 期。

第十二章 渝东南民族地区生态旅游规划与生态设计

旅游资源开发和旅游环境建设中存在很大的盲目性，致使旅游资源和生态环境破坏严重，威胁到旅游业的持续发展。正是在这种背景下，出现了生态旅游这一概念。生态旅游一经提出，就迅速引起了国内外生态和旅游学界的关注。对生态旅游的定义，应从旅游需求方、旅游供给方和两者的综合角度三个方面进行考量：从旅游需求方，生态旅游是旅游者到自然生态旅游目的地体验异质生态的一种旅游活动形式；从旅游供给方，生态旅游是以自然风光为主要吸引物，满足人们回归、享受和保护大自然的生态旅游产品；从两者的综合角度，生态旅游是一种观念或思想，强调规划管理者和旅游者在合理利用生态旅游资源的同时，积极保护生态环境。这种思想是可持续思想的重要组成部分之一。可见，对生态旅游的定义和理解必须相对严格，主要表现在以下限定上：

第一，生态旅游的定义，要从旅游供给方、旅游者和两方的综合层面出发。旅游供给和旅游需求是旅游经济活动运行的两大基本矛盾，而旅游持续发展思想主要应在生态旅游目的地得以体现。针对具体情况，可以选择合适的理解角度。

第二，强调生态旅游的空间范围。生态旅游开展的空间地域范围即生态旅游目的地，是天然自然环境或相对不受干扰的自然区域，主要包括自然保护区、森林公园、国家公园等。多数生态旅游目的地具有典型的人文景观和社会文化环境，但这并不意味着生态旅游的空间范围可以包括另外的社会文化环境独特区域。这样容易扩大生态旅游的范围，改变生态旅游的实质。生态旅游目的地这一地域范围，处于生态系统之上，大地理区域之下的中间尺度，在功能上表现为自然生态过程与旅游者、旅游规划和管理者及当地居民的人文活动过程的相互作用，从而构成一个空间异质性区域。

第三，强调生态旅游的生态内涵。真正意义上的生态旅游都应把生态保护作为既定前提，强调在合理利用生态环境资源的同时，更要保护与改善生态环境。一方面，这是生态旅游高品位特征的体现，生态旅游并非只是单纯到生态环境中走一趟，观赏一番，是要明了保护生态的重要意义并为之作出自己的贡献；另一方面，是开展和持续发展生态旅游的客观要求，开展生态旅游，进而追求其持续发展，必然要求生态环境保护与旅游发展的协调统一。这也是维护当地居民利益和使旅游者获得一定程度满足和愉悦的必要保证。

因此，一方面，从生态旅游定义的空间范围来看，生态旅游目的地包括自然保护区、风景名胜区、森林公园等，主要表现为山地、森林、草地、各种水域等景观生态类型。具体的生态旅游目的地就构成景观生态学意义上的"景观"，从而成为景观生态学的研究对象；另一方面，从生态旅游定义的生态内涵来看，生态旅游强调生态旅游目的地的生态保护，强调在生态学思想和原则的指导下进行科学合理的旅游开发。这使得在现代地理学与生态学结合下产生的、既强调空间研究又考虑生态学思想和原则的景观生态学，与生态旅游的空间范围和生态内涵不谋而合，是生态旅游规划管理的理论基础之一。①

---

① 刘忠伟、王仰麟、陈忠晓：《景观生态学与生态旅游规划管理》，《地理研究》2001年第2期。

第一节　渝东南民族地区生态旅游
规划的原理与方法

30 多年来，生态旅游得到了迅速发展，已成为 21 世纪旅游业发展的重要方向。世界旅游组织 2000 年的估算显示，全球用于生态旅游的花费每年增长 20%，大约相当于整个旅游业平均增长率的 5 倍。2002 年是联合国命名的国际生态旅游年，得到了各国政府、各类国际组织和私人团体的响应与支持，更加预示着生态旅游的光明前景。生态旅游研究工作已引起了旅游界、生态学界及有关学科领域专家的关注，相关研究报道频频出现，而生态旅游规划是关注的焦点之一。我国在 1999 年开展"生态环境游"主题年活动后，生态旅游作为一种思想观和旅游产品逐渐为大家所熟悉。但在实践中发现，生态旅游规划作为生态旅游开发建设的重要环节，其原理与方法大多沿用传统的旅游规划思路，而没有建立反映生态旅游特点的理论体系，表现在生态旅游的原则没有得到有效贯彻，甚至出现生态旅游破坏生态的情况，以致规划对生态旅游发展的促进作用得不到应有发挥。① 随着三峡库区发展建设的逐步深入，渝东南地理优势和旅游资源优势逐渐凸显，渝东南地区经济、社会、文化的发展，在重庆市城乡统筹发展战略部署中占据着十分重要的位置。因此，基于丰富的传统民族文化资源，探索渝东南生态旅游规划的原理与方法，对于促进渝东南经济发展、有效保护好传统民族文化、走出以生态旅游文化产业带动城乡统筹发展的路径，具有重要的现实意义。

根据渝东南民族地区的实际情况，该区域的生态旅游规划，主要遵循的是景观生态学理论。国际景观生态学会给出的最新景观生态学（Landscape Ecology）定义是，它是对于不同尺度上景观空间变化的研究，包括景观异质性的生物、地理和社会的原因与系列，无疑它是一门连接自然科学

---

① 李文埕：《生态旅游规划原理与方法评介》，《生态学杂志》2003 年第 4 期。

和相关人类科学的交叉学科。景观生态学以空间研究为特色，属于宏观尺度空间研究范畴，其理论核心集中表现为空间异质性和生态整体性两方面。[①]

景观生态学理论主要包括结构与功能、生态整体性与空间异质性、景观多样性与稳定性和景观变化四个部分，其中，景观的结构通常用斑块（patch）、廊道（corridor）、基质（matrix）和缘（edge）来描述：斑块原意指物种聚集地，从生态旅游景观讲，指自然景观或自然景观为主的地域；廊道是不同于两侧相邻土地的一种线状要素类型，从旅游角度讲，主要表现为旅游功能区之间的林带、交通线及其两侧带状的树木、草地、河流等自然要素；基质是斑块镶嵌内的背景生态系统，其大小、孔隙率、边界形状和类型等特征是策划旅游地整体形象和划分各种功能区的基础；缘，又称边缘带，其作用集中表现为边缘效应。景观的功能是指景观元素间能量、物种及营养成分等的流，景观功能的发挥主要涉及到廊道、基质和斑块的功能特征，可以把旅游活动进一步解释为通过特定地点和特定路径的生态流，这种流集中体现于通过游客所带来的客流、物流、货币流、信息流和价值流。[②] 我国多数生态旅游目的地在长期的历史发展中形成了丰富的历史文化内涵，使得生态旅游景观的功能也表现出一定的人文性。

由景观要素有机联系组成的景观，含有等级结构，具有独立的功能特性和明显的视觉特征，景观系统的"整体大于部分之和"，这是生态整体性原理基本思想的直观表述。景观异质性（heterogeneity）是指在景观中，对各类景观单元的变化起决定性作用的各种性状的变异程度，一般指空间异质性。异质性同抗干扰能力、系统稳定性和生物多样性密切相关。异质性是景观功能的基础，它决定空间格局的多样性。一方面，生态整体性和空间异质性在外部形态结构上，塑造和控制着生态旅游景观的美学特征；另

① 王仰麟、杨新军：《风景名胜区总体规划中的旅游持续发展研究》，《资源科学》1999 年 21 卷第 1 期。

② 肖笃宁、钟林生：《生态旅游的景观生态学研究》，全国第三届景观生态学学术会议论文集，1999 年。

一方面，也在内部功能意义上对生态旅游目的地的持续发展起着决定作用，从而为我们深入理解这种功能作用并采取改善与强化措施提供了理论切入点。生态旅游目的地持续发展的实质就是其地域内的生态整体性的动态维持与空间异质性的不断构建。

景观多样性主要研究组成景观的斑块在数量、大小、形状和景观的类型、分布及其斑块间的连接性、连通性等结构和功能上的多样性。[①] 可分为斑块多样性、类型多样性和格局多样性三种类型。[②] 一般认为景观的多样性可导致稳定性。旅游生态系统是一种非独立性的景观生态系统。[③] 多种生态系统共同构成异质性的景观格局，形成具有不同旅游功能的旅游景观，使旅游景观的稳定性达到一定水平，从而保障景观旅游功能的实现。生态旅游景观的稳定性，不仅反映着自然和人为干扰的程度，而且也成为生态旅游目的地持续发展的必要条件和检验指标之一。

景观变化是指景观系统在结构和功能方面随时间推移而发生变化。景观变化是自然干扰和人为干扰相互作用的结果，人为干扰在景观变化中起到越来越重要的作用，而这两种干扰又受制于景观格局。在生态旅游目的地，主要表现为人为干扰的影响。例如，旅游开发者铺设道路，构建建筑物，造成景观破碎化程度的增加，动植物的生境条件发生变化。旅游者的践踏、采集、旅游垃圾堆放等的干扰和胁迫作用，会造成植被稀少，植物多样性减少。大量旅游者会对土壤产生影响，如土壤裸露面积和板结程度增加，水土流失加剧等。当地居民的开垦种植等活动也会带来一定的不良影响。一旦这些干扰的强度超过了旅游景观的承载能力，就会引起生态失调或失衡，甚至造成景观的不可逆变化，将严重地损害生态旅游的发展。

景观生态学不仅适合生态旅游的空间范围，而且与生态旅游尤为强调的生态内涵相一致，是生态旅游规划管理的理论基础之一。景观生态学的

---

① Barrett G. W. , Peles J. D. , "Optimizing Habitat Fragmentation: An Agrol and Scape Perspective", *Landscape and Urban Planning*, Vol. 28 , 1994.

② 傅伯杰：《景观多样性的类型及其生态意义》，《地理学报》1996 年 51 卷第 5 期。

③ 王仰麟、杨新军：《区域旅游开发中的景观生态研究》，《地理研究》1998 年 17 卷第 4 期。

理论和方法与传统生态学有着本质区别，其注重人为活动干扰对景观格局和过程影响的研究，为生态旅游研究提供了一条有益的尝试途径。在生态旅游开发规划方面，由于景观具有明显的边界和视觉特征，整个地区的生态过程有共性，它所具有的稳定性是镶嵌体稳定性，是规划管理的一个适宜尺度。景观的经济、生态和美学这种多重性价值判断是景观规划和管理的基础。[①]景观生态学在旅游规划中的作用集中表现为：一方面，给实践者提供理论框架，重要是结构与过程的相互关联原理；另一方面，为规划设计者提供一系列方法、技术、数据及经验。[②] 具体体现为以下三方面的内容：

第一，规划的基本思路和指导原则。在开发规划过程中应遵从的两大基本思路是景观生态整体性的保证和空间异质性的结构图式设计。[③] 指导原则包括整体优化组合原则、景观多样性原则、景观个性原则、遗留地保护原则和综合效益原则等。要在充分考虑景观美学价值的同时，以景观结构的优化、功能的完善和生态旅游产品的推出作为目标。尤其要注意根据特定的地理背景，分地段设计独特的生态旅游产品。

第二，功能分区与旅游生态区划。为了避免旅游活动对保护对象造成破坏，也为了对游客进行分流以及使旅游资源得到优化配置和合理利用，必须对生态旅游目的地进行功能分区与旅游生态区划。功能分区是"对人们的旅游需求以及满足这一需求的地域平衡进行规划"（H. L. Mupohehko 等，1989）。盖恩（C. A. Gunn）在 1988 年提出了国家公园旅游分区模式，即划分为重点资源保护区、低利用荒野区、分散游憩区、密集游憩区和旅游服务社区。该模式提出后被普遍采用。如何科学地确定分区界线，还存在一定的盲目性。景观生态学理论可以在这一方面发挥作用。可利用景观结构和过程的相互作用原理，即景观过程对景观空间结构的形成起重要作

---

① 肖笃宁：《论当代景观科学的形成与发展》，《地理科学》1999 年 19 卷第 4 期。

② 王仰麟、杨新军：《风景名胜区总体规划中的旅游持续发展研究》，《资源科学》1999 年 21 卷第 1 期。

③ 王仰麟、杨新军：《风景名胜区总体规划中的旅游持续发展研究》，《资源科学》1999 年 21 卷第 1 期。

用，而景观结构对过程有基本的控制作用。主要结合地貌、植被、水文等特征进行分区，使各区的功能相对独立；同时，要参照结构规划中的景观格局划分。功能分区可以保护景观尺度上的自然栖息地和生物多样性，并且不危害敏感的栖息地和生物。景观多样性的保护是生物多样性保护的拓展，包括了对景观中自然要素和文化价值保护两个侧面。结合生态学和地段地理学两方面研究基础的景观生态学，可以为"分地段"保护生态系统多样性，进而保护物种和遗传多样性提供相应的理论基础。① 景区生态容量尤其是游客数量的调控，是生态旅游目的地持续发展的重要内容。根据生态位理论，可以对景区中的游客、动物、植物优势种等的生态位进行研究，确定景区生态容量。游客的数量不能扰乱生物的行为、繁殖和生存，以促进景观尺度上生态系统管理。同时也应注意各功能区游客数量的平衡，可采取必要措施进行调控。在旅游功能区内部进行的旅游生态区划，要在上述分区和景观生态系统本身固有的空间异质性的基础上，充分考虑旅游产业对景观生态系统所需要的多种功能，主要依据一般生态区划原则进行。

第三，结构规划。功能的实现是以景观生态系统协调有序的空间结构为基础的。在进行旅游景观生态规划时，必须充分考虑景观的固有结构及其功能，如河流廊道、大的自然斑块等。② 在此基础上，选择或调控个体地段的利用方式方向，形成景观生态系统的不同个体单元，即为空间结构的元素基础。作为斑块的旅游接待区应既要方便游人，又要分散布点和适当隐蔽，不影响景观的美学功能，还能使斑块面积尽量减小而易于融入基质中。进行廊道设计时，应注意合理组合。景区要以林间小路为廊道，互相交叉形成网络，网眼越大，生态效益越好；越小而异质性大，则景观美学质量越高。③ 廊道的规划设计要慎重，其作用不易过于强调。④ 连接各景区

---

① 刘家明：《生态旅游地可持续旅游发展规划初探》，《应用生态学报》1999 年 14 卷第 1 期。

② 刘鸿雁：《旅游生态学——生态学应用的一个新领域》，《生态学杂志》1994 年 13 卷第 5 期。

③ 沙润、吴江：《城乡交错带旅游景观生态设计初步研究》，《地理学与国土研究》1996 年 12 卷第 5 期。

④ 王军、傅伯杰、陈利顶：《景观生态规划的原理和方法》，《资源科学》1999 年 21 卷第 2 期。

的廊道长短要适宜，过长会淡化景观的精彩程度，过短则影响景观生态系统的正常运行。要强化廊道输送功能之外的旅游功能设计，以增加游赏时间。作为大面积游憩绿地的基质，则是生态旅游目的地的基调。以基质为背景，利用遥感技术和地理信息系统进行景观空间格局分析，[①] 构建异质性生态旅游景观格局。分景区进行主题设计，并策划旅游地整体形象，以体现多样性决定稳定性的生态原理和主体与环境相互作用的原理。应扩大生态旅游目的地的范围，并在其外围增加缓冲的边缘带。还要注意挖掘当地丰富的文化内涵，形成与自然风景相得益彰的资源格局，提高景区吸引力。[②]

第二节　渝东南民族地区生态旅游景观结构与线路设计

一、渝东南民族地区生态旅游景观结构

从景观生态学角度看，斑块、廊道、基质等的排列与组合构成景观。因此，景观结构通常用"斑—廊—基"来描述。从生态旅游观点出发，就渝东南民族地区而言，其景观结构分述如下：

（一）基质背景和景观斑块

在长江上游重要生态屏障、渝东南生态保护发展区这一基质背景下，其斑块构成主要有：

1. 植物景观斑块

渝东南民族地区境内植物资源丰富，种类繁多。植被多由亚热带偏湿

---

① 李博主编：《生态学》，高等教育出版社 2000 年版。

② 刘忠伟、王仰麟、陈忠晓：《景观生态学与生态旅游规划管理》，《地理研究》2001 年 20 卷第 2 期。

性常绿阔叶林、暖性针叶林和亚热带竹林等类型组成。据调查，酉阳县植物有裸子植物 8 科 17 属 19 种，被子植物 63 科 132 属 194 种，竹亚科 12 种；秀山县有木本植物 96 科 234 属 657 种，其中有 14 种国家重点保护的木本植物，竹类资源主要有慈竹、水竹、白夹竹、毛竹、苦竹等，经济林品种以油桐、油茶和乌柏为代表，是全国的主产区之一；彭水县有高等维管植物 1969 种，其中国家重点保护植物 20 种，一级保护植物 5 种，包括珙桐、红豆杉、南方红豆杉、水杉、银杏，二级保护植物有领春木、盾叶薯蓣、穿龙薯蓣、白辛树、红豆树、黄杉、穗花杉、榉树等 68 种；黔江区乔木主要有苏铁、银杏、中华杜鹃、鄂西红豆树等 42 科 81 属 146 种，草本植物有巴茅、野苦藤等 200 余种，其中，中华纹母、珙桐、岩柏、银杏、红豆杉、铁坚杉、黄杉、三尖杉、水杉、柳杉、薄皮马尾松、厚朴、白花泡桐等是国家珍稀植物，食用植物包括粮食作物、经济作物等，其中粮食作物品种 226 个，经济作物有烟叶、棉花、油菜、花生、蚕桑、麻等，水果品种共 12 科 21 属 89 种，药用植物包括中草药、兽医药、农用药等，有野生、家种中药材 672 个品种；石柱县已查明的野生植物 2216 种，其中国家保护植物有荷叶铁线蕨、水杉、红豆杉、珙桐等 40 种，有马尾松、水杉、柏木、红豆杉、珙桐、白桦等树种 715 种，红色薄皮马尾松属国内知名优良品种，树龄在 500 年以上的一级保护古树 128 株，毛竹、冷竹、班竹等竹类 24 种，家种、野生中药材 1700 余种，其中常用中药材 206 种；武隆县有速生优质树种马尾松、杉木、铁尖杉、白花泡桐、香椿等，有属国家一级保护树种的银杉、珙桐、水杉，二、三级保护树种的鹅掌楸、胡桃、银雀树等，还有经济树种油桐、茶、漆、猕猴桃等。

2. 动物景观斑块

渝东南民族地区境内的动物主要由亚热带森林农田区动物群组成。其中，酉阳县有兽类 33 种，隶属 5 目 12 科，属于二类保护动物的有毛冠鹿、云豹、胡猴、猴 4 种，三类保护动物有大灵猫；鸟类 149 种，隶属 10 目 29 科，属一类保护动物的有白鹤，二类保护动物有红腹角雉；爬行类 14 种，隶属 4 目 7 科；两栖类 10 种，其中有大鲵等珍稀野生动物。秀山县野生动物有兽类 40 余种，鸟类 200 多种，鱼类 72 种，分属 6 个目 13 个科；此外，无脊椎动物中，部分为有经济价值的昆虫，如白腊虫、五信子等。彭水县国家一级保护动物有黑叶猴、豹、胡兀鹫等 3 种，二级保护动物有藏酋猴、猕猴、白冠长尾雉、红腹锦鸡、红腹角雉等 17 种，以及以五步蛇为代表的"三有"动物及市级保护动物有 83 种。黔江区野生动物有 4 类 23 目 69 科 147 种，哺乳类有刺猬、四川短尾鼩等 100 余种，鸟类有水葫芦、小杜鹃等 100 余种，爬行类有乌龟、鳖、黑眉锦蛇等，两栖类有大鲵、大蟾蜍、林蛙等；其中，黑金丝猴、毛冠鹿、红腹角雉、鸳鸯、大鲵、猕猴、黔江灰金丝猴、穿山甲、大灵猫、林麝、云豹、红腹锦鸡等属国家保护动物。石柱县有野生动物 470 种，其中鱼类 124 种，属国家保护动物有小鸨、白鹇、水獭、中华鲟、岩原鲤等 52 种。武隆县动物有哺乳类 4 目 12 科 34 种，爬行类 2 目 2 科 14 种，两栖类 2 目 3 科 12 种，鸟类 18 科 26 种，鱼类 7 目 8 科 34 种，包括国家一、二、三级珍稀动物金钱豹、小熊猫、大鲵、白腹锦鸡、中华鲟等。

3. 地貌景观斑块

渝东南民族地区属典型的喀斯特地貌。其中，酉阳县属武陵山区，地势中部高，东西两侧低，北部老灰阡梁子为酉阳县的最高点，海拔 1895 米，西部董家寨为最低点，海拔 263 米，全县地形起伏较大，地貌分为中山区，海拔 800—1895 米，低山区，海拔 600—800 米，槽谷和平坝区，海拔 263—600 米。秀山县地处渝东南地区褶皱带，系武陵山二级隆起带南段，境内平坝、丘陵、低山、中山互相交错，西南高，东北低，中部是一个类似三角形的盆地，西南部轿子顶海拔 1631.4 米，为县内最高峰，石堤乡高桥村水坝的滥泥湾海拔 245.7 米，为海拔最低点，境内地表起伏大，山脉、河流多顺构造线东北向布展，地貌大体可分为平坝区、低山丘陵区、低中山区 3 个类型，西部和南部为低中山区，占幅员总面积的 30.24%；东部和北部为低山丘陵区，占幅员总面积的 38.81%；中部为盆地平坝区，占幅员总面积的 30.94%。彭水县地势西北高而东南低，为构造剥蚀的中、低山地形。地貌类型复杂，"两山夹一槽"是主要特征，地形地貌受北北东向构造控制，主要山脉呈北北东向延伸，成层现象明显，谷地、坡麓、岩溶洼地及小型山间盆地相间，逆顺地貌并存，各类地貌中丘陵河谷区占13.39%，低山区占52.88%，中山区占34.03%。黔江区地形地貌受地质拼迭控制，山脉河流走向近似平行，由东北向西南倾斜，呈"六岭五槽"地貌，平坝星落其间，山地占幅员面积的90%，东南部山脉条状明显，切割深，西北部以低山和浅切割中山为主，无明显条状带，山顶标高一般在700—1000米，切割深度一般在400—600米，属浅、中切割，中、低山地形。海拔1400米以上的地区占幅员面积的4.04%，1001—1400米的地区占17.18%，700—1000米的地区占59.9%，700米以下的地区占19.49%，灰阡梁子主峰为黔江区最高点，海拔1938.5米，中井河与文江河交汇的马斯口是黔江区最低的地方，海拔319米，山岭多为北东—南西走向，海拔1000米以上的山体有17条，是黔江森林的主要分布区，丘陵面积小，主要分布在阿蓬江两岸以及国道319公路沿线，是粮食作物和经济作物主产区，平坝海拔低，农业发达。石柱县地处渝东褶皱地带，属巫山大娄山中山区，境内地势东高西低，呈起伏下降，县境为多级夷平面与侵蚀沟谷组合的山区地貌，群山连绵，重峦叠嶂，峰坝交错，沟壑纵横，地表形态以中、低山为主，兼有山原、丘陵，西北方斗山背斜、东南老厂坪背斜，顺北东、南西近似平行纵贯全境，形成"两山夹一槽"的主要地貌特征，按海拔高度分为中山、低山、丘陵3个地貌大区：海拔1000米以上为中山区，面积为1940.4平方公里，约占石柱县幅员的64.4%，海拔在500—1000米的为低山区，面积有885.1平方公里，约占石柱县幅员的29.4%，海拔在500米以下的为丘陵区，面积为187平方公里，约占石柱县幅员的6.2%，海拔相对高差1815.1米，最高点为黄水镇大风堡（1934.1米），最低点为西沱镇陶家坝（119米），按类型分为黄水山原区、方斗山背斜中山区、老厂坪背斜中山区、石柱向斜低山区、西沱向斜丘陵区5个地貌单元，单个地貌主要有山、岭、洞、坪、槽、沟散布石柱县境内。武隆县属渝东南边缘大娄山脉褶皱带，多深丘、河谷，以山地为主，地势东北高，西南低，境内东山菁、白马山、弹子山由北向南近似平行排列，分割组成桐梓、木根、双河、铁矿、白云高地，因娄山褶皱背斜宽广而开阔，为寒武纪石灰岩构成，在地质作用过程中，背斜被深刻溶蚀，乌江由东向西从中部横断全境。乌江北面的桐梓山、仙女山属武陵山系，乌江南面的白马山、弹子山属大娄山系，木棕河、芙蓉江、长途河、清水溪、石梁河、大溪河等大小支流由南北两翼汇入乌江，由于深度溶蚀形成的深切槽谷交错出现，构成武隆县崇山峻岭，岗峦陡险，沟谷纵横。仙女山主峰磨槽湾海拔最高，达 2033 米；大溪河口海拔最低，海拔为 160 米。除高山和河谷有少而小的平坝外，绝大多数为坡地梯土。

4. 水体景观斑块

渝东南民族地区境内地形奇异，水系发达，水源常年不竭。其中，酉阳县以毛坝盖山脉为分水岭，形成两大水系，东部的酉水河、龙潭河为沅江水系，西部的小河、阿蓬江等为乌江水系；县境内水资源较为丰富，除酉水河、花垣河、龙潭河外，集雨面积大于 50 平方公里的河流有梅江、平江、溶溪、洪安河等 13 条（未含酉水河）。彭水县境内河流均属长江水系，流域面积大于 1000 平方公里的河流有 4 条，即乌江、郁江、普子河、芙蓉江，流域面积在 500—1000 平方公里的河流有 2 条，即长溪河、诸佛江，流域面积在 100—500 平方公里的河流有 7 条，即中井河、后灶河、木棕河、楝棠河、跳蹬河、里头河、太原河，流域面积在 50—100 平方公里的河流有 12 条。黔江区流域面积大于 50 平方公里的有 15 条，以八面山为分水岭，东南为阿蓬江、诸佛江支流，西北为郁江支流，均属长江水系乌江支系；境内有大小河流 52 条，其中流域面积在 50 平方公里以上的 23 条，流域面积在 15 平方公里以上 50 平方公里以下的有 29 条，均属长江、乌江两大水系。武隆县有木棕河、芙蓉江、长途河、清水溪、石梁河、大溪河等大小支流由南北两翼汇入乌江。

5. 人文景观斑块

渝东南民族地区境内文物古迹众多，具有显著的地方和民族特色。其中，酉阳县有龙潭古镇、龚滩古镇、赵世炎故居、石泉古苗寨、河湾生态古寨、南腰界革命根据地等；秀山县有苗王坟、客寨风雨桥、洪安边城等；彭书县有郁山古镇、罗家坨苗寨等；黔江区有万涛烈士故居、桥梁村古枫寨、濯水古镇、张氏庭院、草圭堂、濯水镇古建筑群、板夹溪十三寨、土家族吊脚楼群等；石柱县有龙河岩棺群、西沱古镇、毕兹卡绿宫、古刹银杏堂、秦良玉陵园、秦良玉大都府遗址、狮子堡烈士陵园、西沱云梯街等；武隆县有唐代齐国公长孙无忌衣冠冢、李进士故里摩崖石刻等。

（二）廊道

渝东南民族地区的廊道从空间上分为三类：一是区间廊道，即外部旅游者进入渝东南民族地区的各种交通线路；二是区内廊道，即区内连接景观斑块的内部通路；三是"斑"内廊道，指景观斑块内部的旅游线路，如连接景点的铁索桥等。从形式上分为两类：一是人工廊道，如公路、桥、蹬道、游山石径等；二是自然廊道，如河流、植物景观斑块的自然分水岭等。廊道既分割又连通景观斑块，旅游者沿着旅游廊道游览渝东南民族地区，犹如走进一幅幅连续的动感立体画。在渝东南民族地区，区内外的交通建设具有一定的优势，《渝东南地区经济社会发展规划（2006—2020年）》在交通方面明确规定，对内渝东南地区重点推进的道路建设包括有：武隆仙女山—丰都三抚林场—涪陵武陵山森林公园的景区环游道路建设，以及对外主干公路的衔接；黔江小南海—后坝—八面山—武陵仙山的旅游环线公路建设；乌江风情画廊彭水—龚滩段沿江旅游公路及旅游专用码头建设。对外以忠县—石柱—利川、重庆—湖南怀化等高速公路为骨干；建设渝东南地区连接"一小时经济圈"和通向东南沿海、华中地区的快速通道，启动黔江—湖北恩施、丰都—石柱等高速公路建设；开展黔江—石柱—万州、彭水—酉阳等高速公路前期研究。随着渝怀铁路、渝湘高速路、武陵山机场的建成并投入使用及新一轮西部大开发战略的实施，"十二五"末渝东南民族地区将形成一个集铁路、高速公路、航空为一体的"一空五高六铁"重要交通枢纽。①

（三）区域

景观功能通常指景观"斑—廊—基"元素间物质、能量、物种、信息及营养成分等的流通。就旅游而言，可以把旅游活动解释为通过特定地点和特定路径的复杂生态流。从生态旅游学角度来看，任何形式的旅游活动都必然落实到具体的地域空间上，这个地域空间由各种异质旅游景观构成。渝东南民族地区各异的空间特征是应用景观生态学原理和方法于旅游线路设计实践中的基本前提。当然，旅游线路设计的最终成果也必然表现为渝东南民族地区空间格局合理的具体旅游线路安排。旅游景观之美在于其分形与整形的有机统一，旅游景观美学规划与设计的实质就是分形与整形、有序与无序、异质与和谐的统一。旅游目的地旅游生态环境资源持续发展的实质就是其生态整体性的动态维持与空间异质性的不断构建。因而，在渝东南民族地区旅游线路设计过程中应遵循两大基本思路：景观生态整体性的保证和空间异质性结构图式的设计。②

斑块、廊道和区域三点基质特征具体到渝东南民族地区生态旅游设计上，表现为突出保护性开发特色，在旅游开发规划过程中遵循两大基本思路——景观生态整体性的保证和空间异质性结构图式的设计，逐步进行整体、功能分区以及生态旅游线路优化组合。其中，酉阳县形象定位为中国武陵源，核心资源包括桃花源、龙潭古镇、龚滩古镇、后街古镇等，主要通过发展观光旅游、怀古旅游、生态旅游、民俗旅游、乡村旅游，建成世外桃源生态养生目的地，开发切入点为整合千年古镇群与田园风光，进行中国式慢活生活方式的国际化演绎，构建中国意境的国际化生活社区；秀山县形象定位为边城山乡，核心资源包括洪安边城、土家民俗等，主要通

---

① 杨江民、唐世刚：《渝东南少数民族贫困地区文化旅游发展探析》，《黑龙江民族丛刊》2012 年第 4 期。

② 严亦雄：《景观生态学理论在生态旅游线路设计中的应用——以福州旗山国家森林公园为例》，《海南广播电视大学学报》2007 年第 3 期。

过发展文化旅游、生态旅游、民俗旅游、乡村旅游，建成生态山乡旅游目的地，开发切入点为通过原真性旅游景区的建设，凸显秀山武陵山区的本土自然文化价值和地域文化的中国意义；彭水县形象定位为乌江峡湖生态旅游地，核心资源包括乌江画廊、阿依河、摩围山等，主要通过发展峡湖观光旅游、户外旅游、探险旅游、体育旅游，建成乌江流域生态旅游区，开发切入点为加强旅游交通基础设施建设和生态游船系统建设；黔江区形象定位为武陵山乡峡谷之城，核心资源包括峡谷峡江、小南海地质遗迹等，主要通过发展观光旅游、科考旅游、生态旅游、民俗旅游，建成渝东南旅游集散中心和旅游目的地，开发切入点为通过节事活动旅游和旅游接待设施建设，增强旅游集散地功能；石柱县形象定位为国际避暑休闲目的地，核心资源包括黄水旅游度假区、土家民俗风情等，主要通过发展民俗生态旅游、土家文化旅游、度假旅游，建成民俗生态旅游目的地，开发切入点为通过大黄水国家级旅游度假区的建设，创建黄水国家 5A 旅游景区、重庆市民俗生态旅游强县和全国优秀旅游目的地；武隆县形象定位为世界自然遗产地，核心资源包括峡谷、地缝、溶洞、天坑群为代表的价值独特的喀斯特地貌世界自然遗产，以及已有较好建设基础的旅游设施，主要通过发展世界遗产观光旅游、自然旅游、度假旅游、科考旅游、教育亲子旅游、高端会议商务旅游，建成武隆世界公园，开发切入点为景区集群建设和发展休闲娱乐产业，提升国际化服务水平。[①]

二、渝东南民族地区生态旅游线路设计

现代地理学与生态学结合下产生的景观生态学，正在不断地发现和拓展其应用领域。生态旅游开发中的线路设计方面的理论基础研究和个案实践，是生态旅游研究中比较薄弱的环节。结合景观生态学对渝东南民族地区的生态旅游线路进行景观生态规划和设计，具有实践上的可行性，能满

---

① 秦定波：《关于渝东南生态保护与生态旅游可持续发展的思考》（中篇），2014 年 12 月 15 日，见重庆旅游网（http：//www. cqta. gov. cn/cquinfo/View. aspx？ id＝8199）。

足景区旅游生态平衡与人类协调的发展要求。

渝东南民族地区生态旅游的线路设计中，应将自然风光与古镇、古村落、巴文化、少数民族民俗等有机结合，并联合周边景区和景点，实施跨区域联合旅游战略，推出长中短多种线路，增添游人游兴，做到旅速游缓，从容观光度假休闲，不走回头路。

表 12 – 1　渝东南生态旅游线路设计

线路	旅游线路
长线	重庆—万州—长江三峡—大宁河小三峡—神农溪小三峡—三峡大坝—宜昌—张家界、—凤凰古城—小海南—阿蓬江—阿依河—芙蓉洞—仙女山—天生三桥环线游
	芙蓉洞—仙女山—天生三桥—小海南—黔江桥梁村—阿蓬江—大西洞—龙潭古镇—洪安古镇—凤凰古城—梵净山环线游
	黔江桥梁村—小海南—阿蓬江—大西洞、龙潭古镇—红安古镇—凤凰古城游
短线	羊角镇—巷口镇—江口镇—汉葭镇—万足场镇—龚滩镇—乌江画廊—清泉场镇—万木场镇古镇之旅
	汉葭镇—阿蓬江—阿依河—石会镇—冯家镇—濯水镇—龙潭镇—西阳桃花源—后溪镇等古镇之旅
	西沱天街—黄水森林公园—游小南海—阿蓬江—大西洞—龙潭古镇—龚滩古镇游
	小海南—阿蓬江—阿依河—芙蓉洞—仙女山、天生三桥游
	芙蓉洞—仙女山—天生三桥游—阿依河—郁山汉墓—鞍子苗寨—向家坝蒙古族村—乌江画廊—苗王墓—洪安边城—梅江民俗文化村游
	丰都鬼城—西沱天街—黄水森林公园游—芙蓉洞—仙女山—天生三桥—西阳桃花源—龚滩古镇—乌江画廊—赵世炎烈士故居—后溪河湾山寨—南腰界红色革命根据地—苗王墓游

资料来源：杨江民、唐世刚：《渝东南少数民族贫困地区文化旅游发展探析》，《黑龙江民族丛刊》2012 年第 4 期。

第三节 渝东南民族地区生态旅游 景观设计与布局

生态旅游是以自然生态及人文景观为基础的认知自然、体验自然的旅游活动。生态旅游的规划一般需遵循生态保护、多方参与、生态设计及自然和谐等原则，通过开发调查、开发潜力评估、功能分区、旅游容量估算、景观设计及服务设施设计等程序来确定功能分区、景观结构、服务设施及社区参与等相关内容的生态设计，从而达到发展地区经济与社会生态保护的目的。

生态旅游不同于一般的旅游活动，因其发生区域在生态环境中，以自然生态及人文景观为欣赏基础，使游客能够在欣赏田园风光的过程中认知自然、体验生态。生态旅游景观设计与布局是一项复杂的系统工程，在规划的过程中，涉及到地区社会的经济、社会、资源及环境等多种因素，研究分析其规划程序及内容有重要的现实意义。

一、渝东南民族地区生态旅游景观设计的原则与程序

近年来，生态旅游在路线设计、生态规划等方面出现了很多的问题，重复建设、产品单一现象突出，生态环境也受到了一定的破坏，急需重新规划设计生态旅游。因此，必须明确生态旅游的一些规划原则。

第一，生态保护优先原则。生态旅游之所以能够受到人们的青睐，主要是源于其独有的生态环境，是基于生态环境保护的一种旅游，因此在规划的过程中首先需要考虑对当地生态环境资源的保护，保护生态安全。

第二，多方参与原则。生态旅游的目的是为了促进地方社会的可持续发展，是一项系统工程，需要政府、农民及社会的多方参与，共同促进生态旅游的开发。

第三，生态设计与规划原则。生态旅游突出的是生态，是以原生态作

为旅游发展的基础，因此在规划设计生态旅游的过程中，必须突出规划设计的生态原则，在路线选择、景观设计、生态环境布局等方面应该就地取材，倡导生态设计。

第四，和谐原则。生态旅游向人们展示的是原始的自然风光、朴素的乡土风情，在规划的过程中，需要突出自然风光、乡土风情的和谐性，以当地的生态景观为基础进行合理的资源配置，要体现乡土文化的朴实及人与自然的和谐。

根据乡村生态旅游的开发目标，在规划的过程中需要明确相关步骤，一般而言，有以下的程序要求。

第一，开发调查。开发调查是规划的首要程序，是确定生态旅游能否顺利开发的前提条件。在开发调查的过程中，主要是针对生态旅游区域所在的地理位置、生态现状、自然环境、交通条件、经济发展状况、居民意愿及相关政府部门的规划要求等问题展开调查，明确这些条件存在的相关状况及其不足。其中，地理位置、生态现状及自然环境是调查中的主要问题。

第二，开发潜力及目标的确定。依据在开发调查中所得的数据，来分析该区域是否具备相应的开发潜力以及所能达到的开发目标，是这个程序的主要内容。开发调查所得是原始数据，开发潜力是依据这些原始数据与周边相关环境所作的比较，分析该区域开发潜力的大小。周边相关环境包括区位条件、景观特色、与周边景点的距离远近、相关的软硬件条件等，根据这些数据与开发调查中得到的数据相比较，就可以得出一个区域开发的优劣势，从而来确定该区域的开发潜力及相应的发展目标。

第三，功能分区。功能分区是任何一个旅游开发中不可缺少的程序，根据一个区域内的自然条件、景观原始分布及土地利用状况来确定相应的功能分区，在旅游区域上进行空间的再分配，预设各个不同功能区的范围、容量、发展特征及方向。

第四，旅游容量估算及景观设计。旅游容量的估算是不可缺少的，是依据开发区域的生态环境、经济社会发展条件及气候环境对旅游前景的一个估算，这些估算可以为后面的相关程序提供依据。景观设计就是依据这些估算，基于生态景观学的原理，对开发区域的景观进行合理规划、配置与设计，体现生态旅游的景观性与生态性两大主题，在尊重原有景观的基础上进行合理修饰。

第五，服务设施设计。服务设施是景点区域的核心内容，包括游客接待、交通条件、食宿条件等多方面的内容。生态旅游在服务设施设计的过程中，需要考虑到生态原则，采用节能、环保、循环使用等物质材料，尽量将其对周边生态环境的影响降低到最小。

第六，社区参与。社区参与既是重要的规划原则又是不可缺少的规划程序，贯穿于旅游规划的全过程，在开发调查、开发潜力挖掘、功能分区、景观设计等各个阶段都离不开当地居民的参与，当地居民的参与使得规划的各个阶段能很好地体现当地的文化特征与居民意愿，能够集思广益发挥当地居民的集体智慧。

第七，规划的落实与反馈。通过上述各个程序，最终落实到实际操作中，需要有关部门提供资金、技术、管理、组织等方面的支持，才能够使景区设计得以运转。但景区运转不是程序的终点，对于在旅游实践过程中出现的新情况、新问题需要不断反馈，以便不断完善规划内容，促进景区的可持续发展。[①]

二、渝东南民族地区生态旅游景观布局的内容

对生态旅游规划程序的分析，同时也构成了生态旅游景观布局的内容范围，而在具体的实践中如何落实这些程序，则是生态旅游景观布局内容的关注重点。

第一，功能分区。根据生态保护的原则及要求，可以将生态旅游区域划分为生态保育区、生态游憩区及生态服务区等三个区域，不同的区域体现了其在生态系统及旅游功能中的不同作用。生态保育区是维护生态平衡

---

① 孙雄燕：《乡村生态旅游规划的程序与内容研究》，《生态经济》2014 年 30 卷第 6 期。

及持续发展的重要区域，一般来说，其应该位于旅游区的上游，其主要功能是维持旅游区域内的生态平衡，保持旅游区域内生态环境的多样性，如水源保护区、林木保护区等。生态保育区应该是生态环境的缓冲区域，必须限制游客的进入。而生态服务区则是游客活动的主要区域，该区域应该具有浓厚的乡土气息和清新乡土情调，同时还应该具有便利的交通条件，由村落、集镇及各种旅游服务设施组成，可集中开展旅游、休闲娱乐、购物、餐饮、休息等活动。生态游憩区介于上述两个区域之间，该区域应该具有一定的自然景观及各种自然的生态条件，是生态服务区的延伸，在保证生态安全的前提下，可以开展一定规模的旅游活动，为游客提供一种原生态的自然体验感觉。

第二，容量估算。当前我国旅游区域对环境容量的估算都存在一定的不足，导致了很多地方游客过度饱和，对生态环境造成了一定的破坏，因此，旅游环境容量的估算是一个重要的环节，是保证旅游可持续发展的关键因素。环境容量实际上是衡量旅游区域环境与旅游活动之间是否和谐的一个指标体系，也就是在保证旅游质量的前提下，旅游区域生态环境不受破坏与满足游客休闲旅游心理最低需求的饱和度，主要包括生态环境容量、社会经济容量、旅游氛围容量等方面，具体如图12-1所示。

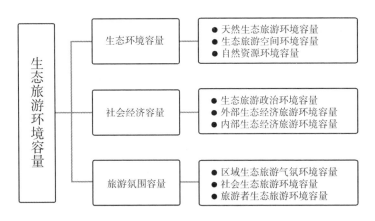

图12-1 旅游环境容量示意图

　　第三，景观设计。景观结构及合理的生态设计是旅游区域吸纳游客的关键因素。一般而言，生态旅游区域的景观结构包括斑块、廊道与基质三部分，三个部分之间形成合理的镶嵌搭配格局即是景观设计。在生态旅游区域中基质是面积最大、分布最广的自然生态景观，也是斑块与廊道的环境生态性背景。基质形状的大小及其形态特征是相对的，主要取决于斑块与廊道的分布状况，一般来说，大片的山林、广袤的农田、大面的水域都可以成为基质。斑块内容丰富，其来源、大小、形状及位置应该是多样化的，通常是由耕地、菜园、山林、水域、村落及集镇等组成。廊道不同于基质，是基质周边的狭长通道，可以是线性廊道，也可以是带状廊道，是物质与能量迁移的通道，主要包括道路、篱笆、河流及带状洼地等。① 这三个部分，斑块是主要的生态载体，廊道是游客流动及物质转移的主要渠道，将斑块、廊道与基质有机结合，构建一个自然天成的生态景观格局是景观设计的任务。斑块设计的重点是依据自然资源的特点、分布状况及游客需求来设计不同主题的斑块主体。如以山林开发为主的登山、野营、探险等山林斑块主体，以农耕地开发为主的农家活动体验等斑块主体。斑块实体与其空间布局需要考虑到其固有的景观属性和功能结构，在设计的过程中，要突出斑块吸引游客的主体特征，不能过多地人为改造，需要与周边的基质互相借景，保持一种浑然天成的真实感与视觉感。廊道可以分为区间、区内及斑内三个层次。其中区间廊道是旅游区域与外界相通的主要交通干线，是游客与物资进入的主要渠道，其设计必须考虑到廊道容载量与旅游容量的协调；区内廊道是旅游区域内部各斑块之间相互衔接的通道，设计的过程要充分利用其现存的通道，尽量避开生态脆弱地带，同时可以调动各斑块的特色，利用水域分布、地貌特征等设计水、陆相连的区内廊道，保持自然环境的和谐；斑内廊道是斑块内部的流动通道，设计首要考量的是其自身生态系统的特征，在材料的使用上需要考虑到各斑块自身的属性，

---

　　① 蔡铭：《西南地区乡村生态旅游发展研究》，《西南农业大学学报》（社会科学版）2012 年第 7 期。

最好取自天然的材料，在斑块入口处设置明显的指示信息，在路径旁设置乡土气息的休息区域等。

第四，旅游服务设施设计。旅游服务设施的设计主要包括解说系统、游客集散中心及农家服务设施三部分。旅游解说系统是游客了解旅游区域风土民情的渠道，生态旅游的解说可以通过当地居民的讲解或物品展示等方式向游客介绍生态及文化等知识。解说系统的设计关系到游客对旅游区域的了解程度，客观合理的对生态知识的宣讲，可以激发游客亲近自然、热爱自然的情感，引导其在旅游活动中对自然环境的友好；文化知识的宣讲可以使游客了解到该区域的民情风俗，开拓视野，促进文化的传承。

旅游集散中心本是一项城市旅游的基础设施，在生态旅游中也可以引入这个概念，建立生态旅游集散中心，即旅游总接待站（点），其任务是合理安排游客进入及车辆停靠，总体上属于一种上接下传式的工作。① 上接游客团，下传为游客提供景点介绍、安排、食宿等咨询服务，合理分配游客的去向，能够在一定程度上调配游客量，控制整个生态旅游区的旅游容量。车辆停靠是集散中心的一项常规工作，随着大量城市游客涌入旅游区，车辆停靠已是一个棘手的问题。在保证车辆有序停靠而又不能破坏旅游生态的前提下合理设计车辆停靠点是非常重要的，车辆停靠点的设计需要遵循生态保护的原则，包括停车场的选址、形状设计、与周边廊道和斑块的合理配置等均要符合生态设计的要求。首先从选址来看，不能过度靠近生态核心区域，应该靠近旅游景点与区间廊道的交界处；停车场不宜建设外墙，应该选择高大常绿树种作为外围围墙，可以起到吸氮防污的作用；车位之间也应该选择吸污能力强的落叶树种作为隔离带，还可以防止阳光对车辆的直射；停车场底层应以石材铺设，石材之间选用固土防蚀的本地草种，既能美化环境还能实现雨水回收。

生态型农家服务设施设计是利用景观生态学与生态工程学的原理，对传统的农家庭院生态系统进行整合与改造，建立和谐的服务实施生态关系

---

① 钱春霞：《县域经济视阈下乡村生态旅游项目开发探讨》，《商业时代》2014年第1期。

网。一般来说，主要有绿色庭院、水资源系统、垃圾处理系统、能源系统及建筑系统等方面的生态设计。绿色庭院是农家服务设施的核心部分。对于生态旅游来说，要着重保持庭院的本土特色与乡土味道，不宜过度大面积绿化，可以通过果树、菜园及一些花卉组合，创造出庭院视角色彩的多样性，从而使游客能够体验生态的原汁原味。还可以通过建立生态农场，让游客能够体会劳作的喜悦，学习到相关农作知识。[①] 水资源系统的设计也很关键，其是否合理直接关系到生态环境。设计过程中要从节约用水、循环用水的角度出发，将生活用水、雨水、灌溉用水、景观用水与厕所卫生用水构建成一个完善的水资源循环系统。该系统由两部分组成，一是雨水收集系统，二是污水循环转化系统。前者的任务是将雨水、生活用水、景观用水等收集起来进入水净化系统中，水净化系统由水生植物组成；后者的任务是人畜污水、厨房污水经过污染处理后循环使用作为果蔬农用水，具体流程如图 12 - 2 所示。

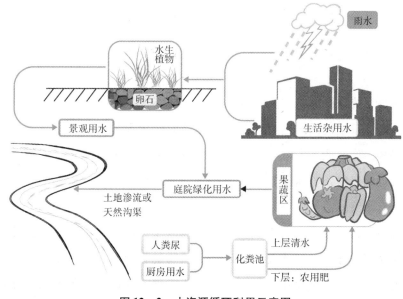

图 12 - 2 水资源循环利用示意图

---

① 陈佳平：《河南省乡村生态旅游开发问题研究——基于中原经济区的视角》，《河南社会科学》2012 年第 10 期。

垃圾处理系统的设计是关系到旅游生态环境持续发展的保障。应该从资源减量化的角度出发，设计简单安全、绿色环保的垃圾分类回收处理系统。首先，应该减少或限制一次性物质的使用，降低垃圾总量；其次，有效地进行垃圾分类，这步很关键，有机垃圾与非有机垃圾的分类，可使其采取不同的回收处理办法，具体如图 12－3 所示。

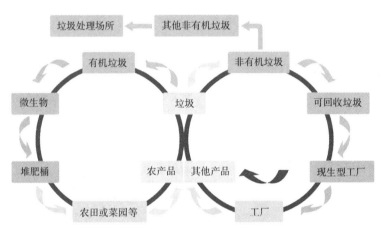

图 12－3　垃圾生态化处理示意图

能源系统建设也是农家服务设施的重要组成部分，对于发展生态旅游来说，能源系统设计的出发点是清洁能源的使用及节能的需求。清洁能源有很多种，像风能、太阳能、生物质能等，这些不同类型的能源使用应该依据当地的自然条件来确定。一般而言，风能会受到风速的影响，生物质能要求有足够的沼气原料，这些均是一些受限制的条件，唯有太阳能在这方面受限制较小，可以着重设计以太阳能为主的能源系统。在太阳能为主的能源系统设计中，应该充分考虑到建筑物的朝向、庭院绿化环境对光照时间的影响。在庭院绿化上，高大的本地树种能够保证在冬天获得充足的阳光；在建筑布局上，要促进风向顺畅进入，从而减少制热的动力，以保证太阳能效用的最大化。建筑系统的设计要尊重自然，注重与周边景观的融合。在建筑色调上，不宜用过于鲜艳的颜色，应与生态背景相协调；建筑风格上，不宜高大，要体现与生态相一致的质朴感；在建筑材料的使用上，尽可能的选用一些环境友好型材料。此外，建筑物的总体布局还需要考虑到整个庭院的格局与周边自然景观的特征，着重利用窗户、阳台等位置强化观景位置，从而使房屋与自然融为一体，游客没有视角遮蔽感，从而能够更加亲近自然。

　　第五，社区参与。从中外一些生态旅游开发的经验来看，任何区域旅游开发能否获得成功，居民参与是一个关键性的因素。居民的社区参与不但涉及到经济、政治、文化、心理等多方因素，还会涉及到开发的管理及利益分享等。社区参与的方式多样，对当地居民而言可以参与旅游开发规划、发展决策，参与利益分享，参与旅游知识培训，参与旅游管理等。一般而言，在生态旅游开发过程中，当地社区居民参与生态旅游的角色有三种：员工、经营者与股东，这也是三种不同的参与路径。作为员工，是最基本层次的参与，任何居民均可以作为旅游开发公司的雇员；作为经营者与股东，是通过旅游合作机制建立起来的股份经营模式，居民可以作为经营者参与经营，也可以作为股东来决策与分享收益。我国生态旅游区域开发，有自身的特点，旅游开发区域既是生态旅游的活动场所，也是当地居民的生活场所，任何的旅游规划与开发和居民的生活是息息相关，从某种程度上看，生态旅游规划是一个社区发展规划，任何当地居民都是参与者，可以参与全过程；同时任何居民也是经营者与决策者，可以分享旅游开发的收益及旅游发展方向。因此，在我国生态旅游规划与开发过程中，居民社区参与的角色是雇员、经营者与股东的集合体。①

---

　　① 孙雄燕：《乡村生态旅游规划的程序与内容研究》，《生态经济》2014 年 30 卷第 6 期。

第十三章 渝东南民族地区生态旅游管理与营销

　　生态旅游作为新兴的旅游形式与思想，对促进旅游业的可持续发展有着重要意义，有关学者投入了极大的研究热情，是生态学界、旅游学界共同关心的课题，取得了一定的进展。生态旅游研究的区域集中在欠发达国家与生态环境比较脆弱的地区，主要原因是这些区域生态环境原始性相对较好，经济上相对贫困，地方政府把生态旅游作为扶贫的重要手段，而且这些区域旅游与环境的矛盾相对比较突出。生态旅游理论研究比较零散，主要是针对某个具体问题而论，系统性不够，尚未有一个大家普遍认可的理论体系。定性研究相对较多，对一些问题的探讨停留在描述性分析上，而定量研究较少，只是在环境承载力方面有量化指标。与理论研究相比，实证研究较少，而且理论研究的成果常常缺乏可操作性，由于生态旅游又是一个操作性很强的行业，所以生态旅游的理论研究与实证研究同等重要。生态旅游的管理与营销是生态旅游研究的重要内容，是生态旅游理论研究与实证研究的桥梁，应当引起重视。

　　当前，生态旅游的管理与营销研究所使用的手段还主要是旅游学上的理论基础，由于生态旅游与生态学有一定的联系，今后应该加强生态学的学科基础，尤其是景观生态学作为少数能够直接架起生态学理论研究与社会生产实践之间沟通桥梁的生态学分支学科之一，在生态旅游领域极具应用潜力。同时还应兼容并蓄其他相关的学科营养，如地理学、林学、美学等。在可持续发展观念和生态环境意识日益渗透到社会各个层面的今天，不少专家认同，生态旅游的发展前景非常广阔，将会成为 21 世纪旅游业的主旋律，因此如何研究生态旅游发展中面临的种种问题，为生态旅游的发展提供理论基础，是我们共同的责任。[①]

第一节　渝东南民族地区生态旅游管理

生态旅游是未来旅游业发展的趋势，指引着我国旅游业的发展方向，而且强调人与自然的和谐相处，可以对生态环境起到保护的作用。随着人们生活水平的提高，我国的旅游行业发展得越来越好，而且经济效益得到了明显的提升，但是一些旅游企业的管理者过多地重视经济利润，容易忽视对自然景区的保护，所以，旅游业的发展也带来了一定的环境问题，为了缓解这些问题，必须要大力发展生态旅游模式。

生态旅游管理是在生态环境不断遭到破坏的情况下产生的，是对传统旅游管理的创新与改进，对生态环境有着重要的保护作用；是以生态学的思想作为管理制度的指导思想，以生态学理念作为管理的基础，符合可持续发展的观念，对旅游业未来的发展具有重要的指导作用。生态旅游管理可以促进旅游行业的长远发展，其主张不但让当代人欣赏到美丽的风景以及自然景观，还得让后代人享受到同样的机会。不管是什么年代的人都有享受旅游资源的权利，而且每个人都有保护自然资源的责任，这也是人类赖以生存的环境，只有对其进行必要的保护，才能使人们生活的环境更加健康。生态旅游管理强调在不破坏自然资源以及人文景观的前提下进行旅游活动，要有长远的眼光以及发展战略，为后人保留美丽的自然资源以及旅游资源。生态旅游管理的内涵影响着框架的构成，其内涵主要有两个层面，第一，从生态旅游管理的特征角度分析，生态旅游经济管理的核心思想是使人们接近自然，使人们的身心更加健康。生态旅游可以丰富人们的业余生活，在满足其对精神文明的追求中增长阅历与知识。生态旅游管理可以使人们了解自然与人类的关系，促进人与自然和谐相处，提高人们的

---

① 钟林生、肖笃宁：《生态旅游及其规划与管理研究综述》，《生态学报》2000 年 20 卷第 5 期。

环保意识。同时更好地贯彻国家的各项旅游政策，促进旅游行业与环保工作的和谐发展。第二，生态旅游管理可以促进生态环境保护体系的建设，而且可以更好地规划城市的建设，促进国家的经济发展。生态旅游管理可规避旅游开发以及旅游路线建设的盲目性，其核心目标是对沿途旅游路线的风景以及目的地进行生态保护，并对其安全进行维护；其管理的内涵是保证生态系统的完整性，防止生态环境遭到破坏，提高旅游环境的质量。①

生态学是研究生物与环境关系、研究自然资源开发和管理、人类生存环境变化、林业建设和可持续发展途径等，为社会、经济和环境的协调发展提供坚实的理论基础的一门学科。所以，从学科定义可以看出来，生态旅游属于生态学的范畴，只不过生物与环境关系中的生物成分不是一般的生物而是人类。因此，生态旅游管理具有独特性，应遵循以下原则：

第一，区域管理与环境容量相结合的原则。就生态旅游目的地来讲，生态旅游管理应该坚持区域管理与环境容量相结合的原则。这一方面取决于旅游活动特定的空间属性，更主要的是因为生态旅游的发展具有多目标与多主体的特性。从生态旅游管理的实践经验看，生态旅游管理既不是单纯的企业经营管理，也不是单纯的地方行政管理；不仅需要规划，也需要协调与控制。另外，开展生态旅游后，旅游区将会有越来越多的旅游者光顾，倘若不能有效地控制游客数量，则可能破坏生物栖息环境和天然植被。旅游环境容量指在一定的时间内，自然环境所能承受的游客容量。此外，还有感应气氛容量、旅游社会地域容量等。合理的环境容量既能满足游客的舒适、安全、卫生、方便等旅游需求，又能保证旅游资源质量不下降和生态环境不退化，这是取得最佳经济效益时旅游区所能容纳的游客数量，是旅游资源的合理承载力。因此，确定合理的环境容量是旅游区管理的重要环节，可以避免对资源的掠夺性利用。

第二，因地制宜与政府介入相协调的原则。政府介入生态旅游景区的管理是非常必要的，政府介入可以使生态旅游活动中的各个利益相关者形

① 杨柳：《探讨生态旅游管理的内涵、原则及路径选择》，《科技视界》2014年第23期。

成伙伴关系，不断地满足旅游者的需求。同时，政府介入有利于解决在生态旅游资源产权不清的情况下如何有力地保护生态资源与环境的问题。从地方生态旅游发展需要取得经济效益的角度看，也离不开政府介入，政府利用行政体制动员掌握的经济资源，可以决定超前发展与优先发展的部分。同时，政府制定旅游法规、规章、条例，促进了地方旅游业的健康发展；政府可以有力地担负起协调社会各方面力量的职能。

第三，通过信息传播实现人与自然和谐发展的原则。从可持续发展及和谐发展的角度，并将人与自然的关系延伸到旅游产业来看，在处理人类的旅游需求和旅游资源之间的关系上存在以下思路：一是以保护生态资源优先，忽视了人类的旅游需求；二是优先满足人类的旅游需求，忽视生态环境的保护；三是在不破坏旅游资源的前提下，既要尽量满足人们日益增长的旅游需求，又要注重生态环境的保护，使人与自然和谐相处，达到大自然的可持续发展和旅游业、旅游经济的可持续发展，因此，生态旅游的管理应遵循人与自然和谐发展的原则。要想人们接受、认识和实践正确的和谐发展观就必须进行信息的宣传和传播。只有当生态旅游主要利益相关者确实意识到各自的利益与生态环境息息相关，意识到自己的行为可能对生态环境造成影响，并随时准备承担自己应尽的责任时，生态旅游管理的有效性才有可能迅速提高。对于旅游经营者和社区居民的生态旅游管理措施，需要得到被约束对象在理念上的认可，才能达到切实的管理效果。

第四，以生态学原理为指导实现可持续发展的原则。从生态学的普遍规律出发，协调好生物、环境、经济和发展的关系。旅游行为本身是一种人为活动，它与自然系统共同形成比单纯的自然生态系统更复杂的人类自然复合系统。它不仅由生物和环境条件组成，还包括人类活动和社会、政治、经济条件，是这些复杂因素组成的多层次、多因子的统一体。人类生活和生产活动可引起生态系统发生变化，反过来，生态系统的变化又会对人类活动产生重大影响。生态系统中的各要素相互关联、相互依存和相互制约，按照生态学的规律进行着物质循环和能量转换，其中一个因素发生了变化，就会引起系统内其他因素产生连锁反应。因此，开展生态旅游必须以生态学为准则，综合分析各因素，全面考虑。按生态学原理去开发、利用和保护旅游资源，并根据生态系统的变化特点不断改善旅游系统的结构布局，尽力维护其生态平衡及环境效益，实现旅游地的可持续发展。旅游地可持续发展包括生态持续性、旅游持续性和社会经济持续性三个方面。生物资源常常遭到破坏的主要原因在于剥夺了当地群众对资源的经营权。在当前我国生态环境问题突出、经济发展较快的条件下，如果生态旅游不能很好地与当地群众的利益相结合的话，那么环境和资源也难以得到有效的保护。

在生态旅游管理实现的路径方面，需要注意以下几个方面：

第一，地方政府要尽职以保护和发展当地生态旅游。过去很长一段时间，我国在生态旅游的规划和教育方面都很薄弱，旅游业主要以赢利创收为目的，不少旅游区根本不进行环境影响评价就开始营业。地方政府要通过加强宣传和教育的力度，提高旅游相关实体对当地生态环境的认识、了解和重视程度，营造浓厚的保护和发展当地生态旅游的氛围。生态旅游要实现可持续发展的目标，要从正确思想和观念的培育入手，而不能仅仅是对行为的约束和惩罚。应该增强当地居民对生态旅游可持续发展的认识，从长远的观点和战略的角度来审视自身的生态资源和文化，增强自觉性和自信心。

第二，旅游资源开发中应注重生态环境问题以实现可持续发展。应从系统的观点、整体的观点和可持续发展的观点出发来考虑旅游业的开发与管理。如果没有系统、整体和长远观点，只考虑某个系统、本单位和短期利益，生态环境就很难得到有效的保护。因此，需要让旅游区的旅游企业和旅游者都能认识到保持良性生态系统的前提下开展旅游活动的必要性。旅游资源的开发必须遵守生态学原则，按生态学有关理论对旅游区的生态系统的负载极限进行预测，要预测该旅游区的生态系统能被旅游企业及旅游者利用的可能性，特别是这一系统能否长期提供相同质量服务的可能性。旅游资源的开发应遵循因地制宜和适度的原则，旅游资源开发要发挥民族和地方的特色，发展利用环境潜力的同时必须维护环境的生态平衡。

第三，做好旅游业开发与管理的总体规划和区域规划。旅游规划要对旅游发展未来状态做出科学设想、设计，使旅游业得到可持续发展。在总体规划和区域规划中一个重要环节是在规划阶段就进行各项建设项目的环境影响评价，包括大气环境影响评价、水环境影响评价、土壤环境影响评价、生物环境影响评价及环境影响综合评价等。在旅游总体规划中，既要考虑旅游资源的开发建设、合理布局设施、维护生态平衡，又要紧密结合区域所在的重点依托城市发展目标、发展规划、相关行业的配套发展，减少在实施中的局限性、盲目性及不必要的损失，求得协调发展格局。区域规划布局必须以获取最大的综合效益，即经济效益、社会效益和环境效益为布局决策的中心目标，实现旅游业的可持续发展。

第四，培养高素质的创新型管理和服务人才。高素质的人才是实现生态旅游合理开发和管理的关键，缺乏适宜的、高素质的各类人才，生态旅游就不可能实现可持续发展。从专业角度讲，真正意义上的生态旅游对产品设计有专业化的要求，技术较为复杂，需要那些既懂得生态学知识和旅游学知识，又熟悉旅游业运行规律和机制，而且还能正确把握生态旅游内涵的专业人才。因此，不断培养高素质的创新型管理和服务人才，可以为生态旅游发展提供智力支持。[1]

从渝东南民族地区的生态旅游管理来看，丰富的自然和人文资源，奠定了渝东南民族地区生态文化旅游发展的重要基础。渝东南地区地处川、鄂、湘、黔、渝五省（市）环围的武陵山区腹地，位于中国西部和中部结合点，民族历史悠久，文化蕴积丰厚，旅游资源特色明显。具体来说：一是资源保存相对完整，品种齐全丰富。二是资源品质高，破坏少。三是资源分布相对集中。渝东南地区绝大多数景区、景点都分布在乌江画廊和319国道公路沿线，易于整体打造和集中开发利用。四是资源古相自然，个性特色突出。渝东南地区既有优美的自然风光、多样的自然生态、原汁原味的民族风情，又有巴渝古老的黔中文化、盐丹文化、民族宗教文化、土司

---

[1]　王昌玉：《生态旅游管理的内涵、原则及路径选择》，《商业时代》2009 年第 27 期。

文化，众多的历史人文遗产，还有可歌可泣的革命历史遗址等，具有相得益彰、易于组合的显著特点。然而，渝东南民族地区的生态旅游，也存在自然资源和民族文化资源没有有效地结合起来，民族民间文化的载体形式严重流失，民族文化发掘和研究的深度、广度不够等发展中遇到的问题。因此，需要从生态旅游管理的角度，多方调动资源和力量，推进渝东南民族地区生态旅游的发展，具体而言可从以下几个方面着手：

第一，全面发掘民族文化，更新并提高现有民族生态文化旅游产品的品位。一是深入发掘民族文化成果，运用调查取证、建立活档案等方法，掌握大量的第一手资料，全方位了解渝东南地区民族文化发展的方向。二是突出特色，统筹规划。重庆统筹城乡综合改革试验区应有符合自身实际的鲜明的个性特征，改革目标是通过制度变革和创新，探索社会各个领域科学发展、社会和谐的新路子，建立统筹城乡的科学体系。渝东南民族地区生态旅游创新发展应抓住城乡统筹的新机遇、新思路。特色是民族生态文化旅游资源开发的生命线，民族生态文化旅游资源的开发是一个渐进的发展过程，必须进行统筹规划、分期实施。其一应优先开发旅游资源特色突出、基础设施和接待设施条件相对较好的地区，使其率先发展，以带动整个地区民族旅游业的发展。其二是根据人们的需求提高产品的娱乐性和参与性，突出民族特色，改变民族旅游中单一的歌舞表演局面，对宗教、社会、经济、游艺竞技等方面的民俗进行合理的综合开发。其三是要有明确的主题与精心的规划，邀请有关学者进行可行性研究，切忌粗制滥造，建设豆腐渣工程。其四是开发中旅游点、线、面应有机结合，形成立体开发网络，形成旅游产业发展、生态环境、社会事业的良性互动，把经济社会流转起来。例如，彭水县将具有民族风情的鞍子苗歌打造成"鞍子苗族歌舞寨"，与附近云顶古寺宗教风景区、乌江画廊、阿依河峡谷自然景观生态游相结合，整合成一个综合性生态旅游区域，这样就大大提高了民族生态旅游的效益和吸引力。同时，也可选择在民族文化旅游资源比较丰富的地区，依托民族民俗博物馆、自然民族村落或模拟村落建立民族民俗旅游点，围绕旅游区（点）开发，实行区际合作，推动区间联合行动，开辟民族民俗旅游线路。还可以依托民族文化特色鲜明的城镇，开发成集自然风光、民族文化和历史文化为一体的文化旅游区。其五是在开发中要遵循特色性、保护性、参与性、文化性、乡土性等原则，防止渝东南旅游区原生文化的西化、汉化、庸俗化和城市化。同时要加强管理和引导，防止各种追求片面效益、置传统习俗于不顾的行为的发生，做到民俗不俗，俗中有雅，俗中有新，俗中有味，这样才能符合渝东南民族地区的实情和合理开发的要求，以确保民族文化得到保护和弘扬。

第二，不断丰富渝东南地区民族生态文化旅游的形式和内涵。在渝东南地区，现有的民族生态文化游览方式多以自然风光、民俗设施、民俗陈列为主。这类生态文化旅游具有重要的审美价值和学术价值，可使游客大开眼界，增长知识，有效地保护传统文化的完整性，避免了人为的破坏。但随着现代旅游的进一步发展，单纯观赏性的游览方式已远远不能满足游客求新奇的心态，动态的、参与性的游览方式越来越受到人们的欢迎。通过这一类型的游览方式可以使人从中感受到当地的风情，在别开生面的活动中得到身心的充分愉悦，大大提高了游览的趣味性和参与性。渝东南地区各少数民族节庆丰富多样，形式各异，有较好的开发背景，在这些基础上加大开发力度，利用好一些有地方特色的民俗节庆资源，就可以以每个地方的特色为主题，有重点地推广特色文化旅游，从而使民族文化旅游充分发挥它迷人的魅力和潜能。旅游业的发展是一种双向性活动，旅游者到一个地方旅游，不仅要亲眼目睹，还要亲自参与当地人的活动，观看歌舞表演，品尝地方食品，购买民族手工艺品等；但与此同时，游客必然也会把自己的文化带到旅游点，这样当地文化就容易被影响、被侵蚀、被破坏。尽管旅游者与旅游文化间的交流和影响是相互的，但事实上，旅游地对旅游者施加的影响远大于其所接受到的影响。就目前的渝东南民族旅游地区而言，旅游者一般来自经济较发达地区，而渝东南民族旅游地区是经济相对落后地区，旅游者所带来的文化对当地文化有较大的冲击力。虽然旅游者与当地居民的接触短暂而相对肤浅，接触范围明确而有限，但对当地居民来说，他们同旅游者的接触是长期不断的，他们接触的不是某个旅游者，而是不同时期前来旅游的不同旅游者群体。所以渝东南民族文化相对于外地文化而言，就不是一般理论意义上的弱势文化，它是特定旅游层面的强磁力的特色和个性文化。在整个文化交流中，渝东南地区民族的衣着风格、建筑形式、饮食习惯、思想观念都因个性文化中的某些特质成分而深刻吸引着外来旅游者。他们向旅游者传输民族文化越多，旅游者付出的就越多，特殊文化的不平等交流由此产生。这种不对等交流还会因旅游者的个人动机、文化特征、旅游者与当地居民的交流时间和空间等因素的变化而不同。特别要注意的是规模化的旅游开发，将经济运行模式、科学管理文化和现代观念带进渝东南民族旅游地区，对当地的民族文化会产生不可估量的影响。因此，旅游业的开发也可能会使外来文化对渝东南地区少数民族文化形态、生活方式和价值观念形成冲击，导致渝东南民族文化的逐步蜕变和消失。这也是必须注意的问题。

第三，注意培养渝东南地区民族生态文化旅游资源开发的人才。现代的旅游业已不仅仅是满足于单纯的游玩，旅游业是一个综合性的产业，它的发展前景是空前广阔的。渝东南地区作为重庆市唯一以土家族、苗族为主要少数民族人口的民族聚居区，要在民族生态文化旅游中抢占先机，就必须强调良性发展，而人才是良性发展的关键所在。提高民族文化旅游资源开发的质量和品位，需要各方面的人才，尤其是民族学、民俗学、人类学、文化学、经济学及规划设计的人才，为此，必须加强人才的培育。要特别注意将纯正、丰富的民族、民俗文化内容充实到各类职业教育培训中，加大对人才的培养力度，特别是旅游专业人才的培养。

第四，加大力度宣传渝东南地区民族生态文化旅游。渝东南民族地区土家族自称"毕兹卡"（意为本地人），崇拜祖先，信仰多神，基本没有自己的语言，没有本民族文字，绝大多数人通汉语（目前只有湖南、湖北几个土家族聚居区还保留着土家语），通用汉文。所以，坚持有的放矢，宣传更新民族生态旅游观念，把宣传营销提高到与旅游资源开发、旅游产品设计和创新同等地位，就显得十分重要和必要。渝东南民族地区应利用各种传播媒介和手段，尤其是公共媒介和电脑网络的新手段，加大对民族文化旅游的宣传，树立民族文化旅游形象。从现在渝东南民族地区各地举办民俗节庆活动的实践看，要成功举办一次民俗节庆活动，都要考虑保持和弘扬原生态的民族文化，不宜人为地加以现代化或随意进行附加，把一个很有特色的民俗活动，搞成一个农民歌舞调演、农贸集市。通过政府倡导、舆论引导、媒体宣传，在全社会形成热爱民族文化、尊重民族文化、保护保存民族文化的良好氛围。同时应加强民族礼仪节庆与旅游业的结合，既要使民俗节庆成为旅游活动的亮点，也要使参与活动的外地人成为旅游者，尽量延长参观停留的时间。同时也要做好民族文化氛围的营造，利用民族文化发展旅游业，主要是挖掘和利用有价值的民族文化的符号，使旅游产品、服务的各个方面增加文化内涵。中外民族文化开发成功的实践证明，那种"围栏"里的民族文化开发有很大的局限性，最好还是要营造一种开放的民族文化大环境，多开发有市场需求的项目，成立专门的机构对民族文化旅游客源市场进行有效的因素分析。通过电视、广播、网络等多媒体对渝东南地区民俗风情进行宣传和推广，还可以借助一些展览和博览会将相关的信息展现给大众。渝东南地区在民族生态文化旅游的宣传和推广上，积累了一定的经验，这些都从不同的侧面对渝东南地区民族文化旅游的发展有所帮助，在以后的工作中，要进一步加大宣传力度，让旅游宣传工作顺利地开展起来。

第五，注重渝东南地区民族生态旅游商品的开发。游客除了对各种有地方特色的民俗感兴趣以外，购买有民族特色的旅游商品也是他们旅游的重要需求之一，所以民俗旅游商品拥有广阔的市场，这也是民族文化旅游的重要环节，对旅游创收发挥着举足轻重的作用。各种的有民族特色的民间文化艺术，如民族器具、衣饰、建筑、民间食品、民间工艺品等均可以作为商品开发。渝东南地区民族旅游商品丰富多彩，具有浓厚的民族色彩和乡土色彩，有很大的发展空间和很深厚的文化底蕴，加之各区县民宗委（局）都安排有数量不少的民族发展专项资金，完全可以将这方面的工作发扬光大。在旅游开发的过程中必须要坚持特色原则和有文化内涵原则，切忌雷同化和庸俗化。应培养专门的人员对民俗商品进行科学有效开发，可以在各民族旅游点进行有特色的商品成品展示和制作过程展示，可以让游客自己亲手制作民俗商品，如织布、造纸和制作各种简单有趣的手工艺品等。这些都是民族旅游商品灵活的销售方式，同时也可以增加娱乐性和人们的参与性，满足游客求新求奇的心态。

第六，坚持走民族生态旅游的可持续发展道路。民族生态文化是一种不可再生的资源，一旦过度开发，不注意保护就会枯竭乃至消失，所以科学合理地对民族文化进行保护和发扬，就必须走可持续发展的道路。旅游业的发展，带来经济水平的提高，使少数民族居民必然引进先进的生活技术和便利的生活设施，我们无法阻挡这种趋势。但是，我们能够对传统文化中失去存在价值的部分做有益的保留，并赋以其新的功能——旅游吸引物，并采取行之有效的方式对传统文化中正在趋同的物质特征进行保留。如传统的民族服饰、生活用具、建筑形式等。正是自然、浓郁的民族特色使渝东南民族地区成为旅游热点，并保持着强劲的可持续发展势头。①

第二节　渝东南民族地区生态旅游营销

生态旅游是在传统旅游基础上发展起来的一种新的旅游形式，其内涵丰富，具有强大的生命力。生态旅游的产生是人们对传统旅游造成的环境问题的反思，体现了可持续发展思想。然而，我国生态旅游的品牌营销意识较为薄弱，地方政府和旅游企业亟须塑造品牌形象、创造品牌价值、提高品牌竞争力，开展影响、培养和满足特定消费需求的市场营销活动。在操作方法上，应从强化品牌管理、完善营销渠道、开发特色文化商品等角度切入，使生态旅游经营者全面深入了解生态旅游的消费需求，为下一步旅游产品的开发和品牌营销策略的制定奠定基础。

生态旅游的发展，对丰富居民生活，增加当地居民的收入，改善旅游地的面貌，促进经济社会发展等作出了积极的贡献。但总体上看，当前我

---

① 冉雄伟：《渝东南地区民族文化旅游资源开发的调研和思考》，《民族论坛》2008 年第 1 期。

国生态旅游还处于快速发展和升级换代的阶段，其发展仍存在以下问题：

第一，市场认可度低，品牌影响薄弱。渝东南地区虽然各类景点多，但有一定知名度的旅游景点少；有些生态旅游景点一定程度上已打造出自己的旅游品牌，但是没有一个整体的生态旅游品牌形象，品牌影响薄弱，市场认可度低，辐射力太弱。因此，渝东南地区虽然有一定数量的生态旅游品牌，却不被旅游消费者普遍认识，还没有带来相应的品牌效应。

第二，品牌营销观念缺乏。大部分的生态旅游景点都还没有打造出自己的品牌，没有树立良好的生态旅形象。另外，生态旅游企业在经营时缺乏品牌意识，还没有意识到品牌的重要性，还处于低价竞争阶段，导致生态旅游产品的雷同。旅游产品的设计还没有挖掘出当地生态旅游的特色民俗文化，只停留在自然观赏等内容上。并且从生态旅游的发展现状来看，参与旅游服务的人员主要是当地人，文化素质普遍不高，没有接受过专业的培训，缺乏服务意识和服务技巧，经营管理上也缺乏品牌意识。另外，生态旅游的经营者也缺乏品牌意识和自我宣传。

第三，主题开发不鲜明。根据对旅游消费六要素的调查分析，旅游者关心吃和玩的比重最大，其次是生态旅游环境。这就反映出生态旅游在主题开发方面有所欠缺，还未形成鲜明的生态旅游形象或者主题开发出来但宣传不到位。景区内容单调，没有主题特色，成为了各大旅游景区的通病。

第四，营销渠道建设滞后。虽然目前国内的有一定数量的旅游网站，但生态旅游网页制作过于粗糙，内容单调，价格的介绍多于景点介绍，而且更新速度过慢。旅游者只能查找一些零星的旅游信息，内容不够全面、丰富。网络营销渠道建设的滞后，在一定程度上限制了生态旅游的发展，影响了生态旅游品牌营销的效果。[①]

渝东南民族地区为土家族、苗族等多个少数民族聚居区，有着丰富的民族生态文化旅游资源，随着"武陵山旅游圈"的进一步推进，该地区民族文化旅游开发取得了不错的经济效益，但在生态旅游的品牌营销方面同

---

① 韩沫、王铁军：《我国生态旅游品牌营销研究》，《学术论坛》2014年第4期。

样存在着一些问题，具体表现在以下几方面：

第一，民族生态旅游发展迅速，但生存现状不容乐观。近年来，渝东南民族地区一方面通过电视、网络等媒体加大民族生态文化旅游的宣传力度；另一方面，通过挖掘、整理、联合开发打造了一大批民族生态文化旅游产品，如黔中文化遗迹、古盐井、黄水国家森林公园，土家族的摆手舞、打溜子，苗族的山歌以及这一地区广为流行的巫、傩文化等。基本上形成了以民族文化遗存遗迹、民居建筑（如悦崃土家山寨、龙潭古镇、龚滩古镇）为中心，以民族风情村寨（如罗家坨苗寨、八龙土家山寨等）为辐射点，以民族歌舞、习俗、服饰、工艺品、特色食品为载体的立体开发模式。不过，随着景区知名度的提高，游客数量急剧增加，本地居民商业意识增强，再加上行政隶属上的各异，在民族文化旅游开发过程中各旅游开发点相互攀比，彼此模仿，内容单一，档次不高，缺少实质性的创意，缺乏统一规划和全面统筹，从而表现出明显的开发无序性。而在核心景区，为了追求短期经济效益最大化，过分地商业化不仅导致了民族文化资源的滥用，而且破坏了民族文化的核心价值理念，严重威胁到民族文化旅游资源的永续利用。

第二，民族生态文化旅游品牌基础较好、潜力巨大，但问题同样明显。首先，从民族文化生态旅游品牌资产的物质层面看，渝东南民族地区的古镇、文化遗迹、苗族土家族服饰、民族特色食品等都是具有较大的游客吸引力、市场竞争力和社会影响力的品牌资产。但在开发过程中，由于过度的商业化出现了与民居建筑不协调的现代建筑、设施与经营活动，这在一定程度上降低了物质品牌资产的价值，使市场竞争力和社会影响力受到了一定的限制。其次，从民族文化生态旅游品牌资产的精神层面看，独特的土家族苗族民俗、歌舞和宗教仪式都具有很强的体验和互动性，而反映渝东南民族地区民族文化的影视、文艺作品以及歌舞都具有相当的感染力，同时，人才辈出的渝东南也拥有极具名人效应的艺术家，除此之外，还有大量的民间艺人正在兴起，不过，由于年轻一代外出读书、入城打工的缘故，很多传统风俗、工艺制作出现后继无人的尴尬局面，且精神层面的体验形式较单一、较粗糙，感染力有待加强，这不利于民族文化生态精神资产的传承。再次，从民族文化生态旅游品牌资产的制度层面来看，渝东南民族文化中的宗教、宗族制度以及道德规范都内化于各种祭祀仪式中，如对自然、祖先、神灵的崇拜，"忠君"与"崇祖"，求子与丧葬仪式等，由于这些宗教、宗族仪式不仅体现了渝东南民族文化的信仰、德性、人伦与生命意识，而且各种仪式具有极强的艺术性、观赏性。特别是土家族的丧葬仪式、巫术征战仪式、求雨仪式、驱邪逐魅仪式等。其中，渝东南民族文化人伦意识中的包容开放精神使该地区民族文化具有很强的包容性，其信仰和强烈的生命意识则使其文化具有较强的内生力和约束力，但是，这些仪式活动没有得到很好的继承和开发，其约束力、内生力都有减弱的趋势。

第三，渝东南民族文化生态旅游品牌资产创建中存在内部冲突。民族文化生态旅游品牌资产作为一种区域品牌资产，由于其自身公共物品特性、品牌资产构成的复合性以及品牌价值创造主体的多重性，不可避免会出现品牌资产创造的内部冲突。具体表现为三方面：一是品牌资产创造时的"搭便车"行为，各品牌价值创造主体都寄希望于其他主体做出努力，而自己不愿意承担成本，结果造成品牌价值创造投入不足，制约了品牌资产的生成和提升。二是品牌资产构成的复合性导致的在品牌价值创造过程中的彼此不协调。三是品牌资产一旦创建，由于其公共物品特性，各品牌价值的使用者会忽视其使用品牌资产的外部成本，从而滥用品牌资产，酿成品牌资产的"公地悲剧"。目前，渝东南民族文化生态旅游品牌资产创建中的内部冲突已成为品牌资产价值提升的重要障碍。首先，该地区民族文化旅游资源隶属于重庆市六个不同的区县级行政区，由于现有政绩考核方式的局限，六县（区）缺乏共同打造"渝东南"民族文化生态旅游品牌资产的激励，相反，各自为政、彼此竞争、同质模仿，不仅造成了资源的浪费，而且有损于该品牌资产的现有价值。其次，即便在同一行政区内，由于缺乏统一的规划和有效的利益协调机制，各旅游资源开发主体盲目追求自身利益最大化，忽视彼此之间的协调和长远利益，有的旅游资源开发主体甚至在恶性竞争中不惜歪曲、庸俗化民族文化，直接损害品牌资产价值。再有，在民族文化旅游开发中，由于开发者多为外来投资者，大多数民族文化的直接传承者、载体——当地居民并没有得到旅游开发所带来的实惠，从而挫伤了他们继承和发扬传统文化的积极性，致使除了那些纯粹为了旅游而表演的民族风俗、歌舞以外，更多的、真实的民族文化正在悄然失去。而这种民族文化的丢失是民族文化生态旅游品牌资产提升的最大障碍。除此之外，还有居民与游客之间的冲突以及文化保护部门与旅游开发部门之间的冲突都是重要的阻碍因素。因而，要成功打造和提升渝东南民族文化生态旅游品牌资产价值，协调上述冲突，实现协同发展乃是当务之急。①

针对上述生态旅游营销方面的共性问题，有以下提高生态旅游品牌营销的策略：

第一，塑造旅游地总体形象。旅游地总体形象塑造是旅游地品牌管理的核心，其主要工作是总体形象和视觉形象的准确定位。构筑旅游地品牌总体理念，树立简洁易懂，易于识别，便于记忆，突出特性的品牌形象，使旅游地具有鲜明的地方特色，行业特征。充分发挥视觉形象在旅游地总体形象中的独特的作用。视觉形象是旅游者能够最先感知到的信息，对旅游者有着强烈的认知感染力，能够帮助旅游者迅速而有效地感知旅游地的总体形象。

第二，开发特色化产品。生态旅游魅力的持续，是由于生态旅游产品的生态气息的浓郁性和真实性，因此，在开发生态旅游产品时必须考虑到过去与未来，保证浓郁生态气息的同时，还要挖掘其个性、特色，做到深层次、多方位开发设计，增强生态旅游产品的吸引力，提高市场竞争力。目前生态旅游的参与性也是非常重要的一点，让游客参与其中，增强游客的体验是吸引游客的重要手段，也是留住游客，延长其逗留时间的一种方法。

---

① 曹晓鲜：《基于协同的湖南西部民族文化生态旅游品牌资产研究》，《湖南师范大学社会科学学报》2010年第1期。

第三，强化品牌管理。旅游品牌经营管理的目的是争创名牌，实现一个旅游企业持久而长远的经济利益。旅游品牌经营实质是一个过程管理，应当注重长期性、阶段性、系统性。应实行动态管理，在动态过程中提升品牌价值，累积品牌资产，建成特定区域范围的著名品牌，实现企业的战略目标，而并不是只注重品牌打造，忽视品牌管理。要善于分析旅游者的心理动机和心理需求，找准品牌定位。

第四，完善营销渠道。构建宣传平台，展示生态旅游品牌形象，善于利用多种方式和机会向目标客源市场进行多层次的组合宣传推广。具体方式：邀请相关媒体的记者和旅行社人员来实地体验，通过摄影作品、广告等来展示生态旅游的美景和文化；利用相关大型活动来宣传，如旅游推介会等；通过电视、互联网、期刊等现代信息手段发布旅游广告信息，加强与旅行社的合作，扩大生态旅游的影响力，拓展生态旅游客源市场。[1]

除了以上共性问题的解决策略，具体到渝东南民族地区生态旅游的品牌营销，还建议实施以下措施：

第一，调整政绩考核机制，纳入渝东南民族文化生态旅游品牌贡献评价因子。在我国经济社会发展过程中，在以经济增长速度作为核心考核指标的政治升迁制度背景下，各级政府只关注任期内本地区经济增长速度。当然，在一定程度上，该制度促进了地区之间经济发展的竞争，也使政府自觉限制"掠夺之手"，积极实施"援助之手"，保护地区内的产权，引导和资助地区内企业发展。同时，也因为该制度以绝对的行政区内经济发展业绩作为严格的考核界线，各行政区系统之间缺乏彼此协作的真正动机，即使在外力的推动下勉强实施合作，也会因为"外部收益内在化，外部成本外部化"的私人理性而导致集体不理性。目前，"渝东南民族生态文化旅游圈"的概念早已提出，但一直没有取得实质性进展，原因就在于此。因而，在实质性推动"渝东南民族生态文化旅游圈"和渝东南民族文化生态旅游品牌创建过程中，要让六个以各自区县政府为核心的经济发展系统相

---

① 韩沫、王铁军：《我国生态旅游品牌营销研究》，《学术论坛》2014 年第 4 期。

互协调，就必须将它们各自对渝东南民族文化生态旅游品牌的贡献率作为考核其政绩的重要评价因子。使六区县将协调打造渝东南民族文化旅游品牌的努力内化到各自追求政治升迁的动机中。但值得注意的是，在测度各政府对渝东南民族文化生态旅游品牌的贡献率时，必须将渝东南民族文化生态旅游品牌作为一个严格的整体来看待，以避免进入新的无序竞争与发展。

第二，建立渝东南民族文化生态旅游品牌资产管理委员会，负责品牌资产保值增值。由于民族文化生态旅游品牌资产构成的复合性，以及品牌价值创造主体的多重性，要实现品牌资产各层级的相互协调以及各品牌价值创造主体之间的合作，必须建立一个统一的协调与管理机构——渝东南民族文化生态旅游品牌资产管理委员会。该管理委员会由一名正职和六名副职及相关办事人员组成，其中，委员会正职由重庆市旅游局相关领导担任，其他六名副职则分别由六区县旅游局长兼任。该委员会的主要职责为：协调六区县民族文化生态旅游规划，统筹六区县内的民族文化旅游资源；根据民族文化生态旅游品牌资产构成，实现民族文化生态旅游品牌资产物质、精神、制度层面的协调一致；引导、鼓励、监督各旅游资源开发主体的经营行为，严惩有损区域文化生态旅游品牌资产价值的经营行为；通过税收和财政补贴渠道筹集资金，在扩大区域影响力、竞争力和树立渝东南民族文化生态旅游形象，打造统一大品牌；定期（一般为一年）对渝东南民族文化生态旅游品牌资产价值进行评估，制定年度品牌资产价值增值计划；负责渝东南地区民族文化生态旅游资源开发的招商引资，以及督促当地旅游管理机构对旅游资源开发经营主体的监管；考核渝东南地区六县（区）政府在渝东南民族文化生态旅游品牌创建中的贡献，并将其作为考核各政府政绩的一重要评价指标报送重庆市政府。总之，渝东南民族文化生态旅游品牌资产管理委员会作为一个常设机构，全权负责渝东南民族文化生态旅游品牌资产的保值增值和区域旅游协调工作。

第三，与民共享民族文化生态旅游实惠，提高民族地区居民传承和创造民族文化的积极性。贫穷落后不是特色，渝东南民族文化的传承和创造不可能像保存文物一样原封不动地封存，追求日益提高的物质文化需要也是少数民族地区居民的权利。如果不能很好地满足他们的这种需要，可能迫于生计，该地区的民族文化将消失得更快。目前，大量民族地区的年轻人外出打工、求学，而不愿学习和继承本民族的传统礼仪、工艺，不愿意穿戴民族服饰，已经构成了对民族文化旅游持续发展最大的障碍。究其原因在于民族地区居民并没有随着民族文化旅游的发展而得到真正的实惠，民族文化的认同感、自豪感被巨大的贫富差距所冲凝，少数民族居民缺乏继承、发扬和创造民族文化的动力。民族文化具有封闭性和包容性，不同于其他的旅游资源，它本身具有生命力，是动态和发展的。虽然，目前已提出了"文化生态村"和"民族文化博物馆"的民族文化生态旅游发展模式，但这并非民族文化传承和发展的最佳模式。这就仿佛为了保护珍稀动物而建立的动物园一样，虽然我们看到的是这些动物，但这些动物已与大自然中的该类动物相去甚远。因而，让民族地区居民在发展民族文化旅游的同时，确确实实地得到发展带来的实惠，提高他们的生活水平，使其感受到他们的文化受到尊重，产生强烈的民族文化认同感、自豪感和责任感，这样才能使他们自觉地维护、继承和发展民族文化，并在发展中实现民族文化的保护，更好地开展民族文化生态旅游。因而，建立民族地区居民的民族文化旅游发展利益共享机制，协调民族文化的传承者、载体与民族文化旅游资源开发者之间的利益，是提高民族地区居民传承和创造民族文化的积极性和提升民族文化生态旅游品牌的关键。[①]

　　生态旅游的管理与营销是一个综合的系统工程，生态旅游的管理包含生态旅游行业管理、社区管理与生态旅游区环境的管理。生态旅游行业管理是指与生态旅游相关的行政部门、企业及组织对生态旅游这一新兴的绿色产业，在市场引导、秩序维护、行业服务与协调等方面，采用行政、经济、法律等手段进行宏观调控、监督、指导和管理；生态旅游社区管理指

---

　　① 曹晓鲜：《基于协同的湖南西部民族文化生态旅游品牌资产研究》，《湖南师范大学社会科学学报》2010 年第 1 期。

的是对生态旅游目的地所在社区加强管理，使社区参与到生态旅游业中来，让生态旅游区与社区共同促进、共同繁荣、持续发展；生态旅游区环境管理就是为了实现环境保护和环境建设规划的预期目标，运用多种手段，维护和改善生态旅游区的环境质量，促进生态旅游业的发展。①

在渝东南民族地区生态旅游的管理与营销策略方面，我们认为：实现自我的需求、生态回归的文化势差、文化的多样性、品牌的追求，是渝东南生态旅游文化品牌的形成机制，比较优势和特色、开发主体的确立，开发与保护关系、品牌延伸度都是影响渝东南生态旅游持续发展的因素。针对渝东南生态旅游品牌建设与发展中存在一些问题和限制性因素，我们提出营造渝东南生态旅游文化品牌的建议和措施：明确地区政府的职能、创新组织模式，加强生态旅游效益的共享等。

---

① 钟林生、肖笃宁：《生态旅游及其规划与管理研究综述》，《生态学报》2000 年 20 卷第 5 期。

结　　论

　　生态文明，是一个非常宏大的命题。在生态文明兴起的背后，反映的是在现代化发展和全球一体化浪潮中，人类对自身生境的反思与再认识，以及对当下的迷茫、对未来的担忧。工业文明已走过顶峰。全球性的现代化和现代性的全球化已成为我们这个时代的主题。现代化如飞驰的列车。几乎所有的国家和所有的民族都在努力赶这趟列车，并都想为它的加速贡献力量。但我们跑得越快就越危险。如果我们不能成功地从工业文明转向一种能够与自然和谐相处的新文明，人类文明将面临毁灭。我们正处在一个转折点上。① 因此生态文明被认为代表着人类文化发展的新趋势，是人类社会进步的标志。人类希冀通过校正在工业文明中的各种行为，包括对自然资源的无限索取、不恰当的生产与消费模式、对现代科技与理性的绝对崇尚等，代之以新的价值观念与生存模式，来达到生态文明。

　　生态文明建设同样是我国解决社会经济发展与生态环境冲突问题的一个战略选择和历史的必然。党的十八大以来，我国政府更将生态文明建设提高到一个前所未有的高度。要求把生态文明建设放在突出地位，融入经济建设、政治建设、文化建设、社会建设的各方面和全过程。明确指出生态文明建设是关系人民福祉、关乎民族未来的长远大计，要努力建设美丽中国，实现中华民族永续发展。

　　渝东南，既是全球一体化背景下地球村的一部分，同时也是文化多元世界里一个独特的人类生存空间。在地理空间上，渝东南位于山环水绕、

---

　　① 　田松：《神灵世界的余韵》，上海交通大学出版社 2008 年版，第 203 页。

封闭偏僻的武陵山区，因为封闭、落后，工业文明对这里还不甚眷顾；但另一方面，现代传媒的便捷使得最偏僻的山寨也受到了外部文化的强烈冲击。然而这种文化上的冲击影响与现实生活的困境严重不对称，导致当地文化生态的失衡，导致人们对自身文化产生质疑、迷茫，这就是"文化自觉"的缺失。"文化自觉"的缺失致使越来越多的人"出离"自己的民族与家乡，这带给当地经济社会发展最大的弊端恐怕就在于本地人在本地发展建设中的缺位：一边是大量青壮年人口离开家乡外出务工，一边是本地人抛却了长久以来形成的与本地生态环境和谐相处的生产生活方式却对新的所谓现代化发展方式表现出诸多不适应。因此，我们需要考虑以何种方式建立起渝东南人民的"文化自觉"，如何发掘、彰显或重建本地文化在当代生活中的价值，如何在生态文明建设的时代抓住有利的契机促进当地经济社会与自然环境和谐发展，如何帮助当地人民在物质与精神生活中都过得充实富足，使家乡成为他们真正的生存乐土和精神家园。也因此，对渝东南民族地区生态文明建设进行研究就显得迫切而大有必要。

一、视角：多学科背景下的渝东南民族地区生态文明建设研究

生态文明在当代，显然已经引起了诸多学科诸多领域的关注与研究，不同学科有不同的关注视角，也形成了各自的理论观点，这些视角和观点往往各有侧重但又互相渗透与交错，并因此形成了新的交叉学科。我们对渝东南生态文明建设的研究基于生态学、哲学、人类学以及相关的交叉学科，这些不同学科对生态、生态文明、生态文化、文化生态等的认识，为我们提供了或宏观或微观的多样性视角，使我们能从更多的层面与角度来审视、看待并思考渝东南问题，为渝东南民族地区的生态文明建设提供相应的理论指导和明晰的建设思路。

对生态及生态文明的关注，生态学首当其冲。早期的生态学以研究人类之外的动植物个体、种群和群落与其周围环境的相互关系为目标。而随着全球生态危机、人类生存环境恶化，生态学越来越关注与人类生存发展紧密相关的课题，如生物多样性的研究、全球气候变化的研究、受损生态

系统的恢复与重建研究、可持续发展研究等。这使得生态学研究的对象从二元关系链（生物与环境）转向三元关系环（生物—环境—人）和多维关系网（环境—政治—经济—文化—社会）。"生态"所代表的概念也已不是单纯的"自然环境"而是整个人类所处的充满多维关系的大环境。生态学成为自然科学与社会科学的交汇点。其方法论也在从技术走向智慧、从还原论和整体论走向系统论、从单学科走向多学科融合。生态学甚至开始探究生态危机背后的社会文化和思想道德因素。大量而随意地破坏环境、消耗资源的发展道路是一种对后代和其他生物不负责任和不道德的发展模式。新型的生态伦理道德观应该是发展经济的同时还要考虑这些人类行为不仅有利于当代人类生存发展，还要为后代留下足够的发展空间。可持续发展、人与自然和谐发展、生态伦理道德观已经成为当代生态学的研究热点。

　　而从哲学的角度来看，这是一种新的价值观、世界观在生态学领域的渗透。传统的发展观长期受到人类中心论的支配。长期以来，人们的思想一直活动在人类中心论的框架内，活动在主客两极化的框架内。由此，人类把自己看成世界的中心，自然的主宰，把世界看成对象，把自然中的天地万物看成技术生产的原材料，人可以任意地向大自然索取。这种以人为中心的价值观点推动人们同自然界作斗争，取得对自然界的伟大胜利。但是，现实警示我们人类由于忽视自然界已然遭到自然界的报复。当前人类面临世界环境退化的严重形势正是人类中心论价值观念的一种后果。为了摆脱这种生态危机的后果，必须否定人类中心论的价值观念，建立人与自然和谐发展的世界观。由此形成了生态哲学。作为一种新的哲学范式，生态哲学以人与自然的关系为哲学基本问题，追求人与自然和谐发展的人类目标，为可持续发展提供了理论支持。生态危机背后的文化因素同样引起了哲学上的思考与研究，这就是文化哲学的研究。文化哲学以文化模式、文化危机、文化转型为研究主题。文化模式的转变总是伴随着前一文化模式对人的生存维度的种种不适应，因而产生文化危机，文化危机深化到一定程度，必定引起深刻的文化转型，并形成新的文化模式。进入20世纪后，尽管现代科学技术高歌猛进，人类获取了前所未有丰裕的物质财富，但同时，人类也开始体验以技术征服的自然的无情报复，以及受自己的造物的统治的异化状态。面对被技术所破坏的自然和按照技术原则组织起来的庞大的社会机器，人类陷入了深刻的生态与文化的双重危机。文化哲学正是在这样的背景中肩负起建立适应人类新文明的文化模式的使命，成为现代哲学最重要的表现形态。

文化人类学对人类生态环境与文化建构之间的关系有独特的视角。如果说文化哲学是从文化共性的角度来建立文化模式，那么当代的文化人类学则是从文化个性的角度对此加以研究。典型的标志是格尔茨"地方性知识"概念的提出。人类学的跨文化研究，使人们普遍地认识到人类活动与环境之间的相互作用、相互依赖和相互制约关系，这对于我们了解人类生存与环境质量的生态问题，从而通过文化机制来调适我们与环境之间的关系提供了新的视角。作为一门研究人类及其社会文化的科学，人类学除了能为我们提供人类与特定环境问题相关的生态知识外，还可以从当地人的价值观、信仰体系、亲属结构、政治意识形态以及仪式传统等比较宽广的层面上寻找有利于环境保护、社会可持续发展的生活方式。同时，人类学对于我们理解当地文化与环境，发现地方文化的生态智慧、生态意义和生态价值，并从当地人自身的文化中寻找环境问题的原因和解决问题的途径等也提供了独特的视角。①

基于上述学科理论的指导，我们得以从人类终极关怀的高度，从人与自然、社会多维关系的角度认识渝东南的生态文明建设问题，思考并把握在渝东南生态文明建设中"人"所应处的位置；我们能够以系统论来分析渝东南的文化生态状况，以跨文化研究的方式去理解渝东南的文化与环境，去发掘渝东南的地方性知识并促使其在经济社会发展中，在生态文明建设在中发挥作用。

---

① 袁同凯：《地方性知识中的生态关怀：生态人类学的视角》，《思想战线》2008 年第 1 期，第 6—8 页。

二、方式：保护与发展相结合的渝东南民族地区生态文明建设

我们研究渝东南生态文明建设的问题，最终是希望能够提出可供参考的渝东南经济文化社会发展道路，助推渝东南走上生态文明之路。这首先取决于对渝东南现状的认识。

渝东南位于我国中西部结合带的武陵山区，与湘、黔、鄂三省联系密切，具有承西启东的作用。这里青山绿水，有喀斯特地貌奇观，森林资源、水能资源和物产、矿产资源都十分丰富。区域内共有森林面积1441万亩，占重庆市总量的25%，森林覆盖率达到40%，是长江流域的重要生态屏障；已查明资源储量的矿产31种，主要有天然气、煤、铝土、锰等重要矿产，可开发水力蕴藏量307万千瓦，占重庆市总量的31%。依托区域内特殊的地理环境和悠久的人类活动历史，渝东南也成为人文资源的富集区，物质文化遗产和非物质文化遗产都非常丰富。渝东南地处武陵山区连片特困地区，定位为国家重点生态功能区与重要生物多样性保护区，武陵山绿色经济发展高地、重要生态屏障、民俗文化生态旅游带和扶贫开发示范区，以及生态文明先行示范区，是国家级武陵山区（渝东南）土家族苗族文化生态保护实验区，是重庆市少数民族集聚区、重庆市五大功能区规划中的生态保护发展区。

渝东南的资源特征与区位定位体现了非常鲜明的"生态"特色。但区域内无论是自然生态还是文化生态所面临的危机仍然严峻。自然生态环境脆弱。山高、坡陡、土薄，石灰岩层分布广；自然灾害频繁，冰冻、流石流、旱灾、洪灾等自然灾害均有发生；土壤瘠薄，水土流失较严重，用地条件差，耕地面积少，人地矛盾突出；石漠化现象较突出。文化生态失衡。传统礼仪、风俗及相关的非物质文化遗产逐渐失去生养根基，现代生活的影响使传统文化传承乏力。古镇、传统村落加速消失。自然环境的改变造成对生态环境依赖较强的吊脚楼营造、木雕、石雕、饮食、酿造、编织等传统技艺所需的原料短缺、存续状况进一步恶化。而从渝东南经济社会发展情况来看，这个区域集少数民族地区、贫困地区、大山区、偏远地区、革命老区于一体，是全重庆市基础条件最差、发展水平最低、贫困程度最

深的地区。

因此，渝东南所面临的保护与发展的课题同等重要。按照其区域定位，既要保护好青山绿水、民族文化生态，又要实现群众脱贫致富、经济发展。而这正是生态文明建设所要实现的目标。渝东南生态文明建设，就是要在保护自然环境、民族文化生态的基础上谋求经济社会的全面发展，走可持续发展的道路。

实际上，保护自然环境、民族文化生态与谋求经济社会的全面发展并不矛盾。非但不矛盾，两者还存在一些共性。其一，其目的都是以人为本，全面提高人民生活水平和人的素质，促进人的全面发展。这种提高包括物质、精神两个层面。经济发展可以提高人的物质生活质量，而对环境、文化生态的保护与维系，更加关注人的精神生活质量。这两个层面是相互支撑、互为依托的。其二，民族传统与经济社会发展可以互动。民族地区的经济社会发展并不一定要通过破坏传统文化和文化生态来实现。经济繁荣、社会进步是每个民族的追求，也是民族发展的必由之路。但是发展与进步并非要在一个全新的生境中进行，在既有的文化生态体系中同样可以实现。尤其是在传统的民族文化中蕴涵着的地方性知识，在促进资源可持续利用、促进生物多样性保护、资源评价和环境管理以及促进社区居民利益和社会协调发展等方面具有重要的作用。与生态环境和谐相处，这是渝东南人民一种极大的生态智慧，蕴含其间的科学价值令人惊叹。这在诸多非物质文化遗产中都有所体现。以土家族建造吊脚楼为例，吊脚楼的"因山就势"既讲究天地人和谐相处，又讲究人自身身心健康和谐统一。山地农业和畜牧业也包含渝东南的地方性知识，以此为基础的生活也有本地的养生与医药知识，这些都仍然是我们今天寻找克服化学农业问题的宝贵文化遗产的渊薮。渝东南非物质文化遗产的科学价值和技术成果有待我们今后认真发掘，它们是无数人长期的技术创新与心血的结晶，是经过代代改进而总结形成的地方知识，不仅在传统时代发挥过至关重要的作用，而且对于我们现代社会依然具有实践的指导意义。大到世界观、生态理念，小到造纸、豆制品制作、酿酒酿醋的技巧，我们今天仍然可以从中发掘出可持续发展的科技智慧。

根据可持续发展的观点和渝东南民族地区的现状，综合考量，我们认为渝东南的生态文明建设当凸显其鲜明的"生态"定位：建设好文化生态保护区，依托区域内富集的人文资源和自然资源，发展生态农业、生态旅游。这是一种以保护为基础谋求发展、在发展中实现保护的双赢的生态文明建设模式。渝东南的文化生态是独特而珍贵的。国家级武陵山区（渝东南）土家族苗族文化生态保护实验区的设立，将极大推动对区域内的自然遗产、文化遗产、社会空间等进行整体性保护，推动区域内资源的整合与合理开发利用，为发展生态农业和生态旅游提供良好的支持。渝东南山区与流域构成的地理环境和特殊的地形地貌形成了众多独特的自然景观和丰富的自然资源，孕育了丰富包融又相对独立的渝东南民族文化、形成了多姿多彩的文化资源，为农业资源开发提供了特别的外部条件；渝东南民族文化资源与自然旅游资源结合，将提升渝东南旅游的人文内涵与品质，形成独具特色的人文生态旅游资源；这些独具特色的旅游资源，也将为发展观光旅游农业提供重要条件。总体来看，渝东南民族地区资源丰富，各种资源可整合程度高，发展民族文化旅游、生态旅游、生态农业优势突出；但在资源开发整合的同时，也要以保护生态环境为前提，通过维系一个和谐平衡的渝东南文化生态，使生活在这里的人与自然和谐共生，使传统与现代融合并进，推动经济社会可持续发展，推进生态文明建设。

三、愿景：美美与共，天下大同

建设生态文明，是关系人民福祉、关乎民族未来的长远大计，是实现中华民族伟大复兴中国梦的重要内容。渝东南生态文明建设同样关乎民族文化传承与民族社会发展进步，这是一项需要不懈努力不断推进的工作。

就现阶段而言，渝东南生态文明建设的主要任务是结合当前对渝东南的区位定位，在文化生态保护区内，围绕生态经济产业化和产业经济生态化，使农业人口与非农业人口都能够充分就业，脱贫致富，共享由自身创造的伟大价值，渝东南各族人民能够以本民族、本地区的"地方性知识"

谋求更好的生境，在人与自然、社会的相处中体会传承自身文化带来的优越感，建立起文化自觉与文化自信。不过有一点需要注意，"地方性知识"与所谓"普世性知识"并不是绝对排斥的。科学实践哲学认为，科学知识、普遍规律其实是标准化了的地方性知识。地方性知识其实更强调的是其情境。文化自觉的建立还应来自于对"他者"文化的接纳与学习。正如费孝通先生本人所说："我在提出'文化自觉'时，并非从东西文化的比较中，看到了中国文化有什么危机，而是在对少数民族的实地研究中首先接触到了这个问题。""中国 10 万人口以下的'人口较少民族'就有 22 个，在社会的大变动中他们如何长期生存下去？特别是跨入信息社会后，文化变得那么快，他们就发生了自身文化如何保存下去的问题。我认为他们只有从文化转型上求生路，要善于发挥原有文化的特长，求得民族的生存与发展。"① 那么如何才能实现这样的文化转型？除了促进当地经济发展，提高他们的生活水平，也要学习、传承本民族的优秀传统文化，也要在开放的环境下接受多元的、现代的文化教育。只有通过学习"他者"文化，反观自身文化，才能在文化比较中意识到本区域、本民族文化的宝贵价值，并积极地实现文化转型，推动发展。因此，从更为宏观的角度来看，真正的文化自觉，不仅是要对本民族的文化有所认知，也要尊重其他民族或国家的历史与文化。"和而不同"，这应该是全球一体化背景下多元文化和谐并存之道，维系人类的文化生态平衡之道。

回到渝东南，如前所述，这里既是全球一体化背景下地球村的一部分，同时也是文化多元世界里一个独特的人类生存空间。这个空间独特却不再封闭，尽管它尚处于现代文明、工业文明不甚眷顾的边缘地带，但在生态文明时代，选择走一条开放包容和谐的发展道路，自然和社会、传统与现代、文化与经济统筹一体，它就有可能从边缘走向新的人类文明发展历程的中心。这也正符合了"各美其美，美人之美，美美与共，天下大同"的文化自觉历程。

---

① 费孝通：《文化与文化自觉》，群言出版社 2010 年版，第 402—403 页。

参 考 文 献

一、中文图书

陈康：《土家语研究》，中央民族大学出版社2006年版。

陈世松：《大迁徙：湖广填四川历史解读》，四川人民出版社2005年版。

杜秀娟：《马克思主义生态哲学思想历史发展研究》，北京师范大学出版社2011年版。

方李莉：《遗产实践与经验》，云南教育出版社2008年版。

费孝通：《文化与文化自觉》，群言出版社2010年版。

冯天瑜：《中华文化史》，上海人民出版社1998年版。

郭家骥：《生态文化与可持续发展》，中国书籍出版社2004年版。

郭声波：《四川历史农业地理》，四川人民出版社1993年版。

国家文物局：《中国文物地图集·重庆分册》，文物出版社2010年版。

胡寿田等：《生态农业》，湖北科技出版社1988年版。

姬振海：《生态文明论》，人民出版社2007年版。

蓝勇：《西南历史文化地理》，西南师范大学出版社2001年版。

李博主编：《生态学》，高等教育出版社2000年版。

李春霞：《遗产起源与规则》，云南教育出版社2008年版。

李文华主编：《中国当代生态学研究·可持续发展生态学卷》，科学出版社2013年版。

刘爱军：《生态文明与环境立法》，山东人民出版社2007年版。

刘世锦主编：《中国文化遗产事业发展报告》（2008），社会科学文献出版社 2008 年版。

罗安源、田心桃、田荆贵、廖乔婧：《土家人和土家语》，民族出版社 2001 年版。

［美］罗尔斯顿：《哲学走向荒野》，吉林人民出版社 2000 年版。

《马克思恩格斯选集》第 3 卷，人民出版社 1972 年版。

《毛泽东文集》第 6 卷，人民出版社 1999 年版。

M. Kiley-Worthington：《生态农业及有关农业技术》，张壬午译，农业出版社 1984 年版。

彭水县志编纂委员会：《彭水县志》，四川人民出版社 1998 年版。

蒲孝荣：《四川行政区沿革与治地今释》，四川人民出版社 1986 年版。

尚义昌：《生态学概论》，北京大学出版社 2003 年版。

沈满洪、谢慧明、余冬筠等：《生态文明建设：从概念到行动》，中国环境出版社 2014 年版。

司马云杰：《文化社会学》，山东人民出版社 1987 年版。

［英］泰勒：《原始文化：神话、哲学、宗教、语言、艺术和习俗发展之研究》，连树声译，广西师范大学出版社 2005 年版。

田松：《神灵世界的余韵》，上海交通大学出版社 2008 年版。

万劲波、赖章胜：《生态文明时代的环境法制与理论》，化学工业出版社 2007 年版。

王洪华主编：《重庆市非物质文化遗产名录图典一》，贵州人民出版社 2007 年版。

（清）王麟飞等：《酉阳直隶州总志》卷之九，清同治三年（1864 年）刻本。

王其钧：《中国民居鉴赏》，上海人民美术出版社 1991 版。

王文章主编：《非物质文化遗产概论》，文化艺术出版社 2006 年版。

杨月蓉主编：《重庆市志·方言志》（1950—2010），重庆出版社 2012 年版。

余谋昌：《文化新世纪——生态文化的理论阐释》，东北林业大学出版社 1996 年版。

《酉阳县志》编纂委员会：《酉阳县志》，重庆出版社 2002 年版。

张慕葏、贺庆棠、严耕：《中国生态文明建设的理论与实践》，清华大学出版社 2008 年版。

中国艺术研究院中国民族民间文化保护工程国家中心编：《中国民族民间文化保护工程普查工作手册》，文化艺术出版社 2007 年版。

重庆市文化局编：《重庆民族民间舞蹈集成》，西南师范大学出版社 2003 年版。

周鸿：《文明的生态学透视——绿色文化》，安徽科技出版社 1997 年版。

蓝勇、黄权生：《"湖广填四川"与清代四川社会》，西南师范大学出版社 2009 年版。

张广瑞等：《生态旅游：可持续性发展的关键——2002 国际生态旅游年的扫描与反思》，《中国旅游年鉴·2003》，中国旅游出版社 2003 年版。

二、中文文章及其他文献

埃德蒙·木卡拉：《口头和非物质遗产代表作概要》，中国艺术研究院编：《人类口头和非物质遗产抢救与保护国际学术研讨会》，2002 年 12 月。

鲍展斌：《关于历史文化遗产的哲学思考》，浙江大学硕士学位论文，2002 年。

卞利：《文化生态保护区建设中存在的问题及其解决对策——以徽州文化生态保护实验区为例》，《文化遗产》2010 年第 4 期。

卞显红、张光生：《生态旅游发展的成功要素分析——对国内外 25 个生态旅游发展案例的定量研究》，《生态学杂志》2005 年第 6 期。

蔡铭：《西南地区乡村生态旅游发展研究》，《西南农业大学学报》（社会科学版）2012 年第 7 期。

蔡燕飞、廖宗文、章家恩等：《生态有机肥对番茄青枯病及土壤微生物多样性的影响》，《应用生态学报》2003 年 14 卷第 3 期。

蔡燕飞、廖宗文等：《化学—生物发酵联用技术对稻草腐熟的效果及红外光谱研究》，《应用生态学报》2003 年 14 卷第 8 期。

蔡燕飞、廖宗文等：《生态有机肥对番茄青枯病及土壤微生物多样性的影响》《应用生态学报》2003 年 14 卷第 3 期。

曹晓鲜：《基于协同的湖南西部民族文化生态旅游品牌资产研究》，《湖南师范大学社会科学学报》2010 年第 1 期。

曾瑜皙、杨晓霞：《渝东南民族地区旅游扶贫的战略路径选择》，《重庆文理学院学报》（社会科学版）2014 年第 3 期。

柴毅龙：《生态文化与文化生态》，《昆明师范高等专科学校学报》2003 年第 2 期。

陈佳平：《河南省乡村生态旅游开发问题研究——基于中原经济区的视角》，《河南社会科学》2012 年第 10 期。

陈学明：《"生态马克思主义"对于我们建设生态文明的启示》，《复旦学报》（社会科学版）2008 年第 4 期。

陈忠晓、王仰麟：《生态旅游刍议》，《地理学与国土研究》1999 年第 4 期。

程占红、孔德安：《生态旅游概念的再认识》，《山西大学学报》（哲学社会科学版）2005 年第 1 期。

程占红、张金屯：《生态旅游的兴起和研究进展》，《经济地理》2001 年第 1 期。

崔凤军：《论旅游环境承载力》，《经济地理》1995 年第 1 期。

戴彦：《巴蜀古镇文化遗产适应性保护研究》，重庆大学博士学位论文，2008 年。

邓先瑞：《试论文化生态及其研究意义》，《华中师范大学学报》（人文社会科学版）2003 年第 1 期。

邓玉林：《论生态农业的内涵和产业尺度》，《农业现代化研究》2002 年第 1 期。

杜尧东、王建等：《春小麦田喷灌的水量分布及小气候效应》，《应用生态学报》2001 年 12 卷第 3 期。

段超：《再论民族文化生态的保护和建设》，《中南民族大学学报》（人文社会科学版）2005 年第 4 期。

段明：《重庆西阳土家族面具阳戏》，《中华艺术论丛》2009 年第九辑。

范虹、张春云：《旅游环境容量的评价方式及应用》，《科技情报开发与经济》2006 年第 5 期。

方李莉：《警惕潜在的文化殖民趋势——生态博物馆理念所面临的挑战》，《民族艺术》2005 年第 3 期。

方李莉：《文化生态失衡问题的提出》，《北京大学学报》2001 年第 3 期。

费孝通：《西部人文资源的研究与对话》，《民族艺术》2001 年第 1 期。

冯庆旭：《生态旅游的伦理意蕴》，《思想战线》2003 年第 4 期。

冯佺光、赖景生：《山地化民俗生态旅游经济协同开发研究——以三峡库区生态经济区重庆市东南翼的少数民族聚居地为例》，《农业现代化研究》2009 年第 5 期。

冯耀宗：《生物多样性与生态农业》，《中国生态农业学报》2002 年 10 卷第 3 期。

傅伯杰：《景观多样性的类型及其生态意义》，《地理学报》1996 年 51 卷第 5 期。

高丙中：《关于文化生态失衡与文化生态建设的思考》，《云南师范大学学报》（哲学社会科学版）2012 年第 1 期。

高建明：《论生态文化与文化生态》，《系统辩证学学报》2005 年第 3 期。

高峻：《生态旅游：区域可持续发展战略与实践》，《旅游科学》2005 年第 6 期。

郜智方等：《渝东南山区生态农业可持续发展模式研究——以重庆市秀山县为例》，《江西农业大学学报》（社会科学版）2008 年 7 卷第 2 期。

顾蕾、姜春前：《生态旅游效益构成及特性分析》，《浙江林学院学报》2002 年第 3 期。

管宁：《文化生态与现代文化理念之培育》，《教育评论》2003 年第 3 期。

郭清霞、姚立新：《生态旅游开发是旅游扶贫的最佳发展模式》，《湖北大学学报》（哲学社会科学版）2005 年第 4 期。

韩沫、王铁军：《我国生态旅游品牌营销研究》，《学术论坛》2014 年第 4 期。

韩西芹：《土家吊脚楼建筑群》，《今日重庆》2009 年第 5 期。

韩涌泉：《热贡文化生态保护区发展调查》，《青海金融》2012 年第 2 期。

河南省农村能源环境保护总站：《中国生态农业十大模式和技术之五——生态种植模式》，《河南农业》2004 年第 4 期。

赫修贵：《生态农业是中国发展现代农业的主导》，《理论探讨》2014 年第 6 期。

胡飞、孔垂华：《胜红蓟化感作用研究：气象条件对胜红蓟化感作用的影响》，《应用生态学报》2002 年 13 卷第 1 期。

胡珀、刘虹：《区域经济可持续发展中的生态建设设想》，《兰州学刊》2003 年第 6 期。

胡艳霞、孙振钧等：《蚯蚓养殖及蚯蚓粪对植物土传病害抑制作用的研究进展》，《应用生态学报》2003 年 4 卷第 2 期。

黄小驹、陈至立：《加强文化生态保护提高文化遗产保护水平》，2007 年 4 月 3 日，见 http：//culture. sinoth. com/Doc/web/2007/4/3/1179. htm。

黄小钰：《生态博物馆：对传统文化的保护还是冲击》，《文化学刊》2007 年第 2 期。

黄智宇：《特色农业产业享誉渝州内外》，2014 年 9 月 6 日，见 http：//www. cqps. gov. cn/ps_ topic04/2014 – 09/06/content_ 3462583. htm。

戢斗勇：《文化生态学论纲》，《佛山科学技术学院学报（社会科学版)》2004 年第 5 期。

戢祖义：《中国"劳动号子"》，《云岭歌声》2004 年第 9 期。

江泽慧：《大力弘扬生态文化携手共建生态文明——在全国政协十一届二次会议上的发言》，《中国城市林业》2009 年第 2 期。

孔垂华、黄寿山、胡飞：《胜红蓟化感作用研究：挥发油对真菌、昆虫和植物的生物活性及其化学成分》，《生态学报》2001 年 21 卷第 4 期。

雷毅：《生态文化的深层建构》，《深圳大学学报》（人文社会科学版）2007 年第 3 期。

李安辉：《少数民族特色村寨保护与发展政策探析》，《中南民族大学学报》2014 年第 4 期。

李安楠、张亚飞：《秀山现代农业　既上规模更重效益》，2014 年 9 月 4 日，见 http：//cqrbepaper. cqnews. net/cqrb/html/2012 – 09/04/content _ 1569457. htm。

李安楠等：《立足生态　造特色　强品牌　武隆农业向大山要效益》，2014 年 2 月 14 日，见 http：//cqrbepaper. cqnews. net/cqrb/html/2014 – 02/ 14/content_ 1718152. htm。.

李海潮等：《不同基因型玉米间作复合群体生态生理效应》，《生态学报》2002 年 22 卷第 12 期。

李和平：《重庆历史建成环境保护研究》，重庆大学博士学位论文，2002 年。

李华兴、李长洪、张新明等：《沸石对土壤养分生物有效性和土壤化学性质的影响研究》，《应用生态学报》2001 年 12 卷第 5 期。

李世清、李凤民等：《半干旱地区地膜覆盖对作物产量和氮效率的影响》，《应用生态学报》2001 年 12 卷第 2 期。

李为科、杨华、刘金萍：《基于遥感的渝东南喀斯特石漠化特征分区及其治理模式实证研究——以重庆市酉阳为例》，《沈阳师范大学学报》（自然科学版）2006 年 24 卷第 4 期。

李文：《关于我国生态农业发展的几点思考》，《农业经济》2014 年第

7 期。

李文程：《生态旅游规划原理与方法评介》，《生态学杂志》2003 年第 4 期。

李文华、刘某承：《关于中国生态省建设指标体系的几点意见与建议探讨》，《资源科学》2007 年第 5 期。

梁丹丹：《西南山区生态农业发展模式研究》，《农业经济》2014 年第 9 期。

梁渭雄、叶金宝：《文化生态与先进文化的发展》，《学术研究》2000 年第 11 期。

刘德广等：《荔枝—牧草复合系统节肢动物群落多样性与稳定性》，《生态学报》2001 年 21 卷第 10 期。

刘鸿雁：《旅游生态学——生态学应用的一个新领域》，《生态学杂志》1994 年 13 卷第 5 期。

刘家明：《生态旅游地可持续旅游发展规划初探》，《应用生态学报》1999 年 14 卷第 1 期。

刘健：《生态农业的内涵及其可持续发展探讨》，《上海环境科学》1998 年第 7 期。

刘魁立：《文化生态保护区问题刍议》，《浙江师范大学学报》（社会科学版）2007 年第 3 期。

刘仁胜：《生态马克思主义发展概况》，《当代世界与社会主义》2006 年第 3 期。

刘益：《大型风景旅游区旅游环境容量测算方法的再探讨》，《旅游学刊》2004 年第 6 期。

刘忠伟、王仰麟、陈忠晓：《景观生态学与生态旅游规划管理》，《地理研究》2001 年 20 卷第 2 期。

卢小丽、武春友、Holly Donohoe：《基于内容分析法的生态旅游内涵辨析》，《生态学报》2006 年第 4 期。

卢小丽、武春友、Holly Donohoe：《生态旅游概念识别及其比较研究——对中外 40 个生态旅游概念的定量分析》，《旅游学刊》2006 年第 2 期。

卢云亭：《生态旅游与可持续旅游发展》，《经济地理》1996 年第 1 期。

陆泓、王筱春、王建萍：《中国传统建筑文化地理特征、模式及地理要素关系研究》，《云南师范大学学报》（哲学社会科学版）2005 年第 5 期。

罗曼、马李辉：《西部大开发加强民族文化生态保护的几点建议》，《中共伊犁州委党校学报》2006 年第 1 期。

罗明义：《生态旅游可持续发展——亚太地区部长级会议述评》，《旅游学刊》2002 年第 3 期。

骆高远：《"生态旅游"是实现旅游可持续发展的核心》，《人文地理》1999 年，增刊。

吕永龙：《生态旅游发展与规划》，《自然资源学报》1998 年第 1 期。

马树华：《民国政府文物保护评析》，《文博》2004 年第 4 期。

马晓京：《民族生态旅游：保护性开发民族旅游的有效模式》，《人文地理》2003 年第 3 期。

孟宪清等：《"猪—沼—菜"生态种植机械化技术的研究》，《农产品加工》2010 年第 4 期。

明庆忠、李宏、徐天任：《生态旅游环境问题类型及保育对策》，《经济地理》2000 年第 4 期。

彭兆荣、林雅嫦等：《遗产的解释》，《贵州社会科学》2008 年第 2 期。

钱春霞：《县域经济视阈下乡村生态旅游项目开发探讨》，《商业时代》2014 年第 1 期。

秦定波：《关于渝东南生态保护与生态旅游可持续发展的思考》（中篇），2014 年 12 月 15 日，见 http：//www. cqta. gov. cn/cquinfo/View. aspx? id = 8199。

邱永树：《对当前重庆地区几种生态农业的生态经济述评》，《重庆环境保护》1985 年第 5 期。

冉雄伟：《渝东南地区民族文化旅游资源开发的调研和思考》，《民族论坛》2008 年第 1 期。

沙润、吴江：《城乡交错带旅游景观生态设计初步研究》，《地理学与国土研究》1996 年 12 卷第 5 期。

申曙光：《生态文明及其理论与现实基础》，《北京大学学报》（哲学社会科学版）1994 年第 3 期。

宋俊华：《关于国家文化生态保护区建设的几点思考》，《文化遗产》2011 年第 3 期。

宋轩、曾德慧、林鹤鸣：《草炭和风化煤对水稻根系活力和养分吸收的影响》，《应用生态学报》2001 年 12 卷第 6 期。

孙施文：《重建和复原不是历史文化遗产保护》，《中州建设》2009 年第 11 期。

孙雄燕：《乡村生态旅游规划的程序与内容研究》，《生态经济》2014 年 30 卷第 6 期。

孙秀锋、张凤太：《渝东南少数民族岩溶山区乡村生态农业发展模式与对策》，《安徽农学通报》2008 年 14 卷第 3 期。

所萌：《区域视角下的非物质文化——以迪庆民族文化生态保护区为例》，《城市发展研究》2014 年 21 卷第 7 期。

谭红杨、顾凯平、陈文汇：《从生态旅游公益属性看我国生态旅游存在的问题》，《林业资源管理》2007 年第 5 期。

谭乐和、王辉：《世界生态农业与研究实践综述》，《热带农业科学》2008 年 28 卷第 6 期。

谭志国：《土家族饮食旅游资源特点与开发探析》，《安徽农业科学》2011 年第 8 期。

汪正彬：《渝东南民俗生态旅游发展模式研究》，《重庆第二师范学院学报》2014 年第 6 期。

王才军、孙德亮：《基于集对分析的渝东南地区农业生态系统脆弱度评价》，《贵州农业科学》2011 年 39 卷第 7 期。

王昌玉：《生态旅游管理的内涵、原则及路径选择》，《商业时代》2009

年第 27 期。

王尔康：《生态旅游和环境保护》，《旅游学刊》1998 年第 2 期。

王家骏：《关于"生态旅游"概念的探讨》，《地理学与国土研究》2002 年第 1 期。

王景慧：《城市历史文化遗产的保护与弘扬》，《城乡建设》2002 年第 8 期。

王敬武：《论生态旅游的内涵及规律》，《北京工商大学学报》（社会科学版）2005 年第 2 期。

王军、傅伯杰、陈利顶：《景观生态规划的原理和方法》，《资源科学》1999 年 21 卷第 2 期。

王俊、李凤民等：《地膜覆盖对土壤水温和春小麦产量形成的影响》，《应用生态学报》2003 年 14 卷第 2 期。

王克勤、王斌瑞等：《金矮生苹果水分利用效率研究》，《生态学报》2002 年 22 卷第 5 期。

王连庆、乔子江、郑达兴：《渝东南岩溶石山地区石漠化遥感调查及发展趋势分析》，《地质力学学报》2003 年 9 卷第 1 期。

王良健：《试论中国的生态旅游》，《人文地理》1996 年第 2 期。

王权典：《生态农业发展法律调控保障体系之探讨——基于农业生态环境保护视角》，《生态经济》2011 年第 6 期。

王如松：《生态文明建设的控制论机理、认识误区与融贯路径》，《中国科学院院刊》2013 第 2 期。

王如松：《奏响中国建设生态文明的新乐章》，《环境保护》2007 年第 11 期。

王仕权：《恩施土家傩戏》，《戏剧之家》2006 年第 6 期。

王淑敏、付彦堂：《有关"农业"概念介绍》，《河北理科教学研究》2004 年第 1 期。

王仰麟、杨新军：《风景名胜区总体规划中的旅游持续发展研究》，《资源科学》1999 年 21 卷第 1 期。

王仰麟、杨新军：《风景名胜区总体规划中的旅游持续发展研究》，《资源科学》1999 年 21 卷第 1 期。

王仰麟、杨新军：《区域旅游开发中的景观生态研究》，《地理研究》1998 年 17 卷第 4 期。

王玉德：《生态文化与文化生态辨析》，《生态文化》2003 年第 1 期。

王跃华：《论生态旅游内涵的发展》，《思想战线》1999 年第 6 期。

王长贵等：《黔江区生态农业发展系列报道》，2013 年 12 月 19 日，见 http：//www. qianjiang. gov. cn/zt2012/2013 – 12/19/content_ 3135566. htm。

翁伯奇：《现代生态农业的内涵、模式特征及其发展对策》，《福建农业学报》2000 年第 15 期，增刊。

乌丙安：《关于文化生态保护区建设基本思路和模式的思考》，《四川戏剧》2013 年第 7 期。

吴楚材等：《生态旅游定义辨析》，《中南林业科技大学学报》2009 年第 5 期。

吴文良：《论我国生态农业的技术创新与保障体系建设》，《中国农业科技导报》2001 年 3 卷第 5 期。

吴效群：《文化生态保护区可行吗?》，《河南社会科学》2008 年第 1 期。

吴祚来：《生态文明不只是保护自然生态》，《广州日报》2007 年 10 月 24 日。

鲜乔签：《根据地及解放区文物保护之鉴》，《文史哲》2010 年第 5 期。

肖笃宁、钟林生：《生态旅游的景观生态学研究》，全国第三届景观生态学学术会议论文集，1999 年。

肖笃宁：《论当代景观科学的形成与发展》，《地理科学》1999 年 19 卷第 4 期。

徐再荣：《生物多样性保护问题与国际社会的回应政策》（1972—1992），《世界历史》2006 年第 3 期。

许秀杰：《生态旅游基本特征及发展对策研究》，《乡镇经济》2007 年第 1 期。

严亦雄：《景观生态学理论在生态旅游线路设计中的应用——以福州旗山国家森林公园为例》，《海南广播电视大学学报》2007 年第 3 期。

杨桂华、王跃华：《生态旅游保护性开发新思路》，《经济地理》2000 年第 1 期。

杨桂华：《论生态旅游资源》，《思想战线》1999 年第 6 期。

杨桂华：《生态旅游可持续发展四维目标模式探析》，《人文地理》2005 年第 5 期。

杨华秀：《重庆市渝东南地区扶贫开发与促进农民增收的思考》，《中共铜仁市委党校学报》2014 年第 5 期。

杨江民、唐世刚：《渝东南少数民族贫困地区文化旅游发展探析》，《黑龙江民族丛刊》2012 年第 4 期。

杨开忠、许峰、权晓红：《生态旅游概念内涵、原则与演进》，《人文地理》2001 年第 4 期。

杨柳：《探讨生态旅游管理的内涵、原则及路径选择》，《科技视界》2014 年第 23 期。

杨锐：《从游客环境容量到 LAC 理论》，《旅游学刊》2003 年第 5 期。

杨庭硕：《论地方性知识的生态价值》，《吉首大学学报》（社会科学版）2004 年 25 卷第 3 期。

姚祖恩：《绚丽的山花：秀山花灯二人转》，《中国民族》2005 年第 11 期。

叶谦吉、朱建华：《重庆生态农业发展战略问题研究》，《西南农业大学学报》1989 年 11 卷第 6 期。

衣俊卿：《文化哲学的主题及中国文化哲学的定位》，《求是学刊》1999 年第 1 期。

尹新哲、李菁华、雷莹：《森林公园旅游环境承载力评估——以重庆黄水国家森林公园为例》，《人文地理》2013 年第 2 期。

于华芳、杨晶明：《县级生态农业建设规划与实施》，《环境保护科学》

2002 年 28 卷第 4 期。

袁昌定等：《渝东南民族地区特色农业发展研究》，《中国农业资源与区划》2010 年 31 卷第 3 期。

袁同凯：《地方性知识中的生态关怀：生态人类学的视角》，《思想战线》2008 年第 1 期。

苑利：《文化遗产与文化遗产学解读》，《江西社会科学》2005 年第 3 期。

岳友熙、岳翔宇：《论生态文明社会环境构成的生态化建设》，《山东理工大学学报》2013 年 4 月。

翟旭亮等：《长寿湖——重庆生态养殖发展的见证》，《中国水产》2009 年第 11 期。

张昌莲等：《种养结合的家禽生态养殖技术》，《中国家禽》2010 年 32 卷第 4 期。

张钦凯、唐铭：《石窟类景观旅游环境容量测算与调控的探讨——以敦煌莫高窟为例》，《兰州大学学报》2010 年专辑。

张秋英等：《缓释，控释肥料对大豆植株养分吸收及产量的影响》，《中国生态农业学报》2002 年 10 卷第 4 期。

张壬午、李鸿：《当前我国生态农业建设的特征》，《农业环境保护》1988 年第 3 期。

张壬午：《论生态示范区建设与生态农业产业化》，《农村生态环境》2000 年第 2 期。

张伟：《农产品变商品生态农业谱新篇——酉阳县特色效益农业发展综述》，2014 年 10 月 20 日，见 http：//www. mofcom. gov. cn/article/difang/chongqing/201410/20141000763939. shtml。

张卫群：《发展生态种植的必然性》，《养殖技术顾问》2012 年第 1 期。

张雪英、周立祥、沈其荣等：《城市污泥强制通风堆肥过程中的生物学和化学变化特征》，《应用生态学报》2002 年 13 卷第 4 期。

张亚飞等：《石柱精细农业推动转型发展》，2014 年 6 月 18 日，http：//cqrbepaper. cqnews. net/cqrb/html/2014 – 06/18/content_ 1752855. htm。

章建斌、吴彩云：《试论城郊森林公园生态旅游功能的实现》，《世界林业研究》2005 年第 2 期。

赵瑞、姜辽、罗仕伟：《渝东南少数民族旅游生态系统循环机制》，《西南民族大学学报》（人文社科版）2008 年第 8 期。

郑本法：《生态旅游与环境保护》，《甘肃社会科学》2004 年第 4 期。

郑明福：《发展山地蔬菜大有可为》，《中国农村科技》2002 年第 9 期。

中国自然辩证法研究会：《"全国生态文明与环境哲学高层论坛"综述》，2009 年 7 月 22 日。

中央人民政府网：《关于加强传统村落保护的通知》，2012 年 4 月 16 日，见 http：//www. mohurd. gov. cn。

钟国平、周涛：《生态旅游若干问题探讨》，《地理学与国土研究》2002 年第 4 期。

钟林生、肖笃宁：《生态旅游及其规划与管理研究综述》，《生态学报》2000 年 20 卷第 5 期。

周兴茂：《重庆土家族薅草锣鼓的现状与保护对策》，《铜仁学院学报》2008 年第 3 期。

［英］凯·米尔顿：《多种生态学：人类学，文化与环境》，载中国社会科学杂志社：《人类学的趋势》，社会科学文献出版社 2000 年版。

《从"实验区"到"保护区"：还有多长的路要走》，《中国文化报》2015 年 1 月 16 日第 7 版。

《构建生态农业制度保障体系》，《人民日报》2014 年 4 月 1 日。

HTTP：//199. 245. 200. 45/PWEB/DOCUMENT/？ SOCIETY = ESA&YEAR = 2003&ID = 24978。

http：//www. mcprc. gov. cn/whzx/whyw/201412/t20141221_437911. html。

三、外文文献

A. E. Russell，D. A. Laird，A. P Mallarino，etc. ，"Long-Term Effects of Nitrogen Fertilization and Crop Rotation on Soil Properties in Corn-Belt Agroecosystems", *Ecological Society of America Abstracts*, 2003.

Barrett G. W. , Peles J. D. , "Optimizing Habitat Fragmentation: An Agrol and Scape Perspective", *Landscape and Urban Planning*, Vol. 28, 1994.

Birgitte Hansen, Hugo Fjelsted Alrie and Erik Steen Kristensen, "Approaches to Assess the Environmental Impact of Organic Farming with Particular Regard to Denmark Agriculture", *Ecosystems & Environment*, Vol. 83, No. 1/2, 2001.

Boyd William H. , "Agricultural Waste Management Planning", *Journal of Soil & Water Conservation*, Vol. 49, 1994.

C Arden-Clarke, *The Environmental Effects of Conventional and Organic/Biological Farming Systems*, Oxford Political Ecology Research Group, 1988.

Caamal Maldonado J. A. , Jimenez Osornio J. J. , Torres Barragan A. et al. , "The Use of Allelopathy Legumecover and Mulch Species for Weed Controlin Croppingsystems", *Agron. J*, Vol. 93, No. 1, 2001.

Chan, K. Y. , Heenan, D. P. , So, H. B. , "Sequestration of Carbon and Changes in Soil Quality under Conservation Tillage on Light-Textured Soils in Australia: A Review", *Australian Journal of Experimental Agriculture*, Vol. 43, No. 4, 2003.

D. D. Poudel, W. R. Horwath, W. T. Lanini, S. R. Temple, A. H. C. van Bruggen, "Comparison of Soil Navailability and Leaching Potential, Crop Yields and Weeds Inorganic, Low-Input and Conventional Farming Systemsin Northern California", *Agriculture, Ecosystems &Environment*, Vol. 90, 2002.

D. Rigby and D. Caceres, "Organic Farming and the Sustainability of Agricultural Systems", *Agricultural Systems*, Vol. 68, No. 1, 2001.

Didier Le Coeur, Jacques Baudry, Francoise Burel, "Why and How We Should Study Field Boundary Biodiversity in an Agrarian Landscape Context", *Agriculture, Ecosystems and Environment*, Vol. 89, No. 1/2, 2002.

Diop, Amadou Makhtar, "Sustainable Agriculture: New Paradigms and Old Practices Increased Production with Management of Organic Inputs in Senegal",

Environment，Development and Sustainability，No. 3/4，1999.

E. J. P. Marshall，" Farming to Feed Hungry Need Nothurt Nature-Expert. Introducing Field Margin Ecology in Europe"，*Agriculture，Ecosystems & Environment*，Vol. 89，No. 1，2002.

Eileen J. Kladivko，"Tillage Systems and Soil Ecology"，*Soil and Tillage Research*，Vol. 61，No. 1/2，2001.

Eltun，Ragnar，Korsaeth，Audun，Nordheim，Olav，"A Comparison of Environmental，Soilfertility，Yield，and Economical Effects in Xix Cropping Systems Based on an 8-year Experiment in Norway"，*Agriculture，Ecosystems & Environment*，Vol. 90，No. 2，2002.

Ackson W. ，"Natural Systems Agriculture：a Truly Radical Alternative"，*Agriculture，Ecosystems & Environment*，Vol. 88，No. 2，2002.

Ercan Sirakaya，"Attitudinal Compliance with Ecotourism Guidelines"，*Annals of Tourism Research*，Vol. 24，1997.

R. C. Buckley & E. Clough，"Who is Selling Ecotourim to Whom?"，*Annals of Tourism Research*，Vol. 24，1997.

Ev Kasia Debosz，Soren O. Petersen，Liv K. Kure etc. ，"Aluating Effects of Sewage Sludge and Household Compost on Soil Physical"，*Chemical and Microbiological Properties Applied Soil Ecology*，Vol. 19，No. 3，2002.

F. E. Rhoton，M. J. Shipitalo and D. L. Lindbo，"Runoff and Soil Loss from Midwestern and Southeastern US Silt Loam Soils as Affected by Tillage Practice and Soil Organic Matter Content"，*Soil and Tillage Research*，Vol. 66，No. 1，2002.

Gamini Herath，"Ecotourism Development in Australia"，*Annals of Tourism Research*，Vol. 24，1997.

George Zalidis，Stamatis Stamatiadis Vasilios Takavakoglou etc. ，"Impacts of Agricultural Practices on Soil and Water Quality in the Mediterranean Region and Proposed Assessment Methodology"，Agriculture，*Ecosystems & Environment*，Vol. 88，No. 2，2002.

ICOMOS, *Cultural Tourism Charter*, Paris: ICOMOS, 1999.

Ingrid Takken, Gerard Govers, Victor Jetten, etc. "Effects of Tillage on Runoff and Erosion Patterns", *Soil and Tillage Research*, Vol. 61, No. 1/2, 2001.

J. L. Hatfield & B. A. Stewart, "Animal Waste Utilization: Effective Use of Manure as a Soil Resource", *The Journal of Agricultural Science*, Vol. 130, No. 4, 1998.

Jing, Jung & Barnes, Sharon, "Agricultural Use of Industrial By-Products", *Biocycle*, Vol. 34, No. 11, 1993.

John Gertsakis, "Sustainable Design for Ecotourism Deserves Diversity", The Ecotourism Association of Australia National Conference-Taking the Next Steps, Nov., 1995.

John W. Doran and Michael R. Zeiss, "Soil Health and Sustainability: Managing the Biotic Component of Soil Quality", *Applied Soil Ecology*, Vol. 15, No. 1, 2000.

John W. Doran, "Soil Health and Global Sustainability: Ranslating Science into Practice", *Agriculture, Ecosystems&Environment*, Vol. 88, No. 2, 2002.

K. Y. Chan, D. P. Heenan and A. Oates, "Soil Carbon Fractions and Relationship to Soil Quality under Different Tillage and Stubble Management", *Soil and Tillage Research*, Vol. 63, No. 3/4, 2002.

L. R. Bulluck, M. Brosius, G. K. Evanylo, "Organic and Synthetic Fertility Amendments Influence Soil Microbial, Physical and Chemical Properties on Organic and Conventional Farms", *Applied Soil Ecology*, Vol. 19, No. 2, 2002.

Lizelle Schindler, "Background, Objectives and activities of the center of Ecotourism of the University of Pretoria", 15, Jan., 1997.

M. Lynch, James Stuart Schepers, Ilhami Never, "Innovative Soil-Plant Systems for Sustainable Agricultural Practices", proceedings of an international workshop, June 2002, Izmir, Turkey.

M. R. Carter, J. B. Sanderson, J. A. Ivany, etc. "Influence of Rotation and Tillage on Forage Maize Productivity, Weed Species, and Soil Quality of A Fine Sandy-loam in the Cool-Humid Climate of Atlantic Canada", *Soil and Tillage Research*, Vol. 67, No. 1, 2002.

Masil Khan and John Scullion, "Effects of Metal (Cd, Cu, Ni, Pb or Zn) En-richment of Sewage-Sludge on Soil Micro-Organisms and Their Activities", *Applied Soil Ecology*, No. 2, 2002.

Mattner S. W., Parbery D. G., "Rust-Enhanced Allelopathy of Perennial Ryegrass against White Clover", *Agron. J*, Vol. 93, No. 1, 2001.

Olofsdotter M., "Rice – A Step toward Use of Allelopathy", *Agron. J.*, Vol. 93, No. 1, 2001.

Pamela Wight, Sustainability, "Profitability and Ecotourism Markets: What are They and How Do They Relate", from the International Conference on Central and Eastern Europe and Baltic Sea region, "Ecotourism-Balancing Sustainability and Profitability", Estonia, Sep. 1997.

Park. J., Cousins. S. H., "Soil Biological Health and Agro-Ecological Change", *Agriculture, Ecosystems & Environment*, Vol. 56, 1995.

Peter S. Valentine, "Ecotourism and Nature Conservation", *Tourism Manage-ment*, 1993.

Sharpley. Andrew N., *Impact of Long-Term Swine and Poultry Manure Appli-cation on Soil and Water Resources in Eastern Oklahoma Publication: Agricultural Experiment Station, Division of Agriculture*, Oklahoma State University, 1991.

Sims, J. T., "Agricultural and Environmental Issues in the Management of Poultry Wastes: Recent Innovations and Long-Term Challenges", Rechcigl and H. C. MacKinnon (eds.), "Uses of By-Products and Wastes in Agriculture", *Amer-ican Chemical Society*, Washington, D. C., 1997.

Thrupp, Lori Ann, "Linking Agricultural Biodiversity and Food Security: the Valuable Role of Agrobiodiversity for sutainable Agriculture", *International Affairs*, Vol. 76, No. 2, 2000.

U. M. Sainju, B. P. Singh and W. F. Whitehead, "Long-Termeffects of Tillage, Cover Crops, and Nitrogen Fertilization on Organic Carbon and Nitrogen Concentrations in Sandy Loam Soils in Georgia, USA", *Soil and Tillage Research*, Vol. 63, No. 3/4, 2002.

UNESCO, *Convention Concerning the Protection of the World Cultural and Natural Heritage*, 1972.

Wanda W Colli, Calvin. O. Qualset, *Biodiversity in Agroeco Systems*, English, Boca Raton: CRC Press, 1999.

Wes. Jackson, "Natural Systems Agriculture Trulyradical Alternative", *Agriculture, Ecosystems and Environment*, Vol. 88, No. 20 (2002).

Western Samoa, "National Ecotourism Programme. Tourism for the Future".

Zeng R. S., Luo S. M., Shi Y. H., et al., "Physiological and Biochemical Mechanism of Allelopathy of Secalonic Acid F on higher plant", *Agron. J*, Vol. 93, No. 1, 2001.

后　记

　　"太阳出来啰，喜洋洋啰，扛起扁担上山岗，不怕虎豹和豺狼啰……"清晨，浓雾和黑暗中，土家的汉子背着背篓，支着打杵，哼唱着啰儿调，弯着腰，八着腿，顺着几乎垂直的山路，赶着太阳一路上山！蹬一腿脚力，抹一把汗水，吼一声调歌，在太阳跳出山陇的那一刻到达山顶，看阳光倾泻而下，在郁郁葱葱的竹林间肆意穿行！这里，是中原文化的"边缘"，是巴文化的"中心"，也是各民族美美与共的生活舞台，是重庆这个年轻的直辖市最美丽的一翼，这里，就是我这八年田野调查和学术理想的深耕之地——渝东南！

　　学术是一个前行积累的过程。近八年来，我带领的多学科的研究团队在这一地区开展了持续、密集的人类学田野考察工作，尤其在武陵山区龙河流域，足迹踏遍这里的山山水水、村村寨寨。通过对流域人类学理论的重新审视，推动了族群、文化与生态的研究工作，获得了对渝东南山地与流域文化的深刻认识与思考，在此基础上形成的"流域与传统村落"系列调研成果《龙河桥头》《沙子关头》《万寿山下》《冷水溪畔》《边城黄鹤》已经由知识产权出版社出版。"流域与族群互动"系列学术成果也已在人民出版社陆续出版。我始终坚定地相信，这些基础的田野材料不仅是对一个区域社会与文化发展变迁的"深描"，更是为包括人类学在内的其他学科进一步研究打下的坚实基础。本书正是在上述基础之上，融合了我所带领的研究团队对渝东南民族地区生态文明建设问题的深入考察与建设性思考，凝练而形成的研究方向、路径与架构。

　　学术的丰富在于它的温润和情感，渝东南是我们心之所系、情之所牵的地方。我所带领的团队的成长与成熟，与在渝东南深入的田野工作有深厚的渊源。在工作中，我们接触当地各色人物，有文化管理者、地方学者、基层文化工作者，更多的是当地普通群众。我们感受着当地的风土人情，听娇阿依、看摆手舞，我们和当地人一起吃洋芋饭，喝苞谷酒，捧一把大嫂刚炒好的南瓜子摆龙门阵。在一片乡情乡愁中，大家关系熟络了，感情加深了。因此在编著此书的时候，我们心中的责任感倍增。书稿出版后的命运不是被放置在图书室束之高阁，而是要送到这些我们关注、关心的人手中。尽管我们对于保护和发展没有承诺可言，但在我们心中，我们由衷地希望这部书稿对他们而言是有助益、有价值的。

选择了这份在渝东南土地上无怨无悔的付出，也回应着对土地和乡民的情意，对这部书稿，我不敢有丝毫懈怠，我希望在这部书稿中呈现出我们对渝东南整个区域的认识、对区域发展的积极思考。本书以重庆市委四届三次全会精神为指导，基于对渝东南作为生态保护发展区、文化生态保护区、连片特困地区等多重区域定位，开展调查研究，进行资料收集整理，并分别从文化生态保护区、生态农业、生态旅游三篇内容，系统阐述如何推动渝东南民族地区实现可持续发展和生态文明建设的路径。

一部学术著作呈现出的意蕴和力量，取决于很多因素，但至少在以下两个方面，我们希望能够使书稿的价值有所体现和发挥。其一是资料价值。在本书中，我们将渝东南丰饶的人文资源（包括物质文化遗产与非物质文化遗产）、自然资源以文字的形式整理汇集，形成较为完整的概括性资料，并对这些资源的价值予以分析，以便形成对渝东南民族地区发展基础的整体认识与宏观把握。其二是理论导引价值。在本书中，我们分析了渝东南民族地区的地理空间的位置，包括在重庆市、在武陵山区，乃至在整个中国版图上，其区域定位是怎样的；同样也分析了在时代发展的大潮中，在历史节点上，渝东南又处于什么样的位置，应有什么样的走向；在渝东南生态文明建设的探讨中，无论是非物质文化遗产的认定、传承人的保护、非物质文化遗产实践基地的建设，还是土家族苗族文化生态保护区的建设，以及中国（全球）重要农业文化遗产的申报建设，体现了本研究团队在科学研究与社会服务道路上的思考与践行。希望这些理论与现实的对话，纵横交错的研究与分析，为助推渝东南民族地区实现可持续发展和生态文明建设提供科学的理论支持和决策建议。

本书是多学科分享智慧的结晶。书稿的写作以马克思主义哲学、生态学、人类学的理论为依托，同时综合运用了民族学、经济学、文化遗产学、生态农业、生态旅游等学科方法，没有人文、社会和自然科学方法的结合，将无法实现和回应研究议题全面深入地开展。写作中对多学科和领域的文献资料、理论观点多有参考借鉴，这是互联网和大数据时代为学术研究所提供的便捷，我们在此向那些素未谋面的前贤时修和掌握着乡土智慧的人们表示诚挚谢意！

重庆市民族宗教委员会、重庆市民族团结进步促进会、重庆市文化艺术研究院、重庆市非物质文化遗产保护中心、重庆市文化遗产研究院、西南大学、长江师范学院、重庆文理学院、三峡学院、重庆师范大学等为本书的完成提供了诸多支持，谨致谢忱！

我们的研究还获得了西南大学校地合作项目"渝东南少数民族社区环境观与生态文明制度建设研究"、"龙河流域文化发掘保护与开发利用研究"和"民族文化生态保护区机制创新与生态文明建设研究"的支持。在整部书稿的完成过程中间，从素材收集、图表绘制、文字校对到装帧设计、出版印刷，每个环节都汇聚了多方面的帮助与支持，对此我们都满怀谢意铭记在心。

书稿必有封笔之时，但我对渝东南问题的关注和研究却没有完结之日，更重要的是，对渝东南的情感已经渐渐融入我的生命之中。土家汉子在武陵山里吼着啰儿调追赶着兔子或者野猪，苗家姑娘在清澈的乌江边哼着娇阿依荡洗着衣物，山里零落的人家升起呛人的炊烟，土锅土灶里永远的腊肉土豆，这里的日子活色生香。我快乐着他们的快乐，担忧着他们的担忧。作为一个能常在田野中行走和思考的学者，我愿以这部书稿为渝东南生态文明研究搭起一个多学科能够对话、各方力量能够共建的平台，与诸位携手前行。

田　阡

2015 年 12 月

责任编辑:陈 登

图书在版编目(CIP)数据

美美与共:渝东南民族地区生态文明建设研究/田阡 魏锦 编著.
－北京:人民出版社,2015.12
ISBN 978－7－01－015633－0

Ⅰ.①美… Ⅱ.①田… ②魏… Ⅲ.①民族地区-生态文明-文明建设-研究-
重庆市 Ⅳ.①X321.271.9

中国版本图书馆 CIP 数据核字(2015)第 308821 号

美美与共:渝东南民族地区生态文明建设研究
MEIMEIYUGONG YUDONGNAN MINZU DIQU SHENGTAI WENMING JIANSHE YANJIU

田 阡 魏 锦 编著

人民出版社 出版发行
(100706 北京市东城区隆福寺街 99 号)

北京汇林印务有限公司印刷 新华书店经销

2015 年 12 月第 1 版 2015 年 12 月北京第 1 次印刷
开本:710 毫米×1000 毫米 1/16 印张:35.5
字数:526 千字

ISBN 978－7－01－015633－0 定价:128.00 元

邮购地址 100706 北京市东城区隆福寺街 99 号
人民东方图书销售中心 电话 (010)65250042 65289539

版权所有·侵权必究
凡购买本社图书,如有印制质量问题,我社负责调换。
服务电话:(010)65250042